U0248638

超长超深超高压污水深隧
关键技术研究及设计

陈建斌　周　俊　饶世雄　吴志高　石亚军　等　著

科　学　出　版　社

北　京

内 容 简 介

超大城市排水收集、传输及处理一直以来为城市发展的痛点及难点，这涉及城市安全、生态环境保护及资源集约利用等相关问题，而且随着城市高速发展以及空间深度开发，其矛盾更加突出。深层排水隧道作为一种利用深层地下空间的新型传输、调蓄方式，能有效解决浅层排水设施难以解决的城市排水、水环境等诸多问题，其研究及运用逐步成为行业热点。依托内地首个排水深隧工程——大东湖核心区污水传输系统工程，面对污水隧道超长、超深、超高压等诸多复杂工况，通过整合科研、勘察、设计、施工及运营等单位相关力量，开展多项课题研究和关键技术攻关，形成一系列关于污水深隧的研究成果。本书进一步总结本工程关键技术、设计、施工、运营经验，旨在为同类型工程建设提供借鉴和参考。

本书可作为政府部门制定深隧工程相关决策的科学参考，国内外开展相关工程规划、设计和施工的重要参考，也可供地下工程、道桥工程、结构工程、岩土工程等相关专业高层次人才阅读参考。

图书在版编目（CIP）数据

超长超深超高压污水深隧关键技术研究及设计/陈建斌等著. —北京：科学出版社，2024.6
ISBN 978-7-03-078517-6

Ⅰ.① 超⋯　Ⅱ.① 陈⋯　Ⅲ.① 城市污水处理-隧道-过水隧洞-研究
Ⅳ.① X52　② U459.6

中国国家版本馆 CIP 数据核字（2024）第 097306 号

责任编辑：孙寓明/责任校对：刘　芳
责任印制：彭　超/封面设计：苏　波

科学出版社 出版
北京东黄城根北街 16 号
邮政编码：100717
http://www.sciencep.com

武汉精一佳印刷有限公司印刷
科学出版社发行　各地新华书店经销
*

开本：787×1092　1/16
2024 年 6 月第 一 版　　印张：31 1/2
2024 年 6 月第一次印刷　　字数：739 000
定价：368.00 元
（如有印装质量问题，我社负责调换）

《超长超深超高压污水深隧关键技术研究及设计》
著 作 组

主 编：陈建斌　　周　俊

副主编：饶世雄　　吴志高　　石亚军　　吴立鹏

编 委（按姓名拼音顺序）：

前　言

深层排水隧道简称"深隧"，是在城市地下数十米深度开挖的通向远方收纳水体的大型隧道，具备较强的输送径流和滞蓄水量的能力。现代城市在保留并发挥原有排水系统和天然水系作用的基础上，逐渐由浅层排水系统向立体空间排水体系发展。深层隧道的一个重要作用是排出超过城市管渠排水系统排出能力的高强度、大范围、长历时的超标准暴雨径流，能够有效减少城市内涝的发生，提高城市防洪抗涝的能力，增强城市韧性。深层隧道的另一重要作用是改变城市污水设施布局、集约城市用地、解决溢流污染等，起到保护城市水资源和改善水生态环境作用。随着城市的发展，未来城市里的可利用空间会越来越紧缩，与浅层排水管道相比，深隧系统的功能性、灵活性更加强大，在解决浅层排水设施难以解决的城市排水、水环境等众多问题的同时，可以有效节约城市用地空间，有助于城市整体规划与布局的协调和平衡。

深层排水隧道技术在国外已被广泛应用于解决城市的洪涝灾害及溢流污染问题，例如日本东京、法国巴黎、英国伦敦、美国芝加哥和新加坡新加坡市等大城市。按照深层隧道建设的作用及目的不同，国外深层隧道主要可分为 4 种类型：雨洪排放型隧道、污水输送型隧道、合流调蓄型隧道和复合型功能隧道。近年来，国内也开始了深隧的研究和应用工作，除上海、广州、武汉外，深圳、成都、镇江等地也在开展相关研究和规划工作。

2009 年 5 月国家发改委正式批复同意武汉市《大东湖生态水网构建总体方案》，通过构建一个健康、可持续发展的水网水体，恢复江湖之间的生态联系，实现江湖相济，实现湖泊水体功能达标，恢复东湖战略应急备用水源地功能，促进滨水旅游产业的发展，彰显武汉市的滨江滨湖特色。然而大东湖地区也面临污水处理、内涝防治、初雨污染等问题。大东湖核心区污水传输系统工程及雨水深隧等工程立足于全面解决大东湖地区内的水环境问题，将城市核心区污水处理厂搬迁至城市边缘集中处理，既解决目前污水处理厂处理能力不足及尾水达标排放的矛盾，又有效保护城市中心湖泊和港渠，有利于水环境水质目标的实现；同时结合规划的雨水深隧能够统筹解决区域污水处理、雨季溢流、城市排涝等问题，是向构建大东湖生态水网迈出的重要一步。

本书依托大东湖核心区深隧工程，通过专题研究及对实际工程设计总结，全面系统地剖析深隧工程中的关键问题及设计中的重点和难点。全书共 3 篇 15 章。第 1 篇为概论，主要对深隧工程的定义和意义，以及大东湖深隧工程的基本情况进行介绍。第 1 章介绍深隧的定义、分类和意义，简述深隧工程应用技术难点，通过查阅文献总结深隧工程国内外研究进展和典型案例。第 2 章介绍大东湖核心区污水深隧工程建设背景及基本情况。第 2 篇介绍污水深隧关键技术。第 3 章介绍深隧工程的水力特性，采用物理模型和数值模拟方法分析管道系统内污水的不淤流速和非稳态流特性，为工程设计提供重要的依据。 第 4 章分别对重力流和压力流两种传输方式进行分析，介绍大东湖深隧传输方式的选择过程和原则。第 5 章结合试验和数值模拟对入流竖井关键技术开展研究。第 6 章从工艺布局、进水流道和结构震动等方面全面系统地介绍深隧提升泵房的关键技术。第 7 章通过数值计算对深隧结构体系中隧道、衬砌和管片等结构关键技术进行分析。第 8 章全面系统地介绍深隧盾构施工过程关键技术。第 9 章全面系统地总结和分析深隧工程中各类超深基坑关键技术。第 10 章从智慧水务系统、智慧深隧系统、深隧结构健康监测系统等方面全方位地介绍智慧深隧关键技术的构成和未来发展。第 3 篇为大东湖污水深隧工程设计，对大东湖深隧工程中各部分关键技术的设计进行总结，为以后同类型工程提供有价值的参考。第 11 章介绍大东湖深隧设计的标准和原则、整体规模及总体设计思想，第 12~15 章分别对深隧工程中的结构、竖井、预处理站和泵站等关键工程的设计进行介绍和分析。

由于作者水平有限，书中不足之处敬请读者批评指正！

陈建斌

2024 年 2 月

目　录

第1篇　概　论

第2篇 污水深隧关键技术

第 3 篇　大东湖污水深隧工程设计

第 1 篇

概 论

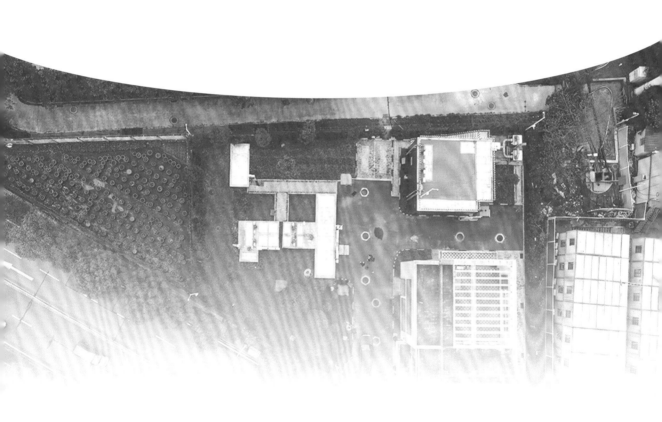

第 1 章

绪　论

1.1 深隧的定义

深层隧道简称"深隧",是在城市地下数十米深度开挖的、通向远方收纳水体的大型隧道,具备较强的输送径流和滞蓄水量的能力。现代城市在保留并发挥原有排水系统和天然水系作用的基础上,由浅层排水系统转向立体空间排水体系。相较于浅层排水管道,深隧系统的功能性、灵活性更加强大。修建深层排水隧道可以解决城市内涝,控制城市水体污染,充分利用城市地下空间。

深隧系统通常由预处理构筑物、跌水竖井、连接支隧、主隧道、末端枢纽泵站等主要构筑物组成。预处理构筑物是浅层管道和深层排水隧道系统的连接构筑物,实现深层排水隧道的截流调蓄、行洪排涝、沉淀物去除、通风除臭等功能;跌水竖井主要起到整流和消能作用,使高位来水顺利跌入深层排水隧道;主隧道主要提供调蓄和转输来水的作用;末端枢纽泵站将深隧转输水量提升排入受纳水体或污水处理厂。深隧的工艺设计涉及许多关键技术问题,例如深层排水隧道与地面收集管道的衔接方式、竖井消能的跌落形式、水流的瞬态控制、主隧的浪涌控制、排放水流控制、运行时的通风和臭气控制、主隧沉积物管理等。

1.2 深隧的分类

1.2.1 按纳入水质差异分类

根据纳入水质的差异,深隧可分为雨洪排放隧道、污水输送隧道和合流调蓄隧道(表 1-2-1)。

表 1-2-1 按纳入水质差异分类的深隧

类型	地区	隧道排水工程名称	规模	主要功能
雨洪排放隧道	中国香港	荔枝角雨水排放隧道工程	长 2.5 km 的分支隧道,长 1.2 km 的倒虹吸隧道,直径 4.9 m,埋深 40 m,总投资约 17 亿港元	雨水隧道,分流高地雨水,减少上游高低雨水流入市区排水系统,降低地势较低处的水浸风险
		荃湾雨水排放隧道工程	全长 5.1 km,直径 6.5 m,排水流量最高可达 220 m³/s,总投资约 15 亿港元	
		港岛西雨水排放隧道工程	主隧道全长 11 km,连接隧道 8 km,直径为 6.25~7.25 m,主隧道排水量达到 135 m³/s,总投资约 34 亿港元	
	日本东京	江户川深隧工程	总长 6.3 km,直径 10 m,埋深 50~100 m,调蓄量约 67 万 m³,最大排洪流量达 200 m³/s。总投资约 2 400 亿日元	提高上游连接河道的排洪能力,解决东京洪水问题
污水输送隧道	新加坡	深层隧道排污系统	一期工程总长 48 km,直径为 3.5~6.5 m,埋深 30~70 m	用于收集、输送、处理城市污水,完全的污水隧道

续表

类型	地区	隧道排水工程名称	规模	主要功能
合流调蓄隧道	美国芝加哥	隧道和水库计划	一期工程总长 176 km，直径 2.5～10 m，埋深 45.7～106.7 m。二期工程包括 3 个水库，增加调蓄容积 0.66 亿 m³	截流储存合流管的溢流污水，减轻芝加哥地区的水浸和污染，保护密歇根湖；提供洪水分流通道
	英国伦敦	泰晤士河深隧工程	总长 25.1 km，直径 6.5～7.2 m，埋深 35～75 m，总投资约 17 亿英镑	控制合流制溢流污染，改善泰晤士河道水质

1. 雨洪排放隧道

雨洪排放隧道是指为避免城市洪涝灾害而建设的排洪通道，隧道末端通常设有大型抽排泵站，最终出路是江河、海洋等水体。典型代表是日本东京的江户川深隧工程和我国香港的荔枝角雨水排放隧道工程、港岛西雨水排放隧道工程、荃湾雨水排放隧道工程。

2. 污水输送隧道

污水输送隧道主要作为收集输送城市污水的地下通道。典型代表是新加坡的深层隧道排污系统，包括输送、处理、排放三部分。

3. 合流调蓄隧道

合流调蓄隧道主要是用于对合流制排水系统的溢流污水、初期雨水的收集、调蓄和输送，合流的污水最终送到污水处理厂处理。其主要功能是实现合流污水的收集，控制合流制排水系统的溢流污染，缓解初期雨水面源污染，典型代表是美国芝加哥隧道和水库计划和英国伦敦泰晤士河深隧工程。

1.2.2 按发挥功能分类

根据深隧在工程项目中发挥功能的不同，深隧可分为转输型深隧、蓄水型深隧和截污型深隧。

1. 转输型深隧

转输型深隧主要作为雨水、洪水、污水等的地下转输通道，其主要功能是输送雨洪水、城市污水至隧道末端的大型抽排泵或污水处理厂。

2. 蓄水型深隧

蓄水型深隧主要作为雨洪水和污水等的暂时储蓄空间，在遇到暴雨等排放量较大的情况时暂时储存过量雨洪水、污水等，缓解城市排水压力。

3. 截污型深隧

城市污染一大驱动力是沉积物径流冲刷，包括地表沉积物和排水管道内沉积物的冲刷。降雨径流作为对污染物的初期冲刷，其形成的初期雨水污染极为严重，同时也为控制城市水环境污染提供机会。截污型深隧属于末端截流手段之一，既可以储存污染源中的初雨，也可将集中的初雨输送至污水处理厂集中处理。

4. 复合型深隧

复合型深隧兼行洪排涝和初雨截流的功能，目前已建成或规划中的大多数复合型隧道都兼顾排涝功能。

1.3　深隧的建设意义

1. 解决城市内涝

深隧的一个重要作用是排出超出城市管渠排水系统排出能力的高强度、大范围、长历时的超标准暴雨径流。随着全球经济发展加快，城市化进程也不断加快。伴随着城市化进程，城市地面硬化率不断提高，城市的储水、排水和自然净化能力减弱。根据相关研究报告，城市化以前，50%的降水通过蓄渗进入地下，40%的降水蒸发，10%的降水形成地表径流；城市化完成后只有15%的降水通过蓄渗进入地下，30%的降水蒸发，而有55%的降水形成地表径流（周质炎，2020）。进入21世纪以来，降雨量不断增大，导致全球的内涝频发，危及城市安全。修建深层隧道，能够有效缓解城市内涝，提高城市防洪抗涝的能力。

2. 控制水体污染

深隧的另一个重要作用是改变城市污水或污水处理厂尾水的排放点，使得城市污水和尾水远离如水源地、生态保护区、城市景观区等敏感区域，起到保护城市水资源和水生态环境的作用。

城市化进程使得城市建设密度不断提高，城市面源污染负荷迅速加大，初期雨水污染、雨季合流区的合流制污水溢流（combined sewer overflow，CSO）污染日益严重。针对严峻的水安全风险（内涝灾害）和水环境风险（面源污染），我国正在加速开展以提升城市排水防涝能力为主的城市基础设施建设工作，以及以生态文明建设为目标的水污染治理，积极构建完善的城市排水防涝工程体系，要求城市的防涝标准在现状基础上进一步提高，加大城市径流雨水源头减排，缓解城市内涝，削减城市径流污染负荷，同时，系统推进水污染防治和水生态保护，切实加大水污染防治力度，保障国家水安全。

3. 充分利用地下空间

深隧的埋深一般位于城市地下 30～60 m 的深层空间中，低于城市地下轨道交通、人防设施、地下道路、地下停车场、商场、物流设施等中层地下空间用地标高，具备城市建成区浅层排水管线所不具备的优势：①可用空间大；②平面布局灵活；③施工周期短，地面征地少；④运营管理相对集中。

随着城市的发展，未来城市里的可利用空间会越来越紧缩，与浅层排水管道相比，深隧系统的功能性、灵活性更加强大，在解决浅层排水设施难以解决的城市排水、水环境等众多问题的同时，可以有效节约城市用地空间，有助于城市整体规划与布局的协调和平衡。

1.4　深隧工程应用技术难点

深隧工程最突出的特点就是埋置很深，通常都在 30～60 m，目前在我国大规模城市地下空间开发应用中也属于罕见的超深地下结构。由于深隧工程通常都是建在城市密集地区，埋置深，环境影响控制要求高，给岩土及地下结构、抗渗防漏等设计、施工提出了新挑战。

深隧系统中不同的构筑物需要应对深隧中各种情况与问题，包括巨大的水位落差和流量变化带来跌水消能、瞬间流态变化、通风、结构耐久性等问题，这就对各种构筑物的设计和施工工艺提出了更高的要求。

内涝和初小雨污染与降雨量关系密切，深隧排水系统应结合降雨信息进行科学调度。我国地域辽阔，广州、上海、武汉和深圳等不同城市之间年降雨总量、降雨量分布、降雨强度、雨型等特征差异较大，针对不同降雨特征，需要结合降雨情况，根据监测获得的液位、水质等数据，识别在不同降雨条件下，深隧服务区域内涝和初小雨污染的变化规律，因地制宜地制订深隧排水系统的调度运行策略。

1.5　研究进展和典型案例

1.5.1　国外研究进展

深隧技术在国外已被广泛应用于解决城市的洪涝灾害和溢流污染问题，如东京、巴黎、伦敦、芝加哥和新加坡等。按照深隧工程建设作用及目的的不同，国外深隧主要可分为 4 种类型：传输型、蓄水型、截污型、复合型。

1971 年，美国国家环境保护局（Environmental Protection Agency，EPA）开发出暴雨洪水管理模型（storm water management model，SWMM）。SWMM 可用于城市独立或连续降雨的模拟，它能够模拟管道系统、储蓄水设施等的水流状况，通过分析水量或水质情况判断流域内排水系统的运行状态，被应用于城市污水、雨水排水管道系统的规划与设计。

1973 年由美国陆军工程兵团工程水文中心开发出蓄水、处理与溢流模型（storage treatment and overflow runoff model，STORM）。STORM 是一种水储蓄、水处理、水漫流径流模型，能够模拟降雨时的地表径流状态，并能分析排水管网的运行情况。被广泛应用于模拟分析城市排水管网降雨时水质、水量及水土流失等方面。但 STORM 模型不具备管网径流、汇流方面的模拟功能。

1978 年，英国发布了 Wallingford 模型。1998 年，英国 Wallingford 软件公司推出 Info Works CS 模型。2010 年该公司继续推出城市综合流域排水（InfoWorks ICM）模型，InfoWorks ICM 模型软件率先将网络信息技术与水管理科学理念等相结合，具有自己独立的模拟引擎软件，能够将排水管网与河道系统的模型进行叠加，并能够在一维空间与二维空间上对排水系统进行动态模拟。该模型集成了管流、产流、汇流、地面二维计算分析、河道模型和可持续构筑物模块，是世界上第一款结合城市排水管网与河道系统的水力模型。被广泛应用于城市排水流域水力、水质等综合模拟，模拟计算性能高，功能性强，稳定性好。

1984 年，丹麦水力学研究所发布了 MOUSE 模型，即城市暴雨径流模型。MOUSE 模型能够全方位模拟城市给排水及水处理，通过模拟分析排水系统中水的管道流、地面径流及水质等对管网管道压力流和自由水面流进行处理。该模型一般应用于以下几个方面：预报城市洪水，统计洪涝面积及淹没时间；用于排水管网改扩建模拟；分析排水系统管道内泥沙淤积及水质变化情况等。

实时控制（real time control，RTC）能够充分利用排水管网系统中的储蓄空间，是减少合流制排水系统中内涝灾害和管网溢流污染的重要方式，因而在国外一些发达国家得到广泛的研究与应用。20 世纪 60 年代，美国开始在合流制管网中应用 RTC，1983 年荷兰建立的第一个 RTC 全自动系统，直到 20 世纪 90 年代，丹麦首个具有在线最优化的先进控制策略在奥尔堡投入运行。

1.5.2　国内研究进展

近年来，我国也开展了深隧的研究和应用。

（1）根据广州市深隧系统规划，广州市初步构思了深隧的总体布置，包括 1 条临江主隧道（长约 30 km）、6 条分支隧道（长约 30 km）和一座初雨污水处理厂。东濠涌试验段目前正在施工中。

（2）根据上海苏州河区域深隧工程规划，为提高苏州河沿线地区排涝标准，减少苏州河沿线泵站的溢流次数，拟实施一、二级调蓄管道 51 km，建议提升泵站 1 座、初期雨水处理厂 1 座。试验段目前正在施工。

（3）武汉市汉口地区为提高排涝标准和解决面源污染问题，也在进行排水深隧方案的研究，拟实施主隧 15 km、支隧 7.0 km，建设 1 座提升泵站、1 座初雨污水处理厂。

1.5.3　国外深隧典型工程

1. 墨西哥城深隧排水系统（转输型深隧）

墨西哥城最早的排水系统是按雨污合流制形式于 20 世纪初建成，管道总长度达 1.4 万 km。收集的雨水、污水最终利用重力流通过 Gran Canal（大排水渠）并排出城外，其为早期城市防洪排涝发挥了重要作用。1967 年墨西哥城启动深隧排水系统的总体规划，一期于 1975 年建成并投入运行。深隧排水系统由中央隧道和截水隧道两部分组成，采用泥水盾构施工方法，全部敷设在地表 30 m 以下。中央隧道直径为 6.5 m，长为 50 km，设计过流能力为 2200 m^3/s，是将墨西哥城雨水和污水排出城外的主要通道，承担了整个城市排洪纳污功能。截水隧道由呈支状分布的 9 条总长约 154 km、直径为 3.1～5.0 m 的隧道组成，主要负责及时将区域内的雨洪及污水收集并排入中央隧道。但由于人口增长和服务范围的扩展，1975 年建成的深层隧道排水系统已满足不了需求，特别是雨季过流能力不足，导致城市内涝频发，为此提出了墨西哥城东部排水隧道项目伊米苏·奥连特隧道（Tunel Emisor Oriente，TEO）。TEO 是一个混合雨水和污水的深层排水系统，由长为 62 km、直径为 7 m、埋设深度超过 200 m 的东部隧道，以及 24 根内径为 12～16 m、深度为 28～155 m 的竖井组成，排水能力为 150 m^3/s。它是墨西哥当时最大的基础设施项目，与中央隧道互为备用，能够进一步提高城市排水能力（Gonzalez，2020；Rangel et al.，2012）。

2. 东京江户川深隧工程（蓄水型深隧）

东京江户川深隧工程又名"首都圈外郭放水路"工程，位于东京都外围的埼玉县，被誉为世界上最先进的下水道排水系统。该地区处于东京湾的冲积平原上，地势低洼，河湖众多，东京受暴雨和洪水的侵袭较为频繁，特别是当短历时超常降雨出现时，形成的洪水超出河道正常排涝能力，积水倒灌，引起城市内涝。在东京范围内的大小河流中，最大的江户川由于河道较为宽阔，具有足够的泄洪能力。因此，建设深隧工程利用江户川提高其他河道的洪水容纳能力，解决东京洪水问题，是建设该工程的初衷。

东京江户川深隧工程全长 6.3 km，下水道直径约 10 m，埋设深度为地下 60～100 m，由地下隧道、5 座巨型竖井（口径为 30 m）、180 m×78 m×25.4 m 的调压水槽、排水泵房（最大流量为 200 m^3/s，高度为 14 m）和中控室组成。竖井将东京都十八号水路、中川、仓松川、幸松川、大落古利根川与江户川贯通在一起，用于超标准暴雨情况下流域内洪水的调蓄和引流排放，调蓄量约 67 万 m^3，最后通过排水泵房将洪水抽排至江户川，最终流入东京湾。工程于 1992 年开始兴建，2006 年完工。总投资约 2400 亿日元。

该深隧工程只用于分洪，正常状态和普通降雨时，该隧道不必启动。雨水经常规、浅埋的下水道和河道系统排入东京湾。而当台风或超标准暴雨等异常情况出现，并超过串联河流的泄洪能力时，与各河流连通的竖井闸门便会开启，将洪水引入深隧系统存储起来。当超过调蓄规模时，排洪泵站自行启动，将洪水抽排经江户川排入东京湾。据统计，东京江户川深隧工程每年会启动 5～7 次。

3. 芝加哥隧道和水库计划（复合型深隧）

由于芝加哥市及其周边地区的排水系统为合流制，随着城市的发展，暴雨径流增大，污水处理厂经常超负荷，迫使未经处理的污水流入河道（每年约有 100 次溢流污染），最终排至密歇根湖。为有效保护密歇根湖等水体环境，早在 20 世纪 70 年代初期市政当局就提出了隧道和水库计划（Tunnel and Reservoir Plan，TARP）。该计划包括建设由东向西 160 km 的隧道，将原来流向密西根湖的排水管网改变排水方向，用以截流贮存合流管中的溢流水，以便污水处理厂以后处理。其主要目标是保护密歇根湖饮用水源免受污染，保障芝加哥市及其邻县 800 万人口的饮用水水源安全；改善区域内河涌水质；提供洪水分流通道缓解街道和低洼处的水浸。

TARP 工程分两期进行,一期工程于 1975 年开始建设,1985 年部分建成隧道投入运行,2006 年全部完工。该工程收集和贮存以前的 600 多个合流污水溢流口排水。下暴雨时雨水从合流制污水管网涌入隧道,然后泵入二级再生水厂。一期工程包括长尾 176 km、直径为 2.5～10 m 的圆形隧道,位于地下 45.7～106.7 m,提供 870 万 m^3 的调蓄容积。第二期工程包括 Majewski、McCook 和 Thornton 3 个水库,这 3 个水库可增加系统调蓄容积 0.66 亿 m^3。收集的雨水通过这 3 座调蓄水库被输送到一个处理能力为 450×10^5 t/d 的超大规模污水处理厂,处理达标后的雨水最终排入自然河流。

TARP 工程的实施成功减轻了芝加哥地区的水浸和污染,保护了密歇根湖,芝加哥河水质明显好转,许多河内水生生物得以重现。美国芝加哥市是世界上最早、最成功的采用地下深隧技术的城市之一,芝加哥也因深隧工程被授予水管理模范城市,其成功经验也在美国的其他城市得到推广和应用。

4. 克利夫兰净湖工程隧道系统（截污型深隧）

克利夫兰位于美国的中部,俄亥俄州的西部,市区面积约为 200 km^2,人口约 40 万人（2010 年）,大市区包括邻近 4 县,总面积为 3934 km^2。克利夫兰属大陆性湿润气候,四季分明,夏季潮热,冬季寒冷多雪,春秋两季气候温和,湿度较低。年平均降雨量 890 mm,分布相对均匀,夏季多为分散式暴雨。

克利夫兰采用合流制排水系统,随着城市的开发建设,雨污水量大幅增加,每年雨季约发生 80 次合流污水溢流。尽管对部分浅层排水管进行了改造,仍不能解决合流污水溢流产生的污染问题。为此,克利夫兰制订减少地表水合流污水排放或溢流方案——净湖工程,总投资 30 亿美元,预计 2025 年完成。

净湖工程规划建设 6 条隧道,总长为 33 km,直径为 5.2～7.3 m,埋深为 30～60 m。其中:Euclid Creek 调蓄隧道,直径为 7.3 m,长为 10 km,有 5 座 60 m 深的竖井,以及深为 73 m 的隧道提升泵站,调蓄容积为 22 万 m^3,工程投资为 2 亿美元,已于 2010 年开工建设,2015 年建成;Doan Walley 调蓄隧道,直径为 5.2 m,长为 3 km,2016 年开工建设;Wes terly CSO 调蓄隧道,直径为 7.3 m,长为 3.7 km,2020 年开工建设;Shoreline 调蓄隧道,直径为 6.4 m,长为 4.9 km,2021 年开工建设;Southerly 调蓄隧道,直径为 7.0 m,长为 5.4 km,2024 年开工建设;Big Cree 调蓄隧道,直径为 6.0 m,长为 6.0 km,预计 2026年开工建设。

5. 新加坡深层隧道排污系统（转输型深隧）

新加坡毗邻马六甲海峡南口,国土面积约为 733.2 km^2,人口约 564 万人（2022 年）,属热带海洋性气候,年平均气温为 23～34 ℃,年平均降雨量 2 400 mm。新加坡是全球少数几个采用雨污分流系统的国家之一,这是由于其城市环境清洁,雨水污染程度小,同时新加坡淡水资源缺乏,故雨水是其主要淡水资源。雨水通过街道旁的明渠逐级汇集到 17 个大型蓄水池中,经处理后进入配水系统。新加坡共有 6 个污水处理厂,年污水处理量约 5 亿 m^3。当地法律规定,建于地上的污水处理厂周围的隔离带需要 2 km 宽,建于地下的污水处理厂周围的隔离带需要 200 m 宽。

近年来，随着经济的快速发展，市区不断向外扩展，原本位于郊区的污水处理厂越来越靠近市区，附近居民越来越多，厂区所处的地块也价格暴涨。为了节省土地和扩大污水厂处理规模，新加坡政府提出，未来的污水收集和处理体系采用深隧系统。总体设想：支线排水管道从现有排水系统收集污水，现有的 6 座污水处理厂采用深层隧道系统连接起来，以重力流的方式将污水送至计划在比较偏远的位置新建的"樟宜"和"大氏"两个污水处理厂。污水处理达到排海标准后，由排海口向深海排放。由于用两个大型污水处理厂取代众多小型污水厂，运行、维护更为高效和经济，规模效应更为明显，尾水也便于引到更远的深海排放。现有的 6 座污水处理厂和泵站将逐步淘汰，这些设施所占的 290 hm² 土地可用于其他用途，从而提升周围物业的发展价值，进而为新加坡节省了大量的城市用地。

该深隧系统分两期建设，包括两个在岛国交错的大型深隧道、2 个中央水供回收厂、深海排水口及 1 个污水管网。一期工程包括：1 条从克兰芝到樟宜并连接 4 座污水处理厂的 48 km 长的深层污水隧道、1 座位于樟宜的处理量为 90 万 m³/d 的污水处理厂、2 条 5 km 长的深海排水口以及 60 km 长的污水连接管。一期工程中，位于樟宜的北段隧道、进水泵站及深海排水口系统已于 2005 年底竣工并启用。其中原有的三家水供回收厂的污水已导入北段隧道，绕道柔佛海峡排入新加坡海峡。当樟宜东水供回收厂于 2007 年底竣工并启用后，现有水供回收厂的污水也将逐渐导入北段隧道输送到处理厂处理。

二期工程将在一期工程结束后，随着污水处理量增加而动工。二期工程使用盾构法建造，近 100 km 废水输送网络将主要在 Ayer Rajah 高速公路下运行，并且穿越大士湾海底，在未来的大士水回收厂的深水井结束。19 台泥水盾构掘进机用于挖掘地下和海底 35～55 m 的深隧，以创建 40 km 的深层隧道和 10 km 的连接水道。剩下 50 km 的连接污水管道将使用顶管的微隧道方法进行建造。

该深隧工程采用重力非满流形式，混凝土浇筑，直径为 3.5～6.5 m，埋设深度 30～70 m，设计使用年限为 100 年，隧道设计使用期内无须维修。

1.5.4 国内深隧典型工程

1. 香港雨水排放深隧工程（转输型隧道）

香港市区荔枝角、荃湾和葵涌、港岛北等地区经过数十年迅速都市化发展后，部分以前属于乡郊的地区如今已楼宇林立，道路延绵。土地硬化大大增加了地面径流的流量，然而每逢雨季，西九龙地区的深水埗、荔枝角、长沙湾等老区、香港岛北部多处地区均会出现严重的水浸情况，影响居民生活，形成交通堵塞，同时也给中环、湾仔及铜锣湾等经济商业中心地区带来了巨额的经济损失。

为了降低水浸为民生所带来的不方便及对香港社会所造成的损失，渠务署于 1996 年展开《雨水排放整体计划研究及雨水排放研究》，考虑土地需求、交通影响、环境因素，结合当地排水系统的情况，决定开展雨水排放隧道工程。目前，香港已建成 3 项雨水排放隧道工程，即荔枝角雨水排放隧道工程、荃湾雨水排放隧道工程和港岛西雨水排放隧道工程。

该 3 项雨水排放隧道工程将高地地区大部分的雨水截取，经新建成的雨水排放隧道直接排入大海，减少雨水流向下游，从而减轻港区整体的水浸问题。

1) 荔枝角雨水排放隧道工程

荔枝角排水隧道的集水区面积约为 7.18 km²，可以保护下游 5.09 km² 的市区。山区雨水通过位于山脚支渠的 6 个集水口收集，再经一条长 2.5 km、直径 4.9 m 的分支隧道，从深水埗泽安邨以南沿呈祥道转运至卫民村旧址的静水池，再利用一条长 1.2 km、直径 4.9 m 的倒虹吸隧道把雨水输送到荔枝角海旁出水口排入维多利亚港，排水流量最高可达 102 m³/s。

由于主隧道的定线途经西九龙的商住及工业区，并且穿过港铁荃湾线、东涌线、机场快线、西铁线及西九龙公路，定线与青沙公路部分高架路重叠，要避过这些基建设施的地基，以及避免影响现时的土地用途及未来发展，设计采用了倒虹吸形式的隧道，深入地面下 40 m。隧道的出水口建于维多利亚港畔，高于海平面，可以防止风暴潮导致的海水上涌。因为上游的静水池海拔高于海上的出水口，即使主管道深藏地下 40 m，水依然能够顺畅排出。

该工程包括兴建全长约 3.7 km 的分支隧道及主隧道，投资 17 亿港元。香港荔枝角雨水排放隧道主隧道贯通后，将缓解荔枝角、长沙湾及深水埗地区水浸风险，荔枝角等地的防洪标准，将上升为 50 年一遇（降雨量 130 mm/h），从而有效减低水浸风险及对公众、交通及商业活动的影响。工程于 2008 年 11 月开工，分支隧道已于 2011 年 1 月贯通，2012 年年底启用。

2) 荃湾雨水排放隧道工程

荃湾雨水排放隧道全长 5.1 km，直径为 6.5 m，排水流量最高可达 220 m³/s，工程投资约 15 亿港元，工程于 2007 年 12 月开工，于 2013 年 3 月启用。隧道通过 3 个位于宜合、老围及曹公潭的进水口，收集由荃湾及葵涌半山截流来的雨水，再经油柑头排水口排入大海，减轻区内一直以来依靠地下管渠排水的负担，加强荃湾及葵涌区的防洪能力，隧道建成后可抵御 200 年一遇的每小时降雨量超过 70 mm 的暴雨。

3) 港岛西雨水排放隧道工程

经过多年仔细的筹划、分析及多次咨询，渠务署决定采用截流方法，于香港岛西部兴建雨水排放隧道——港岛西雨水排放隧道。

港岛西雨水排放隧道直径为 6.25~7.25 m，连接隧道长约 8 km，主隧道全长为 11 km，主隧道排水量达 135 m³/s，工程投资约 34 亿港元，工程于 2007 年 11 月开工，2012 年 8 月启用。该隧道横跨大坑至数码港，通过分布于大坑、跑马地、湾仔、中环及西营盘等地区的 34 个进水口，可以收集截流约 30% 从香港岛半山区上流下的雨水。通过新建港岛西雨水排放隧道，雨水直接排入香港岛数码港附近的海域，以减少雨水流向下游，从而减轻香港岛北部的整体水浸问题，同时可以抵御 50 年一遇的暴雨。

2. 香港净化海港计划深隧工程（转输型隧道）

净化海港计划（Harbour Area Treatment Scheme，HATS）是香港政府于 1994 年起分为两期进行的一个污水处理基础建设计划，为环绕维多利亚港两岸区域（香港岛及九龙半岛）进行污水收集及处理，以改善维多利亚港的水质。

净化海港计划首期工程覆盖维多利亚港 75% 的沿岸，每日能够处理约 140 万 m³ 的污水，令 350 万人民受惠。首期工程于 1994 年动工，于 2001 年 12 月建成。由于海底存有很多基础设施，如海底电缆及原有的排污渠等，再次进行钻挖及爆破前，必须进行精确的勘探，以避免造成灾难性的破坏。另外，隧道挖掘工程期间遇到了软石带，需要额外的技术以巩固该段隧道。第一期工程包括收集污水：于平均深度为 100 m 的海底下建造长达23.6 km 的深层隧道系统，收集来自九龙及香港岛东北的污水，并且输送到昂船洲污水处理厂。污水在昂船洲污水处理厂进行中央化学辅助一级污水处理，并通过一条长 1.7 km、直径 5 m 的排放管和一条长 1.23 km 的扩散管道进行排放。

第二期工程分为甲乙两期，第二期甲为香港岛其余地区兴建深层污水隧道系统，并为昂船洲污水处理厂兴建次座主泵房、沉淀池及其他辅助设施。该深隧工程长约 21 km、埋深为 70~163.8 m，其中北角至湾仔段长 3.2 km，为最深处部分，是香港最深污水隧道。隧道工程主要分别于北角、湾仔、西营盘和昂船洲掘挖深达 163.8 m 的竖井至基层岩，再由竖井运送掘挖机器打横钻挖，打通 4 口竖井，以铺设排污管道，及后兴建主泵房、沉淀池及其他辅助设施。主泵房为全球最大，楼高 6 层，直径达 55 m、埋深为 40 m。第二期乙为昂船洲污水处理厂增建生物二级污水处理设施。

3. 广州深隧排水系统（复合型深隧）

广州市排水系统遇到的问题有：合流制、分流制排水系统混存，雨污分流难度大、效果不明显；内涝问题突出；截流倍数低，截污不彻底，初小雨污染严重。城市老城区密集建设，雨污分流工程进展难以为继，浅层系统改造困难，拆迁征地费用高。针对广州市老城区截污、初雨污染和内涝三方面的排水问题，在保留并发挥现有排水系统和河涌水系作用的基础上，通过深隧排水技术的应用，得以充分改善河涌水质，并较大幅度地提高排水、排涝标准，保障城市水安全。

广州双深隧系统总体规划包括支隧、合流制溢流水主隧道、旱季污水主隧道、跌水竖井、末端泵站、综合污水处理厂等。工程内容包括：①CSO 溢流污染主隧，总长约 29.1 km。②CSO 主隧附属设施——CSO 竖井 5 座（含预处理设施），CSO 泵站 1 座，支隧接入点 5处。③污水主隧道与 CSO 隧道并行，29.1 km。④污水主隧附属设施一污水竖井 4 座（含预处理设施），污水泵站 1 座。⑤综合污水处理厂 1 座，规模 440 万 m³/d，其中，旱季污水规模 240 万 m³/d，执行一级 A 标准；初雨处理规模 200 万 m³/d，执行二级标准。

选择东濠涌支隧作为试点工程。东濠涌隧道长度为 1.7 km，洞径为 6 m，调蓄容积为 6.3 万 m³，末端排涝泵站规模 48 m³/s。东濠涌隧道可将流域排洪标准提高至 50 年一遇；同时，深隧可调蓄合流溢流污水，泵送到污水处理厂达标排放，可实现削减合流污染 70% 以上，大幅度提升东濠涌水质。

4. 深圳前海—南山排水深隧工程（复合型深隧）

深圳前海—南山排水深隧工程跨深圳市南山区和前海合作区，是国内第一条集旱季污水收集、雨季污染控制、防洪排涝三大功能于一体的综合型排水深层隧道，由主隧、支隧、预处理站及大型枢纽泵站组成。主隧长约为 3.7 km，洞径为 6.0 m，埋深为 45 m；支隧长约 0.92 km，洞径为 4.0～5.4 m；枢纽泵站基坑直径为 150 m，深为 55 m，为超大超深基坑。总投资约 24.1 亿元。建设目标的防洪标准为 100 年一遇，排涝标准为 50 年一遇。该工程于 2019 年 5 月 30 日开工。该工程位于月亮湾大道西侧，规划环状水廊道东侧，起点为关口渠，终点为铲湾渠水廊道。沿途分别收集预处理关口渠、郑宝坑渠、桂庙渠的初（小）雨水、涝水。

该深隧工程内容包括：①4.1 km 深隧，管径 4～7 m，高程为地下 40～50 m。②隧道调蓄规模 10 万 m^3。③三座跌水竖井，分别接收关口渠郑宝坑渠、桂庙渠来水。竖井前设置预处理构筑物（包括截污泵房、沉砂池、除臭设施等），截污泵截流倍数采用 2，总规模 5 万 m^3/d。④末端泵站排涝规模 86 m^3/s，8 台泵，设计扬程为 9 m；初雨泵站规模 10 万 m^3/d，4 台泵（3 用 1 备），设计扬程为 46 m。

第 2 章

大东湖核心区污水深隧
建设背景及工程概况

2.1　区域现状及存在问题

　　为改善武汉市水环境生态状况，创建"两型"社会示范区，武汉市向国家提出了建设大东湖生态水网的方案，2009 年 5 月国家发改委正式批复同意武汉市《大东湖生态水网构建总体方案》。作为大东湖水网工程的启动工程——楚河工程已经实施，滨渠商业街汉街雏形已经建成，东沙湖地区改造正在有序展开，地区品质得到较大提升。"大东湖生态水网"区域内规划有龙王嘴、沙湖、二郎庙、落步咀、北湖等 12 座污水处理厂（图 2-1-1），其中沙湖、二郎庙和落步咀 3 座污水处理厂位于"大东湖生态水网"的核心区内，另外还有一座白玉山污水处理厂正处于准备建设阶段。

图 2-1-1　大东湖地区污水处理厂分布区位图

2.1.1　污水系统现状

　　大东湖核心区分属 12 个污水系统，其中武钢工业污水系统、化工新城工业污水系统和乙烯工业污水系统 3 个污水系统主要收集、处理工业污水，管网和污水处理厂独立运行与管理；另外 9 个污水收集系统主要收集、处理城市污水，已建有 6 座污水厂，白玉山和鼓架山污水处理厂尚未建成。其中涉及大东湖核心区主要有沙湖、二郎庙、落步咀、白玉山四大污水系统。

1. 沙湖污水系统现状

沙湖污水处理厂是武汉市第一座城市污水处理厂（原名为武汉市水质净化厂），1993年建成运行，经 2003 年、2005 年两次改、扩建，该厂目前处理规模为 15 万 t/日。沙湖污水处理厂选址于沙湖东南岸，武重工业区西侧；服务范围为沙湖以南、武珞路以北、东湖以西、大东门以东的地区，包括水果湖、茶港、中南片三个系统。目前沙湖污水处理厂现有控制用地仅勉强满足当前规模二级处理工程需求，不能满足未来深度处理工程用地需求。

沙湖污水处理厂采用厌氧-缺氧-好氧（anaerobic-anoxic-oxic，A2/O）二级处理工艺，用地面积 119 亩[①]（图 2-1-2）。

图 2-1-2　沙湖污水处理厂现状图

沙湖污水处理厂尾水通过沙湖港、罗家港出江；由于沙湖港（沙湖东闸以南段）承担周边地区排涝功能，雨水入沙湖调蓄，因此，导致暴雨期间尾水随雨水一起排入沙湖，目前沙湖污水处理厂尾水水质执行《城镇污水处理厂污染物排放标准》（GB 18918—2002）一级 B 标准。

沙湖污水处理厂下辖东湖泵站（规模 1.0 m³/s）、八一路泵站（规模 0.4 m³/s）及水果湖泵站（规模 1.6 m³/s）3 座污水泵站。沙湖污水处理厂服务范围内的污水分三部分进入沙湖污水处理厂。武汉大学等单位在内的东三路以东、天鹅路以南地区污水通过水果湖泵站提升进入沙湖污水处理厂；洪山广场以东、天鹅路以南、东三路以西地区的污水通过东湖路泵站提升进入沙湖污水处理厂，其他范围内的污水通过沙湖大道上自排管道排入沙湖污水处理厂。

2. 二郎庙污水系统现状

二郎庙污水处理厂位于武青四干道以南、杨园南路以东、铁机路以西、铁路以北徐东地区（图 2-1-3）。根据《武汉市城市总体规划》（2010—2020），二郎庙污水处理厂服务范围主要在武昌区和青山区，具体为东至罗家港，西至蛇山南，南抵东湖，北到临江大道，主要负责收集和处理余家头、徐家棚及徐东和梨园等地区的污水。服务面积约 32.2 km²（其

---

① 1 亩 ≈ 666.67 m²

中武昌山南地区为合流区，服务面积约 4.6 km²），现状服务人口约 48.50 万人。

二郎庙污水处理厂一期 2002 年 11 月建成，2008 年扩建，处理能力为 24 万 t/日，采用 A2/O 二级生物处理工艺，占地面积约 460 亩（图 2-1-3）。

图 2-1-3　二郎庙污水处理厂现状图

二郎庙污水处理厂尾水水质执行《城镇污水处理厂污染物排放标准》（GB 18918—2002）一级 B 标准，尾水经沙湖港、罗家港排入长江。该规划区域主要包括杨园组团和积玉桥片、月亮湾片、沙湖片等，规划范围主要行政办公等公建区有徐东片、民主路片等；居住区主要有徐东地区、积玉桥地区等。

3. 落步咀污水系统现状

落步咀污水系统服务范围主要在青山区和洪山区，具体为西北到长江，南到罗家港、东湖和落雁景区，东到工业港、21 号公路和王青公路，该厂位于友谊大道和三环线交汇处南侧。于 2007 年 6 月开工建设，于 2009 年 10 月建成投产。污水处理厂现状规模近期 12×10^4 m³/日，规划控制规模 24×10^4 m³/日。

污水处理等级为二级，处理工艺为厌氧-好氧（anoxic oxic，A/O）工艺。厂区近期占地面积约 137.6 亩，远期占地面积约 102 亩，共约 240 亩（图 2-1-4）。

污水厂现状尾水排放执行《城镇污水处理厂污染物排放标准》（GB 18918—2002）一级 B 标准。污水尾水经厂内泵房提升后经沙湖港、罗家港排入长江。

4. 白玉山污水系统现状

白玉山污水系统服务范围约 32.85 km²，主要服务武东地区、白玉山地区和建设乡，服务人口约 7.14 万人。本区域仅仅白玉山局部地区敷设有现状污水管道，由于污水处理厂和主干收集系统尚未建设，现状污水未经处理直接通过明渠排入严西湖。

图 2-1-4　落步咀污水处理厂现状图

根据现场调研发现，武东片区污水基本通过管道、明渠或箱涵排入严西湖，白玉山片区仅部分污水排入严西湖，大部分污水排入北湖。严西湖北侧主要排口共 23 个，现状入湖污水量约为 2.57×10^4 m³/d。其中武钢南附近主要为 471、481 厂排口，污水量约 1.65×10^4 m³/d；武东地区主要为上游青化路以北污水，污水量约 0.85×10^4 m³/d；另外在白玉山附近有 1 000 m³/d 生活污水。

5. 龙王嘴污水系统现状

龙王嘴污水处理厂服务面积约 51.0 km²，服务人口约 51.4 万人，该规划区域包括主城珞瑜组团和关山组团，规划范围主要行政办公等公建区有鲁巷片、卓刀泉片等（图 2-1-5）；居住区主要有珞狮南路地区、关东地区、鲁巷地区和关南地区等；工业区主要有关东工业园和关南工业园等。

龙王嘴污水处理厂整个工程设计规模 30×10^4 m³/d，采用 A2/O 二级生物处理工艺。（图 2-1-5）。

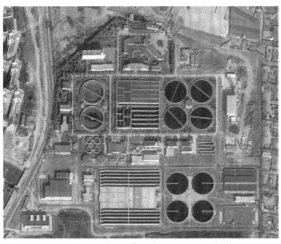

图 2-1-5　龙王嘴污水处理厂现状图

尾水排放水质执行《城镇污水处理厂污染物排放标准》（GB 18918—2002）一级 A 标准，尾水现状通过尾水箱涵排放至南湖连通渠，后经自排闸或江南泵站抽排入长江。

6. 其他污水系统现状

大东湖地区污水系统除工程范围内 5 个收集系统外，另有花山污水系统、王家店污水系统、武钢工业污水系统、乙烯工业污水系统 4 个污水系统。花山、王家店污水处理厂现状规模均为 2 万 t/日，这 2 座污水处理厂尾水水质均执行《城镇污水处理厂污染物排放标准》（GB 18918—2002）一级 A 标准，武钢及乙烯项目污水处理厂均为工业污水处理厂，独立运行并进行管理。

2.1.2　雨水系统现状

大东湖地区雨水系统主要分为东沙湖水系、北湖水系两大水体和港西系统、青山镇系统、工业港系统三个面积较小的直排系统。东沙湖水系汇水范围为 178 km²，北湖水系汇水范围为 190 km²（图 2-1-6）。

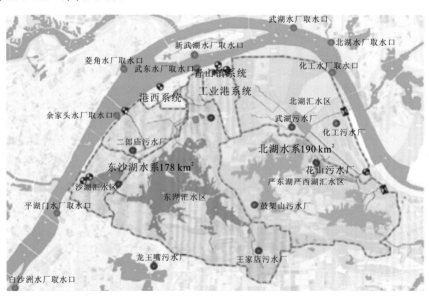

图 2-1-6　水系汇水分区图

东沙湖水系范围包括水果湖、东湖、杨春湖、外沙湖及内沙湖，汇水范围面积为 1 778 hm²，大部分为城市建设区，水面面积为 359 hm²，另有楚河、青山港、罗家港、沙湖港、新沟渠等现状明渠。

非汛期湖水主要由罗家路闸自流入长江，或由青山港进入武钢排水体系，然后由北湖闸自流入长江；汛期则由新生路泵站、罗家路泵站、前进路泵站抽排入长江。

现该水系通江涵闸有罗家路闸及曾家港闸，排水流量分别为 21.72 m³/s、15 m³/s。排水泵站有新生路泵站、前进路泵站、曾家巷泵站、罗家路泵站，抽排能力分别为 40 m³/s、15 m³/s、1.72 m³/s、85 m³/s。

北湖水系由严东湖、严西湖、北湖、青潭湖和竹子湖等湖泊组成。新厂位于其中的北湖汇水区，该范围内雨水通过北湖港、北湖闸港、北湖大港等港渠汇集，经北湖调蓄后，非汛期通过北湖闸港自流入江，汛期经北湖大港由北湖泵站（现状规模 64 m³/s）抽排入江。北湖汇水区还承担严西湖、严东湖、竹子湖和青潭湖汇水区的转输来水，该区域目前所能达到的排涝标准为 10 年一遇。

2.1.3 周边水环境现状

大东湖地区水系发达，分布有东湖、沙湖、杨春湖、严西湖、严东湖、北湖等 6 大湖泊，分别通过新生路泵站、罗家港、青山港、北湖闸港、北湖大港汇入长江。根据《2013年武汉市环境状况公报》调查数据显示，沙湖水质为劣 V 类，大东湖区域内其他湖泊水质为 IV 类。具体水质情况见表 2-1-1。

表 2-1-1 大东湖 6 大湖泊主要水质状况表

湖泊	所在行政区	一级水功能区	湖泊面积/km²	水质管理目标	2012 年水质评价	2014 年水质评价
东湖	东湖生态旅游风景区	东湖开发利用区	33.989	III 类	IV 类	IV 类
沙湖	武昌区、东湖生态旅游风景区	沙湖保留区	3.078	IV 类	劣 V 类	劣 V 类
杨春湖	洪山区	杨春湖保留区	0.576	IV 类	III 类	IV 类
严西湖	东湖新技术开发区、青山区	严西湖保留区	14.231	III 类	III 类	IV 类
严东湖	东湖新技术开发区	严东湖保留区	9.111	III 类	IV 类	IV 类
北湖	青山区	北湖（青山）开发利用区	1.933	V 类	劣 V 类	IV 类

2.1.4 污水厂区域建设现状

大东湖 431 km² 内，建设用地约为 177.2 km²，占总用地的 41%，水域和绿化用地约为 253.8 km²，占总用地的 59%。建成区主要分布于东湖南、西、北岸；建成区以外，主要为山林地及水域，且村镇、自然村湾分布零散、数量众多。

沙湖污水处理厂周边用地以公建和住宅为主（图 2-1-7），周边路网基本形成，包括中北路、公正路等，还有近几年修建的沙湖大桥、东湖路隧道等，沙湖污水处理厂东南地区已成为城市核心区，同时，沙湖污水处理厂周边有较多城中村存在，为推进城市建设步伐，提升城市品质，以大东湖启动工程——楚河的建设为契机，开启了东沙湖地区城中村改造和周边配套市政设施的建设，随着市政设施完善，沙湖污水处理厂周边开发强度将更大。

二郎庙污水处理厂周边以居住为主，有少量的公建（图 2-1-8）。周边主要有爱家国际华城、新世界花园、七星四季花园、华腾园等数十个居民小区，东北角为和平铁机家居综合大市场。北边团结大道为规划城市主干道，南边的沙湖大道（徐东路—新沟渠）工程及沙湖港、罗家港局部段的综合整治工程已启动。

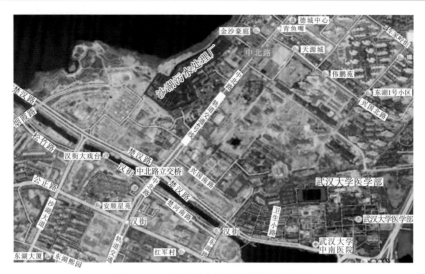

图 2-1-7 沙湖污水处理厂周边现状图

图 2-1-8 二郎庙污水处理厂周边现状图

落步咀污水处理厂西南两侧为三环线和武青四干道，周边用地以住宅和学校为主，东北两侧有住宅分布，东南角集中有杨春湖中学、武钢九中、武钢九中附小三所学校，南侧为武汉火车站（图 2-1-9）。

2.1.5 存在的问题及分析

1. 污水处理厂用地与城市格局矛盾

沙湖污水处理厂始建于 20 世纪 80 年代，污水处理厂选址用地位于城市建设边缘区，东临武重工业区，离居住区和公建区较远，与当时的城市布局没有矛盾，选址合理。随着

图 2-1-9　落步咀污水处理厂周边现状

城市的发展和市区版图的扩张，污水处理厂南部发展为中南商业中心，东南面为省级行政中心，污水处理厂东边的武重工业区拆迁搬移建设为中北路商务中心，沙湖污水处理厂所在位置逐渐成为城市核心区，沙湖污水处理厂成为武汉市内二环内唯一的污水处理厂，污水处理厂与周边地区的功能定位格格不入，影响地区发展。同时，沙湖污水处理厂的存在使得土地资源的潜在价值得不到释放。随着沙湖污水处理厂南侧东沙湖地区建设的启动，沙湖污水处理厂周边地区土地价值快速提升，沙湖污水处理厂与地区发展、土地利用的矛盾更加突出。二郎庙污水处理厂位于城市经济中心，限制周边土地资源的潜在价值释放，影响周边居住、商用品质。落步咀污水处理厂建于武汉火车站东北侧，紧邻三环线，随着武汉站的建成、杨春湖城市副中心的逐步开发，远期武钢和青山热电厂有搬迁可能，将促使其周边地区土地升值。可以预见，落步咀污水处理厂未来也会遭遇类似问题。

2. 与环境保护要求的矛盾

1）水体现状水质急需改善

目前大东湖范围内仍有 76% 的湖泊水面达不到水环境功能区的要求，东湖、沙湖等 5 个湖泊水质不达标，其中沙湖等湖泊水质还属于劣 V 类。

2）卫生安全防护距离不足

沙湖污水处理厂三面紧邻住宅区，未采取任何除臭设施；二郎庙污水处理厂周边紧邻居住区，目前已对开敞构筑物全部加盖并除臭（图 2-1-10），可暂时缓解臭气对周围居民的影响问题；落步咀污水处理厂周围集中两个学校与众多居民区，为缓解卫生安全防护距离不足，污水处理厂缺氧池、厌氧池均建设为封闭式，且采用了除臭措施。

图 2-1-10　二郎庙污水处理厂加盖

3）污水处理滞后，提标任务紧迫

目前，沙湖、二郎庙、落步咀 3 座污水处理厂均为二级处理，污水处理厂的尾水排放执行《城镇污水处理厂污染物排放标准》（GB 18918—2002）中的一级 B 标准，尾水均经沙湖港、罗家港入江。

2006 年国家环境保护总局发布的《城镇污水处理厂污染物排放标准》（GB 18918—2002）修改单中提出，"城镇污水处理厂出水排入国家和省确定的重点流域及湖泊、水库等封闭、半封闭水域时，执行一级标准的 A 标准"；2009 年武汉市环保局公布的《市环保局关于全市城镇污水处理厂尾水排放执行标准的通知》也规定"新城污水处理厂、汤逊湖污水处理厂、沙湖污水处理厂、二郎庙污水处理厂、龙王咀污水处理厂等应进行工艺升级改造，修建专用管道改排长江（武汉段），其尾水排放从目前执行《城镇污水处理厂污染物排放标准》一级标准的 B 标准提高到一级标准的 A 标准"。因此，3 座污水处理厂急需升级改造。

4）尾水排港与城市排涝、区域生态环境矛盾

沙湖港具有雨水排放功能。小雨时，沙湖港（徐东路以南）沿线地区雨水仍经过沙湖港入江；暴雨期间，沙湖东闸开放，雨水经沙湖港入沙湖调蓄，导致污水处理厂尾水随汛期雨水一起排入沙湖，恶化沙湖水质；随着东沙湖连通工程的实施，沙湖水质修复迫在眉睫，二郎庙污水处理厂和落步咀污水处理厂，尤其是沙湖污水处理厂尾水的排入对其水质恢复将产生阻碍。

三厂尾水均经沙湖港、罗家港入长江，影响港内水质和沿港地区环境；汛期时尾水随雨水一起排入沙湖，会影响沙湖水质恢复。

3. 厂区升级、扩建需求与用地限制

沙湖污水处理厂处理能力已现不足（近期最大污水量为 17.95 万 t/日），增加深度处理设施厂内更无富余用地，因此目前规划拟将沙湖厂搬迁至距离最近的二郎庙污水处理厂；二郎庙污水处理厂也需要升级扩建，若接纳沙湖污水处理厂来水，厂区内预留空地尚能满足，技术是可行的，但不能从根本上解决污水处理厂与地区发展、土地利用的矛盾。

4. 配套排水管网尚不完善

按照规划，沙湖、二郎庙、落步咀三大污水系统仅保留二郎庙系统 4.6 km² 合流区，其他区域均应完成分流制改造。但由于地表系统不完善，目前合流（混流）区达 38 km²，影响污水处理厂进水水质。同时，由于地表管网不完善，沙湖、二郎庙仍有部分污水未接入污水处理厂，落步咀系统因为管网滞后，污水处理厂实际进水水量与厂区建设规模不符。

2.2　工程建设背景及意义

全国各地大型城市都面临着污水处理厂用地布局与城市格局的矛盾，有些采取搬迁的方式解决，有些采取地下复合改造的方式解决。随着城市化发展和环境品质要求不断提升，城市核心区污水处理厂的改造显得刻不容缓。

1. 优化基础设施布局，提升核心区城市功能的需要

沙湖、二郎庙、落步咀三座污水处理厂均位于大东湖核心区域内，污水处理要求同城市用地发展矛盾明显（图 2-2-1）。污水处理厂自身都存在升级扩建的需求，卫生安全防护距离不足、尾水环境污染等矛盾，而且这些矛盾随着生态环境要求越来越高，压力越来越大，尽快将城市中心污水处理厂搬迁，远离核心区并采取有效的措施解决环境矛盾是十分有必要的。同时，针对目前污水处理厂布局带来的环境问题，影响了周围土地的利用，若三大污水处理厂搬迁后，土地价值将得到有效的提升，促进周围商圈发展。

图 2-2-1　现状污水厂周边规划用图

2. 立足全面解决大东湖地区的水环境问题的需要

2009 年 5 月国家发改委正式批复同意武汉市"大东湖生态水网构建工程总体方案"，通过构建一个健康、可持续发展的水网水体，恢复江湖之间的生态联系，实现江湖相济，实现湖泊水体功能达标，恢复东湖战略应急备用水源地功能，促进滨水旅游产业的发展，彰显武汉市的滨江滨湖特色，主要内容包括"三大工程"和建立"一个平台"，以污染控制为前提，以水网连通为措施，以生态修复为核心，以监测评估为手段，实现水网构建目标。

然而大东湖地区面临污水处理、内涝防治、初雨污染等问题。首先，中心城区存在的雨污错接和混流，导致污水进入雨水系统，径流污染排口雨季溢流污染问题突出，虽然 2009 年先后针对茶港闸、水果湖、天鹅湖等排口修建了雨水调蓄池，但其余地区仍存在此类问题，由于投资高昂、用地紧缺、管理不善等原因，地区径流污染治理难以有效开展。其次，沙湖、二郎庙、落步咀三座污水处理厂尾水（水质一级 B 标准）均经沙湖港、罗家港入江，对港渠水功能实现仍存在一定影响。大东湖地区除杨春湖和北湖达标外，东湖、沙湖及其他湖泊水质不达标，水环境治理和保护任务艰巨。

因此，开展大东湖核心区污水传输系统工程及规划的雨水深隧等工程立足于全面解决大东湖地区内的水环境问题，将城市核心区污水处理厂搬迁至城市边缘集中处理，解决目前污水处理厂处理能力不足及尾水达标排放的矛盾，又能有效保护城市中心湖泊和港渠，有利于水环境水质目标的实现；同时结合规划的雨水深隧能够统筹解决区域污水处理、雨季溢流、雨水排涝等问题，是向构建大东湖生态水网迈出的重要一步。

3. 满足各污水处理厂自身升级改造及环保要求的需要

目前沙湖、二郎庙、落步咀三座污水处理厂均为二级处理，尾水水质均为一级 B 标准，三座污水处理厂均急需升级改造。同时、沙湖、二郎庙均面临处理能力不足的问题，也同时需要扩建规模；由于区域管网建设不匹配，虽然落步咀目前还未达到设计规模，但区域污水排放量其实已经达到 12 万 t/日，且目前急需尾水升级达标。随着高铁带来区域城市化发展，城市污水量逐步增加，按照水量预测和环保处理等级目标，落步咀污水处理厂现状预留用地也将无法满足处理能力要求，也将面临沙湖和二郎庙今天的困局。

因此，就目前的情况来看，三座污水处理厂若是扩建、升级改造，不但征地困难，还需满足《武汉市建设项目环境准入管理若干规定》中"新建污水处理厂边界与居住区等环境敏感区一般应保持 300 米以上的防护距离"的相关要求。沙湖污水处理厂三面紧邻住宅区，未设置任何除臭设施；二郎庙污水处理厂周边紧邻居住区，居民饱受臭气和噪声干扰；按照规划，落步咀污水处理厂东侧与北侧集中两个学校与众多居民区，难以保持防护距离，无法满足环保需求，因此按照新的环保控制要求，污水处理厂防护距离均达不到要求。而集中将污水处理厂搬迁至化工区则避开现有居民敏感区，周围基本为绿化防护用地和规划工业用地，满足 300 m 防护距离要求；同时新建污水处理厂从征地和处理工艺上均可保证污水扩建和尾水升级环保达标要求。

2.3　深隧总体规划布局

大东湖核心区深隧总体规划布局可概括为：一厂、两线、三隧（图 2-3-1、图 2-3-2）。一厂：拆除现状沙湖污水处理厂、二郎庙污水处理厂、落步咀污水处理厂，在化工区预留用地新建北湖污水处理厂，近期规模 80 万 t/日，远期规模 150 万 t/日，用于处理现状沙湖污水厂、二郎庙污水厂、落步咀污水厂和规划的白玉山污水厂服务范围的污水。

两线：北线两条排水隧道，南线一条排水隧道。

三隧：①近期北线污水转输隧道，主要功能为转输现状沙湖污水厂、二郎庙污水厂、落步咀污水厂和规划的白玉山污水厂服务范围的污水至北湖污水处理厂进行处理，长度约 17.5 km。②近期北线雨水调蓄隧道，主要功能为对罗家港直排区超标内涝雨水进行调蓄，同时作为北线污水隧道的备用；隧道调蓄规模 30.9 万 m^3，长度约 17.5 km。③远期南线合

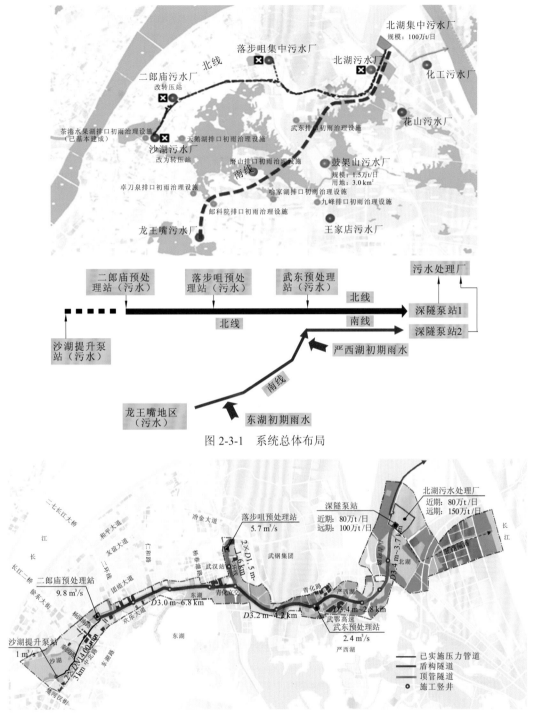

图 2-3-1 系统总体布局

图 2-3-2 污水深隧平面布置

流隧道，主要功能为污水转输和初期雨水调蓄；考虑远期龙王嘴污水厂搬迁及解决东湖南部初期雨水径流污染问题等需求，远景沿东湖南部建设南线深隧工程，接入北湖集中污水厂进行处理。

大东湖深隧主隧道线路长 17.5 km，支隧道线路长约 1.7 km，为国内最长排水隧道；大东湖污水传输隧道沿线需要下穿河道、湖泊、地铁、铁路等现状设施，污水隧道埋深约 25～40 m，同时由于污水隧道采用压力流形式，隧道工作压力约 0.3 MPa，极端工况下承受水头压力达 0.4 MPa；因此大东湖污水传输隧道属于超长、超深、超高压排水隧道。

2.4　区域地理及地质环境

2.4.1　自然状况

武汉地处江汉平原东部，地势东高西低、南高北低，中间被长江、汉江呈 Y 字形切割为三块，谓之"武汉三镇"。武汉城区南部分布有近东西走向的条带状丘陵，四周分布有比较密集的树枝状冲沟，武汉素有"水乡泽国"之称，市内大小近百个湖泊星罗棋布，形成了水系发育、山水交融的复杂地形。最高点高程 150 m 左右，最低陆地高程约 18 m。武汉地区无全新世活动断裂，地震烈度≤6 度，属于地壳稳定区。

大东湖核心区污水传输系统工程沿线地形总体平缓，部分地段变化大，表现为工程沿线三环线—星力路、胜英路—青化路地段高程较大，全线勘探孔高程在 19.90～38.41 m 变化。从区域上看，沿线地貌形态有 I 级阶地（杨园南路—欢乐大道欢乐谷附近及北湖附近）及剥蚀堆积垅岗区（III 级阶地，欢乐谷—青化路、八吉府路交会处）两种类型。

拟建工程起于二郎庙污水处理厂背后的沙湖港边，经沙湖港、欢乐大道、青化路立交桥、武鄂高速、武东中路、青化路—北湖，其中沙湖港—欢乐大道段周边高层建筑鳞次栉比，地下管线较为复杂；欢乐大道—武鄂高速段多为道路、厂房及绿化带；武鄂高速—北湖段多为农田、房屋及厂房。拟建场地沿线地表水系发育，河湖众多，沟渠纵横，沿线穿越或毗邻沙湖、东湖、严西湖、北湖等。

2.4.2　工程地质条件

1. 岩层岩性

根据工程钻探、原位测试、物探及室内试验结果，图 2-4-1 为研究区域某地质剖面图。结合拟建工程特性，对研究区域内各地基岩土层的工程性能评价如下。

人工填土［（1-1）层、（1-2）层］：该土层为人类活动堆填而成，分布范围和厚度缺乏规律性，带有极大的人为随意性，往往在很小范围内，变化很大，且成分复杂，密实度不均匀，物理、力学性质差异性大，属于不均匀土层，工程性能差。

第四系湖塘相淤积层［（1-3）层］：该土层工程力学性质极差，具高灵敏度，基坑开挖暴露后易产生塑性破坏而流动。

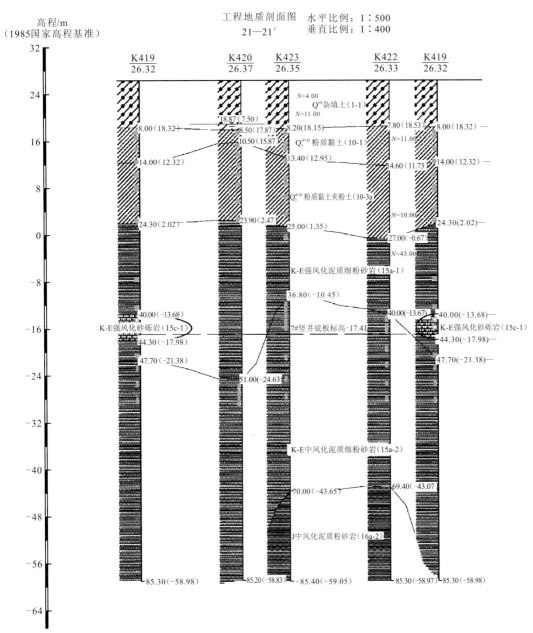

图 2-4-1 研究区域地质剖面图

Q—第四系；Q^{ml}—第四系人工填土层；Q_3^{al+pl}—第四系上更新统冲洪积层；E—古近系；K—白垩系；

J—侏罗系；N—标准贯入度；●取原状土样位置；■取岩石样位置

新近沉积土 [(2) 层]：该土层强度较低，压缩性高，可以作为基坑的侧壁土存在，自稳能力差。

第四系全新统冲积成因的一般黏性土及淤泥质土 [(3-1) 层、(3-2) 层、(3-3) 层、(3-3a) 层、(3-5) 层]：其中 (3-1) 层、(3-3a) 层、(3-5) 层为可塑状态，厚度不大，强度尚可，主要作为基坑侧壁土层，自稳性一般，可以作为地表系统中管道或荷载较小拟建物的基础持力层；（3-2）层、（3-3）层软-流塑状态，强度相对较低，压缩性高，中-高灵敏度，可作为坑壁土层，自稳性差。

第四系全新统冲积成因的砂土层[（4-1）层、（4-2）层、（4-3）层、（4-3a）层、（4-4）层]：该土层主要分布于工程线路上的一级阶地和古河道地带，（4-1）层呈稍密状态，强度一般，压缩性中等；（4-2）层、（4-3）层呈中密—密实状态，强度较高，压缩性低；场区（4-4）层粉细砂夹砾石主要分布于本线路一级阶地砂土层的底部，强度较高，压缩性低，砂土层为含水层，赋存于其间的承压水可能会对基坑和隧道施工产生不利影响。

第四系上更新统冲洪积成因的老黏土层[（10-1）层、（10-2）层、（10-3a）层、（10-3b）层、（10-4）层]：（10-1）层、（10-2）层、（10-3a）层强度高，压缩性低，老黏性土层局部存在弱膨胀潜势，老黏性土胀缩特性分布无规律、不均匀，同一土层胀缩差异也较大，与土层的层位不同、物化性质上的差异有关。（10-4）层主要分布于本工程第四标段严西湖滨一带。

第四系上更新统冲洪积成因的砾卵石[（12）层]：该土层主要分布于本工程第一标段的古河道地带，厚度较大，呈中密状态，强度较高，压缩性低，且赋存于其间的承压水可能会对隧道施工产生不利影响。

残积土[（13-1）层]：该土层主要分布于本工程第四标段隧道主线所穿越严西湖段，埋藏较浅，其强度一般，位于隧道顶板之上，对隧道施工基本无影响。

新近系中新统成因的弱胶结黏土岩[（14）层]：该土层主要分布于本线路第四标段，其强度高，压缩性低，位于隧道顶板之上，对隧道施工基本无影响。

白垩系—古近系泥质细粉砂岩、砂砾岩[（15a-1）层、（15a-2）层、（15c-1）层、（15c-2）层]：该土层近水平层理，是典型的内陆河湖相沉积岩层，其成岩年代晚，胶结强度不高，上部呈半胶结状态，（15a-1）层、（15a-2）层属较完整岩体，极软岩，岩体基本质量等级为 V 级，（15c-1）层、（15c-2）层属较破碎岩体，软岩，岩体基本质量等级为 V 级，（15a-1）层和（15c-1）层为强风化基岩，强度尚可；（15a-2）层和（15c-2）层为中风化基岩，强度较高。基岩分布稳定，厚度较大，工程性质较好，岩层面埋深较大；均可作为拟建地表系统及竖井等拟建物的基础持力层。

侏罗系粉砂岩、细砂岩类[（16a-1）层、（16a-2）层、（16b-2）层]：该土层分布于本工程第四标段，力学性质好，（16a-1）层埋深较浅，且厚度较小，位于隧道顶板之上，对隧道施工基本无影响。（16a-2）层泥质—粉砂状结构，属于软岩，岩体破碎，岩体基本质量等级为 V 类。

石炭系的中风化灰岩、溶洞及炭质泥岩[（18a-2）层、（18a-2a）层、（18g-1）层]：中风化灰岩主要分布于本工程第四标段穿越严西湖段，里程为 K12+781.13～K13+238.60 段，其岩心单轴抗压强度标准值为 47.1 MPa，最大值可达 124.0 MPa，属于较硬岩，岩体较破碎，岩体基本质量等级为 III 类，场区内该层中的岩溶极为发育，石英质量分数为 0～1%。污水隧道洞身局部位于该层中，若采用盾构法施工该地层，灰岩中岩溶发育程度为强发育，应通过对岩溶处理，确保盾构机安全顺利通过洞区，避免涌水、突泥，盾构机偏移、卡壳、下垂，地面沉陷等意外事故发生。同时，该岩层力学强度高（根据实验结果其最大单轴抗压强度可达 124 MPa），盾构法对于该岩层是否可行设计单位应进行分析确定，对于该岩层,还可以采用矿山法进行施工。(18a-2a)层溶洞,详勘揭露灰岩的钻孔共有 11 个,其中发现有溶洞的钻孔共 9 个,揭露溶洞共计 11 个,见洞率为 81.8%,线岩溶率为 14.7%,其中空溶洞 3 个,半充填和全充填状态的溶洞共计 8 个,充填物为软—可塑状态的黏性土、砾砂及炭质泥岩颗粒等。

详勘揭露灰岩中岩溶发育程度为强发育,深隧洞身局部位于溶洞内,盾构施工时,易发生涌水、突泥,盾构机偏移、卡壳、下垂等意外事故。岩溶对深隧施工影响较大。

(18g-1)层主要分布于第四标段穿越严西湖段,其石英质量分数为 32%~94%,岩心呈角砾状,粒径为 0.2~0.4 mm,该层其上分布主要为碎石土层及黏性土层,碎石土层与严西湖水具有一定的连通性,赋存于其间的地下水可能会对隧道施工产生不利影响。从隧道埋深情况确定,隧道从该层中穿过,盾构掘进过程中该层对刀盘和刀具磨损较严重,还有可能造成刀盘卡死,盾构设备应配置好适应本地层的刀盘、刀具,并设置好盾构掘进参数,控制好推进速度,快速均衡施工,并应注意重视其对施工产生的不利影响。

志留系坟头组基岩[(20a-2)层、(20b-1)层、(20b-2)层、(20c-1)层、(20c-2)层]:(20b-1)层为强风化泥质粉砂岩,强风化岩体已基本风化呈土状及碎块状,散体状结构,粉砂质成分含量较高。(20c-1)层为强风化粉砂质泥岩,强风化岩体已基本风化呈土状及碎块状,散体状结构,泥质成分含量较高。(20a-2)层、(20c-2)层粉砂质泥岩,力学强度较高,工程性能较好;(20b-2)层为中风化泥质粉砂岩,泥质—粉砂状结构,属极软岩,岩体较破碎,岩体基本质量等级为 V 类,该层分布、层面埋深较稳定,有一定厚度,力学强度较高,工程性能较好。

2. 地下水环境

拟建工程沿线场区地下水按赋存条件主要可分为上层滞水、孔隙承压水、碎屑岩裂隙水和岩溶裂隙水等。

1)上层滞水

上层滞水主要赋存于人工填土层中,接受大气降水和地表散水垂直下渗的补给,无统一自由水面,水位及水量随季节性大气降水及周边生活用水排放的影响而波动。场地上层滞水静止水位在地面以下 1.0~4.0 m。

2)孔隙承压水

孔隙承压水主要赋存于 I 级阶地(3-5)层、(4)层及 III 级阶地(5)层砾卵石层及古河床地段的(12)层砾卵石层中,其上覆的黏性土层可视为其隔水顶板,下卧基岩可视为隔水底板。孔隙承压水水量丰富,与长江有较密切的水力联系,其水位变化幅度受长江水位涨落影响。据武汉地区承压水长期观测结果,该地区承压水头标高一般在 15.0~19.5 m,年变幅 3~4 m。

3)碎屑岩裂隙水

勘察场地沿线分布有古生界志留系—新生界古近系多种基岩,基岩裂隙水多赋存于中-微风化基岩裂隙中,补给方式主要由上覆含水层下渗补给,其次为有裂隙连通性较好之基岩直接出露于周边地表水体接受地表水补给，总体而言泥质灰岩、石英细砂岩和砂岩类等硬质岩呈脆性，多具剪性裂隙而含少量裂隙水，而黏土类岩等软岩节理、裂隙多被泥质充填而水量极贫乏。

4）岩溶裂隙水

岩溶裂隙水主要赋存于本场地石炭系泥质灰岩、二叠系灰岩裂隙或溶洞中，勘察中部分钻孔揭露的灰岩有一定的溶蚀现象，局部地段（K9孔）发现溶洞，洞内无充填，因灰岩顶部一般有较厚的黏性土或其他岩层隔水层，大气降水不易渗入补给地下水，以接受相邻的碎屑岩类裂隙水补给为主，由此初步判定岩溶裂隙水水量较小。因岩溶发育受诸多因素控制，覆盖型岩溶裂隙水补、径、排条件很复杂，可勘察工作量有限，因此不排除部分地段有较好的储水构造和入渗补给条件，岩溶裂隙水水量大小及赋存运动特征有待后步详勘或岩溶专项勘察时进一步分析研究。

5）其他类型地下水

根据勘察场地沿线勘察成果结合本地区工程经验，位于Ⅲ级阶地垅岗地区坳沟中的粉土层或与基岩接触的坡积层（如K23孔）中存在层间水或潜水，其中拗沟中粉土含水层一般呈封闭型，含水与透水性较差，水量不大，主要接受地表水体补给。坡积层中水量大小与该层中黏性土含量和碎石含量、结构密实程度和孔隙大小及补给来源的大小有关，若碎石含量高、孔隙大，且位于基岩裂隙水排泄区，层间水水量较大。

3. 不良地质作用和特殊性岩土

1）不良地质作用

根据勘察资料，严西湖区段分布有可溶性灰岩、泥质灰岩，溶蚀现象较明显，钻孔在钻进过程中有失水现象，其中K23孔揭露有溶洞发育。总体来看，其上覆盖层较厚，灰岩、泥质灰岩顶面直接接触为（10-4）层碎石土或其他岩层，覆盖层中地层较稳定，钻探过程中未发现土洞，场地及附近地区无地面塌陷历史，但考虑局部地段岩溶裂隙有一定连通性，地下结构施工将改变上覆土层结构的应力状态，以及岩溶地下水动水力条件，从而可能引发环境工程地质问题。

工程线路通过区域灰岩的埋藏深度均在深隧影响范围内，灰岩分布区岩溶发育现状与发展趋势、地下工程施工引发的环境地质问题等应是下阶段勘察研究的重点。

从详勘及对以往地质资料的收集来看，拟建场地未见大量腐殖质及大规模储藏的有害气体，但不排除局部地段因地层有机质含量高而储藏有害气体的可能性。

2）特殊性岩土

（1）软土问题。拟建场地上部分布有厚度不一的软土，包括（1-3）层淤泥及（3-2）层黏土、（3-4）层淤泥质黏土，其中（1-3）层淤泥呈流塑状、（3-2）层黏土呈软塑状、（3-4）层淤泥质黏土流—软塑状，其中（1-3）层、（3-4）层还具有天然含水量、孔隙比和压缩性高，结构灵敏、易流变、蠕变等性质。上述3层土强度低-较低、自稳性能差，在竖井、泵站（房）等明挖段应加强支护。

（2）老黏性土胀缩性。拟建场地跨越多种地貌单元，在 III 级阶地或隐伏三级阶地分布的老黏性土具一定的吸水膨胀和失水收缩的特性，其中，局部地段老黏性土自由膨胀率大于 40%，具一定膨胀潜势，呈零星状、鸡窝状分布，且由于层位不同和软化性质上的差异，其胀缩性指标也复杂多变，老黏性土吸水膨胀后土体抗剪强度将急剧下降，隧道和基坑施工应针对老黏性土局部具弱膨胀潜势的特性，采取相应的防水措施。

（3）填土问题。拟建场地分布的（1-1）层杂填土和（1-2）层素填土，厚度一般为 0.5～2.2 m，个别地段最大厚度达到 4.4 m，该层结构松散，力学性质呈各向异性，工程性质差，作为坑壁土层，自稳性差，拟建区间隧道明挖时应加强支护。

2.5　深隧关键技术研究选题原则及内容

本工程设计深层隧道以输送沙湖、二郎庙、落步咀和武东地区污水。相对于传统地表输送系统，深层隧道输送系统对地面交通影响较小、征地拆迁量少、施工协调量少、建设周期短、可实施性强，且由于其埋深基本在地下 20 m 以下，安全性强，能为地表预留更多发展空间。

污水传输隧道仅在我国香港和国外个别承受有较少的实际工程，但在我国内地尚处于起步阶段，无工程先例，设计时可借鉴的资料较少。因此本工程在设计过程中，需要针对各个关键技术专题研究，以克服工程设计、施工、运维中的各种技术难题。

2.5.1　关键技术研究的选题原则

1. 针对性原则

所选定的关键技术研究课题的研究内容应针对深层污水传输工程设计、施工、运行、管理、维护等项目建设各阶段中的关键技术问题进行研究，并提出系统的解决方案以优化项目建设，并为项目的设计、施工和运行提供全面的指导和验证，使得项目建成后能够持续、稳定、安全、经济、高效地运行，提高项目建设的科学性。

2. 可实施性原则

所选定的关键技术研究课题的研究内容和方案应结合项目的实际，研究成果应具有较强的可实施性和可操作性，以便于研究成果能对工程的设计、施工和运行提供参考和依据。

2.5.2　关键技术研究内容

根据本项目的特点,结合工程设计中的主要技术特点,拟进行以下专题研究(表 2-5-1)。

表 2-5-1　关键技术研究内容汇总表

关键技术	研究内容
深隧的水力特性	采用物理模型和数值模拟等方法对管道系统内污水的不淤流速和非稳态流的特性进行分析,确定合理的不淤流速,并通过一维计算流体力学模型来研究非稳态条件下管道内的水流运动特性,为工程设计提供重要的依据和支撑
深层隧道传输方式	采用数值分析和数值模型模拟等方法对隧道重力流和压力流不同输送方式进行研究,确定本工程合适的输送方式
入流竖井关键技术	通过研究在不同设计流量、水位条件下,入流竖井内水流、气流、结构受力等特性,评估入流竖井的运行状态,为工程设计及运行提供参考,并结合研究成果对设计方案提出优化调整建议
深隧泵房关键技术	通过数值模拟和模型试验等技术途径进行验证,确定科学合理的技术方案。总体而言,深隧提升泵房关键技术在于工艺布局、地下空间利用、设备选型、进水流道、结构振动、降水防渗、支护开挖等方面,而这些关键点中尤其是工艺布局、进水流道、结构振动在技术方案的设计中最为重要,需要进行专项研究和模拟分析
深隧结构体系及其性能	通过数值模拟和模型试验等技术途径,重点开展超深高水压条件下微型污水隧道结构体系及其性能、微型污水隧道耐久性与防渗性研究,超深高水压条件下微型污水隧道横纵向关键参数、内外复杂环境联合作用下污水隧道管片接头性能、超埋深条件下隧道结构-围岩相互作用关系及结构水土荷载模式、超深高水压条件下微型污水隧道结构典型工作性态以及隧道耐久性和防渗性研究等内容,对设计方案提出优化调整建议
盾构隧道施工关键技术	通过经验类比、理论分析、模拟试验等方法对隧道邻近建构筑物条件进行分类、分区、分度研究,通过相关资料调查、隧道设计条件、地层条件、建构筑物条件以及变形允许值判断是否近接施工,为隧道施工提供相关保护措施和监控量测建议
超深高水压条件下特种基坑关键技术及应用	利用数值分析计算、模拟施工过程,以及采用两墙合一逆作法、复杂地层连续墙施工工法、三维声呐检测止水结构渗漏等施工技术,对超深、超高压、复杂工况下基坑的关键技术进行研究
智慧深隧关键技术	以物联网的前端监测技术、基于 GIS 的智慧水务建设技术、应用计算机协同工作技术、智能化分析技术、水下机器人技术、结构健康监测技术等技术融合为基础,研究智慧深隧排水系统的总体解决方案

第 2 篇

污水深隧关键技术

第 3 章

深隧的水力特性

深隧运行过程中，隧道内的水流流动复杂，分析并掌握水流的流动状态对深隧的工艺选择和结构设计具有重要影响，同时也对深隧运行安全具有重要意义。本章主要介绍采用物理模型和数值模拟等方法对管道系统内污水的不淤流速和非稳态流特性进行分析，确定合理的不淤流速，并通过一维计算流体力学模型来研究非稳态条件下管道内的水流运动特性，为工程设计提供重要的依据和支撑。

3.1 临界不淤流速

3.1.1 临界流速的定义

临界流速主要有下面三种定义。

第一临界流速：管道恰好处于无沉积的悬浮工作状态时的流速，又称不淤流速。

第二临界流速：管道摩阻损失的最小即能量损失最低点所对应的流速，又称阻力最小流速。

第三临界流速：管道保持一定的沉积厚度进行工作时的流速，又称淤积流速。

在污水管道污水流中，临界不淤流速是较为重要的设计参考依据之一，污水管道设计流速的确定与其直接相关，而设计流速对管道的运行安全性和经济性有较大影响。污水管道设计流速过高会引起管道的水头损失偏高，从而造成管道末端提升泵房电耗增大，增加运行成本；设计流速偏低会使得污水中的悬浮物在管内形成沉积，导致管道堵塞，影响管道过流能力。

本节所研究的污水不淤流速为管道恰好处于无沉积的悬浮工作状态时的临界流速，即第一临界流速。

3.1.2 污水中泥沙的运动

管道污水中泥沙的运动形式主要表现为推移质运动和悬移质运动。

1. 推移质运动

在床面滚动、滑动或跳跃前进的泥沙称为推移质。其中以滚动、滑动方式前进的泥沙常与床面接触，因此又称为触移质。而以跳跃方式前进的泥沙则称为跃移质。

推移质运动的强弱与水流强度关系较大。当流速增大时，推移质中较细部分有可能达到较大的悬浮高度而转化为悬移质；当流速减小时，推移质中较粗部分有可能沉落到床面而转化为床沙。这种转化不但发生在时均水流强度发生变化的条件下，即使时均水流强度保持恒定，由于受脉动影响，也会发生变化。推移质之所以能与悬移质中的床沙质经常交换，是因为推移质运动具有非连续性质。

推移质运动在床面附近发生，对单颗粒泥沙来说，其主要表现形式是不连续的，时快时慢，走走停停。粒径愈大，停的时间愈长，走的时间愈短，运动的速度愈慢。对群体泥沙而言，推移质运动主要表现形式为连续的沙波运动。从沙波迎流面冲刷起来的沙粒淤积在沙波波谷，保持下粗上细的一般规律性。最小的颗粒从上一个沙波飞到下一个沙波，几乎可以不停地连续运动；而最粗的颗粒，构成沙波的底层，暴露的机会很少，大部分时间处于埋藏状态，前进的速度很慢。由此可知，虽然外表看来，在推移质运动过程中，似乎整个沙波作为一个整体在"爬行"；而从内部观察，沙波的运动却是上快下慢，上下各层之间呈有规律的相对运动。

2. 悬移质运动

与推移质不同，悬移质在水流中的运动状态不是滚动、滑动或跃移，而是在水流的诸流层中悬浮前进，留下只具有统计学机遇性质而无力学必然规律的迹线。位于床面的泥沙，当粒径或相应沉速小到一定程度时，受临近床面的水流紊动作用，自床面扬起，随水流运动。这种运动，从沿流程的纵剖面来看，可以分为两个部分：一部分是遵循能坡的总方向，与正流一同向下游运动，这是主要的部分；另一部分，是受重力作用及水流的紊动扩散作用而运动，具有随机性质，时升时降，时游时停。从理论上说，只要属于能自床面扬起的颗粒，就有机会在浮浮沉沉的过程中达到水面流层，不过这个机会随颗粒粒径的增大而减小。同时，只要是在水流中悬游的颗粒，都有机会在浮沉过程中接触床面，不过这个机会随颗粒的减小而减小。

悬移质的运动速度与水流速度基本一致，因而消耗能量较少，并且是从紊流的动能中取得这部分能量。既然悬移运动从紊动动能中取得能量，而紊动动能是由直流势能转化而来的，因此悬移运动虽然不直接消耗水势能，其数量也应占有水流势能的一部分，与推移质运动消耗相比，悬移质运动的能量消耗要小得多。

3.1.3 临界不淤流速的影响因素

相关研究表明，影响污水深隧管道输水临界不淤流速的因素很多，主要包括污水的含沙量、泥沙颗粒密度和粒径、输送管径。

1. 含沙量对临界不淤流速的影响

根据高明等（2006）的研究，含沙量对临界不淤流速有明显的影响。含沙量的提高，一方面使混合液黏性增加，使其中颗粒沉速下降，同时紊动对泥沙颗粒的支持力可相应的减小，这说明浓度提高可以导致临界速度减小。另一方面，在一定管径等条件下，固体输送浓度的提高抑制了紊动强度，减弱了对颗粒的支持力，要求增加流速以维持一定的紊动强度。所以含沙量的提高使得临界不淤速度减小和加大两种情况同时存在，因而出现了复杂的现象。当含沙量较小时，临界不淤流速随含沙量的加大而增大；但当含沙量加大到一定值后，含沙量的提高对减小泥沙沉速起主要作用，临界不淤流速因含沙量的加大而增大的趋势趋于平缓。

2. 泥沙密度和粒径对临界不淤流速的影响

根据高明等（2006）的研究，泥沙密度和粒径对临界不淤流速的影响非常明显。泥沙颗粒密度越小，越易于形成均匀悬浮，流动中用于支持泥沙颗粒均匀悬浮的能量就越小，阻力减小，则临界不淤流速越小；反之则相反。同时，泥沙颗粒级配对临界不淤流速也有影响，特别是泥沙颗粒的上限粒径（小于某粒径的土粒质量占总质量 90%的粒径 d_{90} 或小于某粒径的土粒质量占总质量 95%的粒径 d_{95}），一般最先沉降到管底的是粒径比较大的泥沙颗粒。

3. 管道直径对临界不淤流速的影响

对于管径对临界不淤流速的影响程度，人们的认识有所不同，一些专家认为大型管道中管径 D 对临界不淤流速影响甚微，Bechtel 公司在进行管道设计时给出了临界不淤流速公式：

$$v_s = K(s-1)^{0.5}\left(\frac{d_{95}}{\eta}\right)^{0.25}\mathrm{e}^{1+4.2C_v} \tag{3-1-1}$$

式中：s 为泥沙相对重度差，$s = (\gamma_s - \gamma)/\gamma$，其中 γ_s 为泥沙重度，γ 为液体重度；C_v 为泥沙质量浓度；K 为流速修正系数；η 为污水刚度系数。

另外有一些专家认为临界不淤流速与管径 D 有关，但程度不一样，例如最著名的杜兰德（Durand）公式中，临界不淤流速 $v_s \propto D^{\frac{1}{3}}$；在瓦斯普（Wasp）的计算方法里，$v_s$ 与 $D^{\frac{1}{3}}$ 成正比。

3.1.4 临界不淤流速的判断方法

在试验观测中，基于临界不淤流速的概念、物理含义及水沙运动规律，临界不淤流速的判断方法概括为三种。

1. 利用 J_m-U 关系曲线判断临界不淤流速（图解法）

根据污水阻力损失试验资料，以单位距离的水头损失，即压力梯度 J_m（清水水柱）为纵坐标，以断面平均流速 U 为横坐标，绘制污水 J_m-U 关系曲线。以往的研究和很多文献中认为 J_m-U 关系曲线的最低点即为管道底部开始出现沉积物的临界情况，此点的流速即为临界不淤流速。

2. 利用电导率仪判断临界不淤流速（电测法）

就液体而言，由于介质不同，其电导率也不同。污水在深隧管道中流动时，当管内高速水流由大到小变化时，泥沙颗粒从均匀悬浮到不均匀悬浮、管道底部存在明显的推移运动，以至开始出现泥沙的沉积和不动底床，其泥沙在不同流区的变化势必产生管底层电导率的变化。随着底层水流含沙量的增加，其电导率随之增大，当泥沙开始沉积后，电导率接近于最大，以后趋于平缓，此时的流速即为临界不淤流速。

3. 目测法

测试管道安置透明管，如有机玻璃管，通过目测判断临界状态点。当管道底部开始出现泥沙的沉积和不动底床时，此时的流速即为临界不淤流速。

以上三种方法，目测法可以直接观测泥沙在深隧管道中的运动形式，特别是泥沙的淤积过程。本章试验研究采用目测法，透过有机玻璃管底部，观察泥沙颗粒在不同水流状态（满管流或非满管流）的淤积状态。试验中实现泥沙颗粒临界悬浮工作状态的方法为：控制进口流量由大至小（每次以 0.1 L）变化，逐渐逼近临界不淤状态，并观察污水泥沙的管道底部沉降淤积情况，当污水处于管道底部无淤积体的悬浮工作状态时，记录此状态下的进口流量，计算得出临界不淤流速；控制进口流量由小至大（每次以 0.1 L）变化，亦如上述方法，从反向确定临界不淤状态，并且通过多次的试验，确保目测法的准确性。

3.1.5　临界不淤流速的研究进展

1. Nalluri-El-Zaemey 公式

Nalluri 等（1997）对圆形管道中泥沙在起动和不淤情况下推移质运动规律进行了模拟试验，根据一定的理论分析和数据处理，得出泥沙的临界不淤流速公式为

$$\frac{v_s}{\sqrt{gd(s-1)}} = 1.77\lambda^{-\frac{2}{3}}\left(\frac{d}{R}\right)^{-\frac{1}{3}}C_v^{\frac{1}{3}} \tag{3-1-2}$$

式中：v_s 为不淤流速；λ 为沿程阻力系数；C_v 为泥沙质量浓度；g 为当地重力加速度；d 为泥沙中值粒径；s 为泥沙相对重度差；R 为深隧管道水力半径。注意，公式形式多量纲为 1，因此对各参数没有单位的要求，只要公式中各参数单位保持一致即可。

Nalluri 等（1997）根据在 305 mm 管径管道中进行的具有固定泥沙底床的模型试验，分析了具有泥沙底床的泥沙运动方程，得

$$\frac{v_s}{\sqrt{gd(s-1)}} = 1.94C_v^{0.165}\left(\frac{b}{y_0}\right)^{-0.4}\left(\frac{d}{D}\right)^{-0.57}\lambda_{sb}^{-0.10} \tag{3-1-3}$$

$$\lambda_{sb} = 6.6\lambda_s^{-1.45} \tag{3-1-4}$$

$$\lambda_s = 0.88C_v^{0.01}\left(\frac{b}{y_0}\right)^{0.03}\lambda^{0.94} \tag{3-1-5}$$

式中：b 为泥沙底床宽；y_0 为水深；λ_{sb} 为考虑泥沙底床的沿程阻力系数；λ_s 为总沿程阻力系数。

式（3-1-3）对有、无泥沙底床的管道均适用。应当用于无底床的临界不淤流速计算时，将式（3-1-3）和式（3-1-5）中的 b 值（$b = 0.5D$）代入式（3-1-3）后，简化为

$$\frac{v_s}{\sqrt{gd(s-1)}} = 2.56C_v^{0.165}\left(\frac{b}{D}\right)^{0.4}\left(\frac{d}{D}\right)^{-0.57}\lambda_{sb}^{-0.10} \tag{3-1-6}$$

Nalluri 和 El-Zaemey（1997）通过收集和整理 Pulliah（1978）、Macke（1982）、Arora（1983）等悬沙模型试验数据，经多元回归分析，得出临界不淤条件下悬沙运动方程：

$$\frac{v_s}{\sqrt{gd(s-1)}} = 3.32C_v^{0.12}\left(\frac{y_0}{d}\right)^{0.28}\lambda_s^{-0.14} \tag{3-1-7}$$

2. May 公式

May 等（1996）通过对各家试验数据进行比较分析，修正了推移质运动方程，提出了与试验数据更吻合的方程：

$$C_v = 0.0303\left(\frac{D^2}{A}\right)\left(\frac{d}{D}\right)^{0.6}\left[\frac{v_s^2}{gD(s-1)}\right]^{1.5}\left(1-\frac{v_c}{v_s}\right)^4 \tag{3-1-8}$$

式中：A 为管道断面面积；$v_c = 0.125\sqrt{gd(s-1)}\left(\frac{y_0}{d}\right)^{0.47}$。

Nalluri 等（1997）对 May 等（1996）提出的公式进行了修正，使用了 El-Zaemey 对固定淤床管道泥沙运动的模型试验数据，修正的公式与试验成果吻合，公式为

$$C_v = 0.00102\left(\frac{D^2}{A}\right)\left(\frac{d}{R}\right)^{0.6}\left[\frac{v_s^2}{gd(s-1)}\right]^{0.75}\left(1-\frac{v_c}{v_s}\right)^4\left(\frac{d}{D}\right)^{1.5}\left(\frac{d}{b}\right)^{-0.82}\lambda_s^{-1.2} \tag{3-1-9}$$

式中：$v_c = 0.50\sqrt{gd(s-1)}\left(\frac{d}{R}\right)^{-0.40}$。

3. Ackers 公式

Ackers 等（2001）在对管道泥沙运动的研究中，广泛收集前人的试验资料，整理得到一千组次水槽试验成果，在 Bagnold 的基本概念指导下，写出某些无量纲参数之间的函数关系，然后进行回归分析，求出不同泥沙粒径 d 对应的函数具体形式。

$d > 2.5$ mm：

$$v_s = 7.73d^{0.40}D^{0.1} + 61.0d^{0.16}D^{0.66}C_v^{0.56} \tag{3-1-10}$$

或

$$v_s = 7.73d^{0.40}D^{0.1} + 35.3d^{-0.16}D^{0.66}C_v^{0.56} \tag{3-1-11}$$

$d = 2$ mm：

$$v_s = 0.50D^{0.104}n^{-0.067} + 110D^{0.649}n^{-0.030}C_v^{0.550} \tag{3-1-12}$$

$d = 1.0$ mm：

$$v_s = 0.198D^{0.116}n^{-0.236} + 43D^{0.605}n^{0.116}C_v^{0.509} \tag{3-1-13}$$

$d = 0.5$ mm：

$$v_s = 0.079D^{0.127}n^{-0.404} + 14D^{0.540}n^{0.225}C_v^{0.443} \tag{3-1-14}$$

$d = 0.3$ mm：

$$v_s = 0.040D^{0.135}n^{-0.528} + 5.1D^{0.479}n^{0.329}C_v^{0.377} \tag{3-1-15}$$

$d = 0.2$ mm：

$$v_s = 0.023D^{0.142}n^{0.627} + 2.0D^{0.427}n^{-0.428}C_v^{0.318} \tag{3-1-16}$$

$d=0.1$ mm：

$$v_s = 0.009\,4D^{0.153}n^{0.796} + 0.30D^{0.341}n^{-0.623}C_v^{0.217} \tag{3-1-17}$$

$d=0.06$ mm：

$$v_s = 0.004\,8D^{0.161}n^{0.920} + 0.072D^{0.290}n^{0.780}C_v^{0.152} \tag{3-1-18}$$

4. Macke 公式

Macke（1982）对底床无淤积的悬移质运动提出了如下公式：

$$C_v = \frac{\lambda^3 V_s^5}{30.4(s-1)W_s^{1.5}A} \tag{3-1-19}$$

式中：W_s 为泥沙沉降速度；λ 为沿程阻力系数；A 为管道断面面积。

5. Novak-Nalluri 公式

Novak 和 Nalluri（1978）通过对圆形管道中泥沙的起动和不淤情况下推移质运动规律进行模型试验，根据一定的理论分析和数据处理，得出泥沙的临界不淤流速公式为

$$\frac{v_s}{\sqrt{gd(s-1)}} = 1.77\lambda^{-\frac{2}{3}}\left(\frac{d}{R}\right)^{-\frac{1}{3}}C_v^{\frac{1}{3}} \tag{3-1-20}$$

6. Nalluri-Spaliviero 公式

Nalluri 和 Spaliviero（1997）通过收集和整理大量的悬沙模型试验数据，经多元回归分析，得出临界不淤条件下悬沙运动方程：

$$\frac{v_s}{\sqrt{gd(s-1)}} = 3.32C_v^{0.12}\left(\frac{y_0}{d}\right)^{0.28}\lambda_s^{-0.14} \tag{3-1-21}$$

上述分别选择了近年最具有代表性的公式。式（3-1-21）中 C_v 为污水中泥沙颗粒的质量浓度。污水中不仅含有泥沙颗粒，还含有其他悬浮物质和可溶解的有机物质等，因此污水中泥沙颗粒的质量浓度（C_v）比污水的含固量要小。

应用公式计算不同管径的临界不淤流速，取泥沙中值粒径为 0.1 mm，重度为 2650 kg/m³、泥沙浓度为 430.00 mg/L，管道按混凝土管考虑，糙率取 0.013，利用谢才和曼宁公式可计算沿程阻力系数 λ 为

$$\lambda = 8n^2 g R^{-\frac{1}{3}} \tag{3-1-22}$$

按满管流和非满管流（管道尾端出口断面水深 $y=0.5D$）两种情况计算，计算的不同管径的临界不淤流速分别见图 3-1-1 和图 3-1-2。

根据上述分析可知，各临界不淤流速经验的主要特点如下。

（1）在小管径时，特别是在模型试验数量级的管径（0.20～0.60 m）时，各公式计算的不淤流速值基本相近，差异较小。因为各公式均是依据模型试验数据进行拟合而得，各模型试验数据值是基本相近的。

（2）管径增大时，各公式计算值均呈现出临界不淤流速随管径增大而增加的趋势。

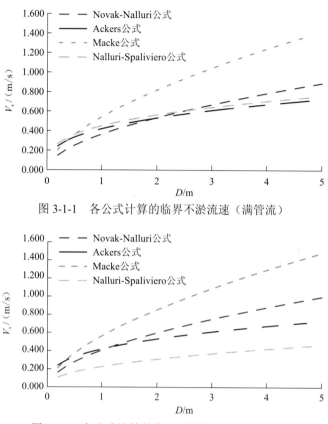

图 3-1-1　各公式计算的临界不淤流速（满管流）

图 3-1-2　各公式计算的临界不淤流速（非满管流）

（3）各公式的计算值存在差异的在于各经验公式的理论背景不同，因此适用范围也不同。式（3-1-4）是基于泥沙起动和推移质泥沙规律得到的，适用于管道内推移质泥沙的临界不淤流速计算；式（3-1-9）是基于各种悬移质泥沙临界不淤流速进行拟合得到的；式（3-1-19）对不同粒径的泥沙临界不淤流速进行了分类研究，适用于计算管道内存在泥沙淤积时推移质泥沙及悬移质泥沙的临界不淤流速；式（3-1-21）是基于无淤积时的悬移质泥沙运动数据得到的。式（3-1-19）因其适用面较广，参数受限条件较少，因此应用最为广泛，尤其是在香港净化海港计划（HATS）中的深隧设计中被采用。

HATS 设计的管径（3～5 m）较大，远超一般试验中的管径范围（0.20～0.60 m），采用上述经验公式外推计算所得的临界不淤流速有一定的偏差，故需针对该项目的原水条件，进行比尺模型试验予以确定。比尺模型试验是在较原型小的模型中进行试验，以研究水流在建筑物作用下的水流结构。这种模型是根据水流的运动规律，复制与原型相似的边界条件和动力学条件建立的，通过相似原理来建立模型与原型之间的关系，可较好地解决上述经验公式外推存在的问题。

本节主要通过比尺模型试验，以二郎庙预处理站至北湖污水厂的深隧管道工程为研究对象，结合城市污水自身的性质与特点，根据比尺模型的相似理论，对进入深隧管道内污水的不淤流速进行分析。

3.2　稳态流不淤流速

3.2.1　污水含固量及粒径分布

1. 污水取样

　　确定污水管道的设计流速时，需要对污水的含固量及其含泥沙尺寸进行分析。大东湖核心区污水传输系统工程主要服务沙湖、二郎庙、落步咀、白玉山等污水系统等，因此分别在沙湖、落步咀和二郎庙三座污水处理厂进行污水取样。由于该项目建成后，各污水需经过预处理站处理后方进入深隧系统，为增强本书的指导性和针对性，水样取自各污水厂沉砂池的出水。污水处理厂和沉砂池如图 3-2-1～图 3-2-3 所示。

（a）卫星图　　　　　　　　　　　　　　　（b）一级沉砂池

图 3-2-1　沙湖污水处理厂卫星图及一级沉砂池

（a）卫星图　　　　　　　　　　　　　　　（b）一级沉砂池

图 3-2-2　落步咀污水处理厂卫星图及一级沉砂池

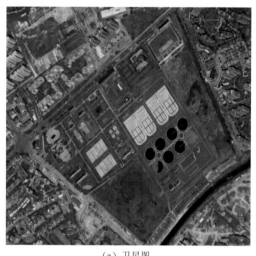 

（a）卫星图 　　　　　　　　　　　　　　　（b）一级沉砂池

图 3-2-3　　二郎庙污水处理厂卫星图及一级沉砂池

　　污水的取样方法：采用潜污泵将各污水处理厂沉砂池的出水泵入取样桶中后将其送至试验基地进行试验。图 3-2-4 和图 3-2-5 为现场取样图。试验采用多次取样，并进行多次试验。

图 3-2-4　　污水取样泵（潜污泵）　　　　　　　图 3-2-5　　沉砂池取样

2. 含固量

　　污水的含固量是指固体杂质在污水中的质量分数，单位一般为 ppm（1 ppm 表示 1 kg 污水中含有固体杂质的质量为 1 mg）。

　　含固量测定试验中，先取一个空烧杯，通过电子天平（精度为 0.001 g）称重，质量为 m_1；后注入一定体积的污水样本，质量为 m_2；再将污水放入烘箱内烘干，得到烘干后的质量 m_3，则污水样本的含固量（S）为

$$S = \frac{m_3 - m_1}{m_2 - m_1} \times 10^6 \qquad (3\text{-}2\text{-}1)$$

　　试验中使用的电子天平和烘箱如图 3-2-6 和图 3-2-7 所示。为保证试验结果的精确性，对各污水处理厂的污水样本都进行了三次取样测量，最终的含固量取三次测量结果的平均值。测量结果如表 3-2-1～表 3-2-3 所示。

图3-2-6　电子天平

图3-2-7　烘箱

表 3-2-1　沙湖污水处理厂污水样本含固量

烧杯编号	烧杯质量 m_1/g	烧杯+污水质量 m_2/g	烘干后烧杯+固体颗粒质量 m_3/g	含固量/ppm	平均含固量/ppm
1	34.703	112.144	34.733	387.39	
2	40.026	110.101	40.051	356.76	365.18
3	36.378	113.216	36.405	351.39	

表 3-2-2　落步咀污水处理厂污水样本含固量

烧杯编号	烧杯质量 m_1/g	烧杯+污水质量 m_2/g	烘干后烧杯+固体颗粒质量 m_3/g	含固量/ppm	平均含固量/ppm
1	35.608	116.331	35.645	458.36	
2	37.228	119.952	37.265	447.27	459.87
3	37.869	120.153	37.908	473.97	

表 3-2-3　二郎庙污水处理厂污水样本含固量

烧杯编号	烧杯质量 m_1/g	烧杯+污水质量 m_2/g	烘干后烧杯+固体颗粒质量 m_3/g	含固量/ppm	平均含固量/ppm
1	98.416	306.726	98.506	432.05	
2	102.189	284.282	102.281	505.24	487.92
3	67.674	267.111	67.779	526.48	

　　由上述试验结果可知，三座污水处理厂污水样本的含固量相差不大，在 300～500 ppm。其中二郎庙污水处理厂水样含固量最大，平均为 487.92 ppm；沙湖污水处理厂的污水含固量最小，平均为 365.18 ppm。为模拟三座污水厂水样混合情况，结合设计工况情况，按近期旱季平均流量比，取三座污水处理厂的污水样本混合后进行测量，混合污水的含固量如表 3-2-4 所示。

表 3-2-4　混合后污水样本含固量

烧杯编号	烧杯质量 m_1/g	烧杯+污水质量 m_2/g	烘干后烧杯+固体颗粒质量 m_3/g	含固量/ppm	平均含固量/ppm
1	48.318	126.726	48.351	420.88	
2	66.189	148.325	66.223	413.95	431.83
3	67.674	137.139	67.706	460.66	

3. 粒径分布

污水中固体颗粒的大小会影响其在管道内的运动,相同流速下,粒径大的颗粒更易淤积在管壁上。试验中,采用筛分法对污水中泥沙的粒径进行测量。筛分法测粒径的步骤:首先选取一系列不同筛孔直径的标准筛,按孔径从小到大依次由小往上放置;而后固定在振筛机上,经过一定时间的振动实现筛分;最后通过称重方式记录下每层标准筛中颗粒质量,由此可得质量分数表示的粒径分布。

沙湖、落步咀和二郎庙污水处理厂的粒径分布如图 3-2-8~图 3-2-10 所示,泥沙中值粒径分别为 118.1 μm、104.3 μm 和 120.1 μm。同样对混合后污水样本中泥沙颗粒的粒径分布进行了测量,测量结果如图 3-2-11 所示,其中泥沙的中值粒径为 112.1 μm。

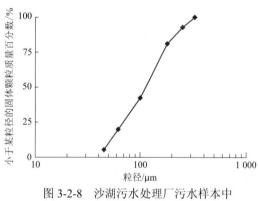

图 3-2-8　沙湖污水处理厂污水样本中
泥沙粒径分布图

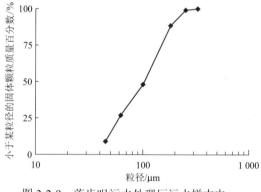

图 3-2-9　落步咀污水处理厂污水样本中
泥沙粒径分布图

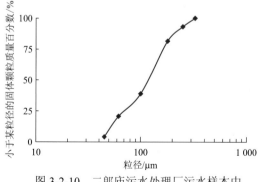

图 3-2-10　二郎庙污水处理厂污水样本中
泥沙粒径分布图

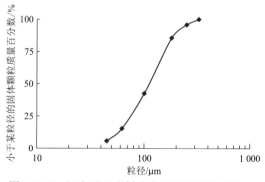

图 3-2-11　混合后污水样本中泥沙粒径分布图

3.2.2　模型设计

1. 模型比尺

在解决水力学、环境水力学问题的研究中，应用流体运动基本方程求解和利用水力模型试验得出结果是常用的方法。但是，在实际工程中，水流的流动现象较为复杂，运动过程中作用力类型较多且其作用规律较复杂，同时水流运动的边界条件也比较复杂，影响因素很多，往往使所面临的流动问题单凭分析的方法很难解决。而具有泥沙问题的水流流动现象更复杂，通过数学模型求解往往要加上更多的假设和简化条件，因此，这类数学模型往往要通过水力模型试验数据或现场测试数据进行修正和验证。水力模型试验揭示水流运动规律，解决实际工程中一些重要问题，可为理论分析提供试验数据或依据，也可对环境工程等水工构筑物设计成果进行检验，以及时修正设计中的问题，为工程优化设计、安全和科学运行提供必要的保证。

水力模型试验必须根据相似原理来设计，一般是将原型实物按照相似原理缩小（或放大）为模型，在模型中重演与原型相似的实际现象和性质，并进行观测、取得数据，然后按照一定的相似准则推至原型，从而作出判断。只有模型和原型相似，才能把模型试验的成果引申到原型中。对于研究具有泥沙问题的水流现象，必须同时满足水流运动相似条件和泥沙运动相似条件。

水力模型主要解决两个问题：模型中的流动是否能够真实反映原型中流动规律（即原型和模型中的流动是否相似）、如何将模型中测得流动参数换算为原型中的流动参数（即两者之间的比尺）。

模型中的所有流动参数与原型中相应点上的对应流动参数保持各自一定的比例关系，则模型与原型中的流动是相似的。

1）几何相似

根据试验研究目的、试验场地条件及以往河工模型试验的经验，对于不同管径的管道，确定模型长度比尺为

$$\lambda_l = \frac{l_p}{l_m} \tag{3-2-2}$$

式中：l_p 为原型长度；l_m 为对应模型长度。

2）水流运动相似

根据水流运动方程和连续性方程，引入重力相似理论，推得水流运动相似条件。其中流速比尺为

$$\lambda_u = \frac{u_p}{u_m} = \sqrt{\lambda_l} \tag{3-2-3}$$

式中：u_p 为原型流速；u_m 为模型流速。

3）泥沙运动相似

由于该项目隧道汇中的污水含沙主要包括悬移质和推移质，试验需要同时模拟悬移质和推移质。该项目设计污水需经过一定的预处理后方汇入深隧中，故水流输沙总量中悬移质占绝大部分，推移质占比相对较少。因此，本模型主要考虑悬移质中床沙质运动相似，据此确定泥沙运动相似的基本条件。从泥沙运动扩散方程推导出的悬移质泥沙运动相似条件有两个：沉降相似和悬浮相似。

若按泥沙沉降相似，有

$$\lambda_\omega = \lambda_u \frac{\lambda_h}{\lambda_l} \tag{3-2-4}$$

式中：λ_ω 为沉速比尺；λ_h 为管径比尺；λ_l 为长度比尺；λ_u 为流速比尺。

若按泥沙悬浮相似，有

$$\lambda_\omega = \lambda_u \sqrt{\frac{\lambda_h}{\lambda_l}} \tag{3-2-5}$$

对于正态模型，管径比尺 λ_h 等于长度比尺 λ_l，两个比尺关系同时得到满足，即 $\lambda_\omega = \lambda_u$ 作为沉降比尺关系式，并以此作为模型选沙的依据。

管道的悬移质泥沙较细，中值粒径为 0.112 mm，可认为基本上处于滞流区，模型沙沉速通常情况下也应处于滞流区内。故可以选用滞流区内的静水沉速公式——斯托克斯（Stockes）公式表达其沉速：

$$\omega = \frac{1}{\kappa} \frac{\gamma_s - \gamma}{\gamma} g \frac{d^2}{\nu} \tag{3-2-6}$$

式中：ν 为水的黏度系数。

采用相似转化取 $\lambda_K = 1$，$\lambda_\nu = 1$，得

$$\lambda_d = \sqrt{\frac{\lambda_\omega}{\lambda_{\frac{\rho_s - \rho}{\rho}}}} \tag{3-2-7}$$

式中：d 为悬移质粒径，ρ_s 和 ρ 分别为悬移质和水的密度。

从悬移质输移方程可推出水流挟沙力相似条件为

$$\lambda_S = \lambda_{S_*} \tag{3-2-8}$$

式中：λ_S、λ_{S_*} 分别为含沙量比尺和水流挟沙力比尺，其中水流的挟沙能力 S_* 为

$$S_* = C \frac{\gamma_s}{\frac{\gamma_s - \gamma}{\gamma}} (f - f_s) \frac{V^3}{gR\omega} \tag{3-2-9}$$

式中：C 为谢才系数；R 为水力半径；f 为水的阻力系数；f_s 为悬移质的阻力系数。

对水流挟沙力公式进行相似转化，并满足重力相似 $\lambda_V = \sqrt{\lambda_h}$，对于模型 $\lambda_{f-f_s} = \frac{\lambda_H}{\lambda_L}$，沉降相似 $\lambda_\omega = \lambda_v \frac{\lambda_h}{\lambda_l}$，得悬移质含沙量比尺 λ_S 为

$$\lambda_S = \lambda_{S_*} = \lambda_C \frac{\lambda_{\gamma_s}}{\lambda_{\frac{\gamma_s - \gamma}{\gamma}}}$$

(3-2-10)

取 λ_C 为 1，可得 $\lambda_S = 1$。

采用污水厂原样污水进行试验，故污水中的泥沙作为模型沙，则 $\lambda_{\gamma_s} = 1$；同时有 $\lambda_{\frac{\rho_s - \rho}{\rho}} = 1$，则式（3-2-7）转化为 $\lambda_d = \sqrt{\lambda_\omega}$。计算不同管径的原型管道所对应动床模型的各项比尺详见表 3-2-5。

表 3-2-5　模型比尺表

原型管道管径/m	模型管道管径/m	几何比尺 λ_l	流速比尺 λ_u	粒径比尺 λ_d
3.0	0.2	15	3.873	1.968
3.2	0.2	16	4.000	2.000
3.4	0.2	17	4.123	2.031
3.6	0.2	18	4.243	2.060
3.8	0.2	19	4.359	2.088
4.0	0.2	20	4.472	2.115
4.2	0.2	21	4.583	2.141
4.4	0.2	22	4.690	2.166
4.6	0.2	23	4.796	2.190
4.8	0.2	24	4.900	2.213
5.0	0.2	25	5.000	2.236

根据式（3-2-7）推算得到粒径比尺 λ_d 在 2.0 左右（表 3-2-5），为满足泥沙沉降相似应使用粒径为 0.5 倍原型泥沙的泥沙进行试验。然而采用污水厂原样污水中的泥沙作为模型沙时，$\lambda_d = 1$，可知通过模型试验计算的不淤流速较实际的不淤流速值偏大。但是本模型主要考虑污水的不淤流速，模型设计从偏安全考虑，主要以满足水流运动相似为前提，适当地允许粒径比尺有所偏离。

2. 模型装置

污水管道模型试验装置设计图及实物图如图 3-2-12、图 3-2-13 所示。本模型试验段的玻璃管道长 6 m，管内径 20 cm，并配套蜗壳混流泵（流量 Q=460 m³/h，扬程 8 m 电机功率 11 kW）、输水钢管、电磁流量计（量程 55～350 m³/h，1.0 MPa）、控制阀（直径 DN=200 mm，压力 PN=1.6 MPa）、水池（宽 B 为 30 cm，长 L 为 8 m）等。

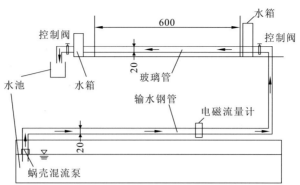

图 3-2-12　试验装置设计图（单位：cm）

（a）试验装置　　　　　　　　　　　　　（b）抽水泵

（c）电磁流量计　　　　　　　　　　　　（d）控制阀

图 3-2-13　试验装置及设备

3. 试验步骤

启动抽水泵，并由试验管段起端阀门控制流量，试验管段末端阀门全开，使得水流在顺畅流动的同时具有携带走前次试验沉积的泥沙的能力；调节试验管段起、末端阀门，控制流量和水流的流动状态（满管流或者非满管流）；通过观察末端水箱水位，判断试验管道水流稳定；观察管道底部随时间变化的泥沙沉降淤积情况，判断临界状态点，并用摄像机拍照记录；试验结束。

3.2.3　满流条件

1. 不淤流速

满管流的水流驱动力为管道两端的压力差，是在无自由表面的固体边内流动的水流。满管流的断面平均流速公式为

$$u = \frac{4Q}{\pi d^2} \qquad (3\text{-}2\text{-}11)$$

式中：Q 为进口流量。

当进口流量稳定在 3.75 m³/s（断面平均流速为 0.119 m/s）运行 30 min 时，试验管道底部沉积情况如图 3-2-14（a）所示，当试验时间 $t < 5$ min 时，泥沙迅速地落淤在管道底部，出现不连续的淤积体；当试验时间 $t > 15$ min 时，泥沙不断淤积，管道底部形成稳定连续的淤积体（宽度为 15.4 cm）。据此可得在此流速下泥沙落淤。

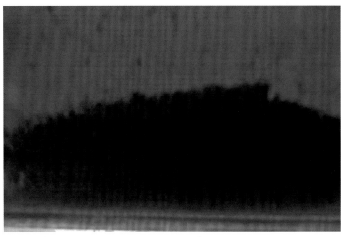

（a）$Q = 3.75$ m³/s

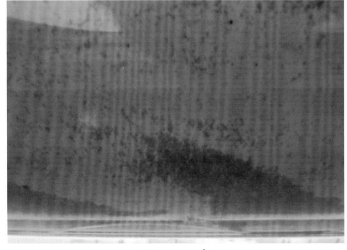

（b）$Q = 4.63$ m³/s

（c）$Q=5.15 \text{ m}^3/\text{s}$

图 3-2-14　不同流速时管道底部的现象

当进口流量稳定在 4.63 m³/s（断面平均流速为 0.147 m/s）运行 30 min 时，试验管道底部沉积情况如图 3-2-14（b）所示，仍然能观察到泥沙散落地分布在管道底部。但试验时间相同时，与进口流量为 3.75 m³/s 时相比，进口流量为 4.63 m³/s 时泥沙落淤速率开始减缓。

当进口流量稳定在 5.15 m³/s（断面平均流速为 0.164 m/s）运行 30 min 时，试验管道底部沉积情况如图 3-2-14（c）所示，管道底部无淤积物，并保持悬浮工作状态。因此，通过多次反复试验，可确认流量在 5.15 m³/s 情况下的断面平均流速 0.164 m/s 为污水满管流试验的临界不淤流速。

通过式（3-1-1）计算得出污水在满管流状态下的模型不淤流速，然后可通过流速比尺推算出原型的不淤流速，具体的计算如表 3-2-6 所示。

表 3-2-6　满管流临界不淤流速

原型管径/m	模型管径/m	几何比尺	流速比尺	流量/(L/s)	模型不淤流速/(m/s)	原型不淤流速/(m/s)
3.0	0.2	15	3.873	5.15	0.164	0.635
3.2	0.2	16	4.000	5.15	0.164	0.656
3.4	0.2	17	4.123	5.15	0.164	0.676
3.6	0.2	18	4.243	5.15	0.164	0.696
3.8	0.2	19	4.359	5.15	0.164	0.715
4.0	0.2	20	4.472	5.15	0.164	0.733
4.2	0.2	21	4.583	5.15	0.164	0.752
4.4	0.2	22	4.690	5.15	0.164	0.769
4.6	0.2	23	4.796	5.15	0.164	0.787
4.8	0.2	24	4.899	5.15	0.164	0.803
5.0	0.2	25	5.000	5.15	0.164	0.820

2. 起动流速

当进口流量稳定在 9.36 m³/s（断面平均流速为 0.298 m/s）运行 30 min 时，试验管道底部沉积情况如图 3-2-15 所示，在水流运动的作用下，原本淤积在管道底部的泥沙起动，并保持向前运动状态。因此，通过多次反复试验，可确认进口流量在 9.36 m³/s 情况下的断面平均流速 0.298 m/s 为污水满管流试验的泥沙起动流速（表 3-2-7）。

图 3-2-15 Q=9.36 m³/s 时管道底部的现象

表 3-2-7 满管流的起动流速

原型管径/m	模型管径/m	几何比尺	流速比尺	流量/（m³/s）	模型起动流速/（m/s）	原型起动流速/（m/s）
3.0	0.2	15	3.873	9.36	0.298	1.154
3.2	0.2	16	4.000	9.36	0.298	1.192
3.4	0.2	17	4.123	9.36	0.298	1.229
3.6	0.2	18	4.243	9.36	0.298	1.265
3.8	0.2	19	4.359	9.36	0.298	1.299
4.0	0.2	20	4.472	9.36	0.298	1.333
4.2	0.2	21	4.583	9.36	0.298	1.366
4.4	0.2	22	4.690	9.36	0.298	1.398
4.6	0.2	23	4.796	9.36	0.298	1.430
4.8	0.2	24	4.899	9.36	0.298	1.460
5.0	0.2	25	5.000	9.36	0.298	1.490

3.2.4 非满流条件

1. 不淤流速

非满管流（试验管段末端出口断面水深 $y=0.5D$）试验通过管道两端的控制阀门使得管道尾端出口水深稳定在 0.5D，通过目测法观察管道底部的泥沙淤积现象，判断非满管流时的临界不淤状态。非满管流的断面平均流速公式为

$$u = \frac{8Q}{\pi d^2} \qquad (3\text{-}2\text{-}12)$$

当进口流量稳定在 1.27 m³/s（断面平均流速为 0.081 m/s）运行 30 min 时，试验管道底部沉积情况如图 3-2-16（a）所示，当试验时间 $t < 4$ min 时，泥沙迅速地落淤在管道底部，出现不连续的淤积体；当试验时间 $t > 15$ min 时，泥沙不断淤积，管道底部形成稳定连续的淤积体（宽度为 11.5 cm）。据此可知在此流速下泥沙落淤。

（a）$Q = 1.27$ m³/s

（b）$Q = 2.41$ m³/s

（c）$Q = 2.64$ m³/s

图 3-2-16 不同流量下时管道底部的现象

当进口流量稳定在 2.41 m³/s（断面平均流速为 0.154 m/s）运行 30 min 时，试验管道底部沉积情况如图 3-2-16（b）所示，管道底部仍旧能观察到淤积物，但试验时间相同时，与流量为 1.27 m³/s 相比，流量为 2.41 m³/s，泥沙落淤速率减缓。

当进口流量稳定在 2.64 m³/s（断面平均流速为 0.168 m/s）运行 30 min 时，试验管道底部沉积情况如图 3-2-16（c）所示，管道底部无淤积物，并保持悬浮工作状态。因此，通过多次反复试验，可确认流量在 2.64 m³/s 情况下的断面平均流速 0.168 m/s 为污水满管流试验的临界不淤流速。

通过式（3-2-12）计算得出污水在非满管流状态下的模型不淤流速，并通过流速模型比尺推算出原型不淤流速，具体的计算如表 3-2-8 所示。

表 3-2-8　非满管流临界不淤流速

原型管径/m	模型管径/m	几何比尺	流速比尺	流量/(m³/s)	模型不淤流速/(m/s)	原型不淤流速/(m/s)
3.0	0.2	15	3.873	2.64	0.168	0.651
3.2	0.2	16	4.000	2.64	0.168	0.673
3.4	0.2	17	4.123	2.64	0.168	0.693
3.6	0.2	18	4.243	2.64	0.168	0.713
3.8	0.2	19	4.359	2.64	0.168	0.733
4.0	0.2	20	4.472	2.64	0.168	0.752
4.2	0.2	21	4.583	2.64	0.168	0.771
4.4	0.2	22	4.690	2.64	0.168	0.789
4.6	0.2	23	4.796	2.64	0.168	0.806
4.8	0.2	24	4.899	2.64	0.168	0.824
5.0	0.2	25	5.000	2.64	0.168	0.841

2. 起动流速

当进口流量稳定在 4.75 m³/s（断面平均流速为 0.302 m/s）运行 30 min 时，试验管道底部沉积情况如图 3-2-17 所示，在水流运动的作用下，原本淤积在管道底部的泥沙起动，并保持向前运动状态。因此，通过多次反复试验，可确认流量在 4.75 m³/s 情况下的断面平均流速 0.302 m/s 为污水非满管流试验的起动流速（表 3-2-9）。

图 3-2-17　Q=4.75 m³/s 时管道底部的现象

表 3-2-9　非满管流的起动流速

原型管径/m	模型管径/m	几何比尺	流速比尺	流量/(m³/s)	模型起动流速/(m/s)	原型起动流速/(m/s)
3.0	0.2	15	3.873	4.75	0.302	1.172
3.2	0.2	16	4.000	4.75	0.302	1.210
3.4	0.2	17	4.123	4.75	0.302	1.247
3.6	0.2	18	4.243	4.75	0.302	1.284
3.8	0.2	19	4.359	4.75	0.302	1.319
4.0	0.2	20	4.472	4.75	0.302	1.353
4.2	0.2	21	4.583	4.75	0.302	1.387
4.4	0.2	22	4.690	4.75	0.302	1.419
4.6	0.2	23	4.796	4.75	0.302	1.451
4.8	0.2	24	4.899	4.75	0.302	1.482
5.0	0.2	25	5.000	4.75	0.302	1.600

　　上述试验结果表明：满管流时，3 m 管道内泥沙的起动流速为 1.154 m/s；非满管流时，3 m 管道内泥沙的起动流速为 1.172 m/s。对于散体泥沙，泥沙的起动流速比不淤流速大 30% 左右；然而，对污水中的泥沙而言，由于泥沙颗粒较细且可能会附着有机生物，使泥沙之间的黏结力变大，从而导致污水中泥沙的起动流速较散体沙更大一些。Ackers 等（2001）提出了避免泥沙淤积黏结的冲洗流速，即淤积泥沙表明的剪切力 $\tau > 4$ N/m²，根据 Ackers 公式

$$\tau = \frac{1}{8} \rho f v^2 \tag{3-2-13}$$

式中：v 为平均日最小峰值流速；$f = 0.02$ 为摩擦系数；ρ 为污泥密度为 950 kg/m³。结合香港 HATS 项目的经验和相关参数的选取，由式（3-2-13）计算出来的冲洗流速为 1.3 m/s。试验得到的起动流速与计算得到的冲洗流速基本接近。

　　应用经验公式计算泥沙临界不淤流速时，主要是悬浮泥沙颗粒的质量浓度（C_v）和泥沙粒径（d）对临界不淤流速产生影响。试验中，通过烘干法测得污水中的含固量中包括污水中颗粒悬浮物和部分溶解性的有机物质和无机物等，其远远大于污水中悬浮泥沙颗粒浓度。在香港 HATS 项目中进行不淤流速研究时，其通过烘干法测得污水中的含固量为 1200 mg/kg，而其中的 C_v 仅为 50 mg/kg，而其泥沙颗粒的中值粒径为 0.2 mm，而本项目中通过烘干法测得污水中的含固量为 431.8 mg/kg，而泥沙颗粒的中值粒径为 0.11 mm，因此，本项目采用 C_v 为 60 mg/L。

　　通过比尺模型试验和经验公式计算，得到污水管道模型和原型的临界不淤流速，如表 3-2-10 和表 3-2-11 所示。

表 3-2-10　比尺模型管道试验临界不淤流速

来源	管道排水类型	管道内径/m	临界不淤流速/（m/s）		起动流速/（m/s）	
			满管流	非满管流	满管流	非满管流
模型试验	污水	0.2	0.164	0.168	0.314	0.320
		3.0	0.635	0.651	1.217	1.241
		3.2	0.656	0.673	1.257	1.28
		3.4	0.676	0.693	1.295	1.319
		3.6	0.696	0.713	1.333	1.358
		3.8	0.715	0.733	1.370	1.395
		4.0	0.733	0.752	1.405	1.431
		4.2	0.752	0.771	1.440	1.466
		4.4	0.769	0.789	1.474	1.501
		4.6	0.787	0.806	1.507	1.535
		4.8	0.803	0.824	1.539	1.568
		5.0	0.82	0.841	1.571	1.600

表 3-2-11　各经验公式计算管道污水的临界不淤流速

管道内径 /m	Novak-Nalluri 公式 /（m/s）		Ackers 公式 /（m/s）		Macke 公式 /（m/s）		Nalluri-Spaliviero 公式 /（m/s）	
	满管流	非满管流	满管流	非满管流	满管流	非满管流	满管流	非满管流
0.2	0.135	0.151	0.243	0.243	0.189	0.178	0.263	0.11
3.0	0.61	0.681	0.612	0.612	0.959	0.997	0.619	0.366
3.2	0.632	0.706	0.626	0.626	0.997	1.037	0.633	0.377
3.4	0.654	0.73	0.639	0.639	1.033	1.075	0.646	0.387
3.6	0.675	0.754	0.652	0.652	1.069	1.113	0.659	0.397
3.8	0.695	0.777	0.664	0.664	1.105	1.149	0.671	0.406
4.0	0.715	0.799	0.676	0.676	1.139	1.185	0.683	0.416
4.2	0.735	0.821	0.687	0.687	1.173	1.22	0.695	0.425
4.4	0.754	0.842	0.698	0.698	1.206	1.255	0.706	0.434
4.6	0.773	0.864	0.709	0.709	1.239	1.289	0.716	0.442
4.8	0.792	0.884	0.719	0.719	1.271	1.322	0.727	0.451
5.0	0.81	0.904	0.729	0.729	0.959	1.355	0.737	0.459

利用 Novak-Nalluri 公式、Nalluri-Spaliviero 公式、Ackers 公式和 Macke 公式计算模型的临界不淤流速值，如图 3-2-18 所示。满管流运行时，在 3 m 管径时，Macke 公式计算得到的临界不淤流速（1.047 m/s）远大于模型试验得到的数值（0.635 m/s），而其他公式的计算数值与试验得到的数值基本接近，甚至略小于试验数值；非满管流运行时，只有

Novak-Spaliviero 公式和 Ackers 公式与试验数值接近。同样条件下，各经验公式计算数值之间存在差异，究其原因，主要是各公式的原理和适用范围的不同，Nalluri-Spaliviero 公式和 Macke 公式是基于悬移质泥沙的数据拟合得到的，适用于计算管道内部无泥沙淤积时悬移质泥沙的临界不淤流速；而 Novak-Nalluri 公式和 Ackers 公式是基于泥沙起动和推移质泥沙运动理论的经验公式，适用于计算管道底部存在泥沙淤积时泥沙的临界不淤流速。实际运行时，污水中泥沙颗粒的中值粒径在 0.1 mm 以上，泥沙颗粒多以推移质形式运动，用 Novak-Nalluri 公式和 Ackers 公式得到的计算数值与试验数值更为接近。试验得到的临界不淤流速介于各个经验公式计算数值之间，且与 Novak-Nalluri 公式和 Ackers 公式得到的计算数值接近，如此表明试验得到的临界不淤流速是合理的。

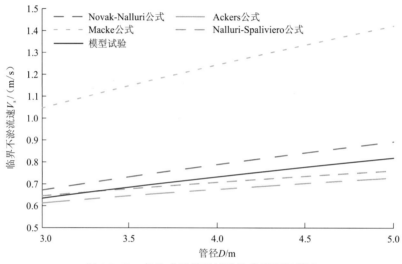

图 3-2-18　各公式及模型试验的临界不淤流速

3.3　非 稳 态 流

3.3.1　非恒定流的产生及其危害

污水深隧系统并不总是以稳定状态运行，突发事件可能使管道产生非恒定流。通常对管道已造成破坏的可能有水击等。

在有压管道中，由于某种原因造成水流速发生突然变化，引起管道中水流压力急剧上升或下降的现象，称为水击（或水锤）。压力管道的水击现象是一种典型的有压管道非恒定流问题。水击压强的升高，可达管道正常工作压强的几十倍甚至上百倍。压强大幅波动，可导致管道强烈振动、产生噪声、造成末端闸门破坏、管件接头破裂、甚至管道炸裂等重大事故。

在深隧系统中，末端抽水泵突然停止运行可能会造成水击的发生。水击压力如不得到及时释放，可能会造成排污管道剧烈变形甚至断裂；若水击压力引起竖井水位过高，甚至超出地表，则会引起周边环境污染。对于水击问题，应重点研究水击压力峰值，压力波的振动幅度、频率、衰减速率，以及上游各竖井的水位峰值等。

鉴于深隧内非恒定流可能造成的危害，有必要对污水管道运行时非恒定流进行分析研究。通过分析非恒定流时管道水压力、水流运动特性及各入流竖井的水位变化，评估非恒定流可能造成的危害，确定深隧系统合理设计参数。同时，也为非恒定流的预防提供方法，为管道运行期的相关操作流程提供依据。

3.3.2　隧道水力模型及初设参数选定

应用一维非恒定水动力学模型和 InfoWorks 模型对管道非恒定流进行研究。一维明渠流动的控制方程组为一维圣维南（Saint-Venant）方程如下。

连续性方程：

$$\frac{\partial A}{\partial t} + \frac{\partial Q}{\partial x} = q_1 \tag{3-3-1}$$

运动方程：

$$\frac{\partial Q}{\partial t} + \frac{\partial}{\partial x}\left(\beta \frac{Q^2}{A}\right) + gA\frac{\partial z}{\partial x} + gAS_f = 0 \tag{3-3-2}$$

式中：A 为过水面积；Q 为流量；q_1 为支流入汇流量；t 为时间；x 为沿流程方向的空间坐标；z 为水位；g 为重力加速度；S_f 为阻力项；β 为动能修正系数。

一维管道流动的控制方程组如下。

连续性方程：

$$\frac{\partial H}{\partial t} + V\frac{\partial H}{\partial x} + \frac{a^2}{g}\frac{\partial V}{\partial x} = 0 \tag{3-3-3}$$

运动方程：

$$g\frac{\partial H}{\partial x} + V\frac{\partial V}{\partial x} + \frac{\partial V}{\partial t} + g(s - s_0) = 0 \tag{3-3-4}$$

式中：H 为压力水头；V 为流速；a 为水击波波速；g 为重力加速度；s 为阻力项；s_0 为管道底坡。

因为有压流的控制方程与圣维南方程组有所不同，所以对有压流和无压流需要分开求解。而在污水深隧系统的非恒定流研究中，可能会有明满流交替出现的情况，因此对有压流和无压流的联合求解是绕不开的问题。传统的解决方法是，在解出有压流和无压流的边界条件的基础上，采用 Streeter 和 Wylie 的特征线方法分别计算管道流和明渠流。而这一办法的缺陷是计算机程序的设计异常困难和复杂。这里引入 Preissmann 窄缝的概念——Preissmann方法，假设在管道的顶部有一个非常窄的缝隙，这条缝隙既不能增加管道的截面积，也不增加水力半径。式（3-3-5）反映窄缝宽和管道断面及水击波波速的关系。通过该式，有压流与无压流的控制方程组可简化为同一个方程组，从而实现了对有压流和无压流统一的数学描述。有压流与无压流得以在同一套数学模型中求解。

$$a = \sqrt{gA/B} \tag{3-3-5}$$

式中：a 为水击波波速；B 为窄缝宽。其中，水击波波速为

$$a = \sqrt{\dfrac{K/\rho}{1 + \dfrac{K}{E}\dfrac{D}{\delta}}} \tag{3-3-6}$$

式中：K 为水的体积弹性模量，取值为 2.20 GPa；ρ 为水的密度，取值为 1 000 kg/m³；E 为管壁材料（混凝土）的弹性模量，取值为 206 GPa；D 为管径；δ 为管壁厚度。联立式（3-3-5）与式（3-3-6），即可求出各断面的窄缝宽。

控制方程（3-3-2）中的阻力项 S_f 通过引入曼宁方程来求解：

$$V = \dfrac{1}{m} R^{\frac{2}{3}} S_f^{\frac{1}{2}} \tag{3-3-7}$$

式中：R 为水力半径；m 为糙率系数，根据相关规范（刘经强 等，2014；赵昕 等，2009），认为取糙率值为 0.013 较合理。

一维非恒定水动力学模型，边界条件一般为进口给定流量过程，出口给定压力过程。特殊工况下，边界条件需要做特殊处理，以反映真实物理过程。

以上各种处理及经验公式的引入解决了数学模型的封闭问题以及有压流和无压流的统一描述和求解问题。由于偏微分方程组通常不能直接求解，需要对控制方程进行离散得出数值方程，然后求解数值方程，得出数值解。

基于有限体积思想，采用蛙跳格式（具有二阶精度）对模型控制方程进行离散。为了保证数值稳定性，对流项采用守恒型一阶迎风格式进行离散。水力要素在网格上的布置如图 3-3-1 所示。离散后的数值方程组如式（3-3-8）和式（3-3-9）所示。该数值格式具有良好的守恒性和数值稳定性，能够较为准确、高效地计算管道内的水流运动问题。

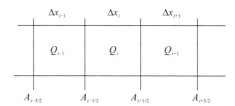

图 3-3-1　水力要素在网格上的布置

水流连续性方程：

$$A_{i+1/2}^{n+3} = A_{i+1/2}^{n+1} - \dfrac{2\Delta t}{\Delta x}(Q_{i+1}^{n+2} - Q_i^{n+2} - q_l) \tag{3-3-8}$$

水流运动方程：

$$\dfrac{Q_i^{n+2} - Q_i^{n}}{2\Delta t} = -Q_i^{n}\dfrac{u_i^{n} - u_{i-1}^{n}}{2\Delta x} - g\dfrac{A_{i+1/2}^{n+1} + A_{i-1/2}^{n+1}}{2}\dfrac{(h+z_b)_{i+1/2}^{n+1} - (h+z_b)_{i-1/2}^{n+1}}{\Delta x}$$
$$- g\left(\dfrac{m_{i+1/2} + m_{i+1/2}}{2}\right)^2 \dfrac{2Q_i^{n}}{R_{i+1/2}^{n+1} + R_{i-1/2}^{n+1}}|u_i^{n}|\left(\dfrac{R_{i+1/2}^{n+1} + R_{i-1/2}^{n+1}}{2}\right)^{-1/3} \tag{3-3-9}$$

式中：n 为总节点数；u_i 为流速；z_b 为管底高程。

$$u_i^{n} = \dfrac{2Q_i^{n}}{h_{i+1/2}^{n+1} + h_{i-1/2}^{n+1}} \tag{3-3-10}$$

对于存在有压流的非恒定流问题的求解需要特别注意的是，时间步长和空间步长的选取。由于本计算模型的数值格式是显格式，因此需要满足 Courant-Friedrichs-Lewy 稳定性条件，即

$$\max_{1 \leq i \leq n}\left\{\frac{(u_i + c_i)\Delta t}{\Delta x}\right\} \leq 1 \tag{3-3-11}$$

式中：n 为总节点数，u_i 流速，c_i 为水波波速，Δt 为时间步长，Δx 为空间步长。明渠流时，水波波速 $c_i = \sqrt{gh}$，即浅水波波速；管流时，$c_i = a$，即水击波波速——这里与求解明渠水流不同，需要特别注意。

3.3.3　计算方案

非恒定流分析考虑压力流和重力流两种管道设计方案，各段设计内径如表 3-3-1 所示。其中压力流方案的设计纵坡为 0.000 5～0.001 2，重力流方案的设计纵坡为 0.001。管道起点管底高程均为-4 m。

针对深隧末端泵房突然停泵引起的非恒定流，对如表 3-3-2 所示的 4 组典型工况进行分析。分别考虑压力流和重力流方案下，近期旱季最小和远期旱季最大两组流量。在深隧末端泵房突然停泵，各入流竖井同时停止向主隧排放污水。

表 3-3-1　隧段的设计内径

隧段	压力流（隧道内径）/m	重力流（隧道内径）/m
	全单	单排
S1	3.0	3
S2	3.2	4
S3	3.4	4

表 3-3-2　末端突然停泵计算方案

工况		流量 Q_1/（m³/s）	流量 Q_2/（m³/s）	流量 Q_3/（m³/s）	尾水位/m
水量工况	编号				
压力流远期最大流量	C1-1	8.28	5.72	1.05	—
重力流远期最大流量	C1-2	8.28	5.72	1.05	自由出流
压力流近期旱季最小	C1-3	4.86	1.39	0.35	—
重力流近期旱季最小	C1-4	4.86	1.39	0.35	自由出流

3.3.4　模拟计算及结果分析

图 3-3-2 表示工况 C1-1（压力流远期最大流量）各竖井水位变化。由图可知，二郎庙竖井停泵前水位为 12.34 m，停泵后，水位开始下降，约 9 min 后达到第一个波谷，水位为

2 m，之后水位上升，约 21 min 后达到第一个波峰，水位经历若干次波动后开始趋于稳定，最终稳定水位为 8 m；汇流竖井停泵前水位为 9.93 m，停泵后 6 min 达到第一个波谷，水位为 5 m，22 min 达到第一个波峰，水位为 8.26 m，经历若干次波动后，水位稳定在 8 m；武东竖井停泵前水位为 6.92 m，停泵后 3 min 达到第一个波峰，水位为 10.36 m，10 min 后达到第一个波谷，水位为 6.39 m，最终水位稳定在 8 m；末端泵站竖井停泵前水位为 3 m，停泵后 10 min 达到第一个波峰，水位为 12.79 m，最终水位稳定在 8 m 附近。

工况 C1-1 停泵后，二郎庙竖井和汇流竖井水位始终低于停泵前水位，武东竖井和泵站竖井水位波动峰值高于停泵前水位，且最终稳定水位高于停泵前水位。可见工况 C1-1 突然停泵后，竖井污水涌出地表的风险较小。

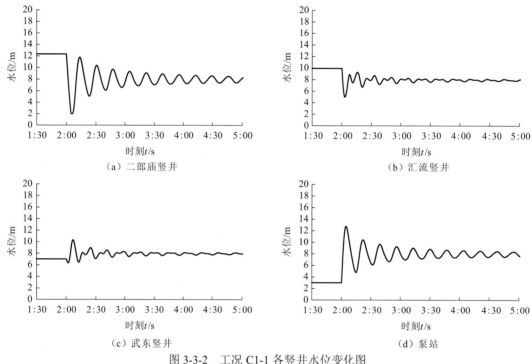

图 3-3-2　工况 C1-1 各竖井水位变化图

图 3-3-3 表示工况 C1-2（重力流远期最大流量）各入流竖井的水位变化图。由图可知，各入流竖井水位波动较小，总体呈单调变化：二郎庙竖井和汇流竖井在突然停泵后，水位持续降低，直至该处管内无水；武东竖井在突然停泵后，水位首先小幅下降，52 min 水位达到最低，为-11.77 m，之后水位上升，3 h 后水位达到稳定，为-10.36 m；末端泵站竖井水位，在停泵初期迅速上升，之后速度变缓，3 h 后水位稳定，为-10.37 m。在工况 C1-2，突然停泵后，各入流竖井水位均远低于当地地面标高，污水涌出地表的风险较小。

图 3-3-4 与图 3-3-5 分别表示工况 C1-3（压力流近期最小流量）和工况 C1-4（重力流近期最小流量）各竖井水位变化图。由图可知，工况 C1-3 和工况 C1-4 的各竖井水位变化过程分别与工况 C1-1 和工况 C1-2 类似，仅峰值水位略有差别。

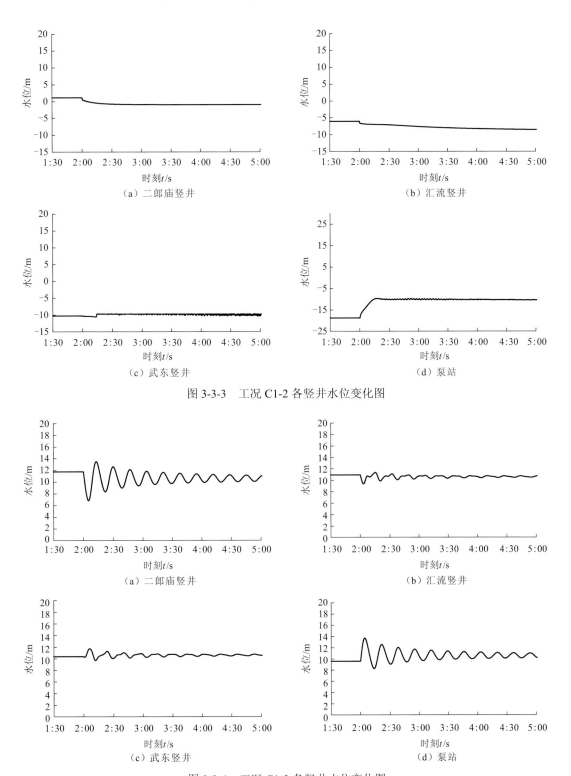

图 3-3-3　工况 C1-2 各竖井水位变化图

图 3-3-4　工况 C1-3 各竖井水位变化图

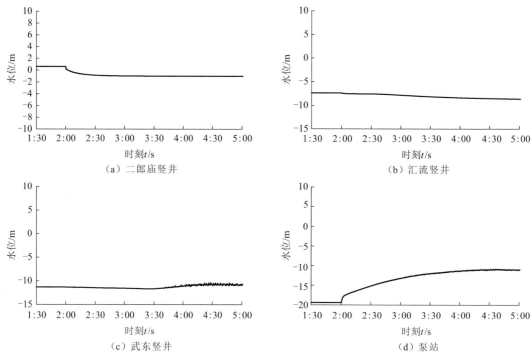

图 3-3-5　工况 C1-4 各竖井水位变化图

表 3-3-3 给出了不同计算方案下，各入流竖井的峰值水位的比较，由该表可知，在已考虑的各种工况下，各竖井污水涌出地表的可能性较小。

表 3-3-3　不同计算方案下入流竖井峰值水位与地面高程比较

项目	工况	二郎庙竖井	汇流竖井	武东竖井	泵站
峰值水位/m	C1-1	12.37	9.93	10.36	12.79
	C1-2	1.12	−6.08	−9.59	−9.64
	C1-3	13.49	11.36	11.73	13.7
	C1-4	0.61	−7.3	−10.36	−10.85
地面标高/m		22	30.43	26.33	20.33

3.4　水力特性参数选择

大东湖核心区污水深隧工程设计中选定的水力特性参数相关数值和非稳态流工况如下。

（1）不淤流速和起动流速：根据模型试验，满管流和非满管流运行时模型中污水的临界不淤流速分别为 0.164 m/s 和 0.168 m/s，相应的原型 3 m 直径的隧道中临界不淤流速分别为 0.635 m/s 和 0.651 m/s。满管流和非满管流下污水的起动流速分别为 0.298 m/s 和

0.302 m/s，相应的原型 3 m 直径的隧道中起动流速分别为 1.154 m/s 和 1.172 m/s。

（2）根据模型模拟结果，恒定流工况下，压力流和重力流运行时，在选定的隧道内径（隧段 S1、S2 和 S3 的设计管径：压力流运行时，分别为 3.0 m、3.2 m 和 3.4 m；重力流运行时，分别为 3.0 m、4.0 m 和 4.0 m。）下，隧内水流流速在近远期各工况流量下均在临界不淤流速以上。因此建议设计隧道管径可取为上述数值。

（3）根据模型模拟结果，压力流运行时，隧道末端泵房突然停泵后，末端入流竖井处受到较大水击压力，靠近末端的入流竖井出现较大水位波动，各入流竖井峰值水位均在地面高程以下。重力流运行时，隧道末端泵房突然停泵后，末端竖井受到的水压力波动较小，且受到的最大水压力为最终的静水压力，各入流竖井的最终水位均在当地地面高程以下。

第 4 章

深隧传输方式

4.1 传输方式分类及特点

隧道输送方式确定是整个排水隧道设计的基础，不同的输送方式对深隧的隧道断面、水位控制、运行等有着重要的影响。

4.1.1 传输方式的分类及选择

1. 传输方式分类

与地表系统类似，深隧传输系统输送方式目前常用有压力流和重力流。

压力流输送方式：隧道内水流相对稳定，其末端泵站扬程相对较低、通风除臭相对简单，但对各入流点流量变化适应性相对较弱。

重力流输送方式：隧道内水流相对稳定，对各入流点流量变化适应性较强，但重力流隧道埋深末端泵站扬程相对较高、对通风除臭要求较高。

2. 传输方式的选择

排水深隧的传输方式（重力流和压力流）是深隧设计和运行的前提，是排水深隧研究中最关键环节。传输方式的选择要考虑以下主要设计参数与要素。

（1）深隧的纵坡、埋深；

（2）深隧的断面；

（3）深隧末端提升泵站的水泵选型及泵房设计；

（4）入流竖井的形式及尺寸；

（5）深隧通风、除臭形式；

不同输送方式对运行管理维护有以下几方面的影响。

（1）深隧全系统流量管控；

（2）深隧末端泵站的运行；

（3）深隧系统内部异常工况的应对方法：瞬变流（涌浪流）；

（4）深隧运行维护周期的确定。

隧道输送方式确定是整个排水隧道设计的基础，不同的输送方式确定的隧道断面、水位控制、竖井形式、末端泵站参数、系统通风除臭要求等不同。因此在排水隧道设计时，应首先选定适合本工程的隧道输送方式。

3. 传输方式典型案例分析

1）香港荔枝角雨水排放隧道

香港荔枝角雨水排放隧道总长 3.7 km，其中分支隧道 2.5 km，主隧道 1.2 km。全线断面直径为 4.9 m。

排放方式：主隧道定线途经西九龙的商住及工业区，穿港铁荃湾线、东涌线、机场快线、西铁线及西九龙公路，也与青沙公路部分高架路重叠。为避过基建设施的地基，以及影响土地用途及未来发展，设计采用了倒虹吸（压力流）形式的隧道，深入地面以下 40 m。隧道的出水口建于维多利亚湾畔，高于海平面，可以防止风暴潮导致的海水上涌。因为上游的静水池水位高于海上出水口，即使主管道深藏地下 40 m，污水依然能够顺畅排出。污水通过位于山脚支渠的 6 个入水口被收集，并通过直径 3 m 的集水支隧入流至支隧道。支隧道深度为地面以下 10～70 m，为重力流隧道。

选择排放方式的原因：利用地势优势——上游静水池水位较出口高，易形成压力流；便于维护管理。

2）香港净化海港计划（II 期甲）

香港净化海港计划（II 期甲）输送系统由相连的污水隧道网络及竖井构成，用以收集来自现有基本污水处理厂的污水。收集的污水经全长约 21 km 的深层污水隧道（隧道直径 0.9～3 m），输送至昂船洲污水处理厂。

北角—西营盘、香港仔—西营盘采用双管隧道，西营盘—昂船洲采用单管隧道，采用施工前注浆+钻爆法的施工工法。

排放方式：污水输送采用深层隧道，隧道采用倒坡设置，输送系统形式为压力流（倒虹）形式，隧道埋深-72～-160 m（海平面以下），深隧泵站埋深约 40 m，隧道施工采用盾构施工，隧道无免维护系统，无人员、设备进入通道。沿线有 8 座预处理厂。

选择排放方式的原因：为避免对现状构筑物的影响，运行时，节能考虑压力流；便于维护管理。

综上，实际的运行案例中，重力流和压力流都有应用，传输方式的选择关键是因地制宜，且需结合项目自身的特点和排水需求。

4. 传输方式主要控制参数

1）不淤流速

传输系统需要避免的是传输管涵内发生沉积事件，隧道输送系统埋深较深、维护管理较困难，因此尤其需要避免在输送管涵内沉积，影响输送系统的正常运行。为避免隧道输送系统发生沉积现象，系统内流速应合理设置。若流速过小，难以将污水内的杂质带走，在隧道内发生沉积；若流速过大，将导致隧道内水位坡降（压力流）或物理坡降（重力流）过大，最终导致隧道系统及末端深隧泵站埋深增大，整个系统工程造价增加，泵站扬程增加，泵站运行费用增加。因此合理确定隧道内的流速就非常关键。

对于隧道内流速取值，采用三种方法：①满足规范限定流速要求；②参考国内外目前运行隧道的流速设置；③设置专题研究课题进行专项研究。

（1）满足规范限定流速要求。根据《室外排水设计标准》（GB 50014—2021）要求：①污水管道在设计充满度下为 0.6 m/s；②雨水管道和合流管道在满流时为 0.75 m/s；③明渠为 0.4 m/s；④排水管道采用压力流时，压力管道的设计流速宜采用 0.7～2.0 m/s。

（2）参考国内外目前运行隧道的流速设置。通过对国内外目前已经运行的排水隧道案例分析发现，为保证隧道系统正常运行，压力流隧道在各种流态工况下控制流速一般不小于 0.65 m/s，当流速小于设计最小流速时，一般需要设置补水措施以增加系统内流速。如香港污水传输隧道采用的是压力流输送方式，隧道系统设计流速为 0.63～0.82 m/s，最小控制流速为 0.63 m/s；香港一期污水深隧自 2001 年投入运行以来，系统运行正常，尚未发生淤积现象。

（3）根据本项目专项研究的相关结论（第 3 章），针对本项目水质水量的特点，压力流和重力流条件下，不淤流速分别为 0.635 m/s 和 0.651 m/s。

2）系统水位

传输系统水位选择既要满足地表水接入功能要求，又要保证系统在各种工况下能够正常运行，同时需要为远景发展留有足够的余地。

压力流：压力流系统内水位不受隧道主体埋深控制，系统内水位设置主要满足各预处理站地表水接入，且为远景发展留有足够的余地，并考虑减少末端深隧泵站扬程，减少运行费用，为更合理确定压力流起端控制水位。

重力流：由于隧道埋深较深，且重力流隧道内水位均在管顶以下，重力流系统内水位主要受隧道起端埋深限制，因此系统内起端控制水位为"起端管内底高程+管内水深"。

4.1.2 压力流传输

1. 沿程水头损失及流速计算原理

水流在圆管中以满管流运动时靠压力差驱动流动。水流运动过程中为克服边壁阻力，会产生水头损失。

圆管中沿程水头损失用达西-威斯巴赫公式计算：

$$h_{\mathrm{f}} = \lambda \frac{l}{d} \frac{u^2}{2g} \qquad (4\text{-}1\text{-}1)$$

式中：h_{f} 为沿程水头损失；l 为圆管长度；d 为圆管的直径；u 为水流流速；g 为重力加速度；λ 为沿程水头损失系数。

在工程水力学计算中，多采用谢才公式来计算流速，进而可以得到 λ 的表达式：

$$\lambda = \frac{8g}{C^2} \qquad (4\text{-}1\text{-}2)$$

式中：C 为谢才系数。通过曼宁公式，可以得到 C 与糙率之间的关系：

$$C = \frac{R^{1/6}}{n} \qquad (4\text{-}1\text{-}3)$$

式中：R 为水力半径，圆管中 $R=d/4$；n 为糙率。将式（4-1-2）和式（4-1-3）代入式（4-1-1）得

$$h_{\mathrm{f}} = \frac{6.35 l n^2 u^2}{d^{4/3}} \qquad (4\text{-}1\text{-}4)$$

由式（4-1-4）可知，采用不同的圆管，沿程水头损失不一样。水头损失随着圆管直径的增大而减小，随着水流在圆管中运动距离的增加而变大，随着水流流速的增加而变大，随着糙率的增大而变大。

水流的流速根据污水的流量可以计算得

$$u = \frac{4Q}{\pi d^2} \tag{4-1-5}$$

式中：Q 为污水流量。

2. 设计管径及计算方案

压力流运行时，若污水的来流量一定，管道内的水流流速与管径平方成反比关系，为使管内水流流速大于临界不淤流速，确定合适的管道尺寸较为关键，从技术性角度上讲，管道尺寸既要满足管道的过流能力的要求，也要使得流速满足不淤条件。从经济性角度上讲：管道尺寸对工程造价和运行的费用有较大的影响。因此，需在综合考虑技术性和经济性的基础下确定最佳管道尺寸。

大东湖核心区污水传输系统不同工况下的污水流量如表 4-1-1 所示。由该表可知，在 2018 年初期最小流量时，管内的污水流量最小；而在远期旱季最大流量时，管内污水流量最大。因此，满足管道的不淤条件关键在于保证在近期旱季最小流量下管道内尽量不出现淤积，而要满足管道的排水能力的关键在于保证在远期最大流量下管道系统能够正常过流。在其他条件一定的情况下，临界不淤流速与管径成正比关系；在管道承压能力足够的情况下，管道的过水能力与管径成正比关系。

表 4-1-1　不同工况下深隧各隧段的污水流量　　　　　　（单位：m³/s）

工况		二郎庙—三环（隧段 S1）	三环—武东（隧段 S2）	武东—泵站（隧段 S3）	落步咀—三环（隧段 S4）
设计工况	近期旱季平均流量	5.67	7.93	8.33	2.26
	近期旱季最大流量	7.37	10.31	10.83	2.94
	远期旱季平均流量	6.37	10.77	11.58	4.40
	远期旱季最大流量	8.28	14.00	15.05	5.72
不利工况	最大流量	8.28	14.00	15.05	5.72
	2018 初期最小流量	4.86	6.25	6.60	1.39

管道系统以压力流运行时，在进入管道内污水流量一定的情况下，管内的流速与管径的平方成反比关系。综合考虑排水能力、不淤条件、工程成本、运行费用和施工条件等因素，主隧 S1 段管径取 3 m 时，既能满足在流量最小时流速大于不淤流速[2018 年初期最小流量时 S1 段管内流速为 0.688 m/s（大于该管的临界不淤流速）]，也能满足在流量最大时能够正常过流。由于 S2 段有落步咀预处理厂的污水汇入，S3 段有武东预处理厂的污水汇入，导致 S2 和 S3 段要满足更大的过流能力，需要更大的管径来满足。在考虑了工程成本的基础上，S2 段管径取 3.2 m，S3 段管径取 3.4 m，在能保证管道过流能力的同时，也能

满足不淤条件（近期旱季最低流量时 S2 段管内流速为 0.778 m/s，S3 段管内流速为 0.727 m/s，大于临界不淤流速）。支隧 S4 段的污水来流量较小，设计管径不宜太大，取管径为 1.5 m 时，在旱季最低流量下管内流速为 0.787 m/s，在临界不淤流速以上。考虑远期进口流量的增加，支隧 S4 段在近期流量下用单管运行，远期流量下采用双管运行，可以在满足不淤条件的同时又具有良好的过流能力。

最佳的管径方案如表 4-1-2 所示，其中主隧 S1、S2 和 S3 段的管径分别为 3.0 m、3.2 m 和 3.4 m；支隧 S4 段的管径为 1.5～2.0 m，考虑远期进口流量的增加，支隧 S4 段在近期流量下用单管运行，远期流量下采用双管运行。在不同的流量条件下，对污水深隧管道系统内的水流特性进行计算分析。

表 4-1-2 压力流深隧隧段设计管径

隧段	管径/m	纵坡	起端管底高程/m	末端管底高程/m
S1	3.0	0.000 5	-4.0	-7.393
S2	3.2	0.001 2	-7.593	-12.428
S3	3.4	0.001 2	-12.628	-20.151
S4	1.5～2.0	0.001 2	1.3	0.485

3. 模型的选择及参数的确定

1）Infor Works ICM 模型介绍

稳定流一维数值模拟计算采用 InfoWorks ICM 模型（版本 5.5.0.11005）。InfoWorks ICM 模型可应用于城市排水系统的现状评估与分析、改造规划和新建城市化排水系统的设计与规划等各方面，具有受限条件较少、数值分析速度和效率高、耗时少、通用性较强等优势。InfoWorks ICM 模型可模拟污水管道中的水力状况，既可以评价现状或设计污水管道是否满足水力负荷、是否达到不淤流速等，还可借助模型的控制模拟，为用户提供管渠流量、水位、流速、充满度，以及泵的启闭等信息，为污水系统泵站、污水处理厂的水力运行等提供优化方案，节省排水系统运营成本。

2）Infor Works ICM 模型参数的确定

模拟范围：污水进入隧道至末端泵站提升。

沿程水头损失粗糙系数：根据《室外排水设计标准》（GB 50014—2021）钢筋混凝土排水管粗糙系数 n 取值为 0.013～0.014；选取 $n=0.013$。

局部水头损失水损系数：曲线段的圆弧半径 R 与隧道直径的比值大于 50，曲线段转弯的水头损失予以忽略。局部水头损失主要为竖井处的水头损失，主要计算公式采用 Infor Works ICM 模型内嵌公式：

$$h = K_u K_S K_V (v^2/2g)$$

式中：K_u 为与上下游流向夹角相关的参数，特定夹角的 K_u 取值见表 4-1-3（其他角度使用内插法）；K_S 为与竖井水深与隧道比值相关的参数，取值见表 4-1-4；K_V 为与流速相关的参数，取值见表 4-1-5。

表 4-1-3　K_u 取值表

夹角/(°)	K_u
30	3.3
60	6.0
90	6.6
>90	8.0

表 4-1-4　K_S 取值表

竖井水深/隧道直径	K_S	竖井水深/隧道直径	K_S
0.50	0.001	2.00	0.20
0.75	0.050	2.25	0.15
1.00	0.100	2.50	0.15
1.25	0.200	2.75	0.15
1.50	0.260	3.00	0.15
1.75	0.230	3.25	0.15

表 4-1-5　K_V 取值表

v/(m/s)	K_V
< -0.02	-0.1
$-0.02 \sim 0.2$	$-0.1 + [v-(-0.02)][1.0-(-0.1)]/[0.2-(-0.02)]$
> 0.2	1

各参数取值如下：竖井水深/隧道水深>3，K_S 取值为 0.15；流速大于 0.2，K_V 取值为 1；对于直线段，K_u 取 1，公式化简为 $h=0.15(v^2/2g)$。

竖井 5 和竖井 7 有支管跌水接入，可参考《给水排水设计手册（第 1 册）：常用资料》（中国市政工程西南设计院，1986）进行计算，公式为 $h=kv^2/2g$，其中 k 为综合水损系数，计算结果见表 4-1-6。

表 4-1-6　计算结果

井号	流量/(m³/s)		流量百分比/%		突放（缩）水损系数	综合水损系数 k
	上游	支管	上游	支管		
竖井 5（$d=9$ m 支管）	5.67	2.26	72	28	0.43	0.62
竖井 7（2 m×2 m 支管）	7.93	0.40	95	5	0.68	0.2

注：（1）将支隧与主隧连接段的竖井作为支管考虑；

　　（2）流量百分比近似采用近期平均流量进行计算。

4. 计算结果

1）流速

压力流运行时污水管道系统内各段的污水流速如表 4-1-7 所示。压力流运行时，在管径确定的情况下，管内流速与管内流量成正比。由表 4-1-7 可知，2018 年初期最小流量下，管内的流量最小，此时管内的水流流速也最小，仍在临界不淤流速以上。另外，各流量工况下，隧段流速的大小依次为：$v_{S1}<v_{S3}<v_{S2}<v_{S4}$，因此较之其他隧段，S1 隧段（二郎庙—三环）流速最小，发生淤积的可能性最大，因此实际运行中应重点关注该隧段的淤积情况。

表 4-1-7 压力流设计管径方案下各隧段的污水流速 （单位：m/s）

工况		二郎庙—三环 （隧段 S1）	三环—武东 （隧段 S2）	武东—泵站 （隧段 S3）	落步咀—三环 （隧段 S4）
最小流速（2018 年初期最小流量）		0.688	0.778	0.727	0.787
近期	旱季平均流量	0.803	0.987	0.918	1.280
	旱季最大流量	1.043	1.283	1.193	1.665
远期	旱季平均流量	0.902	1.340	1.276	1.246
	旱季最大流量	1.172	1.742	1.658	1.619

2）水头损失

管道系统内各段的沿程水头损失如表 4-1-8 所示。主隧段的总水头损失（S1、S2 和 S3 段）在各个流量下不同，其中在近期旱季最小流量下最小，为 2.24 m；在远期旱季最大流量下最大，为 9.57 m。支隧 S4 段在近期旱季最低流量下最小，为 0.663 m；在远期旱季最大流量下最大，为 2.806 m。

表 4-1-8 压力流设计管径方案下隧道水头损失 （单位：m）

工况		主隧				支隧
		二郎庙—三环 （隧段 S1）	三环—武东 （隧段 S2）	武东—泵站 （隧段 S3）	总水头损失	落步咀—三环 （隧段 S4）
最小流量（2018 年初期最小流量）		0.85	0.62	0.77	2.24	0.72
近期	旱季平均流量	1.15	1.01	1.22	3.38	1.91
	旱季最大流量	1.94	1.70	2.06	5.70	3.23
远期	旱季平均流量	1.45	1.85	2.36	5.66	1.81
	旱季最大流量	2.45	3.13	3.99	9.57	3.05

图 4-1-1～图 4-1-6 为各流量工况条件下，隧道各竖井水位情况，根据《大东湖核心区污水传输系统工程可行性研究报告》（内部资料，下简称"《工程可研》"）的分析，考虑沿线现状构筑物及地质情况，图 4-1-1～图 4-1-6 中压力流的起端隧底高程按-4.000 m 考虑，压力流隧道纵坡按 $i=0.0005～0.0012$。考虑沿线各预处理站的场平高程及进水管道高程情况，压力流的起端入流竖井的水位为 12.000 m。由图可知，相同条件下，同一隧段，流量越大，上下游的水位差越大，其中在近期旱季最小流量下最小，在远期旱季平均流量下最大，与表 4-1-8 中的计算结果一致。

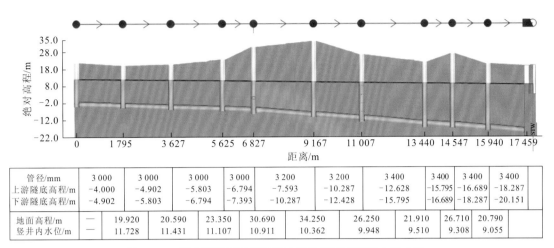

管径/mm		3 000	3 000	3 000	3 000	3 200	3 200	3 400	3 400	3 400	3 400	
上游隧底高程/m		−4.000	−4.902	−5.803	−6.794	−7.593	−10.287	−12.628	−15.795	−16.689	−18.287	
下游隧底高程/m		−4.902	−5.803	−6.794	−7.393	−10.287	−12.428	−15.795	−16.689	−18.287	−20.151	
地面高程/m	—	19.920	20.590	23.350	30.690	34.250	26.250	21.910	26.710	20.790		
竖井内水位/m	—	11.728	11.431	11.107	10.911	10.362	9.948	9.510	9.308	9.055		

图 4-1-1　压力流运行时近期旱季平均流量下管道内的水位

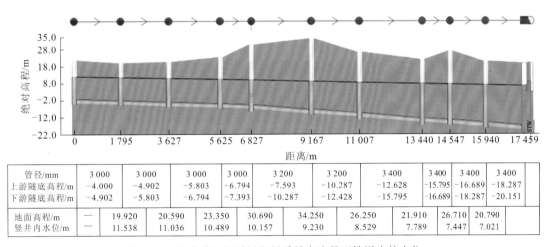

管径/mm		3 000	3 000	3 000	3 000	3 200	3 200	3 400	3 400	3 400	3 400	
上游隧底高程/m		−4.000	−4.902	−5.803	−6.794	−7.593	−10.287	−12.628	−15.795	−16.689	−18.287	
下游隧底高程/m		−4.902	−5.803	−6.794	−7.393	−10.287	−12.428	−15.795	−16.689	−18.287	−20.151	
地面高程/m	—	19.920	20.590	23.350	30.690	34.250	26.250	21.910	26.710	20.790		
竖井内水位/m	—	11.538	11.036	10.489	10.157	9.230	8.529	7.789	7.447	7.021		

图 4-1-2　压力流运行时近期旱季最大流量下管道内的水位

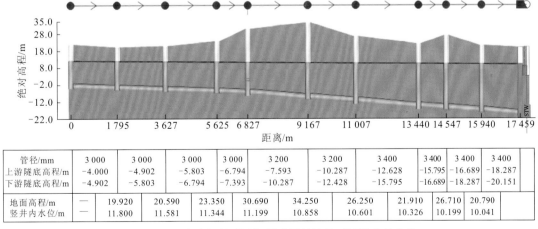

管径/mm		3 000	3 000	3 000	3 000	3 200	3 200	3 400	3 400	3 400	3 400	
上游隧底高程/m		−4.000	−4.902	−5.803	−6.794	−7.593	−10.287	−12.628	−15.795	−16.689	−18.287	
下游隧底高程/m		−4.902	−5.803	−6.794	−7.393	−10.287	−12.428	−15.795	−16.689	−18.287	−20.151	
地面高程/m	—	19.920	20.590	23.350	30.690	34.250	26.250	21.910	26.710	20.790		
竖井内水位/m	—	11.800	11.581	11.344	11.199	10.858	10.601	10.326	10.199	10.041		

图 4-1-3　压力流运行时近期旱季最低流量下管道内的水位

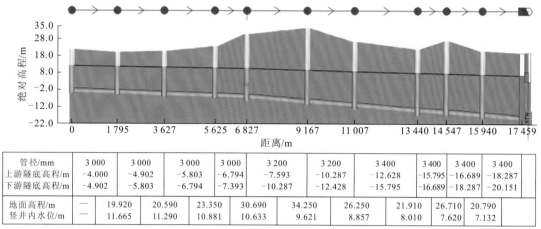

管径/mm	3 000	3 000	3 000	3 000	3 200	3 200	3 400	3 400	3 400	3 400
上游隧底高程/m	-4.000	-4.902	-5.803	-6.794	-7.593	-10.287	-12.628	-15.795	-16.689	-18.287
下游隧底高程/m	-4.902	-5.803	-6.794	-7.393	-10.287	-12.428	-15.795	-16.689	-18.287	-20.151
地面高程/m	—	19.920	20.590	23.350	30.690	34.250	26.250	21.910	26.710	20.790
竖井内水位/m	—	11.665	11.290	10.881	10.633	9.621	8.857	8.010	7.620	7.132

图 4-1-4　压力流运行时远期旱季平均流量下管道内的水位

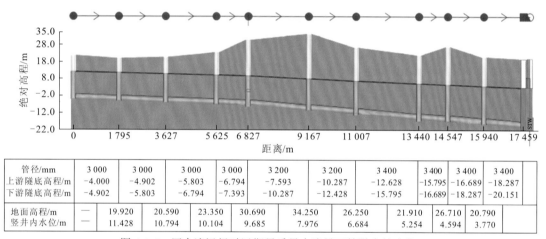

管径/mm	3 000	3 000	3 000	3 000	3 200	3 200	3 400	3 400	3 400	3 400
上游隧底高程/m	-4.000	-4.902	-5.803	-6.794	-7.593	-10.287	-12.628	-15.795	-16.689	-18.287
下游隧底高程/m	-4.902	-5.803	-6.794	-7.393	-10.287	-12.428	-15.795	-16.689	-18.287	-20.151
地面高程/m	—	19.920	20.590	23.350	30.690	34.250	26.250	21.910	26.710	20.790
竖井内水位/m	—	11.428	10.794	10.104	9.685	7.976	6.684	5.254	4.594	3.770

图 4-1-5　压力流运行时远期旱季最大流量下管道内的水位

　　图 4-1-6 压力流运行时，近期旱季平均流量，管内充水的变化过程，其他工况与之类似。从图中可以看出，压力流运行时，污水深隧系统的末端先到达满管流状态，然后随着污水的流入，深隧系统内从下游到上游逐渐形成满管流。

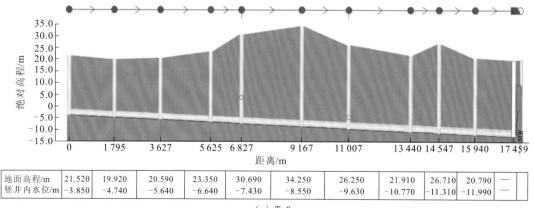

地面高程/m	21.520	19.920	20.590	23.350	30.690	34.250	26.250	21.910	26.710	20.790	—
竖井内水位/m	-3.850	-4.740	-5.640	-6.640	-7.430	-8.550	-9.630	-10.770	-11.310	-11.990	

（a）T=0

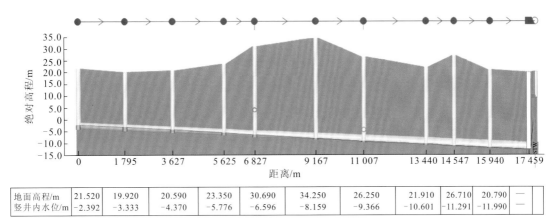

地面高程/m	21.520	19.920	20.590	23.350	30.690	34.250	26.250	21.910	26.710	20.790	—	
竖井内水位/m	−2.392	−3.333	−4.370	−5.776	−6.596	−8.159	−9.366	−10.601	−11.291	−11.990	—	

（b）T=1 h

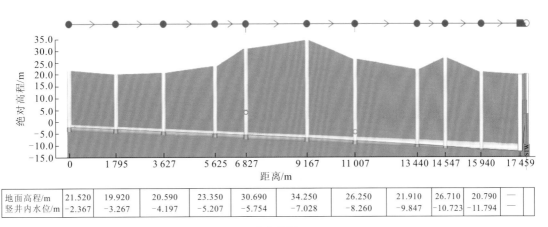

地面高程/m	21.520	19.920	20.590	23.350	30.690	34.250	26.250	21.910	26.710	20.790	—	
竖井内水位/m	−2.367	−3.267	−4.197	−5.207	−5.754	−7.028	−8.260	−9.847	−10.723	−11.794	—	

（c）T=2 h

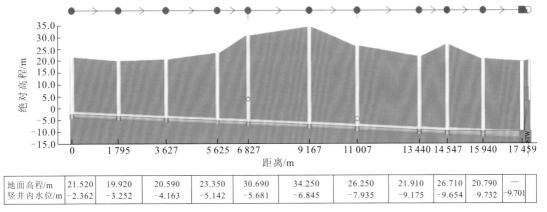

地面高程/m	21.520	19.920	20.590	23.350	30.690	34.250	26.250	21.910	26.710	20.790	—	
竖井内水位/m	−2.362	−3.252	−4.163	−5.142	−5.681	−6.845	−7.935	−9.175	−9.654	−9.732	−9.701	

（d）T=3 h

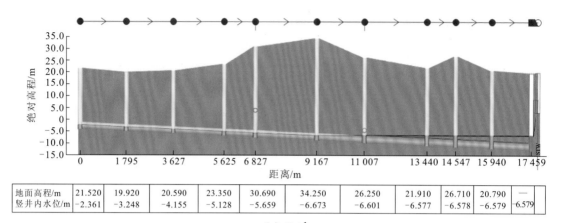

| 地面高程/m | 21.520 | 19.920 | 20.590 | 23.350 | 30.690 | 34.250 | 26.250 | 21.910 | 26.710 | 20.790 | — |
| 竖井内水位/m | -2.361 | -3.248 | -4.155 | -5.128 | -5.659 | -6.673 | -6.601 | -6.577 | -6.578 | -6.579 | -6.579 |

（e）T=4 h

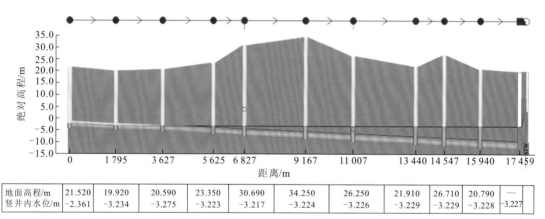

| 地面高程/m | 21.520 | 19.920 | 20.590 | 23.350 | 30.690 | 34.250 | 26.250 | 21.910 | 26.710 | 20.790 | — |
| 竖井内水位/m | -2.361 | -3.234 | -3.275 | -3.223 | -3.217 | -3.224 | -3.226 | -3.229 | -3.229 | -3.228 | -3.227 |

（f）T=5 h

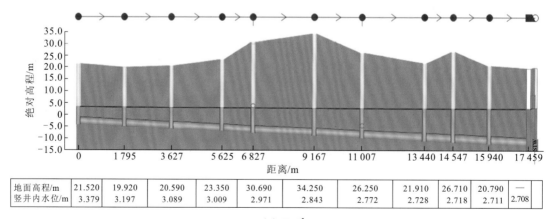

| 地面高程/m | 21.520 | 19.920 | 20.590 | 23.350 | 30.690 | 34.250 | 26.250 | 21.910 | 26.710 | 20.790 | — |
| 竖井内水位/m | 3.379 | 3.197 | 3.089 | 3.009 | 2.971 | 2.843 | 2.772 | 2.728 | 2.718 | 2.711 | 2.708 |

（g）T=6 h

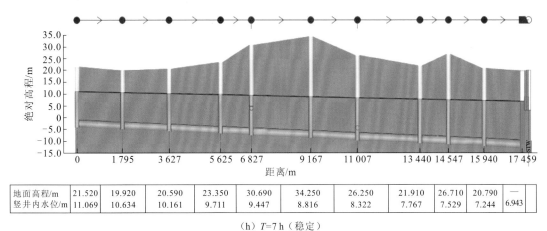

| 地面高程/m | 21.520 | 19.920 | 20.590 | 23.350 | 30.690 | 34.250 | 26.250 | 21.910 | 26.710 | 20.790 | — |
| 竖井内水位/m | 11.069 | 10.634 | 10.161 | 9.711 | 9.447 | 8.816 | 8.322 | 7.767 | 7.529 | 7.244 | 6.943 |

（h）T=7 h（稳定）

图 4-1-6　压力流运行时管道系统内的水位变化过程

4.1.3　重力流传输

1. 水面线及流速计算原理

模型中通过求解一维圣维南（Saint-Venant）方程组来实现模拟管道内非满流的水流特性，一维水流数学模型的控制方程如下。

连续性方程：

$$\frac{\partial A}{\partial t} + \frac{\partial Q}{\partial x} = q_1 \tag{4-1-6}$$

运动方程：

$$\frac{\partial Q}{\partial t} + \frac{\partial}{\partial x}\left(\beta\frac{Q^2}{A}\right) + gA\frac{\partial Z}{\partial x} + g\frac{n^2 Q|Q|}{AR^{4/3}} = 0 \tag{4-1-7}$$

式中：x 为流程；Q 为流量；Z 为水位；g 为重力加速度；t 为时间；q_1 为侧向单位长度旁侧入流量；A 为过水断面面积；R 为水力半径；β 为动能修正系数；n 为糙率系数。

2. 设计管径及计算方案

管道系统以重力流运行，出口自由出流时，管内水流流速与管道坡降及入流量有关。模拟中选取自由出流，在不同管径和坡降下，对近期旱季平均，近期旱季最大，近期旱季最低，远期旱季平均和远期旱季最大等流量工况条件下管道系统内的水流运动特性进行了计算分析，管道糙率取值为 0.013。综合考虑隧道排水能力、流速条件、工程投资等因素，主隧 S1 段管径取 3 m，S2 和 S3 段的管径取 4 m 时，支隧 S4 段管径取 2.5 m，具体如表 4-1-9 所示。

表 4-1-9　重力流的设计管径

管段	管径/m	起端管底/m	末端管底/m
S1	3.0	−1.0	−7.9
S2	4.0	−8.9	−13.1
S3	4.0	−13.3	−20.1
S4	2.5	−5.7	−7.4

3. 计算结果

1）流速

重力流运行时，管道内各段的水流流速如表 4-1-10 所示。由该表可知，主隧 S1、S2 和 S3 段内的水流流速在各个流量条件下均在 1.7 m/s 以上，大于临界不淤流速，且各隧段流速逐渐增大；其中在近期旱季最低流量时，S1、S2 和 S3 段内的流速最小，分别为 1.702 m/s、1.781 m/s 和 1.823 m/s。支隧 S4 段的水流流速在各个流量条件下均在 1.2 m/s 以上，其中在近期旱季最低流量时流速最小为 1.209 m/s，大于临界不淤流速。

表 4-1-10　重力流设计管径方案下系统内各段的水流流速

污水管道编号	近期			远期	
	旱季平均流速 /(m/s)	旱季最大流速 /(m/s)	旱季最低流速 /(m/s)	旱季平均流速 /(m/s)	旱季最大流速 /(m/s)
S1	1.153	1.246	1.001	1.412	1.516
S2	2.007	2.153	1.891	2.179	2.337
S3	2.053	2.183	1.908	2.247	2.403
S4	1.896	2.031	1.783	1.922	2.051

2）水位

图 4-1-7～图 4-1-13 为各流量工况条件下，隧道各竖井水位情况。根据沿线现状构筑物及地质情况，重力流的起端隧底高程按−4.0 m 考虑，重力流隧道纵坡按 $i=0.001$。由图可知，达到稳定状态时管内的水位随着管内流量的增大而升高，其中在远期旱季最大流量下，管内的水位最高。

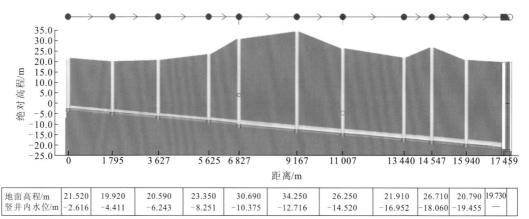

地面高程/m	21.520	19.920	20.590	23.350	30.690	34.250	26.250	21.910	26.710	20.790	19.730
竖井内水位/m	−2.616	−4.411	−6.243	−8.251	−10.375	−12.716	−14.520	−16.952	−18.060	−19.455	—

图 4-1-7　重力流运行时近期旱季平均流量下管道内的水位

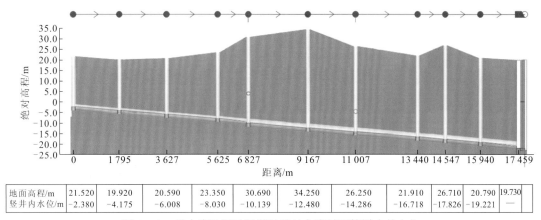

| 地面高程/m | 21.520 | 19.920 | 20.590 | 23.350 | 30.690 | 34.250 | 26.250 | 21.910 | 26.710 | 20.790 | 19.730 |
| 竖井内水位/m | -2.380 | -4.175 | -6.008 | -8.030 | -10.139 | -12.480 | -14.286 | -16.718 | -17.826 | -19.221 | — |

图 4-1-8 重力流运行时近期旱季最大流量下管道内的水位

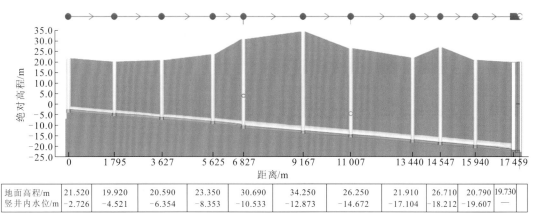

| 地面高程/m | 21.520 | 19.920 | 20.590 | 23.350 | 30.690 | 34.250 | 26.250 | 21.910 | 26.710 | 20.790 | 19.730 |
| 竖井内水位/m | -2.726 | -4.521 | -6.354 | -8.353 | -10.533 | -12.873 | -14.672 | -17.104 | -18.212 | -19.607 | — |

图 4-1-9 重力流运行时近期旱季最低流量下管道内的水位

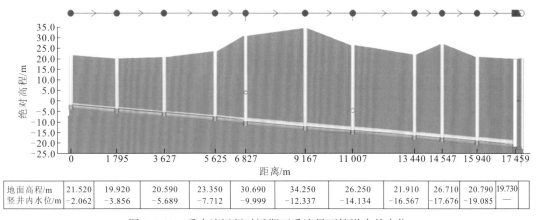

| 地面高程/m | 21.520 | 19.920 | 20.590 | 23.350 | 30.690 | 34.250 | 26.250 | 21.910 | 26.710 | 20.790 | 19.730 |
| 竖井内水位/m | -2.062 | -3.856 | -5.689 | -7.712 | -9.999 | -12.337 | -14.134 | -16.567 | -17.676 | -19.085 | — |

图 4-1-10 重力流运行时近期雨季流量下管道内的水位

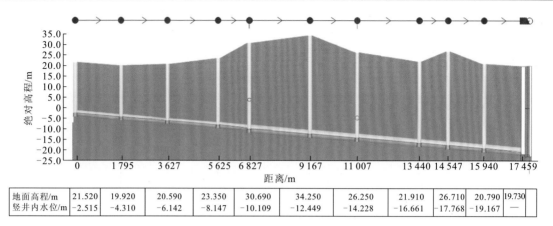

地面高程/m	21.520	19.920	20.590	23.350	30.690	34.250	26.250	21.910	26.710	20.790	19.730	
竖井内水位/m	-2.515	-4.310	-6.142	-8.147	-10.109	-12.449	-14.228	-16.661	-17.768	-19.167	—	

图 4-1-11　重力流运行时远期旱季平均流量下管道内的水位

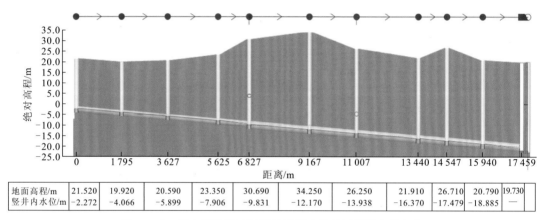

地面高程/m	21.520	19.920	20.590	23.350	30.690	34.250	26.250	21.910	26.710	20.790	19.730	
竖井内水位/m	-2.272	-4.066	-5.899	-7.906	-9.831	-12.170	-13.938	-16.370	-17.479	-18.885	—	

图 4-1-12　重力流运行时远期旱季最大流量下管道内的水位

图 4-1-13 给出了管内充水的变化过程。从图中可以看出，管道系统以重力流运行，出口以自由出流时，水位达到稳定的时间较压力流短。

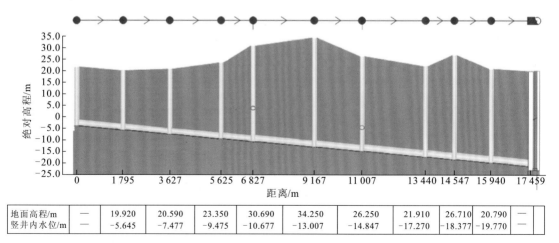

地面高程/m	—	19.920	20.590	23.350	30.690	34.250	26.250	21.910	26.710	20.790	—	
竖井内水位/m	—	-5.645	-7.477	-9.475	-10.677	-13.007	-14.847	-17.270	-18.377	-19.770	—	

（a）$T=0$

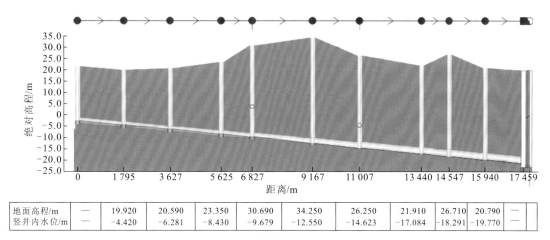

地面高程/m	—	19.920	20.590	23.350	30.690	34.250	26.250	21.910	26.710	20.790	—
竖井内水位/m	—	−4.420	−6.281	−8.430	−9.679	−12.550	−14.623	−17.084	−18.291	−19.770	

（b）T=1 h

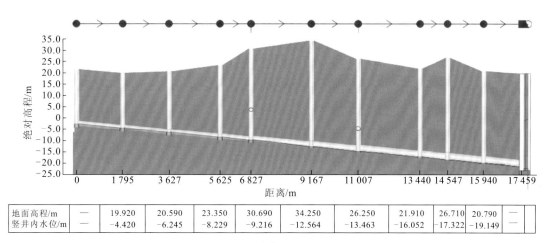

地面高程/m	—	19.920	20.590	23.350	30.690	34.250	26.250	21.910	26.710	20.790	—
竖井内水位/m	—	−4.420	−6.245	−8.229	−9.216	−12.564	−13.463	−16.052	−17.322	−19.149	

（c）T=2 h

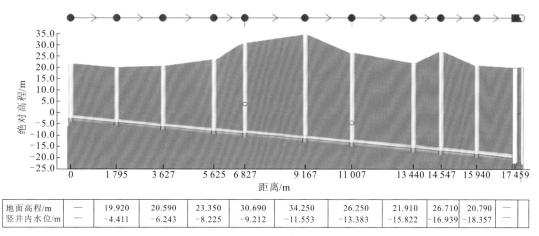

地面高程/m	—	19.920	20.590	23.350	30.690	34.250	26.250	21.910	26.710	20.790	—
竖井内水位/m	—	−4.411	−6.243	−8.225	−9.212	−11.553	−13.383	−15.822	−16.939	−18.357	

（d）T=3 h（稳定）

图 4-1-13　以重力流运行时管道系统内的水位变化过程

4.2 传输方式对比分析

4.2.1 重力流和压力流流速对比

压力流和重力流两种运行方式下，恒定流情况时，通过对各种流量工况条件下的水力计算，结论如下。

（1）经综合分析比较，压力流运行时，主隧 S1、S2 和 S3 段的管径分别取 3.0 m、3.2 m 和 3.4 m，重力流运行时，主隧 S1、S2 和 S3 段的管径分别取 3.0 m、4.0 m 和 4.0 m。

（2）压力流运行时，管道内的水流流速在近远期各工况条件下，近期旱季最低流量时管内流速最小，为 0.688 m/s，在不淤流速以上，其他条件下均远大于不淤流速。主隧段的沿程总水头损失在近期旱季平均流量下最小，为 2.24 m；在远期旱季最大流量下最大，为 9.57 m。

（3）重力流运行时，出口自由出流运行时，管道内的水流流速在近远期各流量工况条件下均大于不淤流速。

4.2.2 重力流和压力流比选

压力流输送隧道、重力流输送隧道在工程造价、运行费用、实施难度等方面均有较大的不同，两种输送系统详细技术经济比较详见表 4-2-1～表 4-2-2。

表 4-2-1 压力流、重力流输送隧道技术比较表

项目		重力流	压力流	备注
技术参数	主隧道断面/m	3，4	3，3.2，3.4	—
	流速 V/（m/s）	≥1.209	≥0.688	
	纵坡 i	0.001	0.000 5～0.001 2	
	隧道埋深/m	25.52～44.1	25.52～39.89	
	水位变化	−21.28～−20.53 m	2.09～9.68 m	
对深隧泵站的影响	土建	埋深深，土建费用高	埋深稍浅，土建费用低	压力流优
	扬程	扬程较高（49.53～50.28 m）	扬程较低（18.82～26.41 m）	压力流优
	运行管理	水位变化较小，水泵不需变频	水位变化较大，水泵需变频	重力流优
深隧施工	施工可行性	可行	可行	均可
	施工工法	组合工法（盾构+顶管）		

续表

项目		重力流	压力流	备注
	运行方式	重力流运行	压力流运行	均可
深隧维护管理	气体管理	非满管流，气体管理要求较高，易造成瞬变流	满管流，气体管理要求较低	压力流较优
	沉积物管理	①坡度大，流速高，满流时泥沙不易淤积，但非满流时易发生挂壁现象；②需按设计控制水位，根据新加坡深隧运行经验，水位控制不当易造成局部壅水，形成淤积	需控制最小流速防止淤积	重力流较优
	水位控制	水位变化小，通过末端泵站控制在设计水位范围内较易实现	末端泵站需随流量变化水泵扬程来控制水位，水位变化范围较大，运行较复杂	重力流较优
	维护	强化预处理、自清维护	强化预处理、自清维护	相当
	防腐	内衬后隧道仍需防腐，且需维护	内衬后隧道无须防腐，仅需水位以上维护	压力流较优
运行安全性	瞬变流风险	风险高	风险低	压力流较优
	淤塞风险	设计水位控制，流速大，不易淤塞	控制最小流速，不易淤塞。当低于最低流量时，采取补水措施，保证流速	相当

表 4-2-2 压力流、重力流输送隧道经济比较表

项目		重力流	压力流
尺寸/m	主隧	3, 4	3, 3.2, 3.4
	支隧	3	1.5~2
工程投资/亿元		34.42	29.55
系统运行费用/(万元/年)	近期	6 330	3 650
	远期	8 690	4 830

从以上压力流输送隧道、重力流输送隧道计算分析结果可看出：压力流隧道埋深较浅。

（1）压力流、重力流污水隧道均能达到污水转输目的，且在国内外均有运用，技术较为成熟。

（2）重力流埋深大，土建投资高；压力流相对埋设深度少 10 m，土建投资相对低。且对深隧泵站土建而言，压力流投资更少。

（3）压力流泵站扬程小，运行费用远小于重力流；但水泵扬程变化范围较大，水位控制及运行管理方面比重力流系统复杂。

（4）在气体管理等方面，压力流优于重力流系统，且产生瞬变流的风险小。

综合以上系统技术特点，考虑污水输送系统长期运行经济合理性，压力流要优于重力流。综上所述，推荐采用压力流输送方式。

第 5 章

入流竖井关键技术

入流竖井作为排水隧道的关键组成部分，作用是将水流从浅层排水系统接入到深层隧道系统，并尽量消除水流的动能和势能，同时在水流下降时去除水流夹带的空气。

在入流竖井内，水流与气流、竖井结构内壁相互作用，水流掺气提高了消能效率，但部分气体可能随水流进入深层隧道，在隧道内聚集，对工程的正常运行造成影响；水流对竖井结构的冲击，也影响入流竖井结构的稳定。同时，入流竖井内的水位对水流消能、排气效果、竖井结构受力等影响较大。通过对不同设计流量、水位条件下，入流竖井内水流、气流、结构受力等特性进行研究，评估入流竖井的运行状态，能够为工程设计及运行提供参考，并结合研究成果对设计方案提出优化调整建议。

5.1　入流竖井选型

入流竖井的形式主要有涡流式、折板式和直落式。目前，在排水隧道工程中，这几种入流竖井均有应用。通过项目调研及资料查阅，直落式入流竖井占地面积较大，且对隧道冲击也较大，不适合大东湖核心区污水深隧工程实际情况。折板式和涡流式两种入流竖井在流量适应性、结构耐久性、入流稳定性、占地、排气效果等方面各有优缺点（表 5-1-1）。

表 5-1-1　典型排水深隧工程案例

工程名称	工程规模	功能定位	入流竖井类型
香港荔枝角雨水排放隧道工程	L=3.7 km，D=4.9 m，最大埋深 45 m	雨洪排放	直落式
香港净化海港污水隧道工程	L=45 km，D=1.2～3.5 m，平均埋深 100 m	污水输送	涡流式
美国芝加哥深隧工程	L=176 km，D=2.5～10 m，埋深 45～106 m	雨洪排放兼顾雨水调蓄	涡流式
新加坡污水深隧工程	L=48 km，D=6 m，埋深 22～55 m	污水输送	涡流式
日本和田弥生干线深隧工程	L=2.2 km，D=8.5 m，埋深 50 m	雨水调蓄	涡流式
广州东濠涌试验段排水深隧工程	L=1.7 km，D=6 m，埋深 40 m	雨洪排放	折板式

5.1.1　涡流式入流竖井

涡流式竖井主要结构包括入流箱涵、涡流室、旋流竖筒、旋流出口，如图 5-1-1、图 5-1-2 所示。涡流竖井通过入流箱涵将浅层管网系统中的来水引入涡流室，涡流室将进水水流流态转换为旋流后引入垂直的旋流竖筒，在重力和离心力的作用下使水流紧贴着竖筒内壁螺旋下落，随后水流夹带空气跌落至竖井底部，经过与底部水垫层剧烈的撞击和翻滚后消耗大量的能量。水流与竖筒内壁间的摩擦力一定程度上能够提高消能率，更重要的是能够保持竖筒中心气腔，并维持竖筒内螺旋流的稳定性。

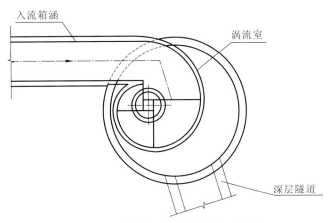

图 5-1-1　典型涡流式竖井结构平面图

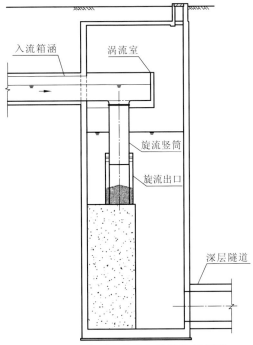

图 5-1-2　典型涡流式竖井结构剖面图

5.1.2　折板式入流竖井

折板式竖井主要结构包括入流箱涵、折板和通气孔，如图 5-1-3、图 5-1-4 所示。折板式竖井通过入流箱涵将浅层管网系统中的来水引入折板上，在重力的作用下使水流层层下跌，并在下跌的过程中，通过与折板剧烈撞击而消耗水流的动能和势能，并释放夹带的空气。位于中部的中隔板将竖井空间分割成干区和湿区两部分，干区主要用来调节气流条件，提供检修维护通道等。通气孔主要是用来保持干区和湿区之间的气压平衡，同时也可以作为检查孔使用。

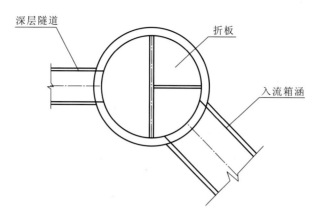

图 5-1-3　典型折板式竖井结构平面图

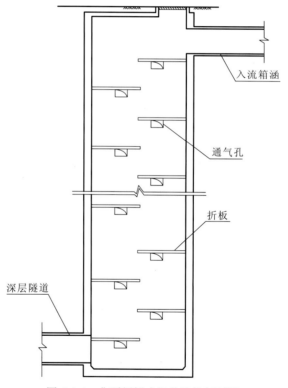

图 5-1-4　典型折板式竖井结构剖面图

5.1.3　入流竖井比选

不同类型竖井各性能的比较见表 5-1-2，折板式竖井和涡流式竖井两种入流竖井各有优缺点，在选用时需结合工程实际情况进行经济技术比选。

表 **5-1-2**　不同类型竖井比较

竖井形式	对流量变化适应性	对跌落差适应范围	入流流态要求	占地	排气效果	对结构的冲击
涡流式竖井	范围较小	较大	高	较小	好	小
折板式竖井	范围较大	较大	低	较大	一般	大

5.2　入流竖井的数值模拟

国内外排水深隧相关的工程案例较少，可借鉴的设计资料不多，通过模型研究竖井的水流、气流特性，确定竖井的各项设计参数，找出运行中可能存在的问题，并在设计阶段予以解决，从而能够规避运行中的风险。

5.2.1　模型建立

采用 Realizable k-ε 气液两相紊流模型，利用控制体积法对方程组进行离散，流速和压力耦合采用修订的压力耦合方程组的半隐式（semi-implict method for pressure linked equations revised，SIMPLER）算法。

1. 控制方程

采用三维 Realizable k-ε 紊流数学模型模拟水流及气流场，模型所用的控制方程如下。
连续方程：

$$\frac{\partial \rho u_i}{\partial x_i} = 0 \tag{5-2-1}$$

动量方程：

$$\frac{\partial(\rho u_i)}{\partial t} + \frac{\partial}{\partial x_j}(\rho u_i u_j) = f_i - \frac{\partial p}{\partial x_i} + \frac{\partial}{\partial x_j}\left[(\nu + \nu_t)\left(\frac{\partial u_i}{\partial x_j} + \frac{\partial u_j}{\partial x_i}\right)\right] \tag{5-2-2}$$

k 方程：

$$\frac{\partial(\rho \kappa)}{\partial t} + \frac{\partial(\rho u_j \kappa)}{\partial x_i} = \frac{\partial}{\partial x_i}\left[\left(\nu + \frac{\nu_t}{\sigma_\kappa}\right)\frac{\partial \kappa}{\partial x_i}\right] + C_\kappa - \rho \varepsilon \tag{5-2-3}$$

ε 方程：

$$\frac{\partial(\rho \varepsilon)}{\partial t} + \frac{\partial(\rho u_j \varepsilon)}{\partial x_i} = \frac{\partial}{\partial x_i}\left[\left(\nu + \frac{\nu_t}{\sigma_\varepsilon}\right)\frac{\partial \varepsilon}{\partial x_i}\right] + C_{1\varepsilon}\frac{\varepsilon}{\kappa}C_k - C_{2\varepsilon}\rho\frac{\varepsilon^2}{\kappa} \tag{5-2-4}$$

式中：k 为紊动动能；ε 为耗散动能；t 为时间；u_i、u_j、x_i、x_j 分别为速度分量与坐标分量；ν、ν_t 分别为运动黏性系数与紊动黏性系数，$\nu_t = C_u \kappa^2 / \varepsilon$；$p$ 为修正压力；f_i 为质量力；C_κ 为平均速度梯度产生的紊动能项，$C_\kappa = \nu_t\left[\left(\frac{\partial u_i}{\partial x_j} + \frac{\partial u_j}{\partial x_i}\right)\frac{\partial u_i}{\partial x_j}\right]$；经验常数 $C_u = 0.09$，$\sigma_k = 1.0$，$\sigma_\varepsilon = 1.33$，$C_{1\varepsilon} = 1.44$，$C_{2\varepsilon} = 1.42$。

水气两相的模拟采用流体体积（volume of fluid，VOF）模型。令函数 $\alpha_w(x,y,z,t)$ 与 $\alpha_a(x,y,z,t)$ 分别代表控制体积内水、气所占的体积分数。在每个单元中，水、气体积分数之和为 1，即

$$\alpha_w + \alpha_a = 1 \tag{5-2-5}$$

对于单个控制体积，存在三种情况：$\alpha_w = 1$ 表示该单元完全被水充满；$\alpha_w = 0$ 表示该单元完全被气充满；$0 < \alpha_w < 1$ 表示该单元部分为水，部分为气，并且存在水、气交界面。显然，自由面问题为第三种情况。水的体积分数 α_w 的梯度可以用来确定自由面的法线方向。计算出各单元 α_w 的值及梯度之后，就可以确定各单元中自由边界的近似位置。

水的体积分数 α_w 的控制方程为

$$\frac{\partial \alpha_w}{\partial t} + u_i \frac{\partial \alpha_w}{\partial x_i} = 0 \tag{5-2-6}$$

式中参变量含义同上，水气界面的跟踪通过求解该连续方程完成。

2. 数值方法

将控制方程写为通用格式：

$$\frac{\partial(\rho\Phi)}{\partial t} + \nabla \cdot (\rho U \Phi) = \nabla \cdot (\Gamma_\Phi \nabla \Phi) + S_\Phi \tag{5-2-7}$$

式中：Φ 为通用变量，如速度 u_i、紊动动能 κ、耗散动能 ε；U 为速度矢量；Γ_Φ 为通用变量 Φ 的扩散系数；S_Φ 为方程源项。

令 $F(\Phi) = \rho U \Phi - \Gamma_\Phi \nabla \Phi$，对式（5-2-7）在单元控制体（$\Delta V$）上进行积分，利用高斯定理将体积分化为单元面（$A$）积分，得

$$\frac{\partial}{\partial t} \int_{\Delta V} \rho \Phi dV = \oint_A F(\Phi)n dA + \int_{\Delta V} S_\Phi dV \tag{5-2-8}$$

式中：n 为单元面外法向矢量。

对通用变量在控制体上取平均，则式（5-2-8）变为

$$\frac{\Delta\Phi}{\Delta t} = -\frac{1}{\Delta V} \sum_{j=1}^{m} F_j(\Phi)A_j + \overline{S}_\Phi \tag{5-2-9}$$

式中：m 为单元控制体的单元面总数；A_j 为单元面 j 的面积；$\overline{S}_\Phi$ 为单元控制体的源项平均值；$F_j(\Phi)A_j$ 为单元面的法向通量，包括对流通量与扩散通量。

3. 模拟范围与网格划分

模拟范围包括入流竖井、上游的入流箱涵和下游的深层隧道 1 km，如图 5-2-1～图 5-2-3 所示。该模拟主要采用六面体网格划分计算区域。两种形式的入流竖井网格数量见表 5-2-1。

表 5-2-1　入流竖井模拟网格数量表

计算区域	网格数量/$\times 10^4$
涡流式入流竖井	44.5
折板式入流竖井	76.5

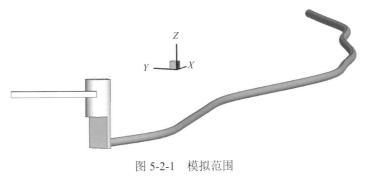

图 5-2-1　模拟范围

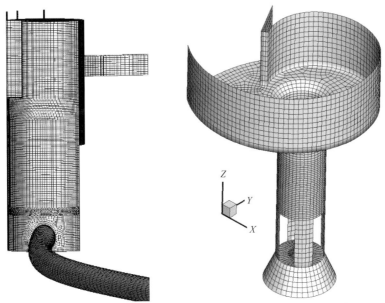

图 5-2-2　涡流式入流竖井网格图

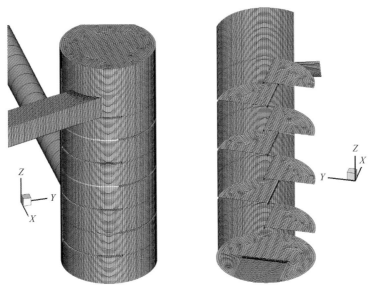

图 5-2-3　折板式入流竖井网格图

4. 模拟工况及边界条件

入流竖井内的模拟工况见表 5-2-2。进行竖井的模拟时，竖井上游明渠的入口处设置流量边界，出流处设置压力边界。

表 5-2-2 入流竖井模拟流量及水位表

流量/（m³/s）	井内水位/m
9.8	12（设计水位）
	10（低水位）

针对涡流式入流竖井与折板式入流竖井，须进行雨季设计水位与雨季低水位工况的模拟，通过分析各部位的流态、流速、水-气相分布、压力等参数，比较两种形式入流竖井方案的优劣。

5. 判定标准

入流竖井的水力特性包括水流流态、流速分布、压强分布、排气方式等。通过数学模型研究以确保不同入流流量可平稳输送至深层隧道内，避免出现空化空蚀、气体顶托等现象，在入流过程中尽可能少掺气，且可最大限度消能，减少对结构的冲击等。

5.2.2 涡流式竖井的模拟

1. 设计工况（雨季，设计水位 12 m）

雨季流量时，井内设计水位(12 m)工况下，纵剖面流速与水相体积分数分布见图 5-2-4，不同高程水平剖面流速与水相体积分数分布见图 5-2-5，逸气池及隧洞表面水相体积分数分布见图 5-2-6。

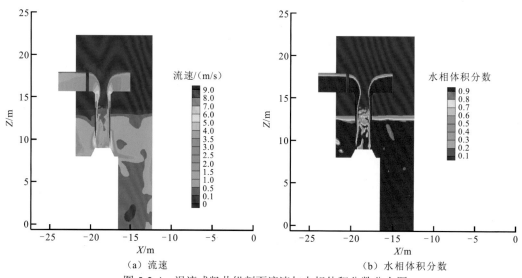

（a）流速　　　　　　　　　　　（b）水相体积分数

图 5-2-4 涡流式竖井纵剖面流速与水相体积分数分布图

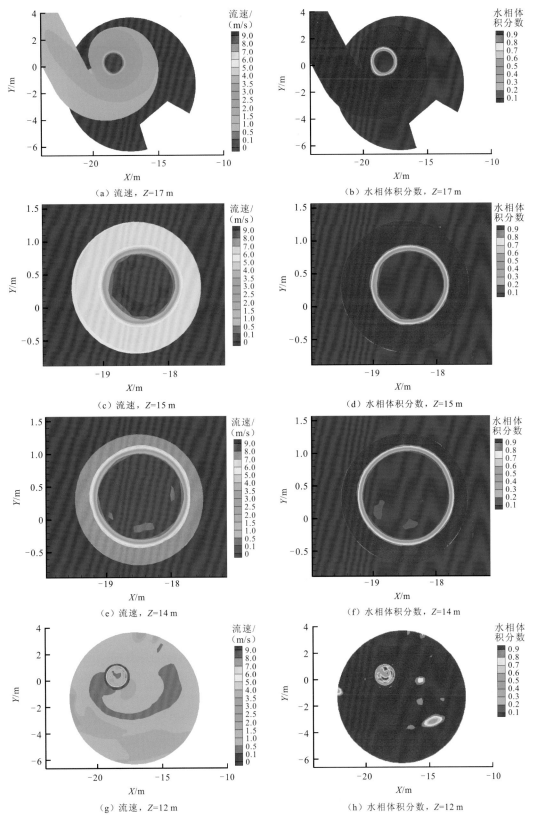

（a）流速，$Z=17\,\mathrm{m}$

（b）水相体积分数，$Z=17\,\mathrm{m}$

（c）流速，$Z=15\,\mathrm{m}$

（d）水相体积分数，$Z=15\,\mathrm{m}$

（e）流速，$Z=14\,\mathrm{m}$

（f）水相体积分数，$Z=14\,\mathrm{m}$

（g）流速，$Z=12\,\mathrm{m}$

（h）水相体积分数，$Z=12\,\mathrm{m}$

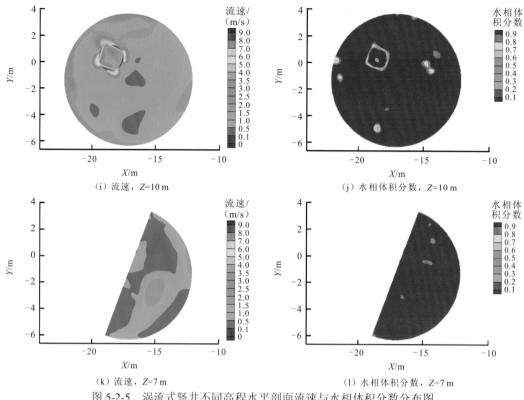

（i）流速，$Z=10\,\mathrm{m}$　　　　　　　　　　（j）水相体积分数，$Z=10\,\mathrm{m}$

（k）流速，$Z=7\,\mathrm{m}$　　　　　　　　　　（l）水相体积分数，$Z=7\,\mathrm{m}$

图 5-2-5　涡流式竖井不同高程水平剖面流速与水相体积分数分布图

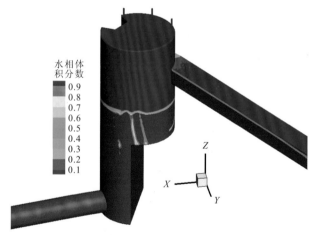

图 5-2-6　涡流式竖井逸气池及隧洞水相体积分数分布图

1）流态

水流经上游明渠进入蜗壳后形成以竖筒轴线为中心的逆时针水平环流，从蜗壳边壁至竖筒边缘环流流速逐步增大，水深迅速减小，蜗壳底部压力逐渐降低。

水流进入竖筒后沿其壁面以旋流形态向其底部行进，沿程流速迅速增大，水体厚度减小，水体表面掺气量增大，竖筒中央形成稳定的空气腔。横剖面上竖筒壁面水体厚度不均匀。掺气旋流触及竖井下部水垫后，继续沿竖筒壁面行进直至竖筒底部，在竖筒下部形成环状"水跃",水流消能较为充分,旋流携带的大量空气随环状水跃掺混进入水体。

掺气水体从竖井下部的出水口进入竖井外部的整流逸气池,7 m 高程以上的水体中均可观察到气团的存在(图 5-2-5)。水流随后从池底进入隧洞,此工况未见空气进入隧洞(图 5-2-6)。

2)流速

从图 5-2-4 可以看出,水流进入竖筒后随着其势能不断转化为动能,流速沿程增大,至竖筒下部的出水口顶缘附近,流速达到最大,约为 9.00 m/s;经过环状水跃区,水流流速有所降低。

3)空心率

空心率为涡管内水平截面空腔与过流面的面积比,空心率较小时,涡管内进气通道狭窄,流态不稳,易发生呛水现象。竖井不同高程空心率见表 5-2-3。可以看出,涡管空心率随着高程的降低而增大,15 m 高程最小空心率为 0.24。

表 5-2-3　竖井各工况涡管空心率统计表

高程/m	雨季设计水位/m	
	最大	最小
15	0.34	0.24
14	0.53	0.45
13	0.56	0.45
12	0.57	0.47

2. 其他工况(雨季,低水位 10 m)

雨季流量时,井内低水位(10 m)工况下,入流竖井流速、水相体积分数分布见图 5-2-7~图 5-2-9。竖井内流态、流速、变化规律与井内设计水位(12 m)工况基本相同。雨季流量时,低水位(10 m)工况可见空气进入隧洞,空气主要聚集于隧洞的起始段。

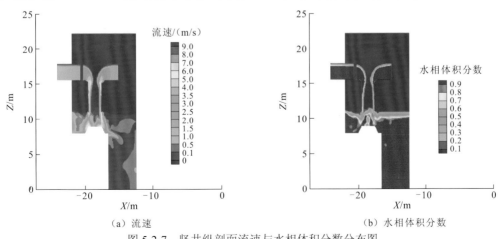

(a)流速　　　　　　　　　　　　　　(b)水相体积分数

图 5-2-7　竖井纵剖面流速与水相体积分数分布图

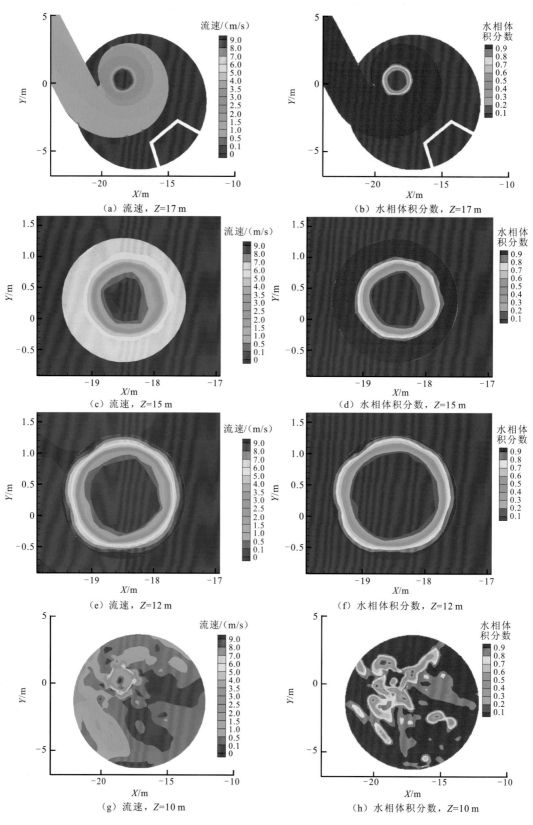

（a）流速，$Z=17\,\mathrm{m}$

（b）水相体积分数，$Z=17\,\mathrm{m}$

（c）流速，$Z=15\,\mathrm{m}$

（d）水相体积分数，$Z=15\,\mathrm{m}$

（e）流速，$Z=12\,\mathrm{m}$

（f）水相体积分数，$Z=12\,\mathrm{m}$

（g）流速，$Z=10\,\mathrm{m}$

（h）水相体积分数，$Z=10\,\mathrm{m}$

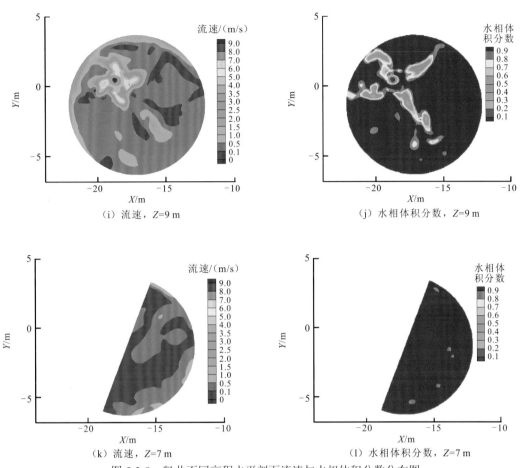

（i）流速，$Z=9$ m

（j）水相体积分数，$Z=9$ m

（k）流速，$Z=7$ m

（l）水相体积分数，$Z=7$ m

图 5-2-8　竖井不同高程水平剖面流速与水相体积分数分布图

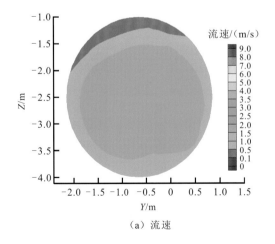

（a）流速

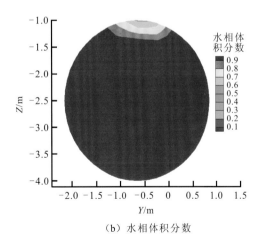

（b）水相体积分数

图 5-2-9　竖井逸气池及隧洞水相体积分数分布图

5.2.3　折板式竖井的模拟

1. 设计工况（雨季，设计水位 12 m）

雨季时，井内设计水位 12 m 工况下，纵剖面流速与水相体积分数分布见图 5-2-10～图 5-2-13，竖井及隧洞水相体积分数分布见图 5-2-14～图 5-2-15，竖井底部及折板压力分布见图 5-2-16。

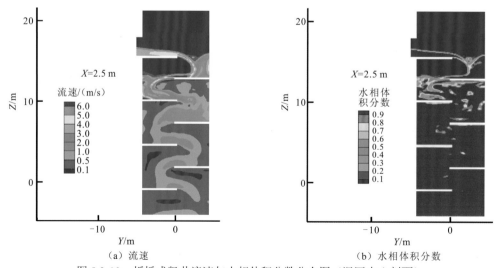

（a）流速　　　　　　　　　　　　　　　　（b）水相体积分数

图 5-2-10　折板式竖井流速与水相体积分数分布图（湿区中心剖面）

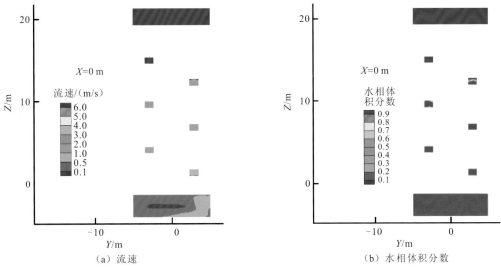

图 5-2-11 折板式竖井流速与水相体积分数分布图（中隔板剖面）

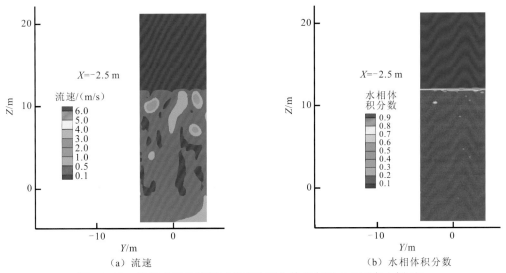

图 5-2-12 折板式竖井流速与水相体积分数分布图（干区中心剖面）

1）流态

水流经明渠进入竖井后依次跌落至各级折板至竖井底部，最后进入隧洞。竖井内设计水位在 12 m 附近，第 2 级及第 3 级折板附近水流为自由跌水，大量气体在第 2、3 级折板处进入水体并被带入下级折板（图 5-2-10），随着水深的增加，气体含量逐渐减小。第 1 及第 2 级折板下通气孔处于畅通状态，其他级通气孔被淹没于水下（图 5-2-11）。竖井干区内气体释放顺畅（图 5-2-12），但有少量气体聚集在隧洞进口处（图 5-2-14 和图 5-2-15），隧洞其他区域未见气体聚集。

2）流速

第 2 及第 3 级折板上水流流速较大，达 6 m/s，其他级折板水流跌落区流速相对较小，在 4 m/s 左右，远离跌落区流速较小，在 2 m/s 以下（图 5-2-10）。

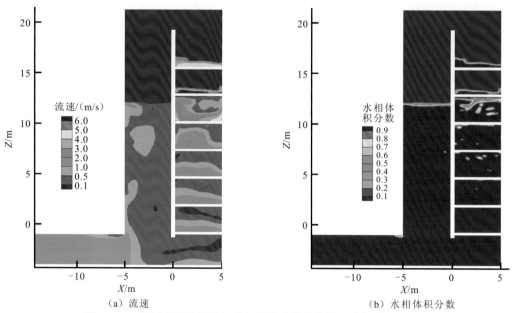

（a）流速　　　　　　　　　　　　　　（b）水相体积分数

图 5-2-13　折板式竖井流速与水相体积分数分布图（隧洞中心剖面）

图 5-2-14　折板式竖井及隧洞水相体积分数分布图

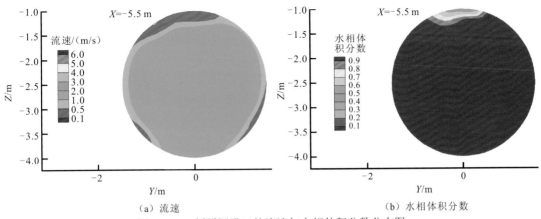

（a）流速　　　　　　　　　　　　　　　　　（b）水相体积分数

图 5-2-15　折隧洞进口处流速与水相体积分数分布图

3）压力

如图 5-2-16 所示，由于第 1 级折板为跌水，随着水深的减小，第 1 级折板沿流向压力逐渐减小，水压力深度在 1 m 以下。而第 2 级及第 3 级折板上压力分布较不均匀，跌落区压力较大，深度达 5 m 以上，其他区域压力较小，深度在 3 m 以下。第 4 级及第 5 级压力也有类似分布，但压力梯度已较小，深度在 5～6 m，至第 6 级、第 7 级折板及井底时，压力分布已较均匀，近似呈静压分布。

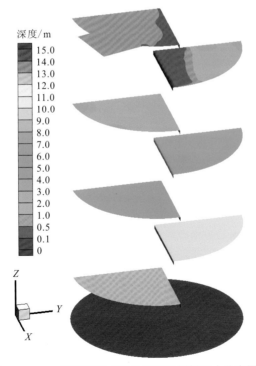

图 5-2-16　二郎庙折板式竖井底部及折板压力分布图

2. 其他工况（雨季，低水位 10 m）

雨季流量时，井内低水位（10 m）工况下，纵剖面流速与水相体积分数分布见图 5-2-17～图 5-2-20，竖井及隧洞水相体积分数分布见图 5-2-21～图 5-2-22，竖井底部及折板压力分布见图 5-2-23。竖井内流态、流速、压力的变化规律与设计工况基本相同。雨季流量下，各工况均可见少量空气聚集于隧洞的进口附近，但隧洞其他区域未见聚集。

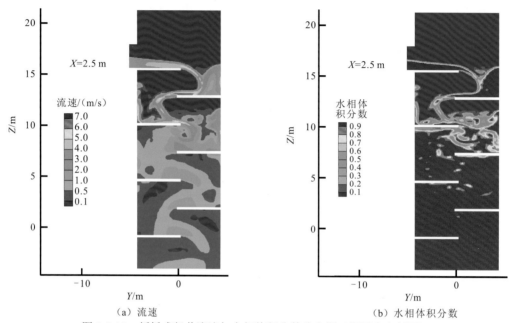

（a）流速　　　　　　　　　　　　　（b）水相体积分数

图 5-2-17　折板式竖井流速与水相体积分数分布图（湿区中心剖面）

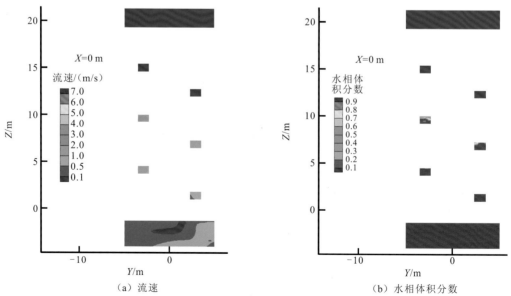

（a）流速　　　　　　　　　　　　　（b）水相体积分数

图 5-2-18　折板式竖井流速与水相体积分数分布图（中隔板剖面）

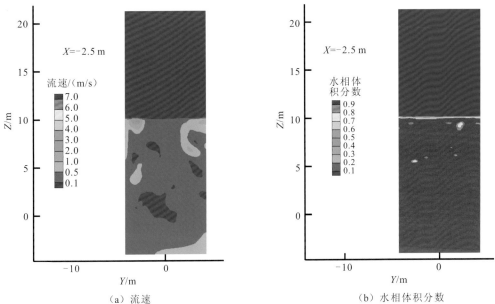

（a）流速　　　　　　　　　　　　（b）水相体积分数

图 5-2-19　折板式竖井流速与水相体积分数分布图（干区中心剖面）

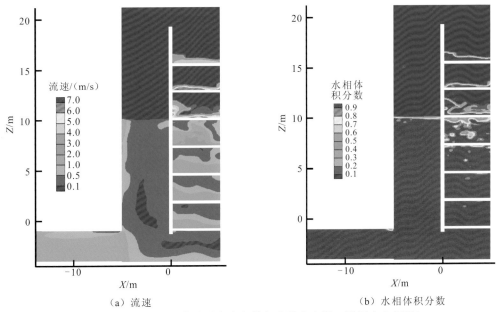

（a）流速　　　　　　　　　　　　（b）水相体积分数

图 5-2-20　折板式竖井流速与水相体积分数分布图（隧洞中心剖面）

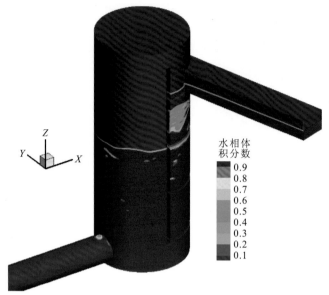

图 5-2-21　折板式竖井及隧洞水相体积分数分布图

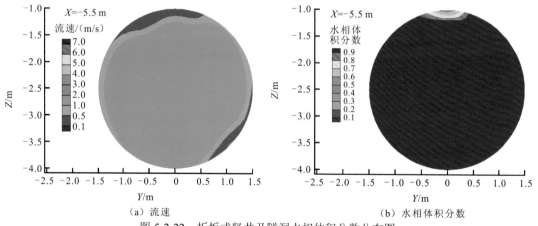

（a）流速　　　　　　　　　　　　　　（b）水相体积分数

图 5-2-22　折板式竖井及隧洞水相体积分数分布图

5.2.4　模拟结果比选

通过数学模型，对两种类型入流竖井进行模拟分析，见表 5-2-4，两种类型的入流竖井均能达到消能、排气的要求。

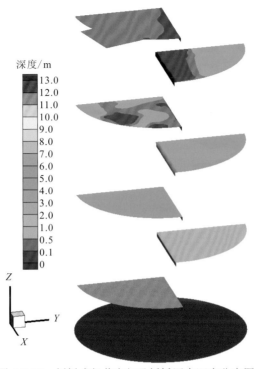

图 5-2-23　折板式竖井底部及折板压力深度分布图

表 5-2-4　不同类型竖井数模比较

竖井形式	竖井内流态	排气效果	对结构的冲击
涡流式竖井	流态稳定，流速分布均匀	水相、气相分界明显，排气效果好	井壁受力均匀，冲击小
折板式竖井	流态不稳定，流速分布不均匀	虽无水相、气相明显分界，但排气效果好	不同深度折板受力不同，对底部结构冲击大

涡流式竖井内可形成较稳定的贴壁旋流，井壁受力条件较好；竖井中央空心率较大，设计水位未见空气进入隧道。

折板式入流竖井各层折板压力分布不均，水流冲击区压力较大，其他区域压力相对较小；设计水位和低水位可见少量气体聚集于隧道入口附近。

5.3　入流竖井设计参数选择

根据上述数学模型模拟结果比选，涡流式入流竖井具有结构受力均匀、水流冲击小、噪声小等优点，考虑本项目为污水传输深隧，需 24 小时不间断进水，且入流竖井均位于市中心等实际情况，拟选择涡流式入流竖井进行设计，为了更好地确定涡流式入流竖井的设计参数，还须开展物理模型模拟试验对参数的选择进行验证和复核。

5.3.1 参数选择及试验设计

入流竖井包括高程 14.05～16.90 m 间的进口段（含明渠及蜗壳），高程 14.05 m 以下至5.0 m 间的涡管，以及涡管外的逸气池三部分构成，逸气池底部与隧洞进口相接（图 5-3-1）。

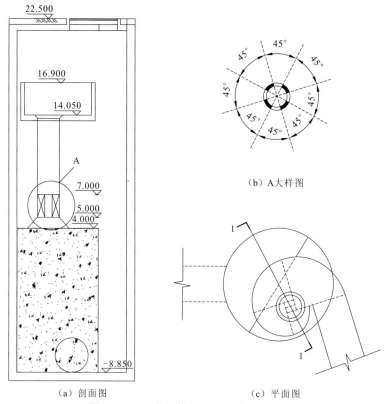

（a）剖面图　　　　　　　　　　（b）A大样图
（c）平面图

图 5-3-1　入流竖井剖视图（单位：mm）

入流竖井采用涡流式进口（scroll intake），其结构示意如图 5-3-2 所示。蜗壳底部为平底，图中 b 为入流明渠宽度，a 为涡管中心与入流明渠轴线间距，D_s 为涡管直径，R_1、R_2、R_3、R_4 分别为构成蜗壳导墙的四段 90° 圆弧的半径，ΔR 为涡管与蜗壳连接处变经前后的半径差，e 为四段圆弧圆心间距的一半，c 为涡管与导墙的最小间距，s 为导墙厚度，Q 为入流竖井入流量。

各参数的相关关系如下：

$$R_1 = R_2 + 2e$$
$$R_2 = R_3 + 2e$$
$$R_3 = R_4 + 2e$$
$$R_4 = e + D_s + \Delta R + c$$
$$R_1 + e = a + b/2$$
$$D_{s\,min} = \left(\frac{Q^2}{g}\right)^{1/5}$$

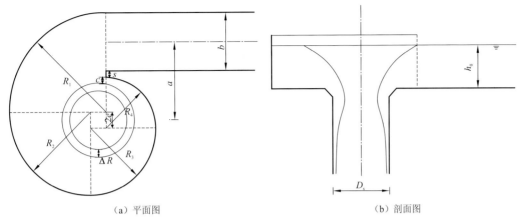

（a）平面图　　　　　　　　　　　　　　　（b）剖面图

图 5-3-2　入流竖井进口段结构示意图

物理模型按照 4 组工况流量开展,井内水位按设计水位 12 m 控制,试验工况见表 5-3-1。根据上述工况,入流竖井各部位参数取值见表 5-3-2。

表 5-3-1　单体物理模型试验工况表

工况	流量/（m³/s）	井内水位/m
旱季最低	4.86	12
旱季平均	5.67	12
旱季最大	7.37	12
雨季	9.8	12

表 5-3-2　入流竖井进口段参数取值表　　　　　　　　（单位：m）

参数	取值	参数	取值
b	3	R_4	2.012 5
a	3.4	ΔR	0.3
D_s	2	e	0.409 6
R_1	4.487 5	c	0.367 2
R_2	3.662 5	s	0.3
R_3	2.837 5		

5.3.2　物理模拟试验

本章研究对象为入流竖井。水流在竖井中主要受重力作用,故物理模型按重力相似准则设计。综合考虑试验场地限制和经济性等因素后,确定试验模型的几个主要物理量比尺如下:几何比尺 $\lambda_l = 10$,流量比尺 $\lambda_Q = 102.5$,时间比尺 $\lambda_t = 100.5$。为保证试验模型的平稳入流条件,在竖井之前设计一定距离的引水明渠段,并且在明渠入口处设置进水前池。同时为更好地观测竖井消能等水力特性,竖井出口处接驳一定长度的入隧段。为方便观测试验水流流态情况,模型主体由有机玻璃制作而成。整个试验系统通过水泵实现水流循环,水泵从水池抽水进入前池,并通过闸阀和计量设施调控模型的入流量,模型出口水流流入水池中。

1. 流态

图 5-3-3 和图 5-3-4 所示为入流竖井雨季流量下的流态，水流经进口明渠段进入蜗壳，水面呈螺旋状，存在较大的横比降［图 5-3-3（a）］，而后进入涡管，水流卷入大量气体，经涡管底部开孔进入逸气池，气泡随水流下潜一段距离后（图 5-3-4），从井内水面逸出［图 5-3-3（b）］。可见微小气泡经隧洞进口顶部进入隧道。其他流量条件下，流态与雨季流量流态基本一致。

（a）水流经进口明渠进入蜗壳 （b）水流从井内水面逸出

图 5-3-3　设计水位下进口段及井内顶部流态

图 5-3-4　雨季流量设计水位下流态

2. 水面线

试验测量了 10 组流量下进口段内导墙侧的水面线，测点布置见图 5-3-5。根据参考文献 Will（2010，1985）涡流式进口的水深 h_0 及流量 Q 存在如下线性关系：

$$Q / Q^* = \sqrt{2} h_0 / h^* \qquad (5\text{-}3\text{-}1)$$

式中：参考水深 $h^* = aR / b$，参考流量 $Q^* = (gaR^5 / b)^{1/2}$，其他参数意义同图 5-3-2。

进口水深与流量关系曲线如图 5-3-6 所示，可以看出试验值与理论值基本一致，流量较大时实测水深略小于理论值。

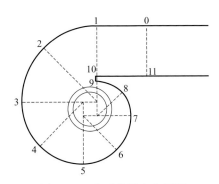

图 5-3-5　水面线测点布置图

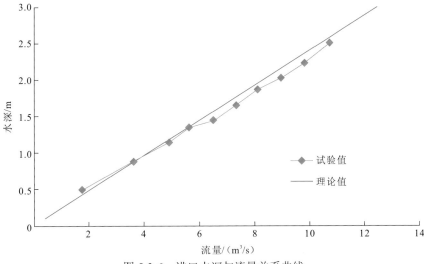

图 5-3-6　进口水深与流量关系曲线

　　图 5-3-7 所示为 10 组流量下沿导墙的水面线,可以看出水面沿水流方向先上升后降低,在 4#测点前后最高,在 9#测点附近最低。图 5-3-8 所示为雨季流量（最大设计流量）下的水面线,最大水深在 4#测点为 2.45 m,导墙高度 2.85 m,尚有 0.4 m 安全超高。

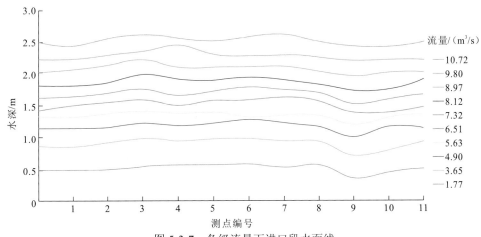

图 5-3-7　各级流量下进口段水面线

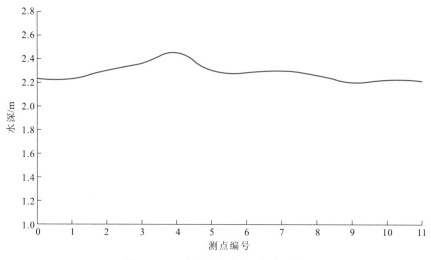

图 5-3-8 雨季流量下进口段水面线

3. 空心率

试验测定了 4 组设计流量下的空心率。空腔示意图及测点布置图如图 5-3-9 所示。测量设备为自制的八爪尺（图 5-3-10），试验中将其插入涡管至某高程处，读取八个刻度尺的读数，即可计算该断面的空心率。

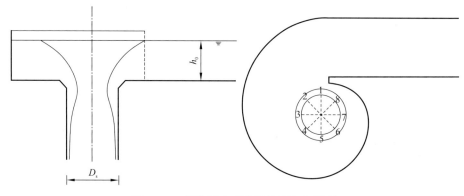

图 5-3-9 涡管空心示意图及测点布置图

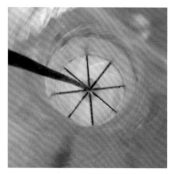

图 5-3-10 八爪尺

试验共测量各级流量下 4 个高程（涡管顶高程 14.05 m 与设计水位 12.0 m 之间）处的空心率，空心形态如图 5-3-11 所示。高程 13.6 m 处为涡管喉部（过流断面最小），各级流量下，随着高程的降低，空腔不断增大。各断面上，7#和 8#测点处水体厚度略薄，但各测点厚度差异不大。表 5-3-3 所示为各断面的空心率，可以看出雨季流量下，喉部（高程 13.6 m）空心率为 0.237，略小于最小空心率 0.25，其他断面及工况下空心率均大于 0.25。

表 5-3-3　各设计工况下涡管空心率

工况	高程 13.6 m	高程 13.1 m	高程 12.6 m	高程 12.1 m
雨季	0.237	0.332	0.462	0.495
旱季最大	0.330	0.437	0.562	0.607
旱季平均	0.453	0.590	0.729	0.756
旱季最小	0.522	0.614	0.730	0.788

图 5-3-11　各设计工况涡管空心形态

4. 压力

模型共设置脉动压力测点 4 处，其中 2 处测点位于涡管喉部，1 处位于涡管出水口底部中心，1 处位于逸气池底部-8.85 m 高程中心。测点布置见图 5-3-12。

图 5-3-12　脉动压力测点布置图

表 5-3-4　各设计工况压力成果表　　　　　　　　　　　　　　　（单位：m）

工况	压力参数	1#（喉部）	2#（喉部）	3#（涡管底部▽−5 m 平台）	4#（逸气池底部▽−8.85 m）
雨季	P	1.04	1.19	6.76	20.56
	σ	0.22	0.17	0.33	0.06
旱季最大	P	0.87	1.02	6.62	20.76
	σ	0.14	0.14	0.26	0.06
旱季平均	P	0.69	0.71	6.75	20.98
	σ	0.09	0.08	0.15	0.06
旱季最小	P	0.66	0.72	6.67	20.79
	σ	0.07	0.09	0.10	0.04

表 5-3-4 所示为各设计工况的压力成果，表中 P 为时均压力，σ 为压力的均方根值。可以看出设计水位下，涡管底部压力（3#）在 6.7 m 左右，均方根最大，已至 0.33 m。喉部（1#和 2#）压力最小，在 1.1 m 附近，均方根次之，在 0.07～0.22 m。而逸气池底部（4#）压力最大，均方根最小。

5. 结果分析

入流竖井 1/10 单体物理模型研究表明，正常运行时，入流竖井进口段水深流量关系与理论值基本一致；最大流量时蜗壳导墙尚有 0.4 m 安全超高；最大流量时，涡管喉部空心率 0.237，略小于最小许可空心率 0.25，其他流量及高程处，空心率均大于 0.25；正常运行时水流挟带的气泡可从逸气池内顺利逸出，除雨季流量工况下可见少量气泡经隧道进口顶部进入深隧外，其他工况模型中未见气泡进入隧洞；各测点压力分布正常。数模所得水面线与实测成果较吻合。

综上表明，设计工况下，入流竖井各部位设计尺寸合理可行，后期工程设计时，深隧入口处需增加排气装置。

第 6 章

深隧泵房关键技术

深隧提升泵房是在深隧排水系统末端设置的用于水力提升的功能型泵站，通过提升水泵将隧道内的来水抽排至江河或污水处理厂等下游水体，故深隧提升泵房决定了整个排水深隧系统功能的实现，是连接前端隧道及末端受纳水体的核心枢纽，也是整个排水深隧系统最关键的节点。

深隧提升泵房通常具有以下特征：位于较深地下空间，地下 30～100 m 居多；系统性强，复杂程度高，附属设施多；安全性、稳定性要求高，位于地下有限空间内；水泵大流量、高扬程、高功率；泵站进出水流态稳定性要求高，运行工况复杂。

深隧提升泵房作为整个排水深隧系统末端核心枢纽，其工程设计难点在于如何在满足工艺流程需要的前提下工艺布局合理，减少占地面积和开挖深度，降低实施难度；如何合理利用有限的地下空间，并在有限空间内配套动力、通风、冷却、润滑、监测、自控、检修、照明、消防等附属设施；地下空间环境条件下设备的选型；水泵选型如何解决工况适应性、抗气蚀性、抗反转性、转动惯量的控制及水泵冷却系统、润滑油系统的设置；如何控制泵站进水流态的稳定性及配水的均匀性；如何提高泵站结构整体的抗震性；在密闭空间内的降噪措施；泵站系统的联动与控制；冷却系统及润滑油系统的双回路布置；水泵节能降耗方式，是否设置变频等。

深隧提升泵房作为一个复杂的系统性工程，基于对其技术难点和关键点的梳理、剖析，通过数值模拟和模型试验等技术途径进行验证，确定科学合理的技术方案。总体而言，深隧提升泵房关键技术在于工艺布局、地下空间利用、设备选型、进水流道、结构振动、降水防渗、支护开挖等方面，而这些关键点中尤其是工艺布局、进水流道、结构振动在技术方案的设计中最为关键，需要进行专项研究和模拟分析。

6.1 工 艺 布 局

6.1.1 布局方式比选

深隧提升泵房位于排水深隧系统的末端，其选址需结合排水深隧系统布局、隧道线位、排水出口、水文地质和防洪等因素确定，既要满足总体布置需要又要结合可批复城市公共设施用地的现状，通常多位于江河排口堤外或排水处理设施前端。

泵房站址确定后，根据用地边界条件在有限空间内合理地进行泵站工艺布局。深隧提升泵房基于其位于较深的地下空间，其构筑物主要有圆形和矩形两种平面布局方式，平面布局方式的选择主要取决于工程地质水文条件、结构受力状态、岩土支护降水方式、泵站进出水水力流态等因素。竖向布局方式则主要结合泵站竖向深度、水泵选型、功能分区设置、送风排风方式、电机冷却方式、消防分区划分、检修维护通道等因素进行合理布局。目前，全球有多座排水深隧系统在运行，其末端深隧泵房布局方式略有不同，通过对这部分工程案例进行调研、梳理，研究深隧泵房的布局方式和设备选型等制约因素，具体工程案例见表 6-1-1。

表 6-1-1 部分深隧水泵间工程案例表

项目	香港昂船洲污水处理厂深隧水泵间	新加坡樟宜污水厂深隧水泵间	伦敦泰晤士河深隧水泵间	芝加哥深隧水泵间	印第安纳波利斯深隧水泵间	东京江户川深隧水泵间
水泵间数量	一、二期各 1 座	2 座	1 座	3 座	1 座	1 座
规模	一期 150×10⁴ m³/d；二期 245×10⁴ m³/d	近期 80×10⁴ m³/d 远期 120×10⁴ m³/d	100×10⁴ m³/d	一期 500×10⁴ m³/d 二期 545×10⁴ m³/d 单座最大规模 44 m³/s	8×1.33 m³/s	200×10⁴ m³/d
平面布局	均为圆形布局，一期内径 49.5 m，深约 34 m；二期内径 55 m，深约 39.7 m	圆形布局，内径 37 m，深约 72.5 m	圆形布局，内径 37 m，深约 85 m	矩形布局，深约 86.5 m	圆形布局，深约 85 m	矩形布局，深约 20 m
竖向布局	分层	分层	分层	分层	分层	分层
水泵类型	立式离心泵	立式离心泵	立式离心泵	立式离心泵	立式离心泵	离心泵
水泵配置	一期 6 用 2 备，变频；二期 6 用 2 备，变频	按近远期配置，近期 3 用 7 备，变频	4 用 2 备，变频	4（单座最大泵站）	4 用 4 备，变频	4 台
单泵参数	一期 $Q=2.8\sim5.2$ m³/s，$H=40\sim20$ m，$N=2\ 500$ kW；二期 $Q=2.7\sim4.0$ m³/s，$H=42.5\sim24$ m，$N=2\ 250$ kW	$Q=2.31\sim5.79$ m³/s，$H=74\sim50$ m，$N=3\ 500$ kW	$Q=3.0$ m³/s，$H=87$ m，$N=3\ 400$ kW	$Q=7.0\sim11.0$ m³/s，$H=107\sim75$ m，$N=13\ 000$ kW	$Q=1.33$ m³/s，$H=60.7\sim81.4$ m，$N=1\ 400\sim1\ 750$ kW	$Q=50$ m³/s，$H=14$ m，$N=10\ 300$ kW
进出水组织形式	一期圆形局边出水二期矩形槽中间进出水	大口径圆管进配水	矩形槽中间进出水	矩形进出水	—	矩形槽中间进出水
电机冷却	均为强制通风	水循环冷却	自封闭冷却	水循环冷却	自封闭冷却	强制通风
排空或应急泵	一期干式泵 2 台；二期干式泵 4 台	立式离心泵 2 台	—	—	—	—

通过上述案例分析表可得，综合竖向深度、结构受力、岩土支护等因素，深隧泵房平面布局多以圆形布局为主，少量矩形布局；进出水方式主要为周进周出和中进中出两种方式；竖向布局采用分层布局；泵站底层进水经提升后地面层出水；提升泵流量大、扬程高、功率大多采用立式离心泵，高备用率；水泵与电机连接方式有长轴连接和短轴连接两种方式；泵站设置有强制通风系统，电机冷却采用水冷、风冷及自封闭冷却方式；泵站多采用分格分区布置方式以满足消防分区及安全需求等。

综上所述，深隧泵房布局方式主要受泵站进出水方式、主体结构、岩土支护、设备选型、功能分区、冷却方式、送风排风、消防分区等因素制约，可通过选择合理的布局方式，利用有限的地下空间进行平面分区和竖向分层布局，以达到深隧提升泵房布局科学合理、节省投资，安全可靠的效果。

6.1.2　布局方式确定

深隧泵房布局方式主要从技术性和经济性角度进行综合比选分析后确定。布局方式可根据用地现状、地形地质等边界条件，结合施工空间、工程地质、桩机帷幕、施工工法、抗浮抗渗、深层降水、结构施工等技术因素进行技术分析比选，并结合经济分析，综合比较后确定泵站布局方式。良好的布局不仅能更好地与地形地势相结合、进出水流畅，且所采用施工技术与施工工法更合理经济，可实施性好。下面以大东湖核心区污水深隧末端深隧提升泵房为例重点阐述深隧提升泵房的布局方式。

大东湖核心区污水深隧将污水转输至北湖污水处理厂前端，经深隧提升泵房提升后进入污水处理系统处理，其位于深层隧道的末端、北湖污水处理厂的前端，泵房前端顺接自深层隧道，后端进污水处理厂的配水井，故其选址位于北湖污水处理厂的厂前区。拟建场地距离长江较近，位于武汉化学工业区，场地西侧、南侧分别靠近区域主干路，东侧临近化工企业，北侧为农田、鱼塘。地貌单元属于长江冲积一级阶地，地下水位汛期较高。隧道末端位于地面下约 40 m，提升污水需具备分格运行调度、检修的需求，深隧提升泵房较深，且对结构受力、抗浮抗渗、桩机帷幕、深层降水、施工工序要求较高，综合上述因素，并根据国外在运行深隧提升泵站的研究，如香港两座深隧泵站、新加坡深隧泵站、伦敦泰晤士河深隧泵站及莫斯科深隧泵站，大东湖核心区污水深隧末端深隧提升泵房采用圆形布局，同时兼顾隧道与提升泵房同步施工、分格配水及远期预留衔接等因素，圆形泵房与隧道间设施矩形配水井，其配水井兼做施工期间的隧道盾构接收井。

圆形泵房平面工艺布局采用分格对称布置，中间流道进水，径向周边出水的方式，前端为运行区，后端为电梯、排风及缆线通道。流道进水主要考虑在少占地下空间的因素下确保其进水流态的稳定性和配水的均匀性，而出水则采用周边出水可以有效地利用泵房两侧圆弧段径向布置出水管路及附属冷却设施。为避免沉积在配水井内设置水力斜坡。圆形泵房竖向自下而上采用分层布置，分别设置流道层、水泵层、电机层、电缆层、地面层、办公层等，并在汇水井和泵房前端设置竖向检修吊装通道，设置两级检修起重机。工艺布局平面及剖面见图 6-1-1～图 6-1-3。

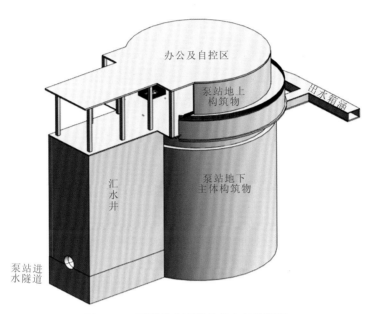

图 6-1-1 深隧提升泵房总体布局外视图

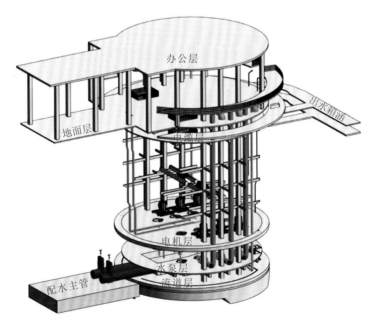

图 6-1-2 深隧提升泵房总体布局三维剖视图

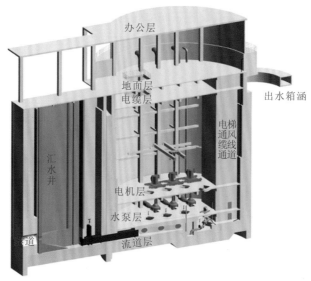

图 6-1-3　深隧提升泵房布局剖面图

6.2　进水流道的模拟及试验分析

6.2.1　数值模拟

进水流道的模拟分析主要采用计算流体动力学（computational fluid dynamics，CFD）进行数值模拟分析，通过求解数学上的基本数学方程"预测"流动的流体、物质能量交换、化学反应和类似规律，而方程式则是通过联合求解关于质量、线动量、角动量、能量的连续介质力学问题而衍生出来的，具体方程如下。

连续性方程：

$$\frac{\delta\rho}{\delta t}+\frac{\delta}{\delta x_i}(\rho u_i)=0 \tag{6-2-1}$$

动量守恒方程：

$$\frac{\delta}{\delta t}(\rho u_i)+\frac{\delta}{\delta x_i}(\rho u_i u_j)=\frac{\delta T_{ij}}{\delta x_j}+\rho f_i \tag{6-2-2}$$

能量守恒方程：

$$\frac{\delta}{\delta t}(\rho e)+\frac{\delta}{\delta x_i}(\rho u_i e)=T_{ij}\frac{\delta u_j}{\delta x_i}-\frac{\delta h_i}{\delta x_i}+\rho q \tag{6-2-3}$$

式中：ρ 为流体密度；u_i 为速度分量；T_{ij} 为应力张量分量；f_i 为每单位质量的体积分量；e 为比能；h 为单位面积的热通量矢量；q 为热源。

这三个方程被归入纳维-斯托克斯（Navier-Stokes，N-S）方程，通过选择合适的边界条件，转换为可以数值求解的耦合非线性偏微分方程组，建立包括压力和 3 个速度分量的 4 个未知量，最终通过 4 个方程组得出空间中不可压缩且等温的流动，求出 4 个未知量。

湍流模型用于计算湍流，最广为人知的模型是雷诺平均 NS（Reynolds average Navier-Stokes，RANS）模型，它允许 4 个未知量被表示为它们的平均值加上表达湍流变化部分的总和。因为方程组现在不能求解（6 个未知量只有 4 个方程），所以要建立额外的微分方程（涡流黏度模型），其中涡流黏度保持是唯一额外未知量。在该建模研究中用于检验流体的涡流黏度模型是 k-ε 模型，涡流黏度的计算如下。

$$\mu_{\mathrm{t}} = C_{\mu} \rho \frac{k^2}{\varepsilon}, \quad \varepsilon = \frac{\mu}{\rho} \overline{\frac{\delta u_i' \delta u_i'}{\delta x_j \delta x_j}} \tag{6-2-4}$$

式中：C_{μ} 为经验确定的分量；ε 为湍流耗散率；k 为湍流动能。

为了将上述 RANS 方程应用于流体区域，有必要将其划分为限定数量的控制体积（有限体积方法）。反过来，这些又必须以已知的精度和持续时间的最佳比率的方式来选择，譬如采用 ANSYS 公司的 FLUENT 14.5 版本的 CFD 流体建模软件的参数选择，湍流模型采用标准 k-ε 模型，离散格式采用一阶迎风格式或二阶迎风格式，其中标准 k-ε 模型变形中的等式和系数是分析推导得出的，ε 方程的显著变化提高了模拟高应变流动的能力，其他选项有助于预测涡流和低雷诺数流体。

这种方法已应用于整个计算范围，经验表明这是最可靠的模型，为流体的预测提供最佳条件模式。它在模型测试和实际应用之间的一致性程度最高。收敛标准一阶用于较大的单元和预期的较低梯度。在预期更陡的梯度情况下，会应用二阶收敛标准。

数值模拟计算基于边界条件对设定工况进行模拟分析，通过不同过流断面的流线、速度及涡旋角，分析判断不同工况下水力流态是否均匀稳定、断面内是否存在水力涡旋或低流速的沉积区等，并对存在的涡旋或低流速的沉积区反复运用数值模拟进行分析改进，最终达到稳定流态的水力条件。

6.2.2　物理模型试验

物理模型试验是指按相似原理的理论要求设计并构建物理模型试验系统装置，按相似原理模拟汇水井、进水主管、进水流道、水泵进水管路、水泵、水泵出水管路的水力循环系统、动力系统、控制系统和测量系统。物理模型搭建前应按相似原理（运行相似、几何相似、动力相似）确定模型的初始边界、几何条件、物理条件和模型泵的流量、扬程等相似准则（初始条件、边界条件、几何条件、物理条件）和无量纲常数（雷诺数 Re、弗劳德数 Fr、欧拉数 Eu、马赫数 Ma、韦伯数 We）的确定及各个参数比例尺。模型搭建材料的选择与工程实施材料保持一致或同类型材料，以确保水力试验中粗糙系统、黏度等主要参数保持一致避免数据结果失真。物理模型试验中进水则采用与设计进水水质保持一致，为经过预处理后的生活污水。

深隧泵房主要由汇水井、进水主管、进水流道、水泵进水管路、水泵、水泵出水管路、配套冷却水等部分组成，因此，物理模型分析中应搭建完整的物理模型，即搭建至少包含（且不限于）汇水井、进水主管、进水流道、水泵进水管路、水泵、水泵出水管路等几部分组成的深隧泵房物理模型，考虑从起点到终点所有可能影响流态的相关因素。

模型试验装置的水力循环系统、动力系统、控制系统和测量系统，通过试验测量泵装置扬程、流量、模型泵转矩、转数、轴功率、装置效率、气蚀余量、飞逸特性、泵系统开停关闭等具体数值、参数，并观察分析水力流态特性、重点位置的旋涡、预旋，进行综合分析提供水泵能量特性和气蚀试验结果，对设计方案优化提供支持和改进效果分析，譬如优化水泵叶片角度设置，减小水泵气蚀余量。物理模型试验通过对水泵开停机及运行工况下反转特性和水力流态的验证，并同步与 CFD 数值模拟对比分析，对设计方案进行改进，譬如增加进水防涡板设置、水泵进水管进水倒角进行优化等。

6.2.3　分析及验证

深隧提升泵房 CFD 分析在对进出水流态进行设计工况模拟的基础上，甄别出产生旋涡和水力剥离现象的位置并进行重点剖析，尤其是汇水井进水口和流道出（进）水口，在低水位连续运行工况下负压较低有无产生剥离旋涡的可能。为解决旋涡问题可拟定采取两种解决方案，一种方案通过控制运行水位，保证汇水井液面保持在最低水位线以上运行；第二种方案通过对局部位置进行改进，改善进水水力流态，如在出水口上方设置旋涡防止板、优化进口倒角等。以大东湖核心区污水深隧末端提升泵房为例，通过 CFD 模拟分析，在汇水井主管 DN2400 mm 进口保持淹没深度控制在 3.25～5.95 m 以上时，该处剥离旋涡可得到有效控制、甚至消失。增设旋涡防止板后，汇水井 DN2400 mm 进口处涡度等值面在中途中断，不与水面连接，水力流态得以改善，具体见图 6-2-1（a）。通过几组倒角方案模拟对比分析后得出，DN2400 mm 进口采用锥形倾斜倒角，且倒角不大于 15° 时，水力流态改善明显，见图 6-2-1（b）。采用 15° 倾斜角优化后，该处压力值明显减小（从-420 Pa 减小至-118 Pa），水力流态更趋于平稳。增设旋涡防止板对流道 DN1400 mm 出（进）口处的水力流态未有改善，而采用倾斜倒角则有助于改善流道 DN1400 mm 出（进）口流态，见图 6-2-1（c）。尤其流道侧向出水管采用 30° 倾斜角优化后效果最为明显，该处压力值明显减小（从-580 Pa 减小至-140 Pa），水力流态整体平稳，如图 6-2-1（c）所示。本项目从

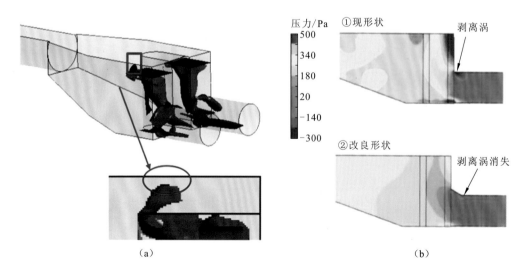

| （a） | | （b） |

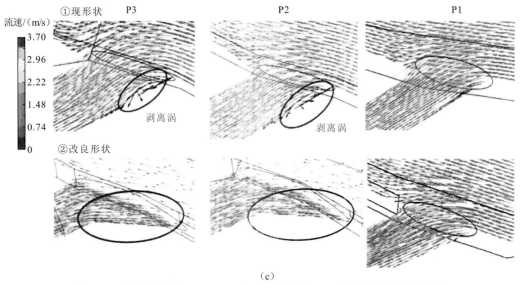

（c）

图 6-2-1 汇水井出水口（a）、（b）和流道出水口（c）优化前后流态分析

可实施性和实施效果分析,进口倾斜倒角方案实施效果和可实施性均优于旋涡防止板方案,故在工程设计中 DN2400 mm 主配水管进水口采用倾斜倒角方案,倾斜角度根据数值模拟分析成果采用 30° 倾斜角,并在后期工程实践中取得较好的运行效果。

物理模型试验在前述 CFD 模拟分析的基础上进行模型试验,通过构建比例模型,模拟分析设计工况下泵站内的水位液面、旋涡、分流以及不同水位下气泡的产生,并对初拟优化方案进行反复验证、优化,试验装置见图 6-2-2、图 6-2-3。物理模型试验结果表明,主泵在不同运行工况下均可稳定、良好地运行,当汇水井 DN2400 mm 进口淹没深度控制在 3.25 m 以上时,汇水井 DN2400 mm 进口及流道液下涡旋和表面涡旋消失,与 CFD 模拟结果一致。此外,通过试验反复验证,当排空泵进水管淹没深度控制在管口 1.05 m 以上时,排空泵水泵吸入口旋涡消失。

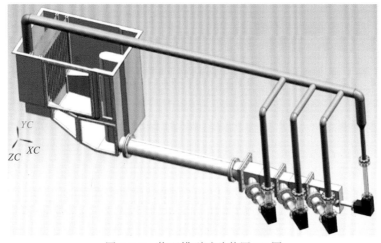

图 6-2-2 物理模型试验装置 3D 图

图 6-2-3　物理模型试验装置图

6.3　深隧泵站结构振动分析

随着我国建筑业的兴起，工程中的振动所带来的问题也越来越多，其中大型动力设备对工业厂房及周边环境的影响屡见不鲜，其造成的损失更是不言而喻。因工艺生产要求，我国许多工业厂房内均配备有大型动力设备，往往因设计疏忽、设备的更新、生产工艺的变更、结构老化等原因，机器设备振动给厂房结构安全带来了诸多不利的影响，轻者造成设备自身无法正常运行及生产，严重的则导致厂房结构的破坏。而且随着多层工业厂房的增多，大型机器布置在楼面结构上成为一个不可避免的趋势。因设备直接布置于结构之上，设备的振动会直接导致设备层楼面结构的振动，若楼面结构自振频率与设备振动频率接近，则会引起楼面结构的共振，从而产生振动放大效应，导致结构的破坏。此外除了设备楼层楼面结构的振动，非设备层楼面结构的振动问题也成为工程中一种易发的振动事故，这也是在多层工业厂房中经常遇到的问题。楼面结构振动问题的关键在于找出振动的原因，随着振动理论的发展及测试仪器和分析方法的完善，目前振动分析主要通过进行结构的动力特性测试，得出结构的固有频率、振型、阻尼系数等动力特征，从而对结构的性能进行评价和分析，找出振动原因，根据振动标准，采取相应的减振、隔振措施。

深隧泵房是北湖污水厂的核心构筑物，位于地下封闭空间中，主泵单机功率大于1 600 kW，为深隧泵房的主要激振源，整个深隧泵房的结构布置、构件截面尺寸等相关设计需要根据主泵各个工况下的振动频谱特性进行调整，避免主泵与深隧泵房结构发生共振，因此需要进行专项振动分析。振动分析包括整体模型分析、电机层结构分析和水泵层结构分析三部分。

整体分析的主要思路为：①初步拟定深隧泵房侧墙、中隔墙、各层楼面结构梁截面尺寸等相关设计参数；②根据初步拟定的深隧泵房设计参数，分析泵房整体在各个设计工况下的频谱特性；③比较深隧泵房与主泵频谱特性，判断主泵在各种工况下是否会引起泵房结构共振，若引起共振，则需要调整深隧泵房结构体系和相关设计参数，重复第①步和第②步，根据《泵站设计标准》（GB 50265—2022）直到深隧泵房强迫振动频率与自振频率之差和自振频率的比值不小于20%为止，便可以认为深隧泵房与主泵不会发生共振。

电机和水泵为整个泵房结构的主要激振源，且搁置在电机层和水泵层楼面结构上，因此需要对电机层和水泵层进行专门的振动分析。主要思路为：①初步拟定电机层和水泵层楼面结构梁截面尺寸等相关设计参数；②根据初步拟定的楼面结构设计参数，分析电机层和水泵层楼面结构在各个设计工况下的频谱特性；③比较电机层和水泵层楼面结构与主泵频谱特性，判断主泵在各种工况下是否会引起泵房电机层和水泵层楼面结构结构共振，若引起共振，则需要调整泵房电机层和水泵层楼面结构相关设计参数，重复第①步和第②步，直到泵房电机层和水泵层楼面结构与主泵不会发生共振为止；根据调整后的电机层和水泵层楼面结构设计参数进行谐响应分析，得出电机层和水泵层楼面结构在电机和水泵激振源下的实际变形和内力，根据《泵站设计标准》（GB 50265—2022），要求垂直振幅不超过 0.15 mm，水平振幅不超过 0.20 mm。

深隧泵房中主泵扬程 15～48.6 m，出水立管为 $D1\,420\,mm \times 20\,mm$ 钢管，高约 48 m，采用管道支架固定在深隧泵房的侧墙上，在主泵开机、停机过程中，管中水流会产生一定的振动和水锤压力，对深隧泵房的楼面结构和立管支架均会产生较大的冲击力，需要通过振动分析得出准确的冲击力值，并将作用于水泵层楼面结构处的支座反力施加与水泵层楼面结构上，计算得出水泵层楼面结构的反应，以指导设计工作。

6.3.1 厂房与深隧泵房振动分析与优化

1. 厂房结构整体振动分析与优化

1）水泵及电机主要参数

根据厂家资料，水泵及电机主要参数如表 6-3-1 所示。

表 6-3-1 水泵、电机主要参数表

项目	静荷载/N	动荷载	转速/（rad/min）	主频/Hz	转动惯量/（kgf·m²）
电机	237 000	308 000	495	8.25	1 380
水泵	257 000	334 100	495	8.25	980

注：1 kgf=9.806 65 N。

2）泵房几何尺寸

深隧泵房主体结构平面上为圆形结构，内径 39.0 m，地下部分深 46.35 m，地面以上部分高 27.8 m；深隧泵房前段设置有汇水井，汇水井平面内净空尺寸 23.5 m×11.5 m，地下部分深 46.35 m，地面以上部分高 27.8 m；汇水井前段与深隧隧道衔接，作为污水的进水端。深隧泵房与汇水井整体平面上呈乒乓球拍形状。

深隧泵房区采用地连墙+内支撑支护，内衬墙采用逆作法施工兼做内支撑。地下连续墙深度 56 m，厚度 1.5 m。地面以下 12.5 m 范围内的内衬墙厚度 1.2 m；12.5～27.5 m 的内衬墙厚度 1.5 m；27.5～46.65 m 内衬墙厚度 2.0 m；底板厚度 3.0 m。

汇流井地面以下 0～10.4 m 侧墙厚度 1.2 m；10.4～26.7 m 内衬墙厚度 1.5 m；26.7～

46.65 m 范围内的内衬墙厚度 2.0 m；底板厚度 3.0 m。

深隧泵房平面结构如图 6-3-1 和图 6-3-2 所示。

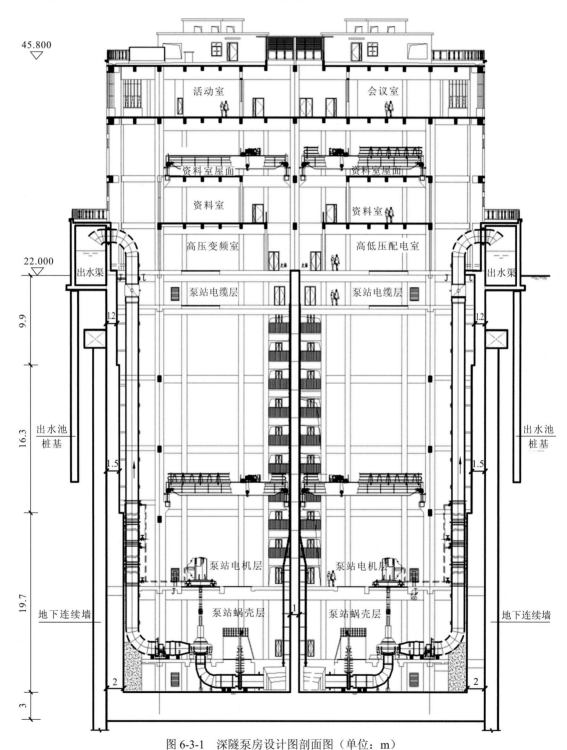

图 6-3-1　深隧泵房设计图剖面图（单位：m）

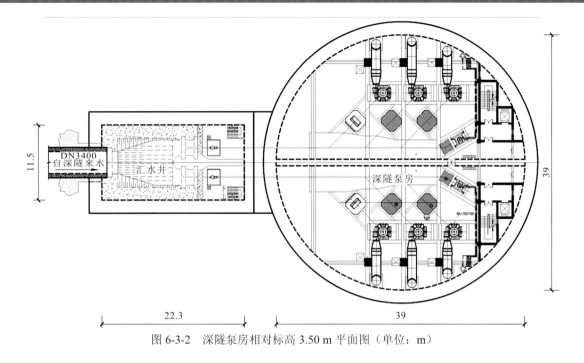

图 6-3-2 深隧泵房相对标高 3.50 m 平面图（单位：m）

3）边界

地面以上结构距离主要激振源（电机和水泵）较远，因此振动分析模型只考虑地下部分。泵房地下结构顶部为自由边界。泵房地下结构外墙采用叠合结构，为现浇内衬墙与地下连续墙共同受力，现浇内衬墙厚 1.2～2.0 m，地下连续墙厚 1.5 m，二者形成的叠合结构刚度较大，因此泵房地下结构与侧墙衔接处采用固定支座模拟。

4）材料属性

结构的混凝土强度等级为 C40，密度取 2.5×10^{-9} t/mm^3，弹性模量取 3.25×10^{4} MPa，泊松比取 0.2。结构承受动力荷载时，其动弹性模量值会随着动力的大小变化，混凝土的动弹性模量在动应力较小时与静弹性模量基本相同，动弹性模量会随着动应力的增大而增大，并在动应力达到一定值时趋于稳定，在强振范围内，动弹性模量是静弹性模量的 1.04～1.06 倍，动弹性模量的值一般由共振试验和超声波试验测定。结合本工程实例，取混凝土的动弹性模量等于静弹性模量。

5）总体模型

根据设计图，建立深隧泵房的总体模型如图 6-3-3。模型通过三维建模软件根据设计图纸建立了地面以下的结构。深隧泵房地下部分类似桶状结构，分为 6 层，泵房最外层为地下连续墙，最下两层分别放置了蜗壳、电机，中间三层放置吊车，上层为泵房电缆层及工作活动区。

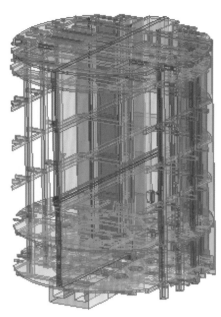

图 6-3-3　泵房计算模型

6）网格划分

模型网格划分情况如下，总节点数为 776 847，总单元数为 352 272，网格质量合格。管道有限元网格划分如图 6-3-4 所示。

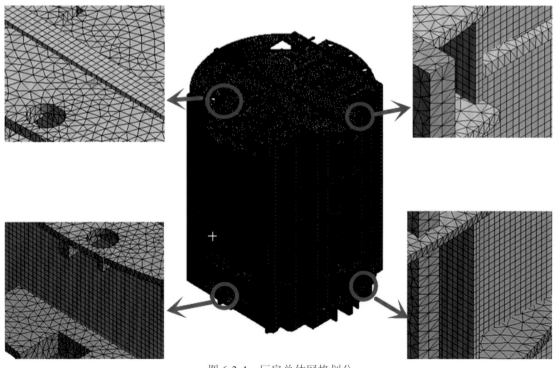

图 6-3-4　厂房总体网格划分

7）模型约束

厂房结构的约束情况示意图如图 6-3-5 所示。将各层板、梁柱与地下连续墙连接处设置为固定约束。前 10 阶模态频率和振型说明见表 6-3-2。

■ 固定支座

图 6-3-5　厂房总体约束设置

表 6-3-2　前 10 阶模态频率和振型说明

阶数	频率/Hz	振型说明
1	7.6617	中间墙中心部位左右振动，振动方向为水平方向
2	13.881	相对标高 46.30 m、42.50 m、11.50 m 层振幅较大，振动方向为垂直方向
3	14.378	相对标高 46.30 m 层振幅较大，振动方向为垂直方向
4	14.708	与 3 阶模态以中轴线对称
5	14.939	相对标高 46.30 m、42.50 m、11.50 m 层以中轴线为分界线分成左右两个振动区域，相对标高 11.50 m 层振幅最大
6	15.718	相对标高 46.30 m、42.50 m 层和中间墙以中轴线为分界线分成左右两个振动区域，中间墙振幅较低，其余各区域振幅基本相同
7	15.719	相对标高 46.30 m、42.50 m 层和中间墙以中轴线为分界线分成左右两个振动区域，各区域振幅基本相同
8	16.173	相对标高 11.50 m 层以中轴线为分界线分成左右两个振动区域，各区域形心处振幅较大
9	16.359	相对标高 11.50 m 层以中轴线为分界线分成左右两个振动区域，各区域形心处振幅较大，中间墙分成上下两振动区域，形心处振幅较大
10	16.851	相对标高 46.30 m、42.50 m 层分成四个振动区域，相对标高 46.30 m 层振幅较大

8）分析结果

厂房模态分析结果如图 6-3-6 所示。模态分析是确定结构振动特性（固有频率和振型）的一种动力学计算方法。系统的固有振动仅反映系统的一种固有特性，是在无外部激振力条件下系统可能发生的振动状态的集合。模态分析包括结构的自振频率计算和振型计算，借助振型图确定结构构件自振频率分布。前 10 阶模态分析说明见表 6-3-2。

由模态分析结果可知，水泵主频在 1 阶频率和 2 阶频率之间。根据图中泵房前 10 阶模态的振型图可以看出：随机振动产生振幅较大的部位是泵房中心墙，相对标高 11.50 m 层、相对标高 42.50 m、相对标高 46.30 m 层。由模型的前 10 阶模态振型分析可得：各层板最容易产生振动变形的部位是层板的中心处、层板被梁或墙分成两区域后两个半圆的形心处，这些地方属于产生振动振幅较大的区域。

考虑在相对标高 27.00 m 与 34.75 m 层处增加梁以提高固有频率到泵的主频以上，减少共振影响。

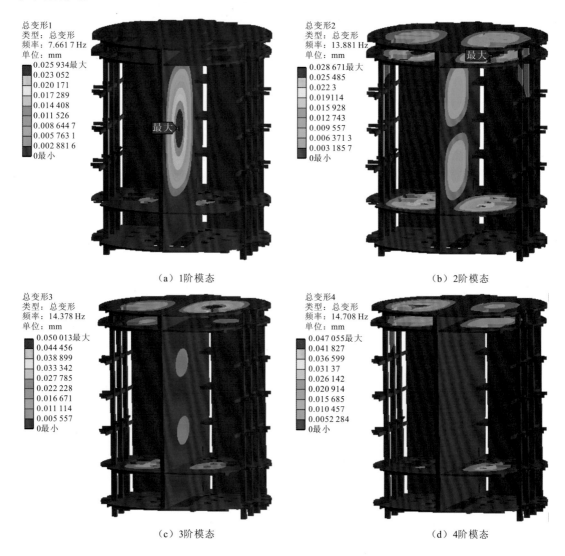

（a）1阶模态　　　　　　　　　　　　　（b）2阶模态

（c）3阶模态　　　　　　　　　　　　　（d）4阶模态

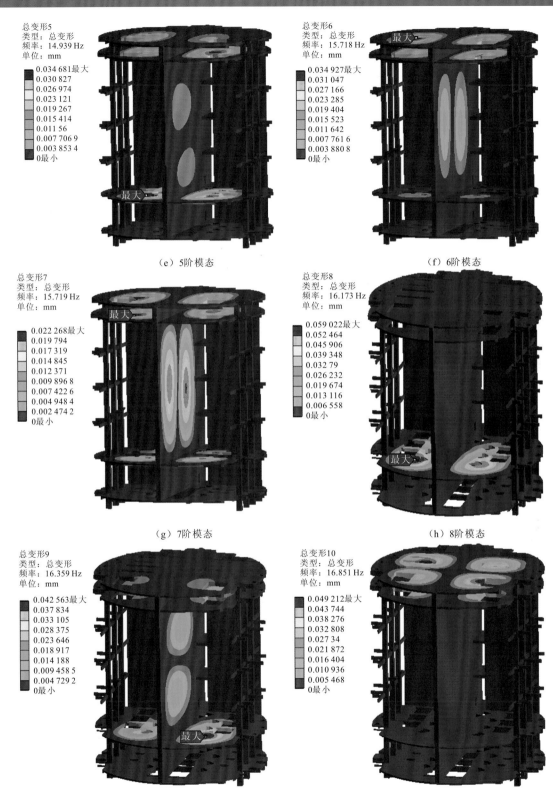

（e）5阶模态

（f）6阶模态

（g）7阶模态

（h）8阶模态

（i）9阶模态

（j）10阶模态

图 6-3-6　前 10 阶模态振型

9）增加梁后的对比模态分析

图 6-3-7 所示为在相对标高 27.00 m 与 34.75 m 层处每层增加四道轴向截面为 900 mm×1 600 mm 的梁后的厂房三维模型，其余层板等尺寸不变。

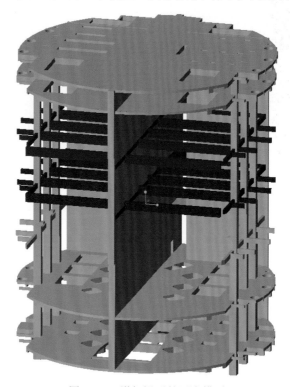

图 6-3-7 增加梁后的厂房模型

如图 6-3-8 为厂房模态分析结果，表 6-3-3 为前 6 阶模态振型说明。表 6-3-4 为增加梁的尺寸与泵房固有频率关系。

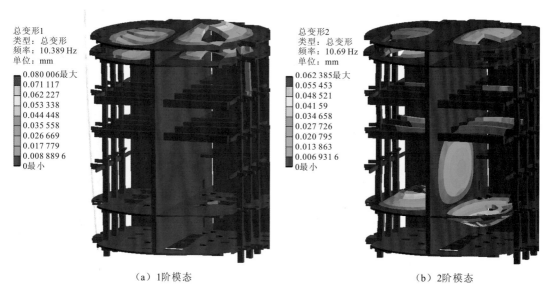

（a）1阶模态   （b）2阶模态

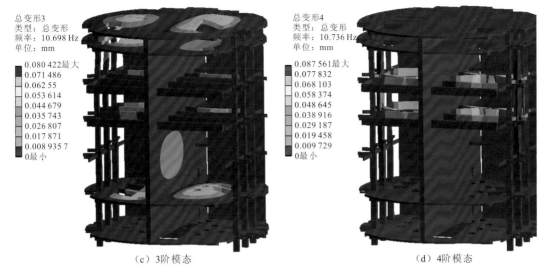

（c）3阶模态　　　　　　　　　　　　　（d）4阶模态

图 6-3-8　前 4 阶模态振型

表 6-3-3　前 4 阶模态振型说明

阶数	频率/Hz	振型说明
1	10.389	主要在相对标高 46.30 m 和 42.40 m 层垂直方向振动
2	10.690	在各层均有分布，其中相对标高 11.50 m 层振幅较大，振动方向为垂直
3	10.698	在各层均有分布，其中相对标高 46.30 m 层振幅较大，方向为垂直
4	10.736	在新增横梁处振幅较大，振动方向为水平

表 6-3-4　梁截面尺寸与厂方固有频率关系

序号	增加梁截面尺寸/mm	一阶固有频率/Hz	与泵主频差值/%
1	不增加梁	7.66	−7.15
2	600×1 300	8.76	6.18
3	800×1 500	10.01	21.3
4	900×1 600	10.389	25.9

由模态分析结果可知：各阶模态频率与振幅差别不大，增加梁后的泵房 1 阶频率高于泵的主频 25% 以上，不会和泵产生共振影响。

2. 电机层结构振动分析与优化

电机层结构结构支撑电机，且电机质量较大，其质量会对电机层楼面结构的固有频率产生影响，是不可忽略的因素之一，因此有必要对泵房电机层（相对标高 11.5 m 层）与水泵层（相对标高 3.50 m 层）单独进行加荷载模态分析。本章为电机层振动分析。

1）载荷与约束条件

电机层结构荷载和约束的施加如图 6-3-9 所示。根据设计资料，每台电机重约为 $1.58 \times 10^5 \, \text{N}$，所以设置每一侧的楼面结构荷载大小为 $4.76 \times 10^5 \, \text{N}$，方向垂直向下。楼面结构与中间墙连接处、楼面结构与泵房外墙连接处设置为固定约束。

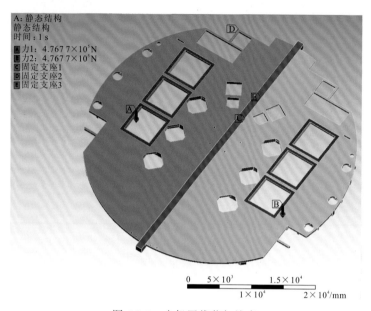

图 6-3-9　电机层载荷与约束

2）模态分析结果

电机层模态分析振型和频率如图 6-3-10 和表 6-3-5 所示。

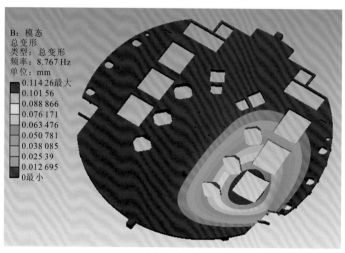

（a）1阶模态

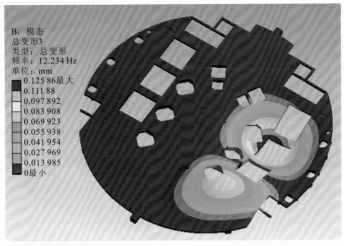

（b）2 阶模态

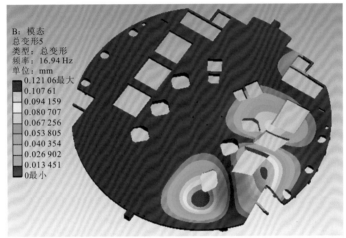

（c）3 阶模态

图 6-3-10　电机层模态分析结果

表 6-3-5　电机层模态分析结果说明

阶数	频率/Hz	振型说明
1	8.767	第三电机梁处振幅较大，振动方向为垂直
2	12.234	中间第二电机梁的振幅较大，振动方向为垂直
3	16.94	振动方向为垂直

根据图 6-3-10 中电机层的前 3 阶模态的振型图和表 6-3-5 可以得出：最容易产生振动变形的部位是远离楼梯侧的电机梁处。低阶模态的振幅数值与高阶模态的振动幅值基本相同。由模型的前 3 阶模态振型分析可得：电机层 1 阶模态振动频率与泵主频接近，易和泵产生共振影响。因此考虑将层板加厚以提升一阶模态频率，避免共振的影响。

3）改进结构后的电机层分析

将楼面结构由原设计 400 mm 加厚至 450 mm 后的电机层模态分析振型和频率如

图 6-3-11 和表 6-3-6 所示。电机层模态分析结果说明见表 6-3-6，不同层板厚度的一阶固有频率见表 6-3-7。

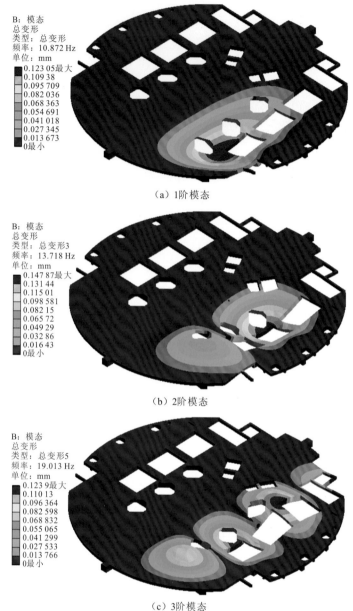

（a）1阶模态

（b）2阶模态

（c）3阶模态

图 6-3-11　电机层模态分析结果

表 6-3-6　电机层模态分析结果说明

阶数	频率/Hz	振型说明
1	10.872	第三电机梁处振幅最大，振动方向为垂直
2	13.718	第二电机梁处振幅最大，振动方向为垂直
3	19.013	第一和第二电机梁处振幅最大，振动方向为垂直

表 6-3-7　不同层板厚度的一阶固有频率

层板厚度/mm	一阶固有频率/Hz	与泵主频的差距
400	8.767	高泵主频 6%
450	10.872	高于泵主频 30%以上

根据图 6-3-11 中电机层的前 3 阶模态的振型图和表 6-3-7 可以得出：最容易产生振动变形的部位是第三电机梁处。低阶模态的振幅数值与高阶模态的振动幅值基本相同。由模型的前 3 阶模态振型分析可得：电机层 1 阶模态振动频率高于泵主频 30%以上，不会和泵产生共振影响。将楼面结构从 400 mm 加厚至 450 mm 以提升模态频率，有效避免共振的影响。

4）电机层谐响应分析

电机由于加工、装配误差等原因会存在偏心，转动过程中由于偏心会引起附加的外荷载产生激振力。因此在评估结构振动时需要将电机运行时的激振力作为振动源进行谐响应分析，得出在激振力作用结构内力和变形，以此来判断结构的安全性。

电机最大外力计算方法由牛顿第二定律可得

$$F = ma = m_g \frac{\mathrm{d}v}{\mathrm{d}t} \tag{6-3-1}$$

根据《旋转电机——第 1 部分：额定值和性能》（IEC 60034-1）标准，厂家提供电机振动等级为 A，振动速度为 $v = 2.3$ mm/s，可得加速度为

$$\frac{\mathrm{d}v}{\mathrm{d}t} = 2.3 \times 10^{-3} \omega \cos(\omega t) \tag{6-3-2}$$

式中：ω 为最大角速度，最大角速度为

$$\omega = 2\pi f = 2\pi \times 8.25 = 51.8 \text{ rad/s} \tag{6-3-3}$$

式中：f 为泵主频率，$f = 8.25$ Hz。

根据以上参数值可算出最大外力为

$$F_{\max} = m_g \frac{\mathrm{d}v}{\mathrm{d}t} \omega_{\max} = 1114.35 \text{ N} \tag{6-3-4}$$

电机对基座的激振力可分为水平面相互垂直的 X 与 Z 方向，为简化计算，将电机最大外力分别按 X 与 Z 方向加正弦激振力计算其谐响应。由《建筑抗震设计规范》（GB 50011—2010）材料属性取恒定阻尼比为 0.01。电机梁处谐响应分析频率响应结果如图 6-3-12 所示。

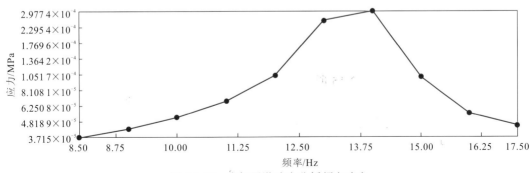

图 6-3-12　电机层谐响应分析频率响应

电机层谐响应分析中谐振频率下的结构总变形和结构等效应力如图 6-3-13 与图 6-3-14 所示。

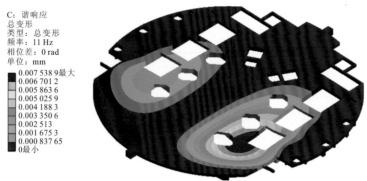

图 6-3-13　电机层谐响应分析谐振频率下的结构总变形

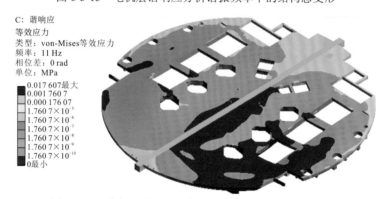

图 6-3-14　电机层谐响应分析谐振频率下的结构等效应力

由电机层谐响应分析频率响应可知，响应最大的频率约为 11 Hz，远离水泵与电机工作频率 30%以上。由电机层谐响应分析谐振频率下的结构总变形和结构等效应力可知，电机层谐响应分析谐振频率下的结构总变形最大值为 7.54×10^{-3} mm，等效应力最大值为 1.76×10^{-2} MPa。其中结构总变形最大值为 7.54×10^{-3} mm 远小于《泵站设计标准》（GB 50265—2020）和《动力机器基础设计标准》（GB 50040—2020）》规定值的垂直振幅 0.15 mm，水平振幅 0.2 mm 的限值。可以看出，以电机激振力为振动源造成的层板的变形和应力较小，且层板各阶固有频率远离水泵与电机工作频率 30%以上，基本不影响结构安全性，结构设计能够适应机器设备振动要求。

3. 水泵层结构

1）载荷与约束条件

荷载和约束的施加如图 6-3-15 所示。根据设计资料，每台水泵重约为 2.57×10^{5} N，所以设置每一侧的楼面结构荷载大小为 7.71×10^{5} N，方向垂直向下。楼面结构与中间墙连接处、楼面结构与泵房外墙连接处设置为固定约束。

2）模态分析结果

泵层带载荷的模态分析结果如图 6-3-16、表 6-3-8 所示。

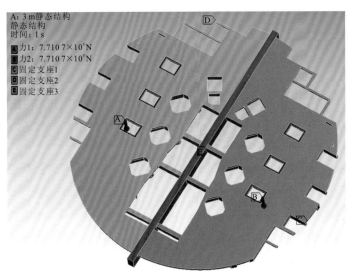

图 6-3-15　泵层的载荷和约束

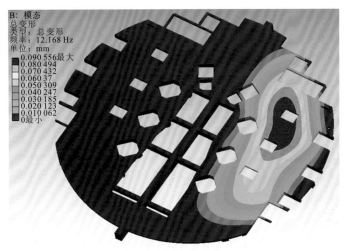

（a）1阶模态

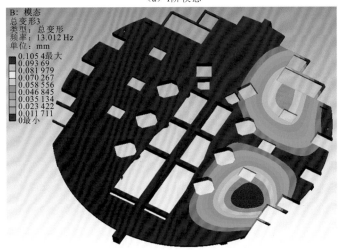

（b）2阶模态

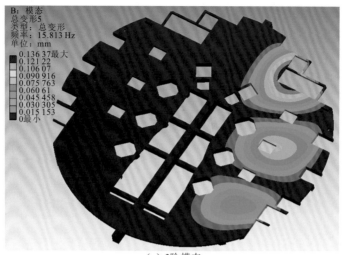

（c）3 阶模态

图 6-3-16　泵层模态分析结果

表 6-3-8　泵层模态分析结果说明

阶数	频率/Hz	振型说明
1	12.168	靠近楼梯侧的两泵之间层板处振幅较大，振动方向为水平
2	13.012	远离楼梯侧泵旁的层板振幅较大，振动方向为水平
3	15.813	楼梯处振幅较大，振动方向为水平

根据图 6-3-16 中泵层的前 3 阶模态的振型图和表 6-3-8 可以得出：低阶模态的振幅数值与高阶模态的振动幅值基本相同，振幅较大区域为靠近楼梯侧的两泵之间层板处。由模型的前 3 阶模态振型分析可得：泵层 1 阶模态振动频率在泵主频以上，不易和泵产生共振影响。

3）泵层谐响应分析

由于水泵运行时回转体的不平衡，会不可避免地会产生激振力，在评估结构振动时需要将水泵运行时的激振力作为振动源进行谐响应分析以确保结构的安全。

谐响应分析是在模态分析的基础上，施加一个简谐激振力作为振动源，分析出目标频率范围内激振力频率对结构应力、应变等参数的影响。表 6-3-9 为厂家提供泵的不平衡量为泵计算激振力的依据。

表 6-3-9　厂家提供泵的不平衡量

项目	主泵	主泵中间轴
设计质量/kg	826	1 851
平衡种类	动平衡	动平衡
平衡等级	G6.3	G16
回转速度/min^{-1}	540	540
偏心轮质量/g	72	1 343
偏心轮偏心距/mm	635	195

根据以上参数值可计算出激振力为

$$\begin{cases} F_{\max} = mr\omega^2 = 981.95 \text{ N} \\ F = F_{\max}\sin(\omega t) \end{cases}$$

（6-3-5）

式中：m 为偏心轮质量；r 为偏心轮偏心距；ω 为角速度。

将最大外力 $F_{\max}$ 作正弦激振力施加到泵梁上方水泵处，方向分别为水平 X 向和水平 Z 向，两激振力相位角相差 $90°$。由《建筑抗震设计规范》（GB 50011—2010）材料属性取恒定阻尼比为 0.01。水泵支撑梁频率响应结果如图 6-3-17 所示。泵层谐响应分析中谐振频率下的结构总变形和结构等效应力如下图 6-3-18 与图 6-3-19 所示。

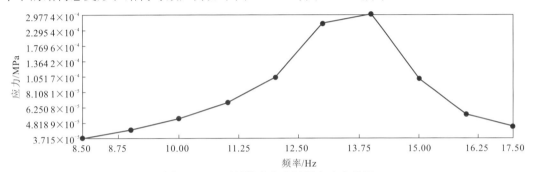

图 6-3-17　泵层谐响应分析频率响应结果

图 6-3-18　泵层谐响应分析结构总变形

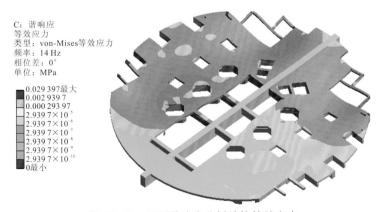

图 6-3-19　泵层谐响应分析结构等效应力

由泵层谐响应分析频率响应可知，响应最大的频率约为 14 Hz，远离水泵与电机工作频率 30%以上。由泵层谐响应分析谐振频率下的结构总变形和结构等效应力分析可知，泵层谐响应分析谐振频率下的结构总变形最大值为 2.08×10^{-3} mm，等效应力最大值为 2.93×10^{-2} MPa。其中结构总变形最大值为 2.08×10^{-3} mm 远小于《泵站设计规范》（GB 50265—2010）和《动力机器基础设计规范》（GB 50040—2020）规定值的垂直振幅 0.15 mm，水平振幅 0.2 mm 的限值。可看出，以电机激振力为振动源造成的泵层层板的变形和应力较小，且层板各阶固有频率均远离水泵与电机工作频率 30%以上，基本不影响结构安全性，结构设计能够适应机器设备振动要求。

6.3.2 水锤波对结构的影响分析

由于在突然断电停泵时会产生水锤影响，在设计中也要考虑此因素对管道的作用。通过选取各工况中压力变化最大的工况作为出水管道出入口的边界条件，计算出水体各部位的压力加载到管道内壁，得出管道各部位的应力。

1. 深隧泵站水力过渡过程计算

北湖污水处理厂及其附属工程深隧泵站安装 6 台主泵、3 台排空泵（2 用 1 备）和 4 台排积水泵（2 用 2 备）。

（1）深隧泵房采用 6 台立式离心泵，近远期运行工况 4 用 2 备，雨季峰值流量 5 用 1 备，变频泵，润滑油、冷却系统设备厂家配套供应。工作区间：流量 $Q=1.85\sim5.20$ m³/s，$H=48.60\sim15.00$ m，$\eta\geq70\%$；高效区间：$Q=2.79\sim3.87$ m³/s，$H=19.63\sim30.44$ m，$\eta\geq87\%$。

（2）3 台排空泵（2 用 1 备）采用立式离心泵，工作区间：$Q=0.72\sim1.38$ m³/s，$H=32.5\sim53.40$ m，$\eta\geq75\%$。

（3）4 台排积水泵（2 用 2 备）采用潜水排污泵，工作区间：$Q=90$ m³/h，$H=56.20$ m，$\eta\geq70\%$，$N=45$ kW。

泵房深度大（46.35 m），管道竖井式布置。

本小节需要计算主泵出水管管道内的水锤压力对水泵层楼面结构的影响，因此只对主泵在事故停机、正常开机和正常停机情况的水头包络线和压力包络线进行计算分析。

需要分析的水泵及工况包括：主泵单泵最大流量工况、最高扬程工况、常运行工况下，正常开停泵工况、事故停泵反转特性。

1）设计参数

水泵设计参数见表 6-3-10。水泵台数 4 用 2 备。采用立式混流泵，水泵性能曲线及参数如图 6-3-20 所示，配套电机型号额定功率 1 550 kW。

表 6-3-10 水泵设计参数

参数	值	参数	值
额定流量/（m³/s）	3.63	额定效率/%	88.0
设计流量/（m³/s）	4×3.63	额定功率/kW	1 234
额定扬程/m	30.5	额定转速/（rad/min）	495

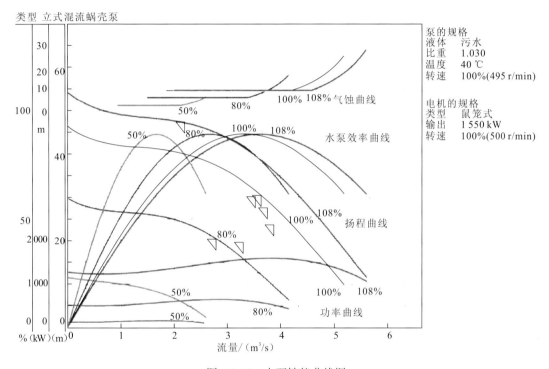

图 6-3-20 水泵性能曲线图

机组转动惯性矩 GD^2 = 2 260 kgf·m²（主泵为 1 150 kgf·m²，中间轴为 90 kgf·m²，电机为 1 020 kgf·m²）

机组额定转矩：

$$T_r = \frac{30\rho Q_R H_R}{\pi \eta_R n_R} = \frac{30 \times 1\,000 \times 3.63 \times 30.5}{3.14 \times 0.88 \times 495} = 2\,427\ \text{kg·m}$$

式中：Q_R 为额定流量；H_R 为额定扬程；n_R 为额定转速。

水泵比转速：

$$n_s = \frac{3.65 n_R \sqrt{Q_R}}{H_R^{3/4}} = \frac{3.65 \times 495 \times \sqrt{3.63}}{30.5^{3/4}} = 265$$

计算采用 n_s =260 的水泵 Suter 全特性曲线，如图 6-3-21 所示。其中水泵工况段的全特性曲线由图 6-3-20 的水泵性能曲线导出。

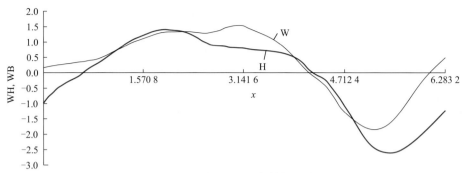

图 6-3-21　水泵 Suter 全特性曲线

机组及管路系统进行概化，得到系统布置图如图 6-3-22 所示。各管段资料如表 6-3-11 所示。

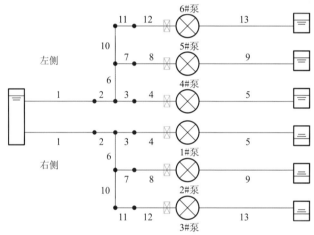

图 6-3-22　主泵机组系统概化图

表 6-3-11　各管段基本资料

编号	管段长度 L/m	规格	当量内径 D/m	壁厚 δ/mm	管道糙率 n	局部损失系数 ζ
1	19.2	D2420 mm×30 mm	2.42	30	0.012	0.40
2	2.86	流道	2.5	900	0.013	0.01
3	8.54	D1420 mm×20 mm	1.42	20	0.012	1.42
4	6.00	DN1400 mm～DN1000 mm	1.1	20	0.012	0.18
5	55.8	D1420 mm×20 mm	1.42	20	0.012	2.93
6	5.6	流道	2.27	900	0.013	0.18
7	8.54	D1420 mm×20 mm	1.42	20	0.012	1.42
8	6.00	D1420 mm～D1000 mm	1.1	20	0.012	0.18
9	55.8	D1420 mm×20 mm	1.42	20	0.012	2.93
10	5.62	流道	1.73	900	0.013	0.18
11	8.54	D1420 mm×20 mm	1.42	20	0.012	1.42
12	6.00	D1420 mm～D1000 mm	1.1	20	0.012	0.18
13	55.8	D1420 mm×20 mm	1.42	20	0.012	2.93

注：计算中，局部水力损失中不含闸阀局部水力损失，闸阀局部水力损失在其特性中考虑。

2）水头压力变化曲线

根据机组及管路系统概化模型计算得出各个工况下管道内部水压压力变化情况，得出事故停泵工况下的水头压力最大，取该工况下的水头压力加载至管道内壁进行计算，得出管道支架反力和水泵层管道支墩的反力。

出水管道入口水头压力变化曲线，选取压力变化最大的曲线如图 6-3-23 所示。

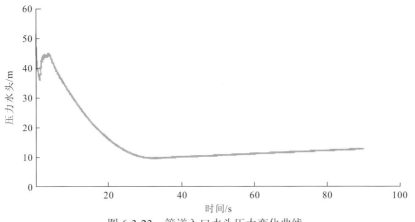

图 6-3-23　管道入口水头压力变化曲线

2. 管内水体的压力

将上节计算出的最大水锤压力变化为边界条件加载到水体上，得出水体对管道的作用力，然后将此作用力加载到管道内壁面。

水锤压力变化主要在于停泵后前 6 s，图 6-3-24 为前 6 s 水锤波加载在管道上后的压力示意图。

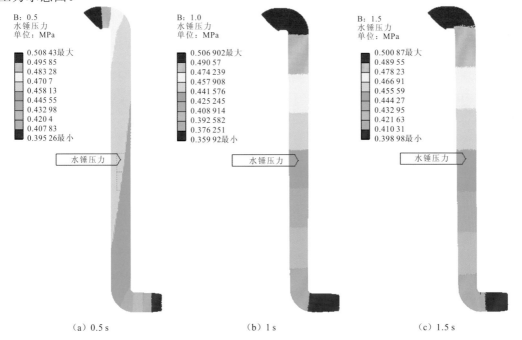

(a) 0.5 s　　　　　　(b) 1 s　　　　　　(c) 1.5 s

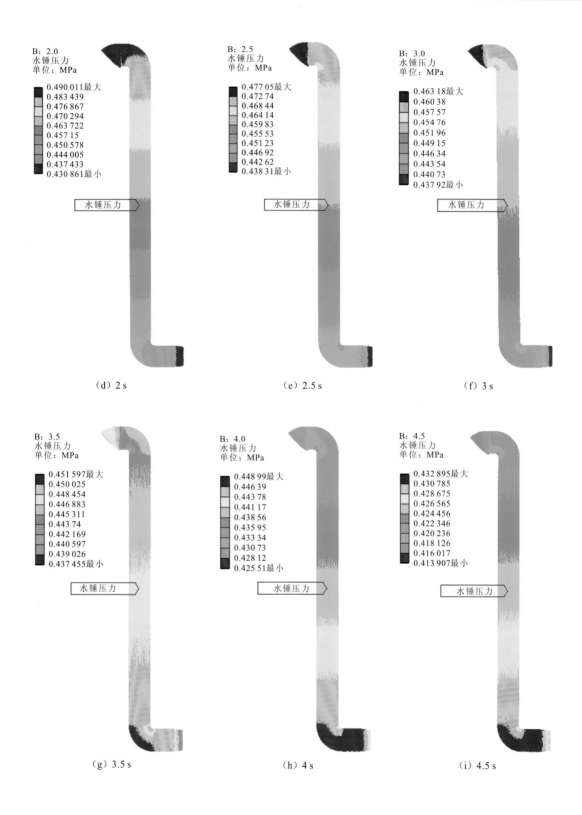

（d）2 s （e）2.5 s （f）3 s

（g）3.5 s （h）4 s （i）4.5 s

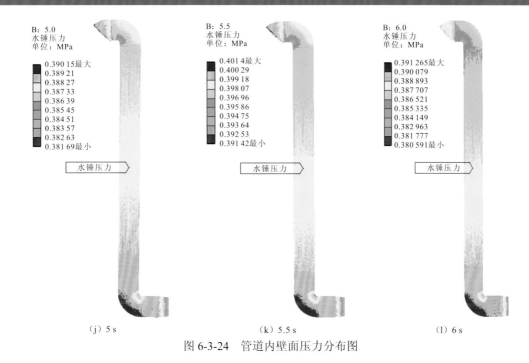

图 6-3-24　管道内壁面压力分布图

由图 6-3-24 可知，水泵刚停机时，管道出口部位的压力最大，随着时间的变化，压力最大点转移到出水竖管最下方。

3. 管道固定件所受反作用力

固定件各时间点所受的反作用力数据如表 6-3-12 所示，从固定支座 15 到固定支座 3 对应按高度依次从上到下的固定箍。坐标轴示意图如图 6-3-25 所示。管道与箍之间的接触为绑定，既不可切线方向移动，法线方向也不可分开。

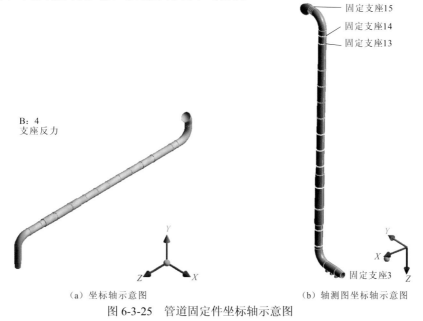

图 6-3-25　管道固定件坐标轴示意图

表 6-3-12　各固定件各时间点所受的反作用力

（单位：N）

支座	0.5 s X轴	Y轴	Z轴	总作用力	1 s X轴	Y轴	Z轴	总作用力	1.5 s X轴	Y轴	Z轴	总作用力
固定支座 15	179.77	34 671	96 209	1.02×10^5	202.04	39 340	1.22×10^5	1.29×10^5	200.03	40 139	1.22×10^5	1.28×10^5
固定支座 14	-81.472	5.926 7	-47 016	47 016	-59.815	-962.46	-47 738	47 747	-59.305	-446.94	-48 843	48 845
固定支座 13	-96.723	301.22	-22 056	22 058	-39.703	-895.85	-16 540	16 564	-58.817	-280.83	-17 959	17 962
固定支座 12	-17.045	230.49	-22 034	22 035	36.948	-661.83	-18 705	18 716	13.586	-225.66	-19 794	19 795
固定支座 11	-98.432	226.63	-21 976	21 977	-56.655	-667.24	-18 649	18 661	-84.054	-240.62	-19 736	19 738
固定支座 10	10.2	190.07	-22 068	22 069	60.482	-704.25	-18 755	18 768	35.979	-286.11	-19 841	19 844
固定支座 9	-93.38	213.12	-21 926	21 927	-58.411	-677.38	-18 606	18 619	-81.345	-252.31	-19 689	19 691
固定支座 8	-37.325	162.28	-22 024	22 024	-14.792	-727.95	-18 711	18 726	-29.412	-266.25	-19 785	19 787
固定支座 7	-17.275	1 208.3	-14 091	14 142	-13.546	372.56	-10 698	10 705	-18.565	883.32	-10 898	10 934
固定支座 6	4.392 6	31 175	-1.91×10^5	1.94×10^5	17.156	30 061	-1.86×10^5	1.89×10^5	23.932	32 343	-1.89×10^5	1.91×10^5
固定支座 5	-76.796	24 165	-1.72×10^5	1.74×10^5	-65.785	22 345	-1.68×10^5	1.70×10^5	-63.562	24 502	-1.68×10^5	1.70×10^5
固定支座 4	21.292	1 278.1	-66 346	66 358	28.19	416.58	-62 215	62 216	37.405	966.72	-65 076	65 083
固定支座 3	-95.518	-66 304	14 940	67 966	-91.606	-62 373	14 995	64 150	-83.91	-67 840	16 592	69 840

支座	2 s X轴	Y轴	Z轴	总作用力	2.5 s X轴	Y轴	Z轴	总作用力	3 s X轴	Y轴	Z轴	总作用力
固定支座 15	179.77	34 671	96 209	1.02×10^5	173.2	39 678	1.16×10^5	1.23×10^5	173.93	38 831	1.12×10^5	1.19×10^5
固定支座 14	-81.472	5.926 7	-47 016	47 016	-88.076	-29.37	-49 683	49 683	-93.38	-3.919 5	-49 274	49 274
固定支座 13	-96.723	301.22	-22 056	22 058	-104.89	249.6	-20 236	20 238	-107.79	301.34	-20 790	20 793
固定支座 12	-17.045	230.49	-22 034	22 035	-15.948	176.68	-21 366	21 367	-18.439	215.23	-21 640	21 641
固定支座 11	-98.432	226.63	-21 976	21 977	-108.98	168.88	-21 303	21 304	-111.14	215.85	-21 579	21 580
固定支座 10	10.2	190.07	-22 068	22 069	13.88	127.74	-21 403	21 404	10.354	179.82	-21 679	21 680
固定支座 9	-93.38	213.12	-21 926	21 927	-101.38	152.98	-21 255	21 256	-101.81	204.19	-21 533	21 534
固定支座 8	-37.325	162.28	-22 024	22 024	-38.618	102.3	-21 350	21 350	-40.138	149.91	-21 629	21 629
固定支座 7	-17.275	1 208.3	-14 091	14 142	-18.851	1 252	-11 711	11 778	-21.863	1 275	-12 231	12 297
固定支座 6	4.392 6	31 175	-1.91×10^5	1.94×10^5	4.958 5	34 246	-1.91×10^5	1.94×10^5	-0.247 55	33 853	-1.91×10^5	1.94×10^5
固定支座 5	-76.796	24 165	-1.72×10^5	1.74×10^5	-86.323	26 419	-1.69×10^5	1.71×10^5	-89.031	26 181	-1.70×10^5	1.72×10^5
固定支座 4	21.292	1 278.1	-66 346	66 358	24.038	1 400.5	-68 363	68 377	20.81	1 413.2	-68 315	68 330
固定支座 3	-95.518	-66 304	14 940	67 966	-106.82	-73 366	17 965	75 534	-105.66	-72 824	17 543	74 907

续表

支座	3.5 s				4 s				4.5 s			
	X 轴	Y 轴	Z 轴	总作用力	X 轴	Y 轴	Z 轴	总作用力	X 轴	Y 轴	Z 轴	总作用力
固定支座 15	178.81	37 880	1.08×10^5	1.15×10^5	171.4	26 755	1.09×10^5	1.13×10^5	182.43	35 753	99 945	1.06×10^5
固定支座 14	−93.07	−4 188.8	−48 982	48 982	−132.27	−16 055	−49 627	52 160	−85.699	2 434.8	−47 894	47 894
固定支座 13	−107.24	311.67	−21 409	21 412	−200.6	−19 556	−20 158	28 085	−102.49	305.61	−22 042	22 045
固定支座 12	−15.66	232.88	−21 976	21 977	−84.27	−14 750	−21 299	25 907	−16.677	234.39	−22 182	22 183
固定支座 11	−106.68	227.98	−21 914	21 915	−176.02	−14 769	−21 235	25 867	−100.6	229.33	−22 121	22 123
固定支座 10	10.839	193.35	−22 012	22 013	−45.062	−14 816	−21 336	25 975	11.019	193.47	−22 215	22 216
固定支座 9	−100.09	219.45	−21 867	21 869	−143.43	−14 844	−21 182	25 866	−95.943	217.24	−22 072	22 073
固定支座 8	−39.168	165.54	−21 963	21 964	−42.422	−15 024	−21 277	26 046	−38.189	165.74	−22 168	22 168
固定支座 7	−20.611	1 279.8	−12 722	12 786	−15.855	−13 315	−11 582	17 648	−18.889	1 243.8	−13 628	13 685
固定支座 6	0.564 2	33 590	$−1.92\times10^5$	1.95×10^5	−13.157	13 374	$−1.91\times10^5$	1.91×10^5	2.947	32 302	$−1.92\times10^5$	1.94×10^5
固定支座 5	−87.699	26 052	$−1.71\times10^5$	1.73×10^5	−110.8	5 758.2	$−1.70\times10^5$	1.71×10^5	−81.496	25 089	$−1.72\times10^5$	1.73×10^5
固定支座 4	20.893	1 417.6	−68 482	68 496	4.967 5	−13 136	−68 418	69 667	22.055	1 352.7	−67 561	67 574
固定支座 3	−103.05	−72 382	17 271	74 414	−96.495	−89 092	17 955	90 884	−98.576	−69 079	16 023	70 913

支座	5 s				5.5 s				6 s			
	X 轴	Y 轴	Z 轴	总作用力	X 轴	Y 轴	Z 轴	总作用力	X 轴	Y 轴	Z 轴	总作用力
固定支座 15	178.93	34 686	96 283	1.02×10^5	173.99	33 706	92 788	98 720	168.77	32 791	89 344	95 171
固定支座 14	−81.578	6 094.6	−47 005	47 005	−78.467	8.247	−46 245	46 245	−76.292	9 023.2	−45 658	45 658
固定支座 13	−97.279	300.73	−22 037	22 039	−91.824	296.74	−22 126	22 128	−87.971	292.62	−22 332	22 334
固定支座 12	−16.624	229.63	−22 021	22 022	−16	224.36	−21 943	21 944	−14.737	219.18	−21 969	21 971
固定支座 11	−97.553	225.05	−21 963	21 964	−95.071	221.17	−21 887	21 888	−93.123	216.85	−21 913	21 915
固定支座 10	10.874	187.83	−22 055	22 056	11.103	183.77	−21 977	21 978	10.923	180.83	−22 003	22 003
固定支座 9	−92.496	211.69	−21 914	21 915	−89.339	205.01	−21 835	21 836	−86.163	200.09	−21 863	21 864
固定支座 8	−36.624	161.93	−22 012	22 013	−35.28	156.93	−21 934	21 935	−34.0	152.68	−21 963	21 963
固定支座 7	−18.082	1 208	−14 087	14 139	−16.983	1 176.1	−14 527	14 574	−16.398	1 151.4	−14 946	14 990
固定支座 6	3.402 3	31 159	$−1.91\times10^5$	1.94×10^5	3.559 8	30 192	$−1.91\times10^5$	1.93×10^5	3.472 8	29 466	$−1.90\times10^5$	1.93×10^5
固定支座 5	−77.411	24 152	$−1.72\times10^5$	1.74×10^5	−74.577	23 373	$−1.73\times10^5$	1.74×10^5	−72.652	22 807	$−1.73\times10^5$	1.75×10^5
固定支座 4	21.427	1 277.9	−66 317	66 329	20.709	1 215.5	−65 333	65 344	20.117	1 170.4	−64 709	64 720
固定支座 3	−94.591	−66 276	14 925	67 936	−90.896	−64 009	14 001	65 523	−88.072	−62 352	13 307	63 756

如图 6-3-26 所示为所受反作用力最大箍的各方向受力曲线。

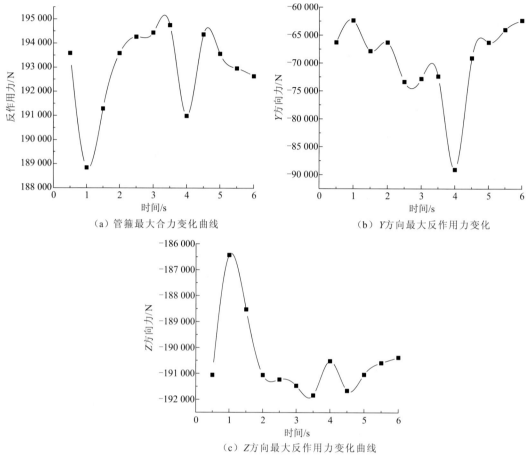

（a）管箍最大合力变化曲线

（b）Y 方向最大反作用力变化

（c）Z 方向最大反作用力变化曲线

图 6-3-26　所受反作用力最大箍的各方向受力曲线

由图 6-3-26 可知，固定箍所受最大合力约为 194.8 kN；Y 方向最大反作用力约为 89.1 kN；Z 方向最大反作用力约为 191.8 kN。

4. 水锤波对层板的影响

1）载荷的加载及约束

将得出的水锤波造成水泵层楼面结构管道支撑处的力作为载荷加载到楼面结构处进行瞬态结构分析，如图 6-3-27 所示。加载荷载的变化如图 6-3-28 所示。

2）层板瞬态模拟结果

层板瞬态分析结果的位移示意图如图 6-3-29 所示，位移变化曲线如图 6-3-30 所示。

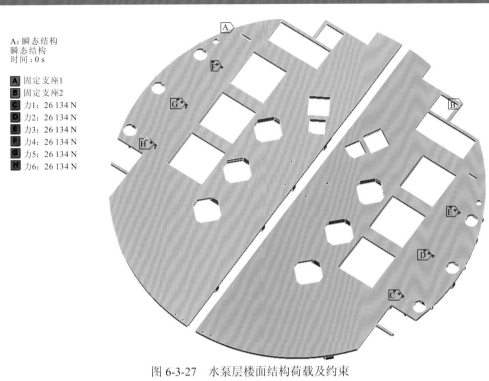

图 6-3-27　水泵层楼面结构荷载及约束

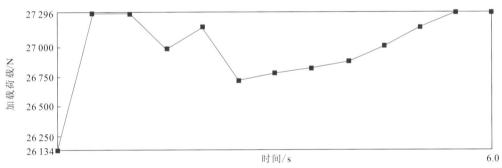

图 6-3-28　荷载的变化

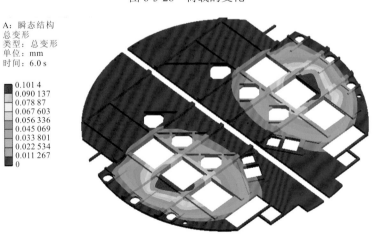

图 6-3-29　层板最大位移时刻示意图

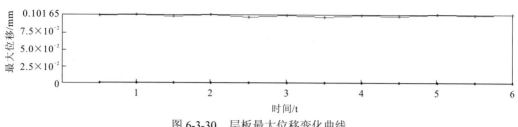

图 6-3-30　层板最大位移变化曲线

　　根据以上计算得出的变形和楼面结构刚度可以反算出楼面结构内力,从而指导设计配筋。

第 7 章

深隧结构体系及其性能

7.1 隧道计算分析模型

目前常用的隧道计算分析模型有：均质圆环模型、铰接圆环模型、梁-弹簧模型和梁-接头模型 4 种。

7.1.1 均质圆环模型

均质圆环模型是将管片衬砌圆环视作弹性均质圆环进行分析，日本惯用法和修正惯用法均采用这种模型。

惯用法最初在 1960 年日本土木工程学会（Japan Society of Civil Engineering，JSCE）的隧道工程研讨会上被提出，于 1969 年正式作为该协会推荐的方法。这种方法不考虑接头的柔性特征，而是将其作为混凝土截面进行计算，对均质圆环没进行刚度折减，即没考虑接头对整体刚度的折减和对局部弯矩的分配作用。梁体与地层相互作用基于 Winkler 理论，假设地层反作用在水平方向±45°范围内按三角形形态分布。

日本 JSCE 于 1977 年又推出了修正的惯用法。采用小于 1 的刚度有效系数 η 来体现环向接头对整环刚度的影响，即不具体考虑接头的位置，仅降低衬砌圆环的整体抗弯刚度；当采用错缝拼装方式时，由于环与环间的刚度不一和接头咬合作用，出现了弯矩传递现象，见图 7-1-1，混凝土管片处出现了附加弯矩，在设计中又采用弯矩增大系数 ξ，即用于管片设计的弯矩为 $(1+\xi)M$（M 计算弯矩值），用于接头设计的弯矩为 $(1-\xi)M$，而设计的轴力值仍为计算轴力值 N，当采用通缝拼装方式时，$\xi=0$。对于抗力，修正的惯用法采用局部弹簧抗力取代假设三角形分布的地层抗力。

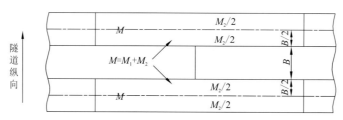

图 7-1-1 修正惯用法中环间接头弯矩传递

对于错缝拼装，按经验，η 一般取 0.7~0.8，相应的附加弯矩增大系数 ξ 一般取 0.3；而对于通缝拼装时，η 一般取 0.6~0.7，相应的附加弯矩增大系数 ξ 取 0。早期由于计算手段的限制一般较多地采用这种模型，目前已经逐渐被梁-弹簧模型代替，均质圆环模型的计算结果可为接头刚度计算提供初步的内力参数，并对进一步精确分析的计算结果进行检验。

7.1.2 铰接圆环模型

铰接圆环模型中的管片间接头不能传递弯矩，是一个可自由转动的铰，其弯曲刚度为 0，管片环的块与块之间通过自由铰接而连成一个多铰圆环。管片环本身是一非静定结构,在地层抗力作用下才成为静定结构。为了使管片环发生一定变形而获得良好的地层抗力,该模型管片环间多数采用通缝拼装,往往在地层稳定后将管片接头螺栓拆除而使管片接头能自由转动,这使管片接头与理论假定更加接近,这种计算模型在自稳较好的地层中使用较多。

7.1.3　梁-弹簧模型

梁-弹簧模型就是在使用曲梁或直梁单元模拟管片的同时,也具体考虑接头的位置和接头的刚度的一种计算模型(图 7-1-2),该模型采用接头抗弯刚度 K_θ 来体现环向接头的实际抗弯刚度。当采用通缝式拼装时,在理想情况下各环的受力情况相同,采用 1 环进行分析即可;当使用错缝式拼装时,因纵向接头将引起衬砌圆环间的相互咬合或位移协调作用,此时根据错缝拼装方式,除考虑计算对象的衬砌圆环外,还需将对其有影响的前后衬砌圆环也作为计算对象,采用空间结构模型进行分析(通常采用中间 1 个整环加前后 2 个半幅宽环进行计算),并用径向抗剪刚度 K_r 和切向抗剪刚度 K_t 来体现纵向接头的环间传力效果。由变形引起的地层被动抗力则通过径向和切向的"地层弹簧"进行模拟,代替原来三角形或月牙形分布的假定。由于该模型能够充分考虑接头环向和纵向刚度对管片力学性能的影响,目前在工程领域运用较为广泛,本工程采用该计算模型进行研究计算。

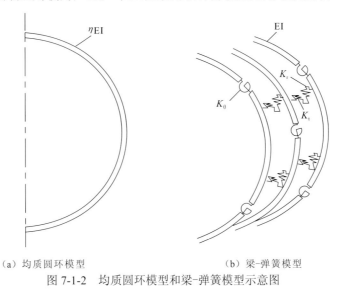

（a）均质圆环模型　　　　　　　　　　（b）梁-弹簧模型

图 7-1-2　均质圆环模型和梁-弹簧模型示意图

7.1.4　梁-接头模型

同济大学朱合华教授等(2019)针对梁-弹簧模型不能模拟相邻管片在接头处发生的相对不连续变形量问题,引入非连续介质力学 Goodman 单元思想,建立点-点接触为特征的具有转动效应的一维接头单元模拟其连接效应,如图 7-1-3 所示。这种模型可看作是对梁-弹簧模型的一种修正或提升,它们的本质是接近的。

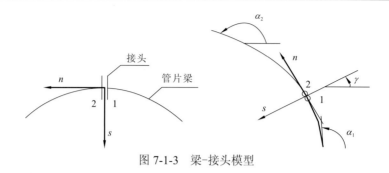

图 7-1-3　梁-接头模型

7.2　衬砌结构选型及力学性能数值模拟

7.2.1　衬砌结构选型

1. 盾构隧道衬砌结构形式

盾构法施工的隧道可采用的衬砌结构形式主要有：与常规钻爆法相似的模筑混凝土衬砌、管片装配式衬砌、复合式衬砌等。由于技术简单，模筑混凝土衬砌在很多既有隧道中使用比较普遍。管片装配式衬砌因为可以根据设计事先预制所以衬砌环施工迅速。在争取工期、围岩急需支护、适应较大变形等方面具有优势。复合式衬砌在防水和耐久性方面的具有一定优势，但是单层装配式管片衬砌施工速度快、工艺成熟，目前国内已建盾构隧道基本采用单层装配式管片衬砌，复合衬砌采用的相对较少。有鉴于盾构隧道结构的重要性和当前部分既有盾构隧道在采用单层装配式管片衬砌上暴露出的一些问题，工程建设的风险性和结构自身的耐久性越来越多地引起了广大盾构隧道设计建设者及科研人员的重视，尤其在目前国内隧道向深埋化、超长化、长寿命发展的趋势下，要满足隧道主体结构全寿命的服役安全性能，合理结构形式的选取尤为重要。

针对本项目污水盾构隧道而言，可选隧道衬砌结构形式有：单层衬砌结构、叠合式双层衬砌结构、复合式双层衬砌结构及分离式双层衬砌结构。

1）单层衬砌结构

采用钢筋混凝土管片单层衬砌结构，管片内侧不另设内衬，施工期间管片承受外部水土压力，运行期间还需承受内水压力。考虑保护管片结构、使内表面光滑、增加结构的耐久性等诸多因素，也可设置内衬，但不计其承担荷载。

该结构形式受力明确，部分内外水压力可以相互抵消，当内外压差不大时，结构合理、经济、施工较为简单快捷。由于管片结构直接承受内水作用，其结构耐久性要求高，鉴于钢筋混凝土管片的材料和螺栓连接的特性，此种结构不具备承担较大的内水压的条件。

2）叠合式双层衬砌结构

叠合式双层衬砌结构外部采用钢筋混凝土管片衬砌结构，内部另设二衬（内衬）结构，内衬与外衬之间采取有效措施紧密结合，施工阶段的外部水土压力由外衬承担，内衬的自重及运行阶段的内水压力由内外衬共同承担，内外衬间不仅可以传递压力，而且可以传递拉力和剪力。该结构隧洞内表面比较平滑，对外衬内表面的耐久性要求较低，外衬接缝不必考虑内水压力作用。该结构要求内外衬砌紧密结合，共同承受运行阶段的内水压力，内外衬砌受力复杂，外衬管片接缝是内衬应力集中处，易产生裂缝，因此施工质量要求高。

3）复合式双层衬砌结构

复合式双层衬砌结构外部采用钢筋混凝土管片结构，内部设置二衬（内衬）结构，内衬与外衬紧密贴合，施工阶段外衬承担外部水土压力，内衬的自重及运行阶段的内水压力由内外衬按结构刚度比例共同分担，内外衬间仅可传递压力，不可传递拉力和剪力。该结构的优点与叠合式双层衬砌基本相同，两层衬砌之间传力相对较明确。但该形式衬砌要求内外衬有较高的水密性，内外衬只要有一处漏水，就会对另一衬砌产生破坏性影响。

4）分离式双层衬砌结构

分离式双层衬砌结构在内衬与外衬之间设置隔离层，使两者分别受力。隧道外部的水压、土压等外部荷载由外衬承受，内衬需承担其自重及内水压力。外衬采用钢筋混凝土管片结构，内衬必须保证在高拉应力下的防水性能，多采用钢衬、预应力钢筋混凝土内衬或洞内直接铺设预应力钢筒混凝土管（prestressed concrete cylinder pipe，PCCP）。该种结构受力明确，安全性高，防水性能好，一般用在内外压力差较大的工程。

大东湖核心区污水传输系统工程工作使用年限为 100 年，且由于工程特殊性，隧道运行工况无检修条件，隧道采用压力流运行模式，传输介质存在弱腐蚀性，且运行过程中承受较高的内水压力（最大内水压力约 0.37 MPa），隧道全长规模约 17.5 km，隧道埋深 35～40 m，沿线地质条件复杂多变，隧道承受的外部水土压力也不尽相同。表 7-2-1 列举了国内外主要排水隧道的施工工法及衬砌结构类型，表 7-2-2 列举国内外主要双层隧道的管片厚度、二衬厚度及二衬材料。

表 7-2-1　国内外主要排水隧道断面类型

工程名称	施工工法	衬砌结构类型
英国泰晤士河 LEE 溢流污水隧道	盾构法	复合式双层衬砌
英国 Kingston 隧道	盾构法	单层管片衬砌
北京团城湖至第九水厂输水工程	盾构法	叠合式双层结构
重庆主城排水过江隧洞工程	盾构法	单层管片衬砌
南水北调穿黄工程	盾构法	复合式双层结构
台山核电厂取水隧洞工程	盾构法	叠合式双层结构
北京亮马河污水隧道	盾构法	单层管片衬砌
上海青草沙长江原水输水隧道工程	盾构法	单层管片衬砌
广州深层隧道排水系统东濠涌试验段	盾构法	单层管片衬砌
广州西江引水工程	盾构法	分离式双层结构
辽宁红沿河核电厂取水隧洞工程	盾构法	叠合式双层结构

表 7-2-2　国内外二次衬砌的厚度及材料统计

隧道名称	隧道外径/mm	管片厚度/mm	二衬厚度/mm	二衬材料
北京团城湖至第九水厂输水工程	5 500	250	200	钢筋混凝土
台山核电厂取水隧洞工程	5 700	250	200	钢筋混凝土
辽宁红沿河核电厂取水隧洞工程	5 700	250	200	钢筋混凝土
南水北调中线穿黄隧道	8 700	400	450	钢筋混凝土
日本营团 8 号线隅田川双线	9 800	400	200	钢筋混凝土
沪通铁路越黄浦江隧道	10 300	480	300	素混凝土
日本都营地铁 10 号线	10 400	550	250	素混凝土
广东狮子洋隧道	10 800	500	200	素混凝土
日本东京湾横断公路隧道	13 900	650	350	素混凝土

2. 盾构隧道荷载

根据目前国内外盾构隧道设计的相关理论，对于本工程这种深埋盾构隧道，盾构外侧土压荷载主要采用太沙基理论、深埋荷载理论进行取值。

1）太沙基理论

对于隧洞覆土高度不足 1 倍洞径的浅埋覆土，垂直土压力宜取全覆土荷载，当覆土厚度大于 1 倍洞径时，应按太沙基坍落拱理论计算垂直土压力；由于考虑黏聚力的影响，计算结果可能很小或者出现负值，因此规定太沙基理论计算时取 1.5 倍洞径覆土荷载。

$$\sigma_{vi} = \frac{B_1(\gamma_i - c_i / B_1)}{K_0 \tan\varphi_i}(1 - e^{-K_0 \tan\varphi_i H_i / B_1}) + p_0 e^{-K_0 \tan\varphi_i H_i / B_1} \tag{7-2-1}$$

$$B_1 = R_0 \cot\left(\frac{\pi / 4 + \varphi / 2}{2}\right) \tag{7-2-2}$$

式中：σ_{vi} 为土层的垂直压力；h_0 为土层的厚度；K_0 为土层的静止侧压力系数；γ_i 为土层的容重；p_0 为上层土传下来的土压力；c_i 为土层的黏聚力；φ_i 为土层内摩擦角；φ 为隧道拱顶土层内摩擦角；R_0 为隧道外径。

土层的水平水土压力按照下式计算：

$$q_i = K_0 \sigma_{vi} \tag{7-2-3}$$

2）深埋隧洞理论

对于岩石地层，根据《铁路隧道设计规范》（TB 10003—2016），深埋隧洞衬砌时围岩压力按松散压力考虑，其垂直均布压力可按下方计算：

$$q = \gamma h \tag{7-2-4}$$
$$h = 0.45 \times 2^{S-1} \omega \tag{7-2-5}$$

式中：ω 为宽度影响系数，$\omega = 1 + i(B - 5)$，B 为坑道宽度，i 为 B 每减 1 m 时的围岩压力减增率；当 $B < 5$ m 时，$i = 0.2$，$B > 5$ m 时，$i = 0.1$；S 为围岩级别。

根据盾构施工相关经验，盾构计算时垂直荷载取深埋隧洞公式的两倍。

管片的拼装方式有两种：通缝拼装和错缝拼装。

本隧道内径的确定基于工艺专业对流速、流态等综合因素的考虑。盾构段隧道内径有三种，计算按照隧道内径选取三种计算断面进行计算，分别为：①断面里程 K6+820，内径 $D=3.0$ m，上覆土层依次为素填土、残积黏性土、中风化粉砂岩，埋深 36.5 m，水头高度 33.8 m；②断面里程 K11+007，内径 $D=3.2$ m，上覆土层依次为素填土、粉质黏土、强风化泥质细粉砂岩、中风化泥质细粉砂岩，埋深 35.5 m，水头高度 30 m；③断面里程 K13+800，内径 $D=3.4$ m，上覆土层依次为耕植土、粉质黏土、强风化含粉砂泥岩、中风化泥质细粉砂岩，埋深 32.5 m，水头高度 32 m。各计算断面的竖向荷载详见表 7-2-3 所示。

表 7-2-3　水土合算和水土分算时各断面竖向计算荷载

| 断面特征 | 深埋理论 | | | | 太沙基理论 | | | |
| | 竖向土压力/kPa | | 竖向水压力/kPa | | 竖向土压力/kPa | | 竖向水压力/kPa | |
	合算	分算	合算	分算	合算	分算	合算	分算
$D=3.0$ m	112	62	–	338	105	55	–	338
$D=3.2$ m	118	65	–	300	109	57	–	300
$D=3.4$ m	124	68	–	320	117	60	–	320

注：计算时竖向荷载取太沙基理论和深埋理论计算值的包络值。

3. 隧道计算模型

根据工程地质条件，采用目前较为成熟且常用的梁-弹簧模型对管片进行计算（图 7-2-1），依据大量结构计算经验，取接头刚度 $k=1\times10^{7}$ N/m，地层效应采用全周径向和切向压缩弹簧模拟，弹簧刚度结合地质勘察报告和相关经验选取。

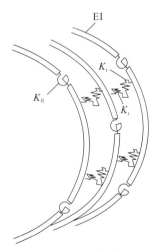

图 7-2-1　计算模型

管片和内衬之间为抗剪压模型，两者的相互作用按莫尔-库仑强度准则考虑，接合面所能承受的最大剪应力符合莫尔-库仑强度准则：

$$\tau_{m} = \tau_{0} + \sigma_{n}\mu \qquad (7\text{-}2\text{-}6)$$

式中：τ_{m} 为接合面的剪切强度；τ_{0} 为接合面混凝土的胶结力；σ_{n} 为接合面的垂直应力；μ 为摩擦系数。当双层间无隔离垫层时，$\tau_{0}=780$ kN/m² ，$\mu=0.75$。当接合面的剪力小于 τ_{m} 时，接合面间无相对位移，当大于 τ_{m} 时，产生相对滑动，因此剪切弹簧刚度可表示为

$$\begin{cases} k_{S}=\infty, & \tau<\tau_{m} \\ k_{S}=0, & \tau>\tau_{m} \end{cases} \qquad (7\text{-}2\text{-}7)$$

当 $\tau>\tau_{m}$ 时，接合面产生相对滑动，层间胶结力丧失，但摩擦力仍存在，此外，∞ 在

计算中只能用一个很大的数表示，故对上式修正如下：

$$\begin{cases} k_{\mathrm{S}} = k_{\mathrm{m}}, & \tau < \tau_{\mathrm{m}} \\ k_{\mathrm{S}} = \mu A_i \sigma_n / s_{\mathrm{m}}, & \tau > \tau_{\mathrm{m}} \end{cases} \qquad (7\text{-}2\text{-}8)$$

式中：s_{m} 为接合面的剪切位移；A_i 为单个剪切弹簧对应的剪切面积；k_{S} 为单个剪切弹簧刚度；k_{m} 为比接头抗剪刚度大很多的值。

计算分为施工期和运营期两个阶段分别进行结构静力计算。具体计算步骤为：施作管片，释放部分外荷载，释放系数为 0.8；施作二衬，释放全部外荷载（即"施工期"工况）；施加内水压力（即"运营期"工况）。

双层衬砌时各工况荷载模型如图 7-2-2 所示，计算模型如图 7-2-3 所示。

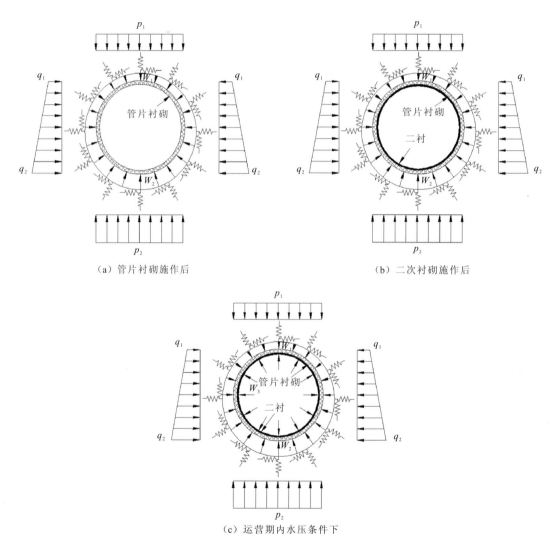

图 7-2-2 双层衬砌时各工况荷载模型

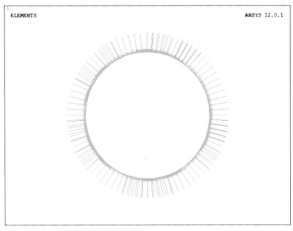

图 7-2-3　计算模型示意图

4. 结构选型

根据国内外相关排水隧道典型案例，单层衬砌与双层衬砌在类似工程中均有成功案例可循，针对本工程这种承受较大内水压力、埋深较大且内部介质存在一定的腐蚀性的隧道结构，有类似工程大部分采用叠合式双层衬砌结构，根据大量工程经验，采用双层衬砌无论在防水性能，还是防腐蚀性能相比单层衬砌均有较强的优势。本小节对单层管片衬砌结构、单层管片衬砌+内衬叠合式双层衬砌结构两种方案进行比选，从结构受力性能及耐久防腐性能对衬砌结构形式进行系统比选（图 7-2-4）。其中，采用单层衬砌时，施工期、运营期均由单层管片结构承受外部水土压力和内部水压；采用双层衬砌时，施工期间由管片承受外部围岩压力、水压力，运营期间的外部围岩压力、水压力及内水压力由管片结构和二衬结构共同承担，同时满足结构防腐蚀、抗渗等相关要求。

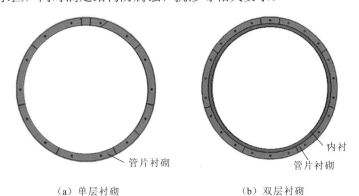

（a）单层衬砌　　　　　　　　　　　（b）双层衬砌

图 7-2-4　隧道断面结构形式

鉴于单层衬砌结构、双层衬砌结构两种结构形式在国内外排水隧道工程中都有成功案例可循，考虑本项目污水隧道所处埋深较大、外部水土压力较大，且同时承受运营期较大内水压力作用，应从结构受力角度对结构形式的比选加以论证。因此，分别对单层管片衬砌与双层衬砌结构形式下，衬砌结构受力性能加以分析。

计算中，单层管片衬砌管片厚度 500 mm，管片分块方式采用五等分分块方式；双层管片衬砌管片厚度为 300 mm、二次衬砌厚度 200 mm，管片分块方式同样采用五等分分块方式。此外，采用单层管片衬砌时，施工期、运营期均由单层管片结构承受外部水土压力和内部水压；采用双层衬砌时，施工期间由管片承受外部围岩压力、水压力，运营期间的外部围岩压力、水压力及内水压力由管片结构和二衬结构共同承担，计算求得衬砌结构内力与变形如表 7-2-4 所示。

表 7-2-4 各分块方案条件下衬砌结构内力和变形

工况编号	工况	计算断面	管片					二衬			
			最大正弯矩 /(kN·m)	对应轴力 /kN	最大负弯矩 /(kN·m)	对应轴力 /kN	最大位移 /mm	最大正弯矩 /(kN·m)	对应轴力 /kN	最大负弯矩 /(kN·m)	对应轴力 /kN
3	施工期	计算断面1	131	334.5	-120.2	600	4.0	—	—	—	—
4	运营期		115.2	187（拉）	-127.9	133	3.0	—	—	—	—
17	施工期		82.6	134.2	74.445	402.4	3	93.0	193.7	80.8	269.4
18	运营期		80.8	74	74.0	298	3	21.7	156（拉）	15.685	186（拉）
39	施工期	计算断面2	102.7	255	94.9	478	3	—	—	—	—
40	运营期		100.3	97.9（拉）	92.0	85.7	3	—	—	—	—
53	施工期		66.1	107.3	60.5	319.2	2	74.7	149.1	66.4	216.2
54	运营期		70	176	63.7	298	3	8.6	160（拉）	5.1	189（拉）
75	施工期	计算断面3	76.2	205	71	355	2	—	—	—	—
76	运营期		69.8	61（拉）	74.2	152	2	—	—	—	—
89	施工期		49.6	81.2	46.4	240.8	2	56.5	108.8	51.2	165.4
90	运营期		54.1	147	49.9	246	2	4.1	122.1（拉）	6.2	96（拉）

从不同工况下单层管片衬砌与双层管片衬砌计算分析结果可以得出：采用单层管片衬砌结构时，施工期管片衬砌处于压弯荷载作用，隧道最大正弯矩（内侧受拉，以下同）位于拱顶，隧道最大负弯矩（外侧受拉，以下同）位于拱腰；对于运营工况，隧道内部存在内水压时，管片衬砌最大正弯矩位于拱顶，对应轴力处于受拉状态，最大正弯矩位于拱腰，对应轴力处于受压状态，整体结构受力状态极为不利，如工况 4 状态下，最大正弯矩 115.2 kN·m、对应轴力 187 kN，不利状态下管片截面受拉区存在开裂风险；当采用双层衬砌结构形式时，管片轴力普遍处于容许范围内，二次衬砌在运营期处于受拉状态，承受大部分内水压作用，其所受弯矩较小，整体受力较采用单层管片衬砌时有利。可见，从结构受力角度来看，采用双层衬砌结构形式对提高结构安全性能比较有利。

此外，鉴于本工程运营期内部污水介质存在一定的腐蚀性，采用双层衬砌无论在防水性能还是防腐蚀性能相比单层衬砌均有较强的优势，能够比较明显地提高结构耐久性。因此，综合考虑结构受力、保护管片结构、使内表面光滑、增加结构耐久性等诸多因素，本工程采用外层预制管片+二次衬砌叠合式双层衬砌结构形式。

5. 拼装方式

管片的拼装方式有两种：通缝拼装和错缝拼装，如图 7-2-5。

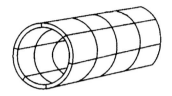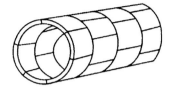

（a）通缝拼装　　　　　　　　　　　（b）错缝拼装

图 7-2-5　管片拼装方式

污水盾构管片拼装方式的选取，可类比国内外大量地铁隧道工程建设经验。在国内地铁工程，上海的盾构隧道一般采用通缝拼装；广州地铁、深圳地铁、北京地铁五号线试验段和南京地铁一号线皆采用错缝拼装；在国外，不管欧美国家，还是日本，一般皆采用错缝拼装。参考国内外越江盾构隧道工程，绝大部分也采用错缝拼装方式，而且趋向于采用通用管片环。

错缝拼装可提高管片接头刚度，加强结构的整体性，这点在国内有着统一的认识。从结构受力分析考虑，采用错缝拼装的管片相对于通缝拼装而言一般结构计算内力要大一些，是管片配筋经常由最小配筋率控制，因此整个结构的配筋量未必会加大。从具体的施工管理看，错缝拼装相对复杂一些，管片的拼装需要按三维进行，环面的平整度及千斤顶的行程控制相对难度更大。若施工中部分环节控制不当，管片错台会大一些、开裂也相对多一些。但现在管片生产一般采用高精度钢模，盾构机系统配备也很先进，施工技术也日趋完善，错缝拼装的经验越来越丰富。预计在以后的盾构工程中，错缝拼装会成主流趋势。

此外管片的拼装方式和隧道的线路拟合有关联的，线路拟合是通过不同的管片衬砌环组合来实现的，包括平、竖曲线两个方面。一般有三种管片组合方法来模拟线路，见表 7-2-5，这三种管片组合方法应该说都是可行的。随着施工水平的提高，对于越江大断面隧道，建议采用通用管片环，减小模具数量，降低造价。

表 7-2-5　管片环组合方法

组合方法	特点
标准衬砌环、左转弯衬砌环和右转弯衬砌环组合	直线地段除施工纠偏外，采用标准衬砌环；曲线地段可通过标准衬砌环与左、右转弯衬砌环组合使用，以模拟曲线。此方法施工方便，操作简单
左转弯衬砌环和右转弯衬砌环组合	通过左转弯环、右转弯环组合来拟合线路，由于每环均为楔形，拼装时施工操作相对麻烦一些，欧洲常采用，但国内暂未看到报道采用
通用管片环	通过一种楔形环管片模拟线路、曲线及施工纠偏，管片拼装时，衬砌环需扭转多种角度，封顶块有时会位于隧道下半部，工艺相对复杂，大大减小模具数量，降低造价

采用通用管片环，理论上模具只需 1 套，通过幅宽方向的楔形量及不同的错缝角度拟合出直线和不同半径的曲线，可节约钢材和提高施工速度。在直线段上采用基本拼装方式，即将第二环在第一环的基础上右转 180°。

因此，鉴于大量实际工程经验，建议大东湖核心区污水传输系统采用错缝拼装方式。

6. 接头形式

管片的连接处一般称为接头，包括接缝、螺栓及其附近（包括螺栓孔）的部位。从力学性质看，在各圆弧形管片的接头处都存在一个能承担部分弯矩的弹性铰，它既不是刚接，也不是完全的铰接，弹性铰能在相邻管片和衬砌环间传递部分内力，所传递弯矩的多少与管片接头刚度的大小成比例。管片接头的存在所造成的整环刚度降低是盾构隧道衬砌设计中必须考虑的控制性因素之一。

评价装配式衬砌接头力学行为的主要参数是管片接头刚度系数，定义为外力作用下管片接头产生单位变位（单位轴向位移、单位剪切变形或单位转角）所需要的内力值。在圆形管片结构的内力和变形分析过程中必须考虑接头刚度对整个装配式衬砌环的影响。

从管片接头力学特性出发，根据是否允许相邻管片间产生相对位移，可将管片接头分为柔性接头和刚性接头两类。柔性接头由于允许在相邻管片间产生微小转动和压缩，使得整个衬砌环能屈从于内力而产生一定变形；刚性接头则主要通过增加螺栓数量等手段力图在构造上使接头刚度与构件本身相同。在以盾构法施工的装配式圆形衬砌设计中，目前主要采取减薄衬砌厚度、减弱接头刚度和增加接头数量等措施以达到增加衬砌柔性的目的。

目前，国内外最常采用的接头为螺栓接头。螺栓连接有直螺栓连接、弯螺栓连接和斜螺栓连接等。管片制造时要求具有较高的预制精度，施工拼装时需要一定的定位精度，因而施工速度较慢，造价也较高。螺栓接头力学特性比较好，能够适应复杂软弱地层。

1）直螺栓连接

直螺栓连接方式如图 7-2-6（a）所示，直螺栓施工方便，可有效减短螺栓长度，减少钢材使用量，同时管片接头部位能承担较大荷载，且便于施加预紧力。不足之处在于所需螺栓手孔较大，对管片截面削弱多，致使管片端头及侧肋的各种应力水平较高，成为管片的薄弱部位。直螺栓设计中应主要考虑螺栓与管片肋部的匹配，即在肋部破坏前，螺栓应进入流塑状态，手孔设置应综合考虑各种施工影响及对接头断面的削弱，不可设置得过小或过大。这种接头方式广泛应用于上海地铁等软土盾构隧道中。

2）弯螺栓连接

弯螺栓连接方式如图 7-2-6（b）所示，弯螺栓多用于平板形管片，其主要优点在于所需螺栓手孔小，对截面削弱少；试验表明，弯螺栓比直螺栓更易变形，且施工不方便，材料消耗比较大，经济性较差，并且在螺栓预紧力和地震作用下将对端头混凝土产生挤压作用，造成混凝土破坏，对结构的长期安全性不利。弯螺栓接头曾经使用于南京地铁南北线接头处。

3）斜螺栓连接

斜螺栓连接方式如图 7-2-6（c）所示。斜螺栓连接方式材料消耗比弯螺栓连接方式明显减少，较为经济；斜螺栓连接方式手孔尺寸最小、数量较少，对管片截面削弱较轻；可斜向直线插入，施工较为方便快捷。正弯矩作用下螺栓变形弱于弯螺栓，抗弯能力优于直螺栓；剪力作用下，螺栓拉力可有效地分担接头处的剪力值，具有较高的抗剪刚度。需要验算抗震性能。曾用于上海上中路隧道、沪崇苏隧道等越江隧道中。

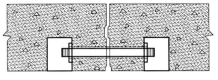

（a）直螺栓连接

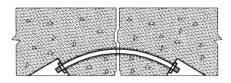

（b）弯螺栓连接

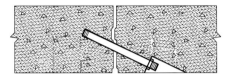

（c）斜螺栓连接

图 7-2-6　螺栓接头

过去几十年中世界各国使用过的混凝土管片按照形状不同可以分为多种类型，每种类型管片具有其特殊实用性与连接方式，如表 7-2-6 所示。

表 7-2-6　国内外主要盾构隧道管片连接方式

工程名称	管片接头连接方式
英国泰晤士河 LEE 溢流污水隧道	直螺栓
英国 Kingston 隧道	直螺栓
北京团城湖至第九水厂输水工程	弯螺栓
重庆主城排水过江隧洞工程	弯螺栓
南水北调穿黄工程	弯螺栓
台山核电厂取水隧洞工程	弯螺栓
北京亮马河污水隧道	弯螺栓
上海青草沙长江原水输水隧道工程	弯螺栓
广州市深层隧道排水系统东濠涌试验段	弯螺栓
广州西江引水工程	弯螺栓
辽宁红沿河核电厂取水隧洞工程	弯螺栓
上海黄浦江延安隧道	斜螺栓

根据国内外大量既有工程案例，弯螺栓安装快速，造价成本低，目前广泛用于地铁等中型和小型盾构隧道中，斜螺栓接头多用于大断面的水下交通隧道，直螺栓接头主要运用于软土盾构隧道中，对于硬质土及岩层中的盾构隧道使用较少。本工程隧道断面属于小断面范畴，且隧道主要穿越强中风化岩层，参考国内外既有工程案例并结合自身工程条件，本工程采用弯螺栓连接方式。

7.2.2　管片分块方案比选

管片结构形式有两种：箱型管片和平板型管片。箱型管片主要用于大直径隧道，手孔较大利于螺栓的穿入和拧紧，同时节省了大量的混凝土材料，减轻了结构自重，但在千斤顶的作用下容易开裂。国内应用较少，在上海穿越黄浦江的两条公路隧道——打浦路隧道和延安隧道中都采用了直径约 11 m 的箱型管片。现在国内著名的 14 m 直径的易北河公路隧道，以及在国内现正修建的穿越黄浦江的大连路越江公路隧道。对于中小直径的盾构隧道，国内外普遍采用平板型管片，因其手孔小对管片截面削弱相对较少，对千斤顶推力有较大的抵抗能力，正常运营时对隧道通风阻力也较小。综合各因素，本工程采用钢筋混凝土平板型预制管片衬砌。

管片分块方法分为等分模式和不等分模式。等分模式下整环内每一块单体管片构造形式及外形尺寸完全相同，这种分块方法便于施工，能有效减少整环分块数目，并且由于没有小封顶块，采用错缝拼装时管片整体刚度较为均匀，是一种理想的受力分块方式。不等分模式一环管片一般是由几块 A 型管片（标准块）、两块 B 型管片（邻接块）和一块 K 型管片（封顶块）组成。管片分块少，管片的接缝也较少，对防水、节约工程造价更为有利，但是，由于管片较大，运输、拼装作业相对不便。对于交通隧道，由于隧道断面较大（8～14 m），一般采用 8～10 块的分块模式；对于轨道交通隧道（6～8 m），较为常见的是 3+2+1 和 6 等分分块方式；对于直径更小的输水及排水隧道（3～6 m），3+2+1 分块、2+2+1 分块和 5 等分 3 种分块方案均有采用。由于分块的不同对结构的刚度和强度的削弱程度不尽相同，针对本工程，采用梁-弹簧计算模型对 3+2+1 分块、2+2+1 分块和 5 等分 3 种分块方案进行研究，采用相同的外部荷载，同样的结构厚度（250 mm）进行分析计算，计算模型及外部荷载详见 7.2.1 小节，根据计算结果以截面出现拉力值最小作为本工程管片分块方案。

（1）3+2+1 分块：封顶块（F）圆心角为 21.5°、邻接块（L1、L2）为 68°、标准块（B1～B3）为 67.5°，纵向螺栓 16 颗，8.8 级 M27，按 22.5° 等分布置，如图 7-2-7 所示。

（2）2+2+1 分块：封顶块（F）圆心角 40°，两邻接块（L1、L2）圆心角 80°，标准块（B1、B2）的圆心角 80°，纵向螺栓 18 颗，8.8 级 M27，按 20° 等分布置，如图 7-2-8 所示。

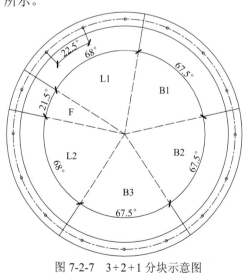

图 7-2-7　3+2+1 分块示意图　　　图 7-2-8　2+2+1 分块示意图

（3）5 等分分块：封顶块、邻接块和标准块的圆心角均为 72°，纵向螺栓 15 颗，8.8 级 M30，按 24° 等分布置，如图 7-2-9 所示。

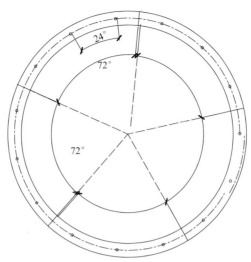

图 7-2-9　5 等分分块示意图

上述三种分块方案计算结果详见表 7-2-7。

从各分块方案的计算情况来看，在内径 $D=3$ m、内径 $D=3.2$ m 及内径 $D=3.4$ m 3 种工况下，2+2+1 分块和 5 等分分块方案下管片和二衬的内力较小，3+2+1 分块方案下管片和二衬的内力较大。在施工期，管片和二衬均承受压力；在运营期，由于存在较高的内水压，管片承受压力，二衬则承受拉力，其中，5 等分分块方案下二衬所受的拉力最小。由于管片和二衬均是钢筋混凝土结构，由钢筋混凝土的结构特性可知，管片和二衬组成的衬砌结构可以承受较大的压力，但是拉力对结构十分不利，较大的拉力会使二衬混凝土开裂，空气中的有害因子及管道内的污水更容易进入二衬内部，加速二衬及管片的锈蚀劣化。因此，从避免结构受拉的角度看，5 等分分块方案结构所受的拉力最小，结构的力学性能最佳。此外，5 等分方案管片类型较少，便于现场加工制作及运输，有利于节约工程造价。综合考虑，推荐选用 5 等分分块方案。

7.2.3　双层衬砌厚度比选

一般情况下，管片厚度越大，其截面抗弯能力越强，可以节约钢筋用量，但同时也增加了混凝土用量，而且刚度越大也会增加截面的内力，因此，管片厚度的选取应视管片接头部位和混凝土截面的受力情况而定。管片厚度与隧道外径的比，主要决定于围岩条件、荷载条件、覆盖层厚度等，但有时隧道的使用目的和管片施工条件也起支配作用。根据既有工程经验，管片厚度一般为隧道外径的 3%～5%。

衬砌的厚度对隧道土建工程量及工程造价有显著的影响。在结构安全、功能合理的前提下，应尽可能采用较经济的衬砌厚度。衬砌的刚度与厚度的三次方成正比，厚度的改变直接改变了衬砌的整体刚度，以及衬砌与周围地层的刚度比，进而影响衬砌周边土体压力的分布和衬砌本身的受力大小。衬砌厚度的确定应根据隧道所处地层的条件、覆土厚度、断面大小、接头刚度等因素综合考虑确定，并应满足衬砌构造（如手孔大小等）、防水抗渗及拼装施工（如千斤顶作用等）的要求。

表 7-2-7　管片分块方案计算结果

工况	分块方式	纵向螺栓/颗	衬砌内径/m	管片 最大正弯矩/(kN·m)	管片 对应轴力/kN	管片 最大负弯矩/(kN·m)	管片 对应轴力/kN	二衬 最大正弯矩/(kN·m)	二衬 对应轴力/kN	二衬 最大负弯矩/(kN·m)	二衬 对应轴力/kN
15	5等分	10	3.4	61.752	-119.816	-52.851	-367.560	85.052	-215.233	-71.419	-287.804
16			3.4	60.398	-61.000	-51.705	-255.000	14.045	190.600	-19.618	172.000
23	2+2+1	15	3.4	65.508	-118.690	-56.311	-370.086	58.115	-240.862	-73.449	-290.134
24			3.4	85.142	-125.000	-70.850	-345.000	13.945	321.000	-10.819	260.000
31	3+2+1	16	3.4	59.500	-128.000	-51.300	-322.000	80.200	-225.000	-68.000	-287.000
32				70.300	-155.000	-56.800	-366.000	7.900	305.000	-9.400	266.000
51	5等分	10	3.2	49.898	-95.549	-43.499	-290.787	68.891	-165.303	-59.567	-59.567
52				54.500	-167.000	-45.800	-288.000	4.000	213.000	-8.000	175.000
59	2+2+1	15	3.2	52.804	-94.775	-46.363	-293.229	47.275	-188.166	-61.113	-232.067
60				71.900	-155.000	-59.600	-287.000	9.570	239.000	-7.790	186.000
67	3+2+1	16	3.2	48.200	-133.000	-42.600	-256.000	65.300	-177.000	-56.900	-229.000
68				57.900	-170.000	-47.500	-299.000	6.100	215.000	-7.200	192.000
87	5等分	10	3.0	37.767	-71.925	-33.531	-218.494	52.427	-120.293	-46.524	-175.065
88				42.400	-137.000	-36.500	-237.000	3.100	132.000	-5.800	106.000
93	2+2+1	15	3.0	49.209	-75.998	-42.629	-243.277	29.595	-29.595	-125.000	-38.638
94				53.300	-118.000	-47.400	-222.000	6.200	123.000	-3.200	98.000
103	3+2+1	16	3.0	36.500	-109.000	-33.100	-199.000	49.900	-125.000	-45.000	-172.000
104				44.990	-140.000	-37.300	-237.000	4.600	134.000	-5.300	109.000

表 7-2-8　衬砌厚度方案计算结果

工况号	管片厚度/mm	二衬厚度/mm	衬砌内径/m	管片				二衬			
				最大正弯矩/(kN·m)	对应轴力/kN	最大负弯矩/(kN·m)	对应轴力/kN	最大正弯矩/(kN·m)	对应轴力/kN	最大负弯矩/(kN·m)	对应轴力/kN
15	250	200	3.4	61.752	-119.816	-52.851	-367.560	85.052	-215.233	-71.419	-287.804
16	250	200	3.4	60.398	-61.000	-51.705	-255.000	14.045	190.600	-19.618	172.000
17	300	200	3.4	82.638	-134.232	-74.445	-402.360	92.949	-193.661	-80.811	-269.439
18	300	200	3.4	80.788	-74.000	-74.011	-298.000	21.676	156.000	-15.685	186.000
19	300	250	3.4	73.177	-127.113	-65.870	-373.458	108.667	-212.846	-96.888	-313.07
20	300	250	3.4	77.874	-110.000	-68.595	-310.000	19.991	200.000	-26.284	180.000
51	250	200	3.2	49.898	-95.549	-43.499	-290.787	68.891	-165.303	-59.567	-59.567
52	250	200	3.2	54.500	-167.000	-45.800	-288.000	4.000	213.000	-8.000	175.000
53	300	200	3.2	66.129	-107.322	-60.536	-319.235	74.701	-149.067	-66.409	-216.235
54	300	200	3.2	70.000	-176.000	-63.700	-298.000	8.600	160.000	-5.100	189.000
55	300	250	3.2	57.638	-52.760	-53.180	-296.757	86.768	-164.223	-78.782	-251.832
56	300	250	3.2	70.600	-187.000	-61.600	-333.000	4.400	215.000	-8.600	183.000
87	250	200	3.0	37.767	-71.925	-33.531	-218.494	52.427	-120.293	-46.524	-175.065
88	250	200	3.0	42.400	-137.000	-36.500	-237.000	3.100	132.000	-5.800	106.000
89	300	200	3.0	49.631	-81.164	-46.350	-240.833	56.513	-108.796	-51.235	-165.459
90	300	200	3.0	54.100	-147.000	-49.900	-246.000	4.100	122.100	-6.200	96.000
91	300	250	3.0	42.573	-76.674	-40.406	-224.040	65.305	-120.037	-60.209	-192.964
92	300	250	3.0	54.300	-153.000	-48.400	-269.000	3.700	135.000	-6.100	110.000

综合分析本隧道的埋深、工程地质、水文地质条件、周围的环境情况及隧道结构的耐久性，参考和借鉴其他类似工程的设计经验，对 4 种衬砌厚度方案进行比选，具体厚度方案为：①双层衬砌结构，管片厚度 250 mm，二衬厚度 150 mm；②双层衬砌结构，管片厚度 250 mm，二衬厚度 200 mm；③双层衬砌结构，管片厚度 300 mm，二衬厚度 200 mm；④双层衬砌结构，管片厚度 300 mm，二衬厚度 250 mm。

依据表 7-2-8，针对衬砌内径 3.4 m 工况，当管片厚度为 250 mm，二衬厚度为 150 mm 或 200 mm 时，管片和二衬的受力较小，当管片厚度为 300 mm，二衬厚度为 200 mm，以及管片厚度为 300 mm，二衬厚度为 250 mm 时，管片及二衬的受力较大，这是由于管片及二衬厚度加大以后，结构的刚度变大，导致结构内力随之增大。从管片和二衬所受的偏心距来看，当管片厚度为 250 mm，二衬厚度为 200 mm 时，在不同弯矩与轴力的组合下，管片的偏心距在施工期为 0.5 左右，在运营期为 0.9 左右，二衬的偏心距在施工期为 0.4 左右，在运营期为 0.1 左右；当管片厚度为 300 mm，二衬厚度为 200 mm 时，在不同弯矩与轴力的组合下，管片的偏心距在施工期为 0.6 左右，在运营期为 1.1 左右，二衬的偏心距在施工期为 0.5 左右，在运营期为 0.1 左右；当管片厚度为 300 mm，二衬厚度为 250 mm 时，在不同弯矩与轴力的组合下，管片的偏心距在施工期为 0.6 左右，在运营期为 0.7 左右，二衬的偏心距在施工期为 0.5 左右，在运营期为 0.15 左右。根据上述计算结果，四种二衬厚度方案均能满足结构受力需要，管片 250 mm，二衬 200 mm 方案在施工期及运营期结构偏心距相对较小，且衬砌厚度较小，工程投资低，综合上述分析，本工程采用管片 250 mm，二衬 200 mm 厚度方案。

7.3 管片衬砌结构相似模型试验

7.3.1 试验目的及相似理论

管片衬砌结构相似模型试验基于相似原理，采用一定比例的模型对管片结构力学性能进行分析和研究。本试验主要目的包括以下内容。

（1）深埋高内水压条件下污水盾构隧道的结构选型；

（2）深埋高内水压条件下污水盾构隧道在施工期及运营期的结构力学特性；

（3）管片和二衬结构力学性能随内水压的变化规律；

（4）深埋高内水压条件下污水盾构隧道的结构破坏规律。

相似原理：相似现象要满足相似第一定理和相似第二定理。根据研究性质、研究范围及目前国内外模型试验理论及技术水准，按弹性力学问题推导模型试验的相似准则及相似比。

1. 相似第一定理

相似第一定理也称相似正定理。若两个弹性力学问题是力学相似的，以 p 和 m 分别表示原型和模型的物理量，C 表示相似比，则原型和模型都应满足弹性力学的基本方程（平衡方程、相容方程、物理方程和几何方程）和边界条件。将各物理量之间的相似比定义为如下关系。

几何相似比：

$$C_L = \frac{x_p}{x_m} = \frac{y_p}{y_m} = \frac{u_p}{u_m} = \frac{v_p}{v_m} = \frac{l_p}{l_m} \tag{7-3-1}$$

应力相似比：

$$C_\sigma = \frac{(\sigma_x)_p}{(\sigma_x)_m} = \frac{(\sigma_y)_p}{(\sigma_y)_m} = \frac{(\tau_{xy})_p}{(\tau_{xy})_m} = \frac{\sigma_p}{\sigma_m} \tag{7-3-2}$$

应变相似比：

$$C_\varepsilon = \frac{(\varepsilon_x)_p}{(\varepsilon_x)_m} = \frac{(\varepsilon_y)_p}{(\varepsilon_y)_m} = \frac{(\gamma_{xy})_p}{(\gamma_{xy})_m} = \frac{\sigma_p}{\sigma_m} \tag{7-3-3}$$

弹性模量相似比：

$$C_E = \frac{E_p}{E_m} \tag{7-3-4}$$

泊松比相似比：

$$C_\mu = \frac{\mu_p}{\mu_m} \tag{7-3-5}$$

边界力相似比：

$$C_{\bar{x}} = \frac{\bar{x}_p}{\bar{x}_m} = \frac{\bar{y}_p}{\bar{y}_m} \tag{7-3-6}$$

体积力相似比：

$$C_X = \frac{X_p}{X_m} = \frac{Y_p}{Y_m} \tag{7-3-7}$$

位移相似比：

$$C_\delta = \frac{\delta_p}{\delta_m} \tag{7-3-8}$$

容重相似比：

$$C_\gamma = \frac{\gamma_p}{\gamma_m} \tag{7-3-9}$$

将以上各个相似比带入弹性力学基本方程，可求出各相似比之间的关系。其关系式如下：

$$C_\sigma = C_L C_X, \quad C_\sigma = C_\varepsilon C_E, \quad C_\mu = 1, \quad C_\varepsilon = 1, \quad C_{\bar{x}} = C_\sigma$$

2. 相似第二定理

弹性力学模型相关参数表达式：

$$f(\sigma, \varepsilon, E, \mu, x, \bar{x}, l, \delta, \gamma) = 0$$

式中：参数总数 p 的值为 8；基本量纲 r 的值为 2；选出体力 X 和长度 l 作为基本量纲的物理量，它们的量纲分别为 FL^{-3} 和 L，根据量纲至少出现一次的原则，有：

$$\pi_1 = \frac{\sigma}{X^\alpha l^\beta} = \frac{FL^{-2}}{[FL^{-3}]^\alpha L^\beta} \tag{7-3-10}$$

式中：α、β 为待定系数。

要使此成为无量纲参数，则必须有：$\alpha = 1$，$-3\alpha + \beta = -2$。解得：$\beta = 1$。故有准则（或相似判据）：

$$\pi_1 = \frac{\sigma}{X \cdot l} \tag{7-3-11}$$

同理可得：

$$\pi_2 = \varepsilon, \quad \pi_3 = \frac{E}{XL}, \quad \pi_4 = \mu, \quad \pi_5 = \frac{\overline{X}}{XL}, \quad \pi_6 = \frac{\delta}{L} \tag{7-3-12}$$

根据两个力学现象相似则相似判据相等，有：

$$\frac{\sigma_p}{x_p l_p} = \frac{\sigma_m}{x_m l_m}, \quad \varepsilon_p = \varepsilon_m, \quad \frac{E_p}{x_p l_p} = \frac{E_m}{x_m l_m}, \quad \mu_p = \mu_m, \quad \frac{\overline{X_p}}{x_p l_p} = \frac{\overline{X_m}}{x_m l_m}, \quad \frac{\delta_p}{l_p} = \frac{\delta_m}{l_m}$$

或

$$\frac{C_\sigma}{C_X C_l} = 1, \quad C_\varepsilon = 1, \quad \frac{C_E}{C_X C_l} = 1, \quad C_\mu = 1, \quad \frac{C_{\overline{X}}}{C_X C_l} = 1, \quad \frac{C_\delta}{C_l} = 1$$

7.3.2 相似关系的确定

本试验以 1/6 的几何相似比和 1/1 的容重相似比为基础相似比，根据相似理论推得泊松比、应变、摩擦角、强度、应力、黏聚力、弹性模量等的相似比，实现在弹性范围内控制各物理力学参数的全相似性，根据前述相似准则推得各物理力学参数原型值与模型值的相似比关系如下。

几何相似比：

$$C_L = 6$$

容重相似比：

$$C_\gamma = 1$$

泊松比、应变、摩擦角相似比：

$$C_\mu = C_\varepsilon = C_\varphi = 1$$

强度、应力、黏聚力、弹性模量相似比：

$$C_R = C_\sigma = C_C = C_E = 6$$

遵循上述相似关系的模型主要力学参数取定如下。围岩：凝聚力 C、内摩擦角 φ、容重 γ、弹性模量 E、单轴抗压强度 R_b；钢筋混凝土：轴心抗压强度 R_b、弹性模量 E；钢筋混凝土中受拉（压）主筋：抗拉（压）强度 R_l、弹性模量 E 或等效刚度 EI。

7.3.3 试验原型衬砌结构

本工程衬砌结构内径有 3 m、3.2 m 和 3.4 m 三种，试验针对内径 3 m 进行，具体结构形式如下（图 7-3-1）。

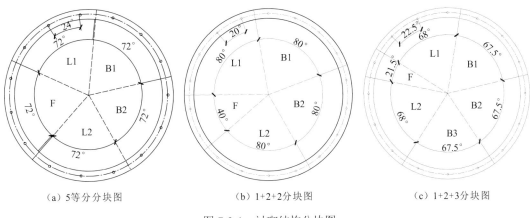

(a) 5 等分分块图　　　　　　　(b) 1+2+2 分块图　　　　　　　(c) 1+2+3 分块图

图 7-3-1　衬砌结构分块图

（1）分块方式。5 等分块：分顶块、邻接块和标准块的圆心角均为 72°，纵向螺栓 15 颗，8.8 级 M30，按 24°等分布置。1+2+2 分块：封顶块圆心角 40°，两邻接块圆心角 80°，两标准块的圆心角 80°，纵向螺栓 18 颗，8.8 级 M27，按 20°等分布置。1+2+3 分块：封顶块圆心角为 21.5°、两邻接块为 68°、3 个标准块为 67.5°，纵向螺栓 16 颗，8.8 级 M27，按 22.5°等分布置。具体见图 7-3-1。

（2）拼装方式：通缝和错缝。

（3）衬砌：单层管片；双层衬砌（管片＋二衬）。

管片与二衬厚度：①单层管片结构，管片厚度 350 mm；②双层衬砌结构，管片厚度 250 mm，二衬厚度 150 mm；③双层衬砌结构，管片厚度 250 mm，二衬厚度 200 mm；④双层衬砌结构，管片厚度 300 mm，二衬厚度 200 mm；⑤双层衬砌结构，管片厚度 300 mm，二衬厚度 250 mm。

管片混凝土采用 C50，二衬混凝土采用 C40，抗渗等级为 P12。钢筋采用 HRB400E 和 HPB300，环向和纵向螺栓均采用 8.8 级 M27 型弯螺栓。

7.3.4　模型相似材料制作

1. 地层

本工程盾构隧道穿越地层主要为强中风化泥质粉砂岩。试验以泥质风化粉砂岩地作为原型土体，各项物理指标通过相似计算，算出对应模型土体的相似材料的物理力学参数。土体模型和原型物理力学参数见表 7-3-1。相似模型试验的物理力学参数均是在一定的压实度条件下进行取值，故需对土体压实度严加控制，为防止压实体出现分层现象，在试验台上料时，要预先算出松铺厚度，在上料区域四周拉线来控制层厚。

表 7-3-1　模型与原型土体材料的物理力学参数对照

地层条件		值
黏聚力 C/MPa	原型材料	1.35
	模型材料	0.225
	对应原型值	1.35
内摩擦角 φ/(°)	原型材料	37～39
	模型材料	38
	对应原型值	38
弹性模量 E/MPa	原型材料	25～35
	模型材料	5
	对应原型值	30
容重 γ/(kN/m³)	原型材料	23～25
	模型材料	25
	对应原型值	25

　　相似材料采用以粉煤灰和河沙为主，并掺入一定比例的重晶石粉、粗石英砂、细石英砂、凡士林、松香和机油的热融混合物模拟土体。为获得模型材料的力学参数取值，需要通过多次材料配比试验得到符合要求的模型土体材料，其试验单个循环流程主要包括：称量材料、材料搅拌、直剪试验，含水率测试试验，塑性、液性测试试验，最后分析各项试验结果，土体相似材料的配比见表 7-3-2。

表 7-3-2　模型土体相似材料的配比

地层条件	与硬质砂岩配比	地层条件	与硬质砂岩配比
重晶石粉	1	粉煤灰	0.341
细石英砂	0.334	河砂	0.676
粗石英砂	0.334	凡士林	0
机油	0.14	松香	0.08

2. 混凝土管片及二衬

　　管片及二衬混凝土采用特定水膏硅藻土配比材料通过预制加工的方法模拟，石膏的性质和混凝土比较接近，而硅藻土属水硬性材料，吸水性强，和易性好，能在石膏浆体中起一定的缓凝作用并有利于浆体中空气的逸出，能降低石膏的强度和泌水性。石膏硅藻土是国内常见的一种相似材料，其性质类似于纯石膏，但在物理、力学性质上更接近于混凝土。

原型管片混凝土强度等级为 C50，二衬强度等级为 C40，根据《地铁设计规范》（GB 50157—2013），并参照《公路隧道设计规范》（JTG/T 3371）的取值，管片及二衬的相似材料采用比例分别为水∶石膏∶硅藻土=1∶1.38∶0.1 和 1∶1.31∶0.1 的复合材料预制加工现场安装的方法模拟。混凝土原型与模型的力学参数见表 7-3-3 所示。

表 7-3-3　双层衬砌模型与原型材料物理力学参数对照

衬砌组成	物理力学参数	原型值	模型值	对应原型值
管片	弹性模量/Pa	34.5×10^9	5.75×10^9	34.5×10^9
	单轴抗压强度标准值/Pa	32.4×10^6	5.4×10^6	32.4×10^6
二次衬砌	弹性模量/Pa	32.5×10^9	5.41×10^9	32.4×10^9
	单轴抗压强度标准值/Pa	26.8×10^6	4.45×10^6	27.0×10^6

管片混凝土主钢筋采用特定直径的铁质材料通过原型与模型等效抗弯刚度的方法模拟。管片主钢筋采用 II 级钢筋对称配筋，相似材料采用直径为 1 mm 的铁丝对称配筋，通过原型与模型的等效抗拉压刚度 E_A 完全相似的方法进行模拟。

管片衬砌结构相似模型制作流程如下。①称量材料，制作钢筋网；②浇注模型、拆模；③烘干管片、管片表面打磨和涂油；④进行管片衬砌接头处切割槽缝；⑤对管片进行组装，通缝采用一个整环，错缝采用一个整环加两个半环。模型管片衬砌的制作流程如图 7-3-2。

（a）制作管片环骨架

（b）骨架成型

（c）布置环向钢筋网

（d）外环壁箍紧

（e）相似材料的称重、混合、搅拌

（f）相似材料的防渗、灌入

（g）相似材料凝固后拆卸

（h）骨架剥离及管片成型

图 7-3-2　模型管片衬砌制作流程

3. 接头的模拟

原型管片接头是由螺栓连接，具有传力衬垫、防水衬垫的多材料、多接触面的复杂结构，有环向管片接头和纵向环间接头两种。

1）环向管片接头

环向管片接头的主要功能是抵抗弯矩，其主要力学参数是抗弯刚度 K_θ，且一般对正负弯矩的抗弯刚度不等值。试验采用目前比较广泛采用的管片割槽方式模拟，具体做法是：在管片设有接头的部位割开一定深度的槽缝，弱化该部位的抗弯刚度，槽缝深度依据割槽后的槽缝面与原型管片接头抗弯刚度 K_θ 等效的原则设置。槽缝深度的确定流程为：首先明确原型管片接头抗弯刚度 K_θ，然后依据结构力学原理计算简支梁中央截面抗弯刚度为 K_θ 时所对应的梁中央位移 δ_c，计算公式见式（7-3-13），最后采用数值模拟的方法确定与梁中央位移 δ_c 一致的槽缝深度，见图 7-3-3。

$$K_\theta = \frac{6EIPaL}{24EI\delta_c - Pa(3L^2 - 4aH^2)} \tag{7-3-13}$$

式中：δ_c 为梁中央的位移；a 为荷载与支座间的距离；E 为管片弹性模量；L 为支座间距离；I 为管片截面惯性矩；P 为接头模型加载竖向集中力。

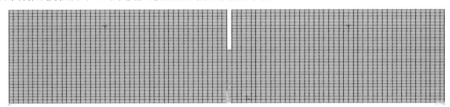

图 7-3-3　模型切口建模示意图

试验中模型管片接头割槽深度与原型接头抗弯刚度 K_θ 匹配情况见表 7-3-4，模型接头割槽见图 7-3-4。

表 7-3-4　环向接头对应槽缝深度一览表

项目	弯曲刚度/(N·m/rad)	实体槽缝深度/m	模型槽缝深度/m
正弯曲	2.44×10^8	0.14	（拱顶拱底 90°）0.022 6
负弯曲	1.46×10^8	0.16	（左侧右侧 90°）0.026 2

（a）管片割槽

（b）接头处槽缝

图 7-3-4　割槽法模拟环向管片接头

2）纵向管片接头

在实际工程中，管片纵向管片接头错动很小，尤其当隧道位于强中风化的岩层中，纵向接头的错动对于工程设计而言可以忽略，故在试验中可将管片接头的径向抗剪刚度和切向抗剪刚度取偏安全的无穷大，即认为各环管片在纵向接头处不产生错动，这样会使试验结果较实际的内力稍大，参照既有工程相似试验案例，由于，一般采用钢棒的刚度远大于相似材料的钢棒对纵向管片接头进行模拟。具体模拟方法为：在模型上相应纵向接头的位置用实际螺栓直径等比例缩放的钢棒进行各管片环间的纵向连接，并用环氧树脂黏固干燥。经相似计算，本试验采用直径为 4 mm，长度为 40 mm 的钢棒，见图 7-3-5。

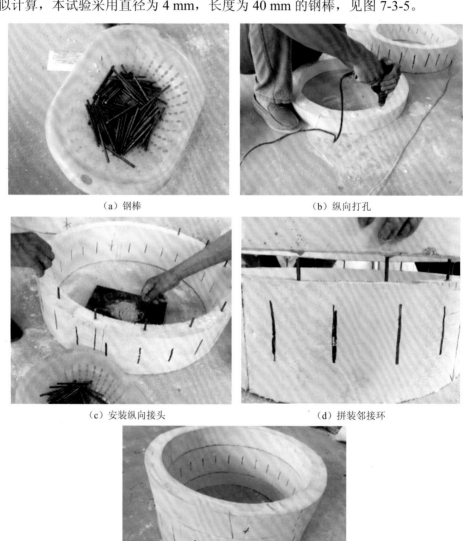

（a）钢棒　　　　　　　　　　　　　（b）纵向打孔

（c）安装纵向接头　　　　　　　　　　（d）拼装邻接环

（e）拼装邻接环

图 7-3-5　模拟纵向管片接头

4. 注浆材料

由于注浆区间隙理论值为 1.5 mm，难以施作，加之不同注浆材料性能差别很大，本试验采用充填原状土相似材料作为模拟注浆材料。

7.3.5　加载装置与量测

1. 外水土压力加载

外水土荷载采用盾构隧道-地层-水压复合体模拟试验系统加载，该系统已经成功用于成都地铁、武汉地铁、南京长江公路隧道、广深港狮子洋高速铁路隧道等多条交通隧道的相似模型试验研究。装置实物图见图 7-3-6，整个试验台架尺寸为 6.0 m×6.0 m×2.55 m，试验槽尺寸 3.0 m×3.0 m×0.2 m，试体尺寸 0.55 m×0.55 m×0.2 m。试体置于两块 25 mm 厚的锰钢盖板之间，并用两组 0.6 m×0.4 m 的钢箱梁对盖板作上下约束，水平两个方向设置千斤顶，加载于土体，传力到管片上，垂直隧道方向设置千斤顶和加载面板，以保证隧道在加载状态下处于平面应变状态。

（a）加载装置　　　　　　　　　　（b）液压控制台

图 7-3-6　盾构隧道-地层-水压复合体模拟试验系统

2. 内水压加载

目前国内外关于内部水流对管壁压力的模拟主要采用管道内部通水或通气来实现，对于卧式盾构隧道加载试验来说，内水压的施加尚属首次，本试验内水压加载系统由供气装置（气瓶）、保压装置和橡胶气囊加压装置三部分组成。

供气装置内装 CO_2，能持续供给气囊所需气体；保压装置能够数显输出气压值，及时补充气体，保证气囊内的气压值，见图 7-3-7。橡胶气囊加压装置用于实现对盾构隧道衬砌结构内水压的加载，工作原理是通过将橡胶气囊内充气，使得气囊产生径向变形，将

图 7-3-7　供气及保压装置

压力传递于管片衬砌环内表壁面。气囊整体为圆环柱形,见图 7-3-8,装置加压高度 333 mm,外径为 490 mm,内径 350 mm,管片与橡胶壁面预留 10 mm,用于气囊的径向膨胀。气囊外壁面为纯橡胶制品,上、下及内壁面是不锈钢材质,保证在气囊充气时,只发生气囊向外径方向膨胀,而气囊的上下表面和内表面不产生变形,从而确保气囊在加压膨胀时,只向模型管片径向提供稳定的压力,而不会因为有纵向的膨胀导致径向压力的衰减。气囊的设计工作压力:正式工作试验中当外部无约束时,充气压力不能大于 0.2 MPa,以防爆胎;当外部有约束时,冲压应不大于 0.4 MPa。图 7-3-9 为试验中内水压加载图。

（a）实物图

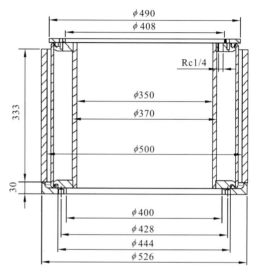

（b）橡胶气囊中心剖面图（单位：mm）

图 7-3-8　橡胶气囊加压装置

图 7-3-9　内水压加载试验图

当橡胶气囊内充气时,气囊径向膨胀变形,与隧道衬砌内壁面接触,将压力传递到衬砌结构上,将该压力称为接触压力,接触压力的大小一方面决定于气囊工作压力的大小,另外还与气囊结构、材质等有关。

试验中接触压力的标定运用精密土压力盒对其接触应力进行测试,如图 7-3-10 所示。首先将内水压装置用环向钢板围住,上部用两个螺扣固定,下部用直径 3 mm 的钢丝箍紧。橡胶膨胀产生的力十分均匀,因此选择布置 4 个精密土压力盒,即钢板与橡胶接触的地方每 90° 布置一个精密土压力盒。根据气压表控制腔内气压,每 0.02 MPa 记录一组数据,直到 0.2 MPa 停止记录,如此根据记录的数据算出接触应力与工作气压之间的关系。测定结果见表 7-3-5。

图 7-3-10　精密图压力盒测接触应力

表 7-3-5　接触压力换算表

输出气压/MPa	接触应力/kPa			
	测点 1	测点 2	测点 3	测点 4
0.02	4	-4	5	2
0.04	10	7	12	14
0.06	14	27	28	26
0.08	52	63	68	55
0.10	72	85	82	80
0.12	92	84	88	90
0.14	113	116	104	102
0.16	108	123	96	116
0.18	112	141	120	126
0.20	140	165	136	138

3. 量测装置及内容

试验采用的数据采集装置有电阻应变仪 1 套、电脑（配有专用程序）1 套、精密土压力盒 8 套，见图 7-3-11～图 7-3-13。

图 7-3-11　电阻应变仪　　　　　　　图 7-3-12　配置专业程序的电脑

图 7-3-13　精密土压力盒

试验测点布置示意图和试验实际测点布置如图 7-3-14 所示。具体试验量测项目如下。

（1）管片环结构内力。以 15° 为单位在管片内、外侧对称布设环向电阻应变片，测试内外侧应变值，以此获得内外侧的应变后计算出管片环结构截面内力。单个管片环共布置 48 个测点。从拱顶按顺时针编号。

（2）二次衬砌环结构内力。以 45° 为单位在二次衬砌内、外侧对称布设环向电阻应变片，测试内外侧应变值，以此获得内外侧的应变后计算出二衬结构截面内力。

（3）土体与管片间接触压力。以 30° 为单位在环外侧周边位置布置测点，用精密土压力盒进行量测。一个管片环周围共布置 12 个测点。

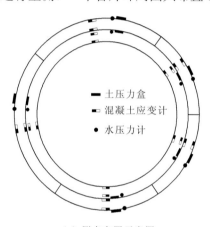

（a）测点布置示意图

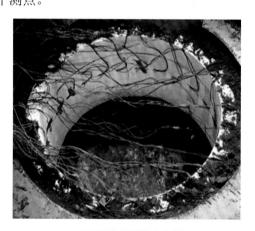

（b）试验实际测点布置

图 7-3-14　试验测点布置图

7.3.6　试验工况及加载

1. 试验工况

试验工况从试验目的出发，依据结构选型，考虑衬砌形式、分块方式、拼装方式及管片和二衬厚度等因素，分组工况见表 7-3-6。

表 7-3-6　试验工况

工况	拼装方式	分块方式	原型管片厚度/mm	原型二衬厚度/mm	模型管片内径/mm	模型管片厚度/mm	模型二衬厚度/mm
1	通缝拼装	5 等分	350	—	500	58	—
2		5 等分	250	200	533	42	33.3
3		1＋2＋2	250	200	533	42	33.3
4		1＋2＋3	250	200	533	42	33.3

续表

工况	拼装方式	分块方式	原型管片厚度/mm	原型二衬厚度/mm	模型管片内径/mm	模型管片厚度/mm	模型二衬厚度/mm
5	错缝拼装	5 等分	350	—	500	58	—
6			250	150	525	42	25
7			250	200	533	42	33.3
8			300	200	533	50	33.3
9			300	250	542	50	41.7
10		1 + 2 + 2	250	200	533	42	33.3
11		1 + 2 + 3	250	200	533	42	33.3

2. 试验过程

试验前期准备工作包括试验地层更换压实、试验管片应变及位移贴片、水压装置就位和安装位移传感计（图 7-3-15）。

（a）试验土层更换

（b）试验管片应变及位移贴片

（c）放置管片、水压装置及安装位移传感计

图 7-3-15　试验前期准备工作

然后开始对结构加载，加载过程如下，见图 7-3-16。

（a）外水土压力加载　　　　　（b）浇筑二衬成型

（c）施加内水压　　　　（d）试验整体加载及数据采集

图 7-3-16 试验加载过程

（1）首先对管片结构施加外水土荷载，采用逐级加载，实时观察管片应变读数，待数据稳定后进行记录。

（2）在外水土荷载施加完成后，在管片内部施作二衬。

（3）等二衬成型之后，进行内水压的加载；内水压以每次 0.01 MPa 逐级加载，保压后，待数据稳定后进行记录，再进行下一级加载。

（4）待数据采集完全，进行气压及水土压力的卸载。

7.3.7　试验结果分析

根据 7.2.1 小节隧道荷载计算结果，试验中施工期的外垂直水土荷载分级加载直到 120 kPa，水平水土压力分级加载至 70 kPa；在保持外水土压力稳定的情况下，分级施加内水压力，直到结构破坏。

1. 试验结果

对模型试验的结果进行整理，绘制了各工况下的施工期管片结构内力，运营期（内水压分别为 0.12 MPa、0.24 MPa、0.36 MPa 和 0.48 MPa）管片内力和二衬结构内力，以及结构出现裂缝、结构破坏时的管片和二衬内力分布图。

1）单双衬砌比较

选取工况 5 单层管片衬砌和工况 7 双层管片衬砌进行比较，图 7-3-17 所示为试验加载图，运营期结构弯矩极值随水压的变化曲线见图 7-3-18，结构轴力比较见图 7-3-19。

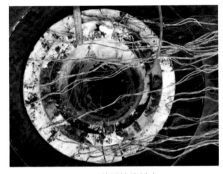

（a）工况 5 单层管片衬砌　　　　　　　　（b）工况 7 双层管片衬砌

图 7-3-17　工况 5 和工况 7 加载图

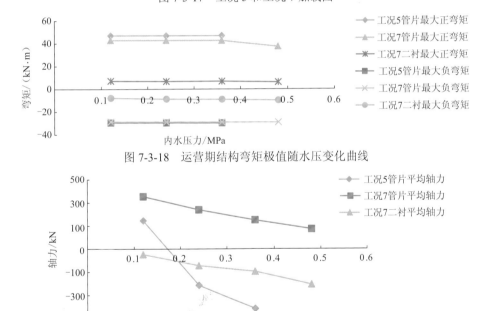

图 7-3-18　运营期结构弯矩极值随水压变化曲线

图 7-3-19　运营期结构轴力随水压变化曲线

由图 7-3-18 可知，在相同内水压情况下，单层衬砌管片弯矩稍大于双层衬砌管片弯矩，并且随着内水压的增大，单层衬砌和双层衬砌管片弯矩均变化不大，内水压由 0.12 MPa 增加到 0.48 MPa 的过程中，工况 5 管片最大正弯矩由 46.87 kN·m 减小到 46.67 kN·m，减小幅度为 0.4%；最大负弯矩值也同样在减小，由−29.73 kN·m 减小到−30.07 kN·m，减小幅度为 1.1%；工况 7 管片最大正弯矩由 42.87 kN·m 减小到 37.33 kN·m，减小幅度为 12.9%；最大负弯矩值也同样在减小，−29.94 kN·m 减小到−29.45 kN·m，减小幅度为 1.6%。工况 7 二次衬砌的弯矩值均较小，远小于管片弯矩，并且随水压的增大，二次衬砌弯矩值变化不大，充分证明了二次衬砌的施作对结构弯矩的分担较小。

由图 7-3-19 可知，单层衬砌和双层衬砌的结构轴力均受内水压的影响明显，内水压由 0.12 MPa 增加到 0.48 MPa 的过程中，工况 5 单层管片的轴力值则迅速减小，轴力从 201.96 kN 减小到-432.74 kN，减小幅度为 312.27%，管片轴力在内水压约为 0.18 MPa 时，从压力转变为拉力，直到 0.48 MPa 时，管片发生破坏；工况 7 双层衬砌管片的轴力，轴力从 376.36 kN 减小到 141.42 kN，减小幅度为 62.4%，管片轴力在内水压约为 0.66 MPa 时，从压力转变为拉力，并随着内水压的增加，拉力显著上升；工况 7 二衬结构的轴力随水压的增长显著，由-40.03 kN 增加至-257.51 kN，可见，二次衬砌分担了衬砌结构的内水压力，降低了管片结构的轴力，使得管片衬砌在高内水压力作用下仍然保持受压。

试验中，工况 5 单层衬砌在内水压为 0.48 MPa 时，管片即出现裂缝，随之破坏；而工况 7 双层衬砌结构在内水压为 0.84 MPa 时出现破坏，由此可见，双层衬砌结构抵抗内水压力的能力明显优于单层管片结构。

2）拼装方式对结构内力的影响

各工况拼装方式及分块方式见图 7-3-20，将试验工况 2（通缝）与工况 7（错缝），工况 3（通缝）与工况 10（错缝），以及工况 4（通缝）与工况 11（错缝）的计算结果进行对比，从弯矩的形状分析，通缝与错缝拼装结构弯矩沿管片环的分布规律大致相似：在拱顶和仰拱处管片衬砌内侧受拉外侧受压，在左右拱腰处管片外侧受拉内侧受压；存在环向接头的管片附近弯矩有较大的减小。通缝与错缝工况的弯矩及施工期的平均轴力相差不大，但是到运营期后，由于内水压的作用，两者管片轴力均减小，而采用通缝拼装的工况 1 减小的幅度明显更大，说明通缝拼装方式下结构抵抗内水压的能力比错缝拼装方式小。

（a）工况 2（通缝，5 等分）

（b）工况 3（通缝，1+2+2）

（c）工况 4（通缝，1+2+3）

（d）工况 7（错缝，5 等分）

（e）工况 10（错缝，1+2+2）　　　　　　　（f）工况 11（错缝，1+2+3）

图 7-3-20　各工况分块拼装图

再对比工况 2 和工况 7，工况 3 和工况 10，工况 4 和工况 11，可以看出二衬的轴力 在运营期随着内水压的增加，通缝情况下的轴力增幅比错缝情况下的大，说明错缝拼装方式比通缝拼装方式拥有更好的抵抗内水压的能力。

3）分块方式对结构内力的影响

通缝拼装情况下，工况 2 为 5 等分分块、工况 3 为 1+2+2 分块，工况 4 为 1+2+3 分块，见图 7-3-20。由计算结果可见，在施工期，5 等分方案管片平均轴力为 413.64 kN，比 1+3+2 方案（平均轴力为 397.53 kN）和 1+2+3 方案（平均轴力为 387.44 kN）稍大，说明 5 等分情况下刚度较其他两种要大，能够更好地承受围岩压力。在运营期，管片轴力为压力，随着内水压的增大，管片平均轴力均减小，5 等分方案的管片平均轴力由 268.43 kN 降至 38.7 kN，下降比例为 85.6%，1+2+2 方案的管片平均轴力由 313.18 kN 降至 55.02 kN，下降比例为 82.2%，1+2+3 方案的管片平均轴力由 244.29 kN 降到 29.81 kN，下降比例为 87.6%，可见，1+2+2 分块方式下降最慢，5 等分次之，1+2+3 分块方式下降最快。因此，1+2+3 分块方式下管片结构抗水压力最弱。

错缝拼装情况下，工况 7 为 5 等分分块、工况 10 为 1+2+2 分块、工况 11 为 1+2+3 分块，可以看出，运营期 3 种分块方案的二衬弯矩差别不大，轴力均为拉力，平均轴力值的大小有一定差异，1+2+3 方案的二衬平均轴拉力最大，5 等分方案与 1+2+2 分块方案差别不大，较大的拉力会使二衬混凝土开裂，空气中的有害因子及管道内的污水更容易进入到二衬内部，因此，1+2+3 分块方案下抵抗内水压的能力较弱。

综上所述，本项目建议采用 5 等分的分块方案。

4）管片和二衬厚度比选

不同管片厚度和二衬厚度的管片内力和二衬内力比较见图 7-3-21～图 7-3-23。

由图 7-3-21 可见，当内水压为 0.48 MPa 时，管片厚度为 250 mm、二衬厚度为 200 mm 时，最大正弯矩 41.56 kN·m，管片厚度为 250 mm、二衬厚度为 150 mm 时最大正弯矩 42.31 kN·m，减小比例 1.8%；当管片厚度为 300 mm、二衬厚度为 200 mm 时，最大正弯矩 42.95 kN·m，管片厚度为 300 mm、二衬厚度为 200 mm 时的最大正弯矩 43.63 kN·m，减小比例 1.5%。二衬厚度为 200 mm 时，管片厚度增加 50 mm，管片最大正弯矩增大 5.0%。

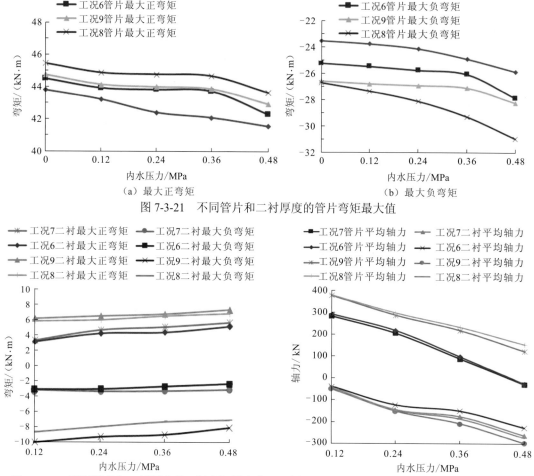

图 7-3-21　不同管片和二衬厚度的管片弯矩最大值

图 7-3-22　不同管片和二衬厚度的二衬弯矩最大值　　图 7-3-23　不同管片和二衬厚度的平均轴力值

因此，当管片厚度一定时，随着二衬厚度的增加，管片弯矩减小，但减小幅度不是很大；当二衬厚度一定时，随着管片厚度的增加，管片弯矩增加。

由图 7-3-22 可见，当管片厚度为 250 mm、二衬厚度为 200 mm 时，最大正弯矩 5.7 kN·m，最大负弯矩-3.08 kN·m，当管片厚度为 250 mm、二衬厚度为 150 mm 时，最大正弯矩 5.17 kN·m，最大负弯矩-2.32 kN·m，正弯矩增大 9.3%，负弯矩增大 32.7%；当管片厚度为 300 mm、二衬厚度为 200 mm 时，最大正弯矩 7.37 kN·m，最大负弯矩-8.03 kN·m，当管片厚度为 300 mm、二衬厚度为 150 mm 时，最大正弯矩 6.88 kN·m，最大负弯矩-7.01 kN·m，正弯矩增大 7.1%，负弯矩增大 14.5%。二衬厚度均为 200 mm 时，管片厚度增加 50 mm，二衬最大正弯矩增大 20.7%。因此，当管片厚度一定时，随着二衬厚度的增大，二衬弯矩增大，当二衬厚度一定时，随着管片厚度的增加，二衬弯矩值也增大。

由图 7-3-23 可见，管片厚度一定时，随着二衬厚度的增加，管片轴力均减小，二衬轴力均增大；二衬厚度一定时，随着管片厚度的增加，管片轴力急剧增大，二衬轴力有微弱增大。

综上所述，管片和二衬厚度越厚，结构整体刚度增强，内力越大，变形减小，但造价显著增大。随着管片厚度的增大，管片和二衬的弯矩和轴力均增大，实际管片厚度应根据地层条件、埋深、隧道断面大小综合考虑确定。随着二衬厚度增大，管片弯矩和轴力均减小，二衬弯矩和轴力均增大，说明双层衬砌内力的增大部分主要分担到了增厚的二次衬砌上，二衬越厚，内水压对管片轴压力的降低越小，更多的衬砌拉力由二衬承担，越有益于管片的受力，但是对二衬的受力不利，导致二衬受拉破坏的风险增强，因而，二衬厚度的选择主要考虑与管片刚度的匹配，确保高内水压作用下不发生受拉破坏。

5）施工期与运营期管片结构内力比较

由工况 7 施工期计算结果可知，弯矩值沿衬砌结构周向呈不规则的波浪形分布，在拱顶和拱底各约 90°范围内衬砌结构内侧受拉外侧受压，表现为正弯矩；在两侧拱腰各 90°范围内则外侧受拉内侧受压，表现为负弯矩；最大正弯矩值出现在了拱顶的位置，为 43.79 kN·m，最大负弯矩值出现在了右侧拱腰下方。施工期管片衬砌结构受力的轴力图可得出，轴力值沿衬砌结构周向的形态分布比较均匀，轴力值的波动比较小，最大轴力出现在了左侧拱腰的位置，为 595.13 kN，最小轴力则出现在右侧拱腰及拱底的中间，为 254.44 kN。

由工况 7 运营期计算结果可见，当内水压由 0.12 MPa 升至 0.48 MPa，管片衬砌结构的弯矩分布几乎没有变化，弯矩值的大小总体来说与施工期差别不大。管片衬砌结构的轴力分布变化也不大，仍然比较均匀，最大轴力所在位置有所改变，由施工期左侧拱腰位置变为现在运营期拱顶位置；但是轴力值的变化十分显著，最大轴力由施工期 595.13 kN 降至运营期内水压 0.48 MPa 下的-30.37 kN，即轴力由施工期的压力变成运营期的拉力，其间由轴压力转变为轴拉力约在内水压 0.44 MPa 情况下发生。

6）内水压力对结构内力的影响

由工况 7 绘制了运营期结构内力随水压的变化曲线，见图 7-3-24 和图 7-3-25。

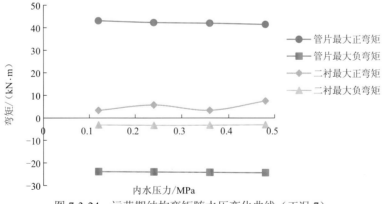

图 7-3-24　运营期结构弯矩随水压变化曲线（工况 7）

由图 7-3-24 可知，总体上说，内水压对结构弯矩影响的影响不大，内水压由 0.12 MPa 增加到 0.48 MPa 的过程中，管片最大弯矩由 43.79 kN·m 减小到 40.69 kN·m，减小幅度为 7.1%；最大负弯矩值也同样在减小，由-23.54 kN·m 增大到-25.98 kN·m，增大幅度为 10.4%；二次衬砌的弯矩值变化很小最大正弯矩从 3.31 kN·m 增大到 7.5 kN·m，最大负弯矩在 -3.08～-3.31 kN·m，远远小于管片衬砌结构的弯矩值。

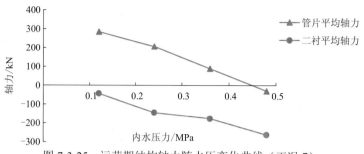

图 7-3-25　运营期结构轴力随水压变化曲线（工况 7）

由图 7-3-25 可知，总体上说，内水压对结构轴力影响明显，内水压由 0.12 MPa 增加到 0.48 MPa 的过程中，管片的轴力值则迅速减小，轴力从 283.55 kN 减小到-30.37 kN，减小幅度为 110.7%管片轴力在内水压约为 0.44 MPa 时，从压力转变为拉力，二衬基本承受拉力，并随着内水压的增加，拉力显著上升。二衬结构的轴力增长显著，由-43.21 kN 增加至-262.15 kN。

7）结构破坏形态

每种工况结构出现裂缝及破坏的时机不同，破坏时内水压的施加范围：单层衬砌在 0.4 MPa 左右，双层衬砌约为 0.6～0.9 MPa，破坏形态基本一致，当内水压增加到一定程度时，二次衬砌和接头处出现裂缝，随着内水压的增大，裂缝增多、扩展，逐渐形成贯通裂缝，继而结构破坏。图 7-3-26 为结构破坏形态图。

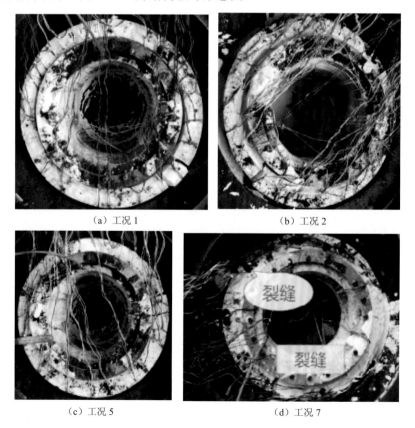

（a）工况 1　　　　　　　　　　（b）工况 2

（c）工况 5　　　　　　　　　　（d）工况 7

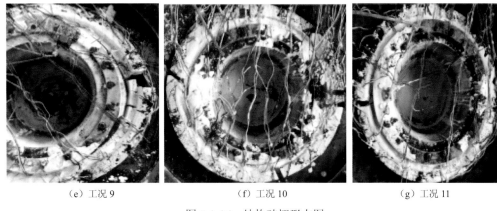

（e）工况 9　　　　　　（f）工况 10　　　　　　（g）工况 11

图 7-3-26　结构破坏形态图

7.4　管片接头力学特性试验

接头是盾构隧道管片衬砌结构渗漏水的关键部位，交通盾构隧道管片接头的相关研究颇多，研究方法主要有理论解析法、数值模拟和接头荷载试验，研究问题主要集中于管片接头抗弯刚度和接头破坏规律。

对于污水盾构隧道管片接头，其在施工阶段的受力状态与其他盾构隧道基本一致，当隧道施作二衬之后，隧道内部通水，管片和二衬承受内部径向压力，接缝的力学性态发生改变，接缝面的轴压力减小，偏心距增大，接头张开的可能性增大，同时考虑污水腐蚀对盾构隧道防水性能的更高要求，污水盾构隧道管片接头在深埋外水土荷载和高内水压作用下的力学特性需要重点研究。此类盾构隧道的研究情况较少见于文献，本工程对接头进行1∶1 加载试验，再结合数值模拟进行对比分析。

7.4.1　试验概况

工程施工期通水前，有单层衬砌与双层衬砌两种结构形式。运营期通水后为双层衬砌结构形式。故试验需进行单层管片衬砌结构与双层衬砌结构这两种结构形式试件的制作。本工程接头配筋大样及防水大样详见图 7-4-1、图 7-4-2。

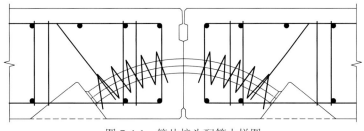

图 7-4-1　管片接头配筋大样图

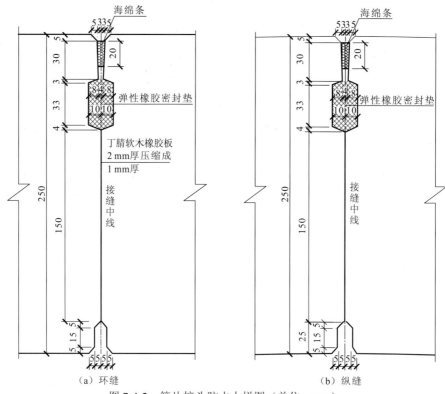

图 7-4-2　管片接头防水大样图（单位：mm）

1. 管片设计

目前管片接头试验主要有弯接头试验与直接头试验这两种。弯接头试件即使用原型管片或相似模型进行试验，直接头试件则是采用两块平板型管片来替代原来的弧形管片进行试验。相比较之下，直接头管片能较好地简化试验，方便试验加载，且仅从接缝面抗弯刚度与接缝面受力变形规律的角度考虑，直接头与弯接头的差距误差可以忽略不计。故本试验采用直接头试件进行试验。

本试验原型为直径 3.4 m、幅宽 1.2 m 的双层衬砌盾构管片。为方便试验，取试件为半幅宽尺寸，但后续的计算结果均换算到全幅宽管片接头上。试验单层衬砌管片单块长 1260 mm、幅宽 600 mm、高 250 mm，混凝土等级为 C50，钢筋等级为 HRB400，每个管片配有直径为 20 mm 的通长筋 8 根，直径为 10 mm 的分布筋 10 根，直径为 8 mm 的箍筋 14 根，与依托工程现场使用的保持一致。其配筋与浇筑过程如图 7-4-3、图 7-4-4 所示。

2. 螺栓配筋、接缝面、加载支座及接触面处理

螺栓作为接头的关键部位，需在螺栓套筒处配置螺旋构造筋与构造筋防止螺栓周围局部应力过大导致结构发生破坏。螺旋构造筋直径为 6 mm、长度为 1260 mm，构造筋直径为 16 mm、长度为 1406 mm。其配筋图与实物图如图 7-4-5 所示。

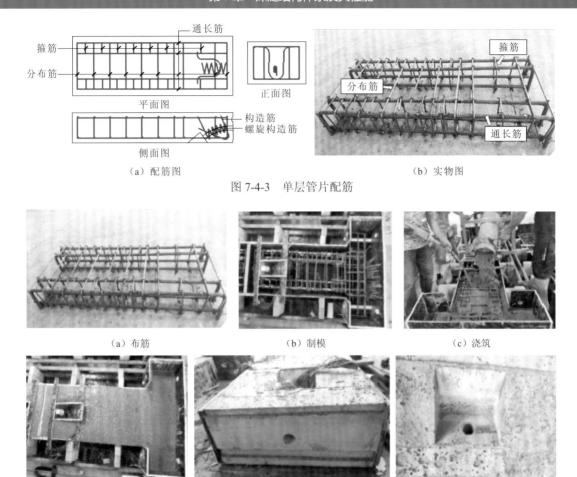

（a）配筋图 　　　　　　　　　　　　　　　（b）实物图

图 7-4-3　单层管片配筋

（a）布筋　　　　　　　　　　（b）制模　　　　　　　　　　（c）浇筑

（d）养护　　　　　　　　　　（e）拆模　　　　　　　　　　（f）手孔细部

图 7-4-4　单层衬砌管片接头试件制作流程

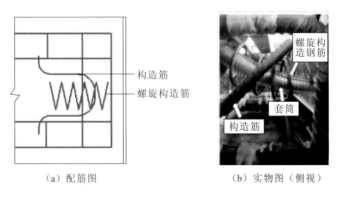

（a）配筋图　　　　　　　　　　（b）实物图（侧视）

图 7-4-5　螺栓构造配筋

　　管片浇筑养护完毕后，通过螺栓穿过套筒将两个管片拼接在一起，其管片与管片之间的接缝面如图 7-4-6 所示。

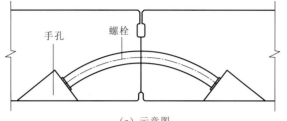

（a）示意图	（b）实物图

图 7-4-6　管片接缝面

　　试件加载时需要将其固定到加载台的转动铰支座上，以保证加载轴力可以通过转动铰支座均匀的加载到试件上，故需要对试件进行支座的制作。试验加载台与试件支座的连接如图 7-4-7 所示，单层管片试件通过 2 颗螺栓固定（两侧各 1 颗），双层衬砌管片试件通过 4 颗螺栓固定（两侧各 2 颗）。

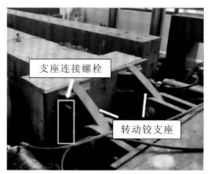

（a）单层管片	（b）双层衬砌管片

图 7-4-7　试件与铰支座连接图

　　施工过程中为了使管片与二衬能传递压力和部分剪力，会对管片内侧的注浆孔、螺旋手孔、起吊孔等较大凹槽进行浇筑抹平，并对部分区域进行凿毛处理。故为了加强试验管片与二衬之间受力的传递作用，在进行管片制作时，对管片手孔一侧的混凝土不进行抹面处理，以提高管片与二衬接触面之间的摩擦力，且在表面预留了伸长筋（图 7-4-8），以增强加载时管片与二衬之间的剪力传递作用。

图 7-4-8　管片表面伸长筋

3. 二衬设计

双层衬砌结构二衬长 2 520 mm、宽 600 mm、高 200 mm，二衬位于管片手孔一侧，混凝土等级为 C40，钢筋等级为 HRB400，二衬配有直径为 18 mm 的通长筋 7 根，直径为 14 mm 的通长筋 4 根，直径为 12 mm 的分布筋 26 根，直径为 8 mm 的拉钩梅花形布置共 42 根，其配筋与浇筑过程如图 7-4-9、图 7-4-10 所示。

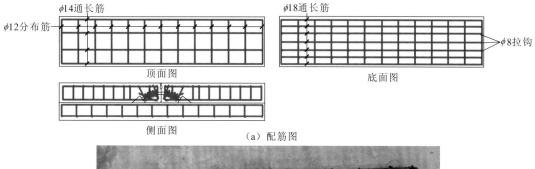

（a）配筋图

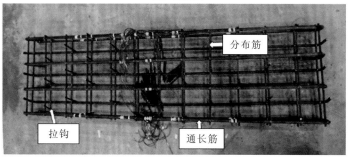

（b）实物图

图 7-4-9　双层衬砌二衬配筋

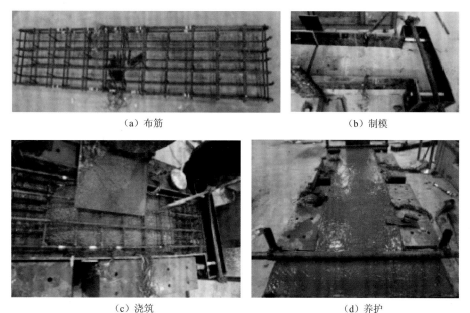

（a）布筋	（b）制模
（c）浇筑	（d）养护

（e）拆模

图 7-4-10　双层衬砌管片接头试件制作流程

7.4.2　测量内容及测点布置

1. 接缝张开量与接头挠度

1）差动式位移计

在进行通水前单层管片衬砌加载试验阶段，对每个管片沿接缝位置上、中、下放置 3 个差动式位移计，前后左右相同，共计 12 个位移计。通过两侧对应的差动式位移计监测，就可以得到 3 个不同高度处接缝的张开量或闭合量。另外在试件接缝两侧底部放置 4 个差动式位移计，以监测出接缝的整体竖向挠度，具体情况如图 7-4-11、图 7-4-12 所示。

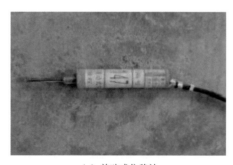

（a）差动式位移计

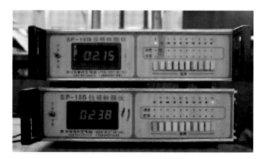

（b）位移箱

图 7-4-11　差动式位移计

2）振弦式应变计

对于隧道管片施做二衬后，接缝的张开量与闭合量较小，故采用精度更高的振弦式应变计。在管片接缝高度方向上、中、下 3 个位置布置 3 个振弦式应变计，前后布置相同，共计 6 支振弦式应变计。振弦式应变计与布置点位如图 7-4-13、图 7-4-14 所示。

图 7-4-12　接缝差动式位移计测点布置

（a）振弦式应变计

（b）振弦频率仪

图 7-4-13　振弦式应变计

图 7-4-14　振弦式应变计测点布置

2. 混凝土应变

混凝土应变片选用纸基丝式应变片，其主要参数为：栅宽×栅长为 3 mm×80 mm，电阻值为 120 Ω±0.5%，灵敏系数为 2.03±0.3%。应变采集使用 TST3826E 静态应变测试分析系统，应变箱如图 7-4-15 所示。

图 7-4-15　TST3826E 静态应变测试分析系统应变箱

　　试验在接缝位置附近各个表面按照一定间隔布置长标距混凝土应变片，其主要目的是研究接缝面两侧混凝的应力分布及变化情况。同时结合二衬中部布置的混凝土应变片，可以探究试件加载过程中二衬与管片的应力分配变化情况。此外在试件的竖向千斤顶加载处与管片支座连接处附近也都布置了应变片，这是为了在试验过程中监测这两处是否会出现应力集中导致试件破坏。单层管片接头试件表面共布置 28 张纸基丝式应变片，双层衬砌接头试件表面共布置 50 张纸基丝式应变片。具体的应变片粘贴过程与应变片位置布置见图 7-4-16、图 7-4-17。

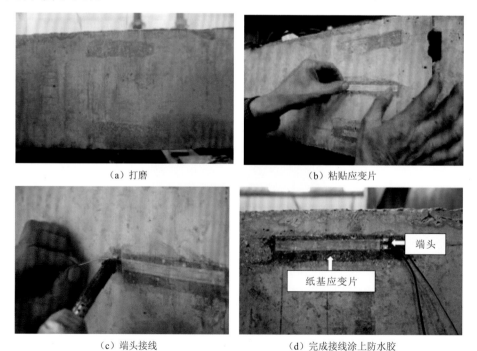

（a）打磨　　　　　　　　　　　　（b）粘贴应变片

（c）端头接线　　　　　　　　　　（d）完成接线涂上防水胶

图 7-4-16　混凝土表面应变片粘贴过程

━━ ：应变片

（a）单层衬砌接头试件测点布置示意图

（b）单层衬砌接头试件试验实际测点布置图

━━ ：应变片

（c）双层衬砌接头试件测点布置示意图

（d）双层衬砌接头试件试验实际测点布置图

图 7-4-17　混凝土表面应变片布置

3. 钢筋应变

钢筋应变片选用胶基箔式应变片，其主要参数为：栅宽×栅长为 3 mm×5 mm，电阻值 120 Ω±0.2%，灵敏系数 2.12±1.3%。应变采集使用与混凝土应变相同的 TST3826E 静态应变测试分析系统。

管片钢筋应变片主要布置在管片接缝面附近，用以监控接缝面附近的应力变化情况。同时配合二衬中缝的钢筋应变片可以探究管片与二衬之间的应力分配情况。与混凝土应变片布置相同，也需要在竖向轴力加载处和试件支座连接处附近布置应变片，观测这两处是否会出现应力集中。单层管片接头试件单个管片布置 48 张胶基箔式应变片，左右两个管片相同共 96 张应变片，双层衬砌接头试件二衬布置 40 张胶基箔式应变片，加上管片应变片共 136 张应变片。具体的应变片粘贴过程与应变片位置布置见图 7-4-18、图 7-4-19。

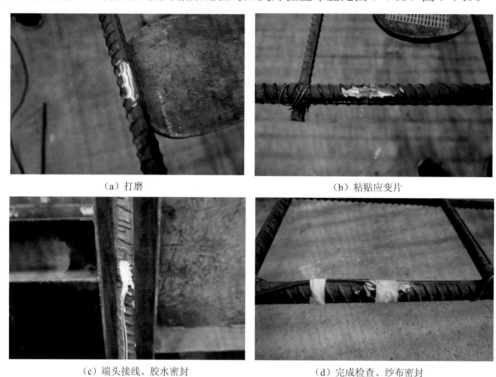

（a）打磨   （b）粘贴应变片

（c）端头接线、胶水密封   （d）完成检查、纱布密封

图 7-4-18 钢筋应变片粘贴过程

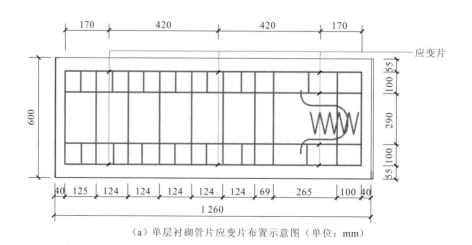

（a）单层衬砌管片应变片布置示意图（单位：mm）

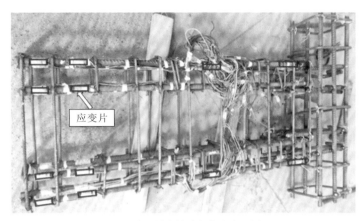

（b）单层衬砌管片应变片布置图

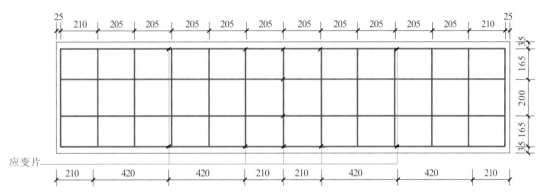

（c）双层衬砌二衬应变片布置示意图（单位：mm）

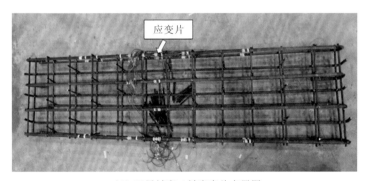

（d）双层衬砌二衬应变片布置图

图 7-4-19　钢筋应变片布置

4. 螺栓应变

螺栓为 10.9 级高强度弯螺栓，需要监测螺栓的应力应变故在螺栓中部两侧各布置一张胶基箔式应变片如图 7-4-20 所示，其主要参数为：栅宽×栅长为 3 mm×5 mm，电阻值 120 Ω±0.2%，灵敏系数 2.12±1.3%。

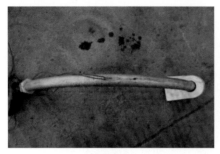

（a）打磨贴片　　　　　　　　　　（b）检查、密封

图 7-4-20　螺栓应变测点布置

7.4.3　试验方法与计算

1. 振弦式应变计工作原理

振弦式应变计的原理是当测量物体发生变形时，应变计前、后支座会将变形同步至振弦转变成振弦应力，从而实现内部振动频率的改变，产生信号经电缆传输至振弦频率仪读出频率值，通过计算处理，即可求得接缝的应变。应变与频率之间的关系为

$$\varepsilon = k(f^2 - f_0^2) \tag{7-4-1}$$

式中：ε 为应变；f_0 为初始频率；f 为加载后频率；k 为固定系数，与弦的长度、单位长质量有关，不同振弦式应变计系数不同，具体数值由出厂时厂家设置。

2. 张开角计算方法

图 7-4-21、图 7-4-22 为在轴力弯矩作用下，管片接头张开的变化，此时管片接缝顶部压紧，管片接缝底部张开。如图 7-4-21 所示，x、y 表示接缝与转动铰支座的距离，A_1、B_1 为试件未加载时接缝两侧与地面的垂直距离，A_2、B_2 为试件加载后与接缝两侧与地面的垂直距离，由图中几何关系可得接头转角公式为

$$\tan \frac{\theta}{2} = \frac{A_1 - A_2}{x} = \frac{B_1 - B_2}{y} \tag{7-4-2}$$

$$\theta = 2\arctan \frac{A_1 - A_2}{x} = 2\arctan \frac{B_1 - B_2}{y} \tag{7-4-3}$$

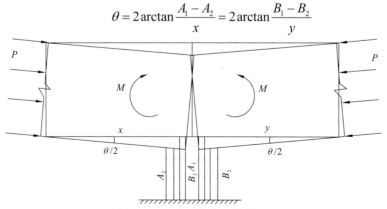

图 7-4-21　管片接头受力简图

图 7-4-22　接头张开图

3. 二衬内力计算方法

图 7-4-23 是二衬的钢筋截面布置图，上排布置 4 根 ϕ14 主筋，下排布置了 7 根 ϕ18 主筋。其中有 4 根主筋上布置了钢筋应变片，用于测量钢筋应变。由于只布置了部分钢筋上的应变片，在计算时上下排钢筋应变数据，各取为上下排钢筋应变片的平均应变值。

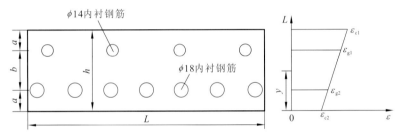

图 7-4-23　二衬横截面钢筋布置及应变关系示意图

1）基本假定

由于试验混凝土的应变数据离散较大，混凝土应变片的数据不够可靠，混凝土应变需要通过钢筋应变估算得到，故有如下假定。

（1）二衬受力变形后，横截面仍保持平面，应变按线性分布。

（2）二衬混凝土开裂前，混凝土与钢筋协调变形，混凝土应变与钢筋应变相同。

（3）某处混凝土拉应变达到极限值发生开裂后，其拉应力为零。

（4）混凝土发生完全开裂后退出工作，二衬拉力全部由钢筋承担。

根据图 7-4-23 的几何关系，可推算得到二衬 y 处混凝土的应变为

$$\varepsilon_{c1} = \varepsilon_{g1} + \frac{a}{b}(\varepsilon_{g1} - \varepsilon_{g2}), \quad \varepsilon_{c2} = \varepsilon_{g2} - \frac{a}{b}(\varepsilon_{g1} - \varepsilon_{g2}), \quad \varepsilon = \varepsilon_{c2} + \frac{y}{b}(\varepsilon_{g1} - \varepsilon_{g2}) \quad （7\text{-}4\text{-}4）$$

式中：ε 为距离底面 y 高度处的混凝土的应变；ε_{c1}、ε_{c2} 分别为二衬上下表面的混凝土应变；ε_{g1}、ε_{g2} 分别为上下排钢筋的平均应变；a 为钢筋中心距离混凝土表面的距离；b 为上下排钢筋之间的间距。

2）受压区混凝土内力

由混凝土的受压应力-应变关系可得

$$\sigma = f_c\left[2\left(\frac{\varepsilon}{\varepsilon_0}\right) - \left(\frac{\varepsilon}{\varepsilon_0}\right)^2\right] \text{（混凝土受压时）} \tag{7-4-5}$$

式中：f_c 为混凝土轴心抗压强度；σ、ε 为混凝土的应力与应变；ε_0 为混凝土的最大应变，一般取 $\varepsilon_0 = 0.002$。

对上式沿二衬横断面积分得二衬混凝土压力为

$$F_c = \int_0^h \sigma L \mathrm{d}y = \int_0^h f_c\left[2\left(\frac{\varepsilon}{\varepsilon_0}\right) - \left(\frac{\varepsilon}{\varepsilon_0}\right)^2\right] L \mathrm{d}y \tag{7-4-6}$$

式中：F_c 为二衬混凝土压力；L 为二衬横截面宽度；h 为二衬横截面高度。

令 $b_1 = \dfrac{\varepsilon_{g1} - \varepsilon_{g2}}{b}$，则式（7-4-4）可简化为：$\varepsilon = \varepsilon_{c2} + b_1 y$ 代入式（7-4-6）得

$$F_c = \int_0^h f_c\left[2\left(\frac{\varepsilon_{c2} + b_1 y}{\varepsilon_0}\right) - \left(\frac{\varepsilon_{c2} + b_1 y}{\varepsilon_0}\right)^2\right] L \mathrm{d}y$$

积分得：

$$F_c = \frac{Lhf_c}{\varepsilon_0^2}\left[2\varepsilon_0\varepsilon_{c2} + b_1 h\varepsilon_0 - \varepsilon_{c2}^2 - b_1 h\varepsilon_{c2} - \frac{1}{3}b_1^2 h^2\right] \text{（受压时）} \tag{7-4-7}$$

对上式沿二衬横断面积分得二衬混凝土弯矩为

$$M_c = \int_0^h \sigma L\left(\frac{h}{2} - y\right)\mathrm{d}y = \int_0^h f_c L\left[2\left(\frac{\varepsilon_{c2} + b_1 y}{\varepsilon_0}\right) - \left(\frac{\varepsilon_{c2} + b_1 y}{\varepsilon_0}\right)^2\right]\left(\frac{h}{2} - y\right)\mathrm{d}y \text{（上侧受拉为正）} \tag{7-4-8}$$

$$M_c = \frac{Lh^3 f_c b_1}{6\varepsilon_0^2}\left[-\varepsilon_0 + \varepsilon_{c2} + \frac{1}{2}b_1 h\right] \text{（受压时）} \tag{7-4-9}$$

3）受拉区混凝土拉力

当二衬受拉时，混凝土的抗拉强度远小于其抗压强度，在一般计算钢筋混凝土结构承载力时，通常不考虑混凝土的抗拉能力，但是由于二衬在受较小拉力，混凝土还未开裂时，混凝土的受力面积远大于钢筋受力面积，混凝土上分配的拉力占了二衬总拉力的一定比例，此时混凝土所受的拉力不能忽略不计。

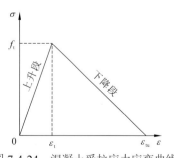

图 7-4-24　混凝土受拉应力应变曲线

（1）受拉混凝土的应力-应变全曲线。对于混凝土的受拉阶段，本文采用最普遍的方法将其简化为单直线上升段与单直线下降段，如图 7-4-24 所示，上升段直线方程为

$$\sigma = E_t\varepsilon \text{ 或 } \sigma = \frac{f_t}{\varepsilon_t}\varepsilon, \quad 0 < \varepsilon < \varepsilon_t \tag{7-4-10}$$

式中：E_t 为混凝土拉伸弹性模量，可取压缩弹性模量的一半；σ、ε 为混凝土的应力与应变；f_t、ε_t 为混凝土的轴心抗拉强度与其对应的峰值应变。

$$\varepsilon_t = f_t / E_t \qquad (7\text{-}4\text{-}11)$$

下降段的直线方程为

$$\sigma = \frac{f_t}{\varepsilon_t - \varepsilon_{tu}}(\varepsilon - \varepsilon_{tu}), \quad \varepsilon_t < \varepsilon < \varepsilon_{tu} \qquad (7\text{-}4\text{-}12)$$

式中：ε_{tu} 为混凝土极限拉应变，对常用的混凝土构件极限拉应变一般取 $\varepsilon_{tu} = (1\text{-}1.5) \times 10^{-4}$。
令

$$k_1 = \frac{f_t}{\varepsilon_t - \varepsilon_{tu}}, \quad k_2 = \frac{f_t \varepsilon_{tu}}{\varepsilon_t - \varepsilon_{tu}} \qquad (7\text{-}4\text{-}13)$$

则式（7-4-12）变为

$$\sigma = k_1 \varepsilon + k_2, \quad \varepsilon_t < \varepsilon < \varepsilon_{tu} \qquad (7\text{-}4\text{-}14)$$

（2）二衬受拉区混凝土内力计算。当 $\varepsilon < \varepsilon_{tu}$ 时，二衬混凝土等承担部分拉力，由式（7-4-7）可得二衬未开裂区混凝土的高度 h_y 为

$$h_y = \frac{b(\varepsilon_{tu} - \varepsilon_{c2})}{\varepsilon_{g1} - \varepsilon_{g2}} \qquad (7\text{-}4\text{-}15)$$

①当 $h_y < 0$ 时，表示内衬混凝土已经开裂，混凝土拉力 $F_c = 0$，弯矩 $M_c = 0$；

②当 $h_y > h$ 时，表示混凝土未出现开裂，混凝土峰值应变对应的高度为

$$h_t = \frac{b(\varepsilon_t - \varepsilon_{c2})}{\varepsilon_{g1} - \varepsilon_{g2}} \qquad (7\text{-}4\text{-}16)$$

当 $h_t > h$ 时，表示混凝土应变小于峰值应变，此时混凝土承担的拉力为

$$F_c = \int_0^h \frac{f_t}{\varepsilon_t} \varepsilon L \, \mathrm{d}y$$

将 $\varepsilon = \varepsilon_{c2} + b_1 y$ 代入积分得：

$$F_c = \int_0^h \frac{f_t}{\varepsilon_t} L(\varepsilon_{c2} + b_1 y) \, \mathrm{d}y = \frac{Lh f_t}{\varepsilon_t}\left(\varepsilon_{c2} + \frac{1}{2} b_1 h\right) \quad (h_t > h \text{ 且 } h_y > h) \qquad (7\text{-}4\text{-}17)$$

此时混凝土承担的弯矩为

$$M_c = \int_0^h \frac{f_t}{\varepsilon_t} \varepsilon L\left(y - \frac{h}{2}\right) \mathrm{d}y$$

将 $\varepsilon = \varepsilon_{c2} + b_1 y$ 代入积分得：

$$M_c = \int_0^h \frac{f_t}{\varepsilon_t} L(\varepsilon_{c2} + b_1 y)\left(y - \frac{h}{2}\right) \mathrm{d}y = \frac{Lh^3 f_t b_1}{12\varepsilon_t} \quad (h_t > h \text{ 且 } h_y > h) \qquad (7\text{-}4\text{-}18)$$

当 $h_t < h$ 时，二衬混凝土拉力由上升段和下降段叠加得

$$F_c = \int_0^{h_t} \frac{f_t}{\varepsilon_t} \varepsilon L \, \mathrm{d}y + \int_{h_t}^h (k_1 \varepsilon + k_2) L \, \mathrm{d}y$$

代入积分得

$$F_c = \frac{Lh_t f_t}{\varepsilon_t}\left(\varepsilon_{c2} + \frac{1}{2} b_1 h_t\right) + L(h - h_t)\left[k_1 \varepsilon_{c2} + k_2 + \frac{k_1 b_1}{2}(h + h_t)\right] \quad (h_t < h \text{ 且 } h_y > h) \qquad (7\text{-}4\text{-}19)$$

$$M_c = \int_0^{h_t} \frac{f_t}{\varepsilon_t} \varepsilon L\left(y - \frac{h}{2}\right) \mathrm{d}y + \int_{h_t}^h (k_1 \varepsilon + k_2) L\left(y - \frac{h}{2}\right) \mathrm{d}y$$

代入积分得

$$M_c = \frac{Lh_tf_t}{2\varepsilon_t}\left(\varepsilon_{c2}h_t + \frac{2}{3}b_1h_t^2 - \varepsilon_{c2}h - \frac{1}{2}b_1h_th\right) + L\frac{(h-h_t)}{2}$$

$$\left[k_1\varepsilon_{c2}h_t + k_2h_t + \frac{k_1b_1}{6}(h^2 + hh_t + 4h_t^2)\right] \quad (h_t < h \text{ 且 } h_y > h) \quad （7\text{-}4\text{-}20）$$

（3）当 $0 < h_y < h$ 时，表示二衬混凝土出现部分裂缝

当 $h_t > 0$ 时，二衬混凝土承担的拉力为

$$F_c = \int_0^{h_t}\frac{f_t}{\varepsilon_t}\varepsilon L\mathrm{d}y + \int_{h_t}^{h_y}(k_1\varepsilon + k_2)L\mathrm{d}y$$

积分得

$$F_c = \frac{Lh_tf_t}{\varepsilon_t}\left(\varepsilon_{c2} + \frac{1}{2}b_1h_t\right) + L(h_y - h_t)\left[k_1\varepsilon_{c2} + k_2 + \frac{k_1b_1}{2}(h_y + h_t)\right] \quad (0 < h_y < h \text{ 且 } h_t > 0) \quad （7\text{-}4\text{-}21）$$

二衬混凝土承担的弯矩为

$$M_c = \int_0^{h_t}\frac{f_t}{\varepsilon_t}\varepsilon L\left(y - \frac{h}{2}\right)\mathrm{d}y + \int_{h_t}^{h_y}(k_1\varepsilon + k_2)L\left(y - \frac{h}{2}\right)\mathrm{d}y$$

代入积分得

$$M_c = \frac{Lh_tf_t}{2\varepsilon_t}\left(\varepsilon_{c2}h_t + \frac{2}{3}b_1h_t^2 - \varepsilon_{c2}h - \frac{1}{2}b_1h_th\right) + L\frac{(h_y - h_t)}{2}$$

$$\left[(k_1\varepsilon_{c2} + k_2)(h_y + h_t - h) + \frac{k_1b_1}{6}(4h_y^2 + 4h_yh_t + 4h_t^2 - 3hh_y - 3hh_t)\right] \quad (0 < h_y < h \text{ 且 } h_t > 0)$$

$$（7\text{-}4\text{-}22）$$

当 $h_t < 0$ 时，表示混凝土上的应变大于峰值应变，二衬混凝土上承担的拉力为

$$F_c = \int_0^{h_y}(k_1\varepsilon + k_2)L\mathrm{d}y$$

代入积分得

$$F_c = Lh_y\left(k_1\varepsilon_{c2} + k_2 + \frac{k_1b_1}{2}h_y\right) \quad (0 < h_y < h \text{ 且 } h_t < 0) \quad （7\text{-}4\text{-}23）$$

二衬混凝土承担的弯矩为

$$M_c = \int_0^{h_y}(k_1\varepsilon + k_2)L\left(y - \frac{h}{2}\right)\mathrm{d}y$$

代入积分得

$$M_c = \frac{Lh_y}{2}\left[(k_1\varepsilon_{c2} + k_2)(h_y - h) + \frac{k_1b_1h_y}{12}(8h_y - 3h)\right] \quad (0 < h_t < h \text{ 且 } h_y < 0) \quad （7\text{-}4\text{-}24）$$

4）二衬钢筋拉力

二衬钢筋拉力为

$$F_g = A_gE_g(n\varepsilon_{g1} + m\varepsilon_{g2}) \quad （7\text{-}4\text{-}25）$$

式中：n 为上排钢筋数量；m 为下排钢筋数量；F_g 为二衬钢筋拉力；A_g 为每根钢筋横截面面积；E_g 为钢筋弹性模量。

二衬钢筋弯矩为

$$M_g = \frac{A_g E_g b}{2}(n\varepsilon_{g1} - m\varepsilon_{g2}) \qquad (7\text{-}4\text{-}26)$$

故二衬拉力可通过二衬钢筋拉力 F_g 加上二衬混凝土拉力 F_c 得到,管片拉力则是利用平面加载总拉力减去二衬拉力求得。同理二衬弯矩可通过二衬钢筋弯矩 M_g 加上二衬混凝土弯矩 M_c,得到管片弯矩利用平面总弯矩减去二衬弯矩求得。

7.4.4　排水盾构隧道接头试验工况及加载

1. 试验工况

各工况主要是为了考虑不同接头结构衬砌形式、隧道是否通水运营和管片所受正负弯矩对接头力学性能的影响。

试验模拟了隧道在施工期通水前与运营期通水后的荷载情况。实际工程中,隧道开挖后先进行管片的拼装施工,管片拼装完毕,此时隧道通过管片承担外部水土荷载。后续隧道进行二衬的浇筑施工,二衬浇筑完毕,隧道还未进行通水运营时,隧道整体所受的力主要仍为外部水土荷载。最后隧道开始通水运营,隧道所受的力主要由外部水土荷载与内部水压这两部分组成。规定隧道内侧受拉为正弯矩,外侧受拉为负弯矩,隧道正弯矩区域一般位于隧道拱顶与拱底附近,负弯矩区域一般位于两侧拱腰附近。故需对不同区域的接头进行分别考虑,各工况设计如表 7-4-1 所示。

表 7-4-1　试验工况设计

工况	衬砌形式	营运状况	受力形式
I	单层	未通水	正弯矩
II			负弯矩
III	双层	未通水	正弯矩
IV			负弯矩
V		通水	正弯矩
VI			负弯矩

2. 试验加载

1)加载仪器

如图 7-4-25 所示,试验采用的加载装置为多功能盾构隧道结构体原型加载系统。该装置由大型试验架、千斤顶、加载分配梁、压梁、转动铰支座、控制台及提供反力的钢箱梁底座形成自反力体系,试件水平方向一端固定,另一端由水平千斤顶施加荷载,竖直方向通过竖向千斤顶、加载分配梁和压梁施加荷载,形成对称受力体系,水平和竖向千斤顶的加载能力均为 5 000 kN,试件左右两端均由转动铰支座支承,能够释放构件的转角自由度。

图 7-4-25　加载装置

（1）压弯加载。隧道通水前，隧道结构所受外力主要为外部水土荷载，此时管片环向轴力始终为压力，环向管片为压弯受力。隧道运营通水后，隧道结构受到的主要外力有外部水土荷载与内水压，当内水压较小时，环向管片也仍为压弯受力。根据既有试验经验，加载如图 7-4-26、图 7-4-27 所示，加载过程采用两个水平千斤顶对梁施加轴向力。通过竖向千斤顶施加竖向力在接头产生弯矩。

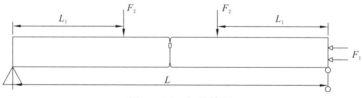

图 7-4-26　加载简图

图 7-4-27　加载实物图

水平千斤顶与竖向千斤顶的单个千斤顶面积 S 均为 0.078 4 m^2，实际加载力 F 的大小为 $F=P\times S$，F 为加载力大小；P 为加载压强；S 为千斤顶面积，大小等于 0.0784 $m^2\times$ 千斤顶数量。

加载简图 7-4-26 中 F_1 为水平力，F_2 为竖向力，L 为试件总长度，$L=3\,120$ mm，L_1 为竖向力距离试件边缘的距离，$L_1=1\,060$ mm。

故试件中部所受弯矩大小为 $M=F_2\times L_1=1.06\times F_2$。

（2）拉弯加载。隧道运营通水后，隧道结构受到的主要外力有外部水土荷载与内水压。试件外部水土压力的加载方式不变，内水压的增大，隧道轴力快速减小，导致隧道部分区域出现环向轴力受拉。对于结构拉弯受力阶段，试验试件轴力加载需要由轴压力转变为轴拉力。此时在水平加载梁内侧放置两个千斤顶，如图 7-4-28、图 7-4-29 所示，内侧千斤顶对加载梁施加向外侧的推力，使得加载梁可以通过转动铰支座实现对结构轴向拉力的加载。

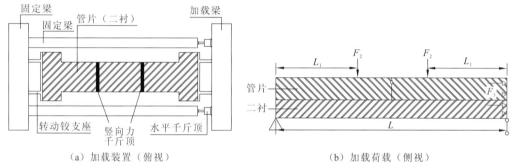

（a）加载装置（俯视）　　　　　　　（b）加载荷载（侧视）

图 7-4-28　加载简图

2）加载流程

试验开始之前需进行试验步骤的拟定，提前考虑好试验过程中需要注意的事项，可能出现的问题，做好预防。试验的步骤与注意事项如下。

（1）单层衬砌管片加载步骤。①吊装管片到加载台上，拼接安装螺栓，注意接缝是否拼装准确；②安装混凝土应变片，将钢筋与混凝土的应变片全部接线到应变箱，注意检查应变片是否有损坏；③安装位移计，调试工具与测量仪器，发

图 7-4-29　管片轴拉加载装置

现问题及时修复或更换；④分级加载，根据设计工况施加固定的轴向水平压力，后按 0.2 MPa 每级逐级改变竖向千斤顶力的大小，各项数据在每级加载稳定后进行读取，所需时间大约为 10 min，完成一组加载试验后，卸去竖向荷载，改变水平荷载，以进行下一组加载试验；⑤试验完毕将试件拆下，进行下一组试件试验。

（2）双层衬砌管片加载。①吊装试件到加载台上安装固定；②安装混凝土应变片，连接应变箱；③安装振弦式应变计，调试工具与测量仪器，发现问题及时修复或更换；④通水前双层管片衬砌接头结构分级加载，根据设计工况施加固定的轴向水平压力，后按 0.2 MPa 每级逐级改变竖向千斤顶力的大小，各项数据在每级加载稳定后进行读取，所需

时间大约为 10 min，完成一组加载试验后，卸去竖向荷载，改变水平荷载，以进行下一组加载试验；⑤加载完毕后，进行通水后双层管片衬砌接头结构分级加载，根据设计工况施加固定的竖向压力，后按 0.2 MPa 每级逐级改变横向千斤顶力大小，当水平应力由压力转变为拉力时，将外侧水平千斤顶进行卸载，使用内侧水平千斤顶进行加载，各项数据在每级加载稳定后进行读取，所需时间大约为 10 min，完成一组加载试验后卸去水平荷载改变竖向荷载以进行下一组加载试验；⑥试验完毕后将试件撤下，进行下一组试件试验。

7.4.5 单层衬砌管片接头力学分析

盾构隧道施工完成管片拼装，此时由单层管片衬砌结构独自承担外部水土荷载。实际上隧道开挖完成管片拼装时，隧道周围围岩压力并未完全释放，管片实际所受外部水土荷载小于计算所得值。但是计算时为了充分考虑隧道管片在施做二衬前的安全性，将计算所得的外部水土荷载全部代入均质圆环模型中，求得单层衬砌管片在只受外部水土荷载、无内水压的情况下，其管片环向轴力范围大致为-500~0 kN（受压为负，受拉为正），轴力均为压力，弯矩的大致范围为-150~150 kN·m（接头结构内侧受拉为正，外侧受拉为负）。

故进行工况 I、工况 II 试验时，取结构加载轴力为-100 kN、-200 kN、-300 kN、-400 kN、-500 kN 这 5 组固定值，试验允许接缝最大张开量为 3 mm。试验中的水平荷载分级加载从-100 kN 直到-500 kN，对应每一级水平荷载进行竖向荷载分级加载读数，直至管片接缝张开量接近允许极限或是弯矩达到预定值时停止加载。通水前单层衬砌管片接头试验荷载工况如表 7-4-2 所示。

表 7-4-2　通水前单层衬砌管片接头试验荷载工况表

荷载工况	轴力 N/kN	弯矩 M/(kN·m)	竖向荷载 P/kN
负弯	-100	-30~0	0~28
	-200	-60~0	0~57
	-300	-90~0	0~85
	-400	-120~0	0~115
	-500	-150~0	0~140
正弯	-100	0~30	0~28
	-200	0~60	0~57
	-300	0~90	0~85
	-400	0~120	0~115
	-500	0~150	0~140

1. 接缝张开量及接头抗弯刚度

当接头承受一定荷载之后，会产生一定量的变形，图 7-4-30 就是显示的工况 I、工况

II 时接头在不同弯矩荷载组合下的接缝张开量。从图 7-4-30 中可以看到在弯矩值较小时，张开量增长较为缓慢，此时的接头刚度较大；随着弯矩的增大，张开量的变化速度逐渐变快，呈现较为明显的非线性趋势。弯矩值约为 60 kN·m 时，张开量增速开始明显变快，主要原因是接缝面抗压不抗拉，随着接缝面张开量的增大，受压区混凝土高度减少，导致压应力变大，混凝土压缩变形快速增大。对比弯矩大小为 150 kN·m，轴力为-500 kN 时，正弯加载有最大张开量 2.03 mm，负弯加载有最大张开量 2.15 mm，负弯最大张开量为正弯时的 1.06 倍，且两者最大张开量均在 3 mm 的最大允许张开量范围内。总体来说相同组合力下，负弯矩下的接缝张开量要大于正弯矩下的接缝张开量，原因是接缝截面螺栓位置更加接近于管片内侧，当受到相同组合力时，负弯矩状态下的螺栓拉力与混凝土压力组成的力臂更短，故所需要的应力越大，产生的变形越大。

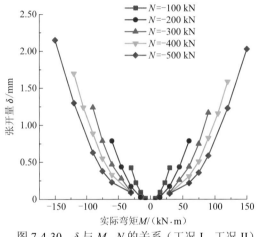
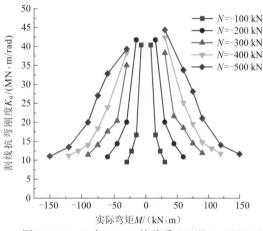

图 7-4-30　δ 与 M、N 的关系（工况 I、工况 II）　　图 7-4-31　K_θ 与 M、N 的关系（工况 I、工况 II）

　　图 7-4-31 为接头抗弯刚度与管片弯矩轴力之间的关系曲线图。由图 7-4-31 可得正弯条件下管片接头的抗弯刚度范围为 10～48 MN·m/rad，负弯条件下管片接头的抗弯刚度范围为 9～41 MN·m/rad。从图形中可以看出接头抗弯刚度大小随结构内力的改变变化范围非常大，管片弯矩越大，抗弯刚度值越小，且没有明显的线性规律。例如当 N=-300 kN 时，结构弯矩由-30 kN·m 增大到-90 kN·m，K_θ 大小由 35 MN·m/rad 减小到 12 MN·m/rad，降低 23 MN·m/rad，减幅 65.71%。当 N=-500 kN 时，结构弯矩由-30 kN·m 增大到-150 kN·m 时，K_θ 大小由 41 MN·m/rad 减小到 13 MN·m/rad，降低 28 MN·m/rad，减幅 68.29%。可以看到弯矩大小相同时，轴力越大，结构抗弯刚度也越大，且不同轴力条件下，结构的最小抗弯刚度值接近。

2. 接缝面应力状况

　　大量实践证明，管片接头的破坏往往发生在一些关键部位，如螺栓受拉屈服、管片最外（内）侧混凝土受压破坏等，所以需要对其受力变化情况进行分析研究。图 7-4-32 是工况 I、工况 II 轴压力为 500 kN 时，螺栓与混凝土最大压应力的变化情况。

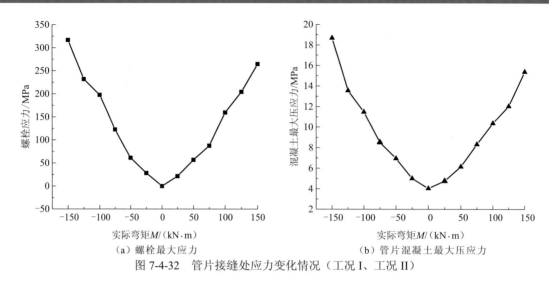

图 7-4-32　管片接缝处应力变化情况（工况 I、工况 II）

从上图可见正弯条件下，螺栓最大应力为 264.75 MPa、管片混凝土最大压应力为 15.44 MPa，负弯条件下，螺栓的最大应力为 316.86 MPa、管片混凝土最大压应力为 18.74 MPa。负弯条件下的螺栓最大应力约为正弯时的 1.20 倍，原因是正弯条件下，接头螺栓更靠近截面外侧，接头拉压区的力臂较大，相同弯矩情况下，正弯螺栓的应力较小。且螺栓应力最大允许应力为 500 MPa、混凝土应力最大允许应力为 23.10 MPa，试验过程中的螺栓应力与混凝土应力均在最大允许应力范围内，工况 I、工况 II 条件下结构强度满足要求。

7.4.6　通水前双层衬砌管片接头力学分析

根据 7.4.5 小节说明，单层衬砌管片在只受外部水土荷载、无内水压的情况下，其管片环向轴力范围大致为 -500～0 kN（结构受压为负，受拉为正），轴力均为压力，弯矩的大致范围为 -150～150 kN·m（接头结构内侧受拉为正，外侧受拉为负）。

故在工况 III、工况 IV 时，隧道只受外部水土荷载，试验取结构加载轴力为 -100 kN、-200 kN、-300 kN、-400 kN、-500 kN 这 5 组固定值，接缝最大张开量小于 3 mm。试验中的水平荷载分级加载从 -100 kN 直到 -500 kN，对应每一级水平荷载，进行竖向荷载分级加载读数，直至管片接缝张开量接近允许极限或是弯矩达到预定值时停止加载。通水前双层衬砌管片接头试验荷载工况如表 7-4-3 所示。

表 7-4-3　通水前双层衬砌管片接头试验荷载工况表

荷载工况	轴力 N/kN	弯矩 M/(kN·m)	弯矩对应的竖向荷载 P/kN
负弯	-100	-30～0	0～28
	-200	-60～0	0～57
	-300	-90～0	0～85
	-400	-120～0	0～115
	-500	-150～0	0～140

荷载工况	轴力 N/kN	弯矩 M/（kN·m）	弯矩对应的竖向荷载 P/kN
	−100	0～30	0～28
	−200	0～60	0～57
正弯	−300	0～90	0～85
	−400	0～120	0～115
	−500	0～150	0～140

1. 接缝张开量及接头抗弯刚度

图 7-4-33 是工况 III、工况 IV 在不同结构力条件下的接缝张开量大小。类似于单层管片接头，随着弯矩的增大，双层衬砌接头张开量的变化速度逐渐变快，呈现较为明显的非线性趋势。但是不同的是，在试件弯矩大小为 25 kN·m 时，接头的张开量增速就有较为明显的提升，推测是因为在加载的初始阶段，二衬对管片接缝张开有一定限制力和二衬浇筑时存在的螺栓预应力与受压区混凝土形成力矩，管片整体张开量很小，管片受压区混凝土面积变化较小，在抵消了之前的预应力和一部分二衬对接缝张开的限制力后，管片接缝才逐渐增大。

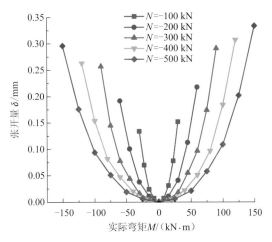

图 7-4-33　δ 与 M、N 的关系（工况 III、工况 IV）

通过对管片进行二衬的浇筑，管片接缝张开量有了十分明显的减小，对比单层管片与浇筑二衬后的管片接头的最大张开量，如表 7-4-4 所示。

表 7-4-4　管片接缝张开量结果

工况	接头外侧最大张开量		接头内侧最大张开量	
	张开量/mm	增长幅度/%	张开量/mm	增长幅度/%
I、II	2.15	—	2.03	—
III、IV	0.30	−86.05	0.33	−83.74

由表可得工况 III、工况 IV 对比于工况 I、工况 II 管片的接缝张开量减小到了原来的 15% 左右。二衬一方面可以分担结构的部分受力，另一方面通过两者之间的黏结力限制了两个管片之间的变形，故二衬的存在大大减小了接缝的张开变形。

由图 7-4-34 可得，正弯条件下结构的抗弯刚度范围为 18～204 MN·m/rad，负弯条件下结构的抗弯刚度范围为 20～204 MN·m/rad，相同结构力时负弯的抗弯刚度略大，可以得到二衬在受负弯时，对结构接头张开的限制作用更大。与单层管片抗弯刚度的变化规律类似，在管片弯矩越小时，抗弯刚度值越大。对比工况 I、工况 II 与工况 III、工况 IV 时的最大接头抗弯刚度，如表 7-4-5 所示。

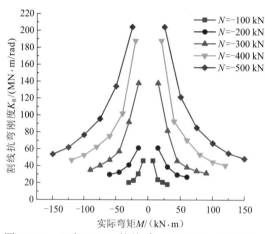

图 7-4-34　K_{θ} 与 M、N 的关系（工况 III、工况 IV）

表 7-4-5　管片接头抗弯刚度比较

工况	正弯		负弯	
	接头抗弯刚度 K_{θ}/(MN·m/rad)	增长幅度/%	接头抗弯刚度 K_{θ}/(MN·m/rad)	增长幅度/%
I、II	48	—	41	—
III、IV	204	325	204	398

可以看到二衬施做后，结构的抗弯刚度值有了 300% 多的提升，二衬的存在大大限制了接头的变形发生。例如当 $N=-500$ kN 时，结构弯矩由 25 kN·m 增大到 150 kN·m 时，K_{θ} 大小由 204 MN·m/rad 减小到了 48 MN·m/rad，降低 156 MN·m/rad，减幅 76.47%。当弯矩为 30 kN·m 时，$N=-100$ kN 的 K_{θ} 大小为 18 MN·m/rad，$N=-300$ kN 的 K_{θ} 大小为 82 MN·m/rad，相对于 $N=-100$ kN 时的 K_{θ} 上升了 64 MN·m/rad，增幅 355.56%。可以得到轴力一定时，结构抗弯刚度随着弯矩的增大而不断减小。而当弯矩一定时，结构轴力越大，结构的抗弯刚度越大。

2. 接缝面应力状况

排水隧道在施做完二衬结构通水前，二衬分担了部分弯矩轴力，管片接头螺栓与混凝土应力相对于单层管片时都有了大幅的减小，故试验工况 III、工况 IV 满足结构强度要求。取加载轴压力为 500 kN 时进行分析，螺栓与混凝土应力变化情况见图 7-4-35。

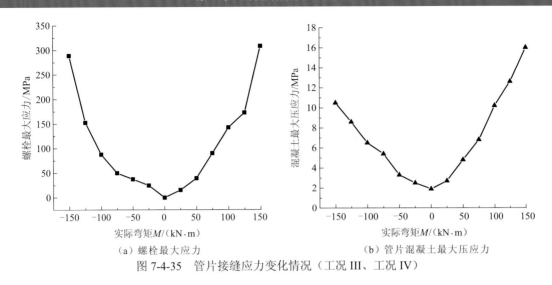

（a）螺栓最大应力　　　　　　　　　　（b）管片混凝土最大压应力

图 7-4-35　管片接缝应力变化情况（工况 III、工况 IV）

从上图可见正弯矩条件下，螺栓最大应力为 308.25 MPa、混凝土最大压应力 16.01 MPa，负弯矩条件下，螺栓最大应力为 288.95 MPa、混凝土最大压应力为 10.53 MPa。正弯矩条件下的螺栓最大应力约为负弯矩时的 1.06 倍，两者差距不大。正弯矩条件下混凝土最大应力约为负弯矩条件下的 1.52 倍，正弯矩的混凝土压应力远大于后者。这是由于二衬的存在，使得双层衬砌管片结构承受负弯作用时，二衬结构可以分担一部分受压变形，混凝土的受压区增大，故其最大受压应力大幅降低。

7.4.7　通水后双层衬砌管片接头力学分析

试验工况 V、工况 VI，即排水隧道通水后，隧道同时受到外部水土荷载与隧道内水压的作用。本工程内水压的变化范围为 0～0.4 MPa，根据梁-弹簧计算模型，隧道在三种不同埋深断面，内部水压由 0 MPa、0.1 MPa、0.2 MPa、0.3 MPa、0.4 MPa 逐级增大的过程中，其管片环向轴力范围大致为-540～220 kN，弯矩的大致范围为-90～90 kN·m。其中随内水压的增大，隧道结构环向弯矩变化不大，环向轴力变化较为明显，部分区域出现轴拉力。故本组试验时，取三种不同埋深荷载条件断面的最不利内力处，对应不同内水压下的轴力，分级进行加载。隧道的最大正弯矩受力处位于隧道拱顶（拱底）附近，最大负弯矩受力处位于隧道腰部附近，设计试验具体荷载工况如表 7-4-6 所示。

表 7-4-6　通水后双层衬砌管片接头试验荷载工况表

荷载工况	弯矩 M/（kN·m）	不同内水压大小时对应的管片环向轴力/kN				
		0 MPa	0.1 MPa	0.2 MPa	0.3 MPa	0.4 MPa
正弯	30	-110	-40	50	135	220
	50	-170	-90	-10	80	165
	70	-240	-160	-90	-5	80
	90	-320	-235	-160	-75	10

荷载工况	弯矩 M/(kN·m)	不同内水压大小时对应的管片环向轴力/kN				
		0 MPa	0.1 MPa	0.2 MPa	0.3 MPa	0.4 MPa
负弯	30	-275	-200	-120	-30	55
	50	-365	-285	-200	-110	-35
	70	-460	-380	-300	-215	-130
	90	-540	-460	-375	-295	-210

1. 接缝张开量及接头抗弯刚度

图 7-4-36 是工况 V、工况 VI 在不同结构力条件下的接缝张开量变化。随着隧道内水压的增大，结构轴压力逐渐减小，接缝张开量在逐渐变大。例如当 $M=90$ kN·m 时，随内水压从 0 MPa 上升到 0.4 MPa，接缝张开量由 0.30 mm 上升到 0.72 mm，增大 0.42 mm，增幅 140.00%。当 $M=-90$ kNm 时，随内水压从 0 MPa 上升到 0.4 MPa，接缝张开量由 0.13 mm 上升到 0.45 mm，增大 0.32 mm，增幅 246.15%。可见张开量随着内水压的增大而明显增大。此时接头的最大张开量为 0.72 mm，为工况 III、工况 IV 张开量最大值 0.33 mm 的 2.46 倍，可见内水压对双层衬砌盾构隧道接缝的张开作用还是十分明显的，不过张开范围仍然远小于结构 3 mm 的最大张开量允许值。

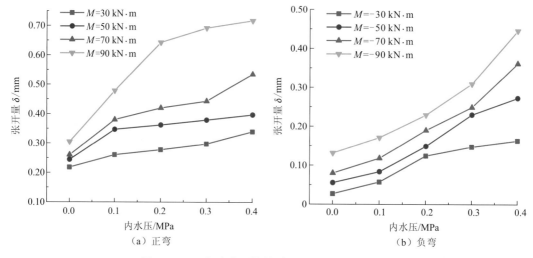

图 7-4-36 δ 与内水压的关系（工况 V、工况 VI）

对比当内水压为 0.2 MPa 时，正弯矩为 70 kN·m 的张开量为 0.42 mm，负弯矩为 70 kN·m 的张开量为 0.19 mm，下降 0.23 mm，减幅 54.76%。内水压为 0.4 MPa 时，正弯矩为 70 kN·m 的张开量为 0.53 mm，负弯矩为 70 kN·m 的张开量为 0.36 mm，下降 0.17 mm，减幅 32.08%。可以看到内水压相同时，负弯矩接缝张开量要小于正弯接缝张开量。原因是内水压相同时，隧道负弯矩受力处的轴压力较大，由上节可知，结构轴压力越大，接缝张开越困难，故此时负弯矩管片张开量更小。

由图 7-4-37 可得，正弯条件下管片接头的抗弯刚度范围为 10～55 MN·m/rad，负弯条件下管片接头的抗弯刚度范围为 15～110 MN·m/rad，结构抗弯刚度随着内水压的增大而在不断减小。例如 $M=70$ kN·m 时，结构随着内水压由 0 MPa 增大到 0.4 MPa，抗弯刚度由 51 MN·m/rad 下降到 16 MN·m/rad，减幅 68.63%。当 $M=-70$ kN·m 时，结构随着内水压由 0 MPa 增大到 0.4 MPa，抗弯刚度由 97 MN·m/rad 下降到 29 MN·m/rad，减幅 70.10%。随内水压的增大，接头刚度有了大幅的下降。得到弯矩为 -70 kN·m 的最大抗弯刚度为 70 kN·m 时的 1.90 倍，可知其他条件相同时，结构负弯条件下的抗弯刚度均比正弯时的大。原因是结构在负弯情况下时，结构的轴压力较大，此时轴力较大的接头抗弯刚度较大。故由试验可得结构的抗弯刚度取值范围大致如表 7-4-7 所示。

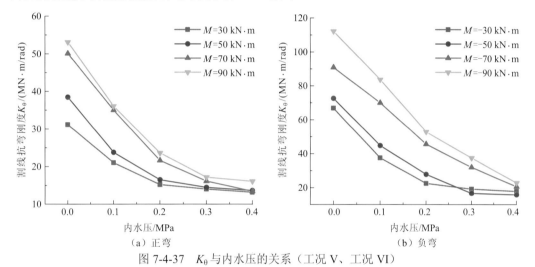

图 7-4-37　K_θ 与内水压的关系（工况 V、工况 VI）

表 7-4-7　不同内水压条件下的结构抗弯刚度取值

内水压/MPa	正抗弯刚度/（MN·m/rad）	负抗弯刚度/（MN·m/rad）
0	35～55	70～110
0.1	20～35	40～80
0.2	15～25	25～50
0.3	10～20	15～40
0.4	10～15	15～20

2. 接缝面应力状况

工况 V、工况 VI 排水隧道在施做完二衬结构运营通水后，接缝面的轴力由压力转变为拉力，接缝张开量增大，此时管片接头螺栓与混凝土都会出现较大的应力增长，需对最大轴力变化和最大弯矩处进行应力变化分析。由 7.4.6 小节可得，正弯作用下接缝的最大应力较大，故取弯矩为 30 kN·m 与 90 kN·m 这两组荷载工况进行分析，接缝应力变化情况如图 7-4-38 所示。

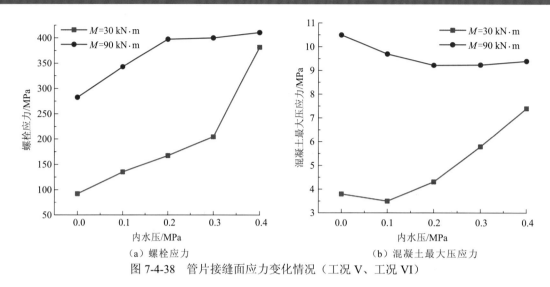

（a）螺栓应力　　　　　　　　　　　（b）混凝土最大压应力

图 7-4-38　管片接缝面应力变化情况（工况 V、工况 VI）

从上图可见正弯条件下，当 $M=30$ kN·m 时，螺栓的最大应力为 381.48 MPa、混凝土最大压应力为 7.42 MPa。当 $M=90$ kN·m 时，螺栓的最大应力为 410.81 MPa、混凝土最大压应力为 10.51 MPa。相对于工况 III、工况 IV 螺栓最大应力为 308.25 MPa、混凝土最大压应力为 16.01 MPa，工况 V、工况 VI 的螺栓最大应力增幅 33.27%，混凝土最大压应力降幅 34.35%，内水压的增大对螺栓应力增大影响十分显著。且工况 V、工况 VI 的螺栓的最大应力与混凝土最大压应力，满足螺栓应力最大允许应力值为 500 MPa、混凝土应力最大允许应力值为 23.10 MPa 的最大允许应力要求。

对比隧道内水压的增大，管片轴力由轴压力转变为拉力的过程，管片接头螺栓应力随着内水压的变大而不断变大。另外当 $M=90$ kN·m 时，随隧道内水压的增大，混凝土最大压应力随着轴压力的减小而减小，而当 $M=30$ kN·m 时，混凝土最大压应力先减小后增大。这是因为当弯矩较大时，结构无内水压时轴压力较大，内水压的增大使管片轴力出现减小，而当弯矩较小时，结构无内水压时轴压力较小，内水压的增大导致轴力出现拉力且不断变大，此时混凝土的受压面积变小明显，加载原大小弯矩所需的单位压应力变大。

7.4.8　通水后管片与二衬的内力分配关系

1. 内水压对管片弯矩分配影响

如图 7-4-39 所示，管片弯矩占总弯矩的比例，随着隧道内水压的增大而减小。正弯加载时，管片弯矩占比变化范围为 0.838～0.913，负弯加载时，管片弯矩占比变化范围为 0.928～0.949。当 $M=30$ kN·m 时，管片弯矩占比由 0.867 变化到 0.838，下降了 0.029，减幅 3.34%。当 $M=-30$ kN·m 时，管片弯矩占比由 0.937 变化到 0.928，下降了 0.009，减幅 0.96%。此时隧道最大正弯处（拱顶或拱底）的弯矩占比变化量为最大负弯处（拱腰）的弯矩变化量的 3.2 倍。这是因为正弯荷载时的轴力比负弯荷载时的小，轴力较小时，二衬对内力的分担作用更为明显，导致随内水压增大，管片分担到的弯矩量变化较快。

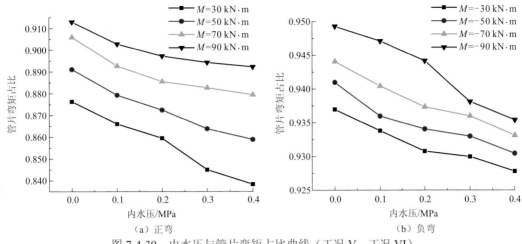

图 7-4-39　内水压与管片弯矩占比曲线（工况 V、工况 VI）

如图 7-4-40 所示，二衬弯矩占总弯矩的比例，随着隧道内水压的增大而增大。二衬通过对弯矩的分担作用，可以减小管片接头处所受的弯矩，从而提高结构整体的力学性能。正弯加载时，二衬弯矩占比变化范围为 0.087～0.162，负弯加载时，管片弯矩占比变化范围为 0.051～0.072。相同内水压条件下，对比正负弯矩二衬弯矩占比的情况，正弯处的二衬弯矩分担效果要强于负弯处的。且比较相同内水压条件下的管片弯矩占比，加载弯矩越大，二衬弯矩占比也越小，这是因为在弯矩较大的荷载情况时，对应的结构轴力也比较大，此时二衬的分担作用没有那么明显。但是总的来说无论是正弯还是负弯，二衬弯矩占比都很小，二衬的弯矩分担对于管片接头抗弯影响比较有限。

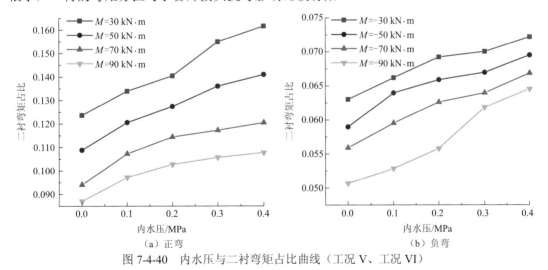

图 7-4-40　内水压与二衬弯矩占比曲线（工况 V、工况 VI）

2. 内水压对管片轴力分配影响

随着隧道内水压的增大，结构轴压力在不断减小，图 7-4-41 就是显示的在内水压增大的过程中，管片轴力的变化情况。由图中可以看到当 $M=30$ kN·m 时，随着内水压由 0 MPa 增大到 0.4 MPa，管片轴力由-171.23 kN 变化到 13.96 kN，变化 157.27 kN。管片轴力基本为压力，接头为受压弯状态。当 $M=-30$ kN·m 时，随着内水压由 0 MPa 变大到 0.4 MPa，管片轴力由-296.91 kN 变化到-122.24 kN，变化 174.67 kN，为正弯时的 1.11 倍，差距不大。此时管片轴力全为压力，接头始终为受压弯状态。

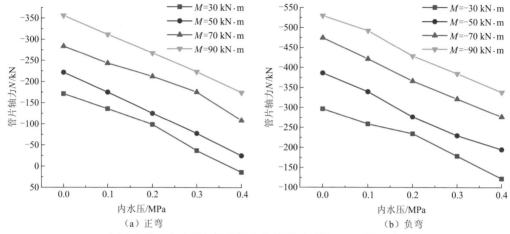

图 7-4-41　内水压与管片轴力曲线图（工况 V、工况 VI）

由上述比较分析可得，随着排水隧道内水压增大，隧道正弯与负弯处的管片轴压力都在快速减小。可是管片轴力在大多数荷载条件下，仍能保持负值，即接头能保持压弯受力状态。这大大提高了通水条件下结构的抗弯刚度，有利于限制接头的张开变形。另外其他条件相同时，正弯条件下的管片轴压力要小于负弯条件下的轴压力，这是因为隧道拱顶（拱底）最大正弯处的轴压力，要小于隧道拱腰最大负弯处的轴压力。

结构在浇筑二衬时对管片两侧施加了一定轴力，由图 7-4-42 可知二衬在无内水压的初始阶段就存在了一定大小的轴拉力。由图 7-4-40 可以看出，随着排水隧道内水压的增大，二衬轴力在不断变大，且二衬轴力在大多数情况下都为拉力。当 $M=30$ kN·m 时，二衬轴力由 61.23 kN 变化到 206.04 kN，增加 144.81 kN。当 $M=-30$ kN·m 时，二衬轴力由 21.91 kN 变化到 177.22 kN，增加 155.31 kN，负弯二衬轴力增量为与正弯时的 1.07 倍，差距不大。且不同弯矩值大小的二衬轴力增量差别不大。

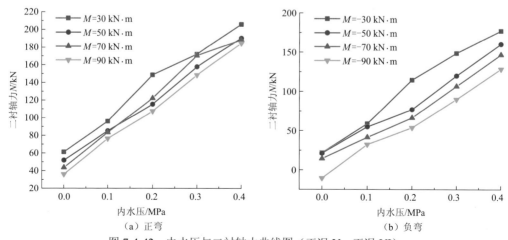

图 7-4-42　内水压与二衬轴力曲线图（工况 V、工况 VI）

由上述比较分析可得，随着排水隧道内水压的增大，试验加载轴压力逐渐减小，最后加载轴力可能减小为轴拉力。在此变化过程中，隧道二衬所分担的轴拉力在不断增大，其中二衬分担的拉力大小主要与内水压的大小有关，与弯矩值大小即隧道的外部荷载关系不是很大。另外二衬始终分担着一个较大值的拉力，这使得管片接头能在内水压较大的情况下仍为压弯受力，这大大提高了结构的抗弯刚度，限制了接头的变形。

绘制二衬轴力与管片轴力比值变化曲线如图 7-4-43 所示。可以看到，当 $M=30$ kN·m 时，比值在内水压为 0.3 MPa 后发生突变，这是因为内水压为 0.4 MPa 时管片轴力变为拉力，此时两者的比值变为正数；当 $M=-90$ kN·m 时，随内水压由 0 MPa 增大到 0.4 MPa，比值-0.02 变化到-0.38，变化了 0.36，比值随着内水压的增大而快速增大，说明随内水压的增大，二衬在结构整体里的轴力分担作用越发明显；当 $M=-30$ kN·m 时，随内水压由 0 MPa 增大到 0.4 MPa，比值由-0.07 变化到-1.45，变化了 1.38，可以看到在弯矩较小、轴力较小的条件下，二衬在内水压增大时起到的轴力分担作用更为明显。

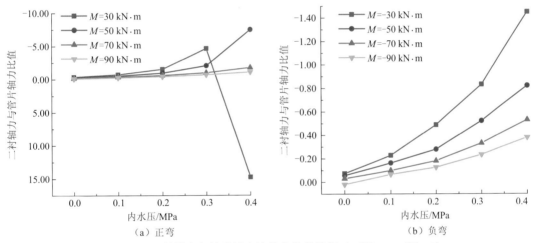

图 7-4-43　二衬轴力与管片轴力比值变化曲线图（工况 V、工况 VI）

7.5　管片接头力学特性数值模拟

7.5.1　接头有限元模型

1. 单元选择与材料特性

数值模拟计算采用通用有限元分析软件 ANSYS 进行，主要采用空间六面体单元模拟混凝土管片和二衬，采用弹簧单元模拟管片与二衬的剪压关系，采用梁单元模拟螺栓，采用衬垫单元模拟防水橡胶和采用接触单元模拟接头端面接触。由于螺栓与螺栓孔壁间隙约 3 mm，当变形较小时不发生接触，在此不模拟螺栓与螺栓孔壁的接触问题，在螺栓两头与混凝土管片连接的部位以共用节点方式进行模拟，中间段不与混凝土单元发生联系。

2. 管片和二衬模拟

对于混凝土管片和二衬，模型中均选用 8 节点空间六面体单元（SOLID45 单元）模拟，如图 7-5-1 所示。

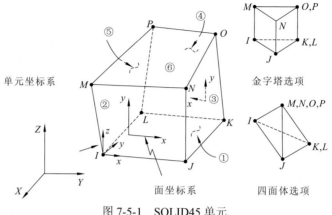

图 7-5-1　SOLID45 单元

混凝土材料采用美国学者 Hongnestad 本构模型，模型的上升段为二次抛物线，下降段为斜直线，该本构关系也是目前世界上最广泛应用的混凝土本构模型，如图 7-5-2 所示。

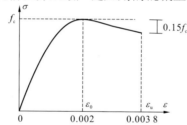

图 7-5-2　Hongnestad 提出的混凝土本构关系

上升段：

$$\varepsilon \leqslant \varepsilon_0, \quad \sigma = f_c \left[2\frac{\varepsilon}{\varepsilon_0} - \left(\frac{\varepsilon}{\varepsilon_0}\right)^2 \right]$$

下降段：

$$\varepsilon_0 \leqslant \varepsilon \leqslant \varepsilon_u, \quad \sigma = f_c \left[1 - 0.15\frac{\varepsilon - \varepsilon_0}{\varepsilon_u - \varepsilon_0} \right]$$

式中：f_c 为峰值应力（棱柱体抗压强度）；ε_0 为相应于峰值应力时的应变，取 $\varepsilon_0 = 0.002$；ε_u 为极限压应变，取 $\varepsilon_u = 0.003\,8$。

对于 C50 混凝土，取抗压强度 $f_c = 28\,\text{MPa}$，抗拉强度 $f_t = 2.6\,\text{MPa}$，弹性模量 $E = 3.45 \times 10^{10}\,\text{N/m}^2$，泊松比 $\mu = 0.2$。对于二衬，采用 C40 混凝土，取抗压强度 $f_c = 26.8\,\text{MPa}$，抗拉强度 $f_t = 2.39\,\text{MPa}$，弹性模量 $E = 3.25 \times 10^{10}\,\text{N/m}^2$，泊松比 $\mu = 0.2$。

3. 螺栓模拟

模型选用 2 节点 Timoshenko 空间梁单元（BEAM188 单元）模拟连接螺栓，该单元突破了传统 Euler 梁理论中横截面变形后的平面仍与变形后的轴线相垂直的假设，考虑了梁的横向剪切变形,挠度和截面转角独立插值,能够较好地模拟高跨比较大的深梁($h/l>1/5$)。在本模型中,螺栓属于长细结构,Timoshenko 梁和 Euler 梁理论解趋于一致,但 Timoshenko 梁单元可模拟任意截面,可以施加初应力来模拟螺栓的预紧力,而一般的梁单元(BEAM3)只能模拟矩形截面,截面参数需转换,剪切系数也与截面形状有关,因此考虑采用 Timoshenko 梁单元。

螺栓材料采用双线性等向强化模型模拟螺栓屈服后应力尚能增长的特性,本构关系见图 7-5-3。

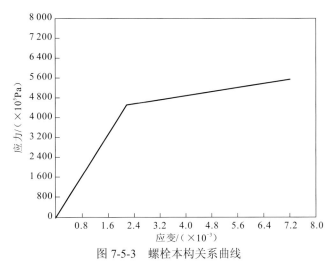

图 7-5-3　螺栓本构关系曲线

4. 传力衬垫模拟

传力衬垫和防水橡胶采用衬垫单元(INTER195 单元)模拟,见图 7-5-4。材料本构关系见图 7-5-5,曲线方程为 $\sigma=378.39\varepsilon3.089\,2$。

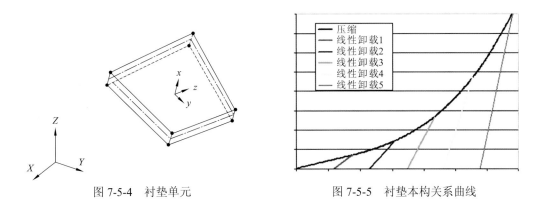

图 7-5-4　衬垫单元　　　　　图 7-5-5　衬垫本构关系曲线

5. 混凝土接触模拟

在混凝土端面接触以及管片与二衬的相互关系采用面-面接触单元,见图 7-5-6,采用单元高斯点判断接触状态。

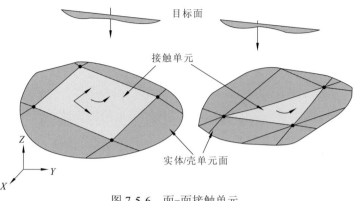

图 7-5-6　面-面接触单元

在理论上，物体 A 和物体 B 在相互接触的过程不发生相互侵入（贯穿），但在数值计算中，产生侵入是不可避免的，若在前一步产生了侵入，则在侵入区域施加法向作用力直到侵入量足够小或在允许范围内。如图 7-5-7 所示，在物体 Ω_B 上某点 B 到物体 Ω_A 表面上任意一点的距离为

$$l_{AB} = \sqrt{(x_B - x_A)^2 + (y_B - y_A)^2 + (z_B - z_A)^2}$$

侵入量定义为

$$p_n = \min \alpha l_{AB}, \quad \alpha = \begin{cases} 1, & (\boldsymbol{X}_B - \boldsymbol{X}_A) \cdot \boldsymbol{n}_A \leqslant 0 \\ 0, & (\boldsymbol{X}_B - \boldsymbol{X}_A) \cdot \boldsymbol{n}_A > 0 \end{cases}$$

空隙量量定义为

$$g_n = \min \beta l_{AB}, \quad \beta = \begin{cases} 0, & (\boldsymbol{X}_B - \boldsymbol{X}_A) \cdot \boldsymbol{n}_A \leqslant 0 \\ 1, & (\boldsymbol{X}_B - \boldsymbol{X}_A) \cdot \boldsymbol{n}_A > 0 \end{cases}$$

式中：$\boldsymbol{n}_A$ 为物体 A 表面的单位法向量，$\boldsymbol{X}_A$、$\boldsymbol{X}_B$ 分别表示 A、B 点的空间坐标向量，$(\boldsymbol{X}_B - \boldsymbol{X}_A) \cdot \boldsymbol{n}_A$ 表示 AB 距离在法向量 $\boldsymbol{n}_A$ 上的投影。

库仑摩擦模型来源于刚体的摩擦模型，由于其简单和实用被广泛应用于工程分析中。该模型认为切向摩擦力 F_T 的数值不能超过法向压力 F_N 和摩擦因数 μ 的乘积。在弹性接触分析中，库仑摩擦模型可表述如下

$$|\tau| \leqslant \mu p + c$$

式中：τ 为等效剪切应力；p 为接触压力；c 为黏结阻力，关系如图 7-5-8。该表达实质上是静摩擦力的屈服条件或接触面的滑移条件，将切向力与径向压力联系起来。

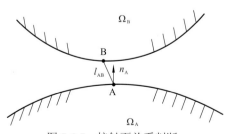

图 7-5-7　接触面关系判断

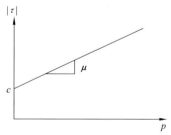

图 7-5-8　库仑摩擦模型

7.5.2 模型与加载

1. 计算模型

管片接头示意图如图 7-5-9 所示，基于接头构造建立三维数值模型，计算模型及网格划分见图 7-5-10 和图 7-5-11 所示，图 7-5-10 为施工期 I 未施作二衬前单层管片衬砌接头计算模型，单层衬砌接头模型尺寸为长 2 m（半边长度取 1 m），宽 1 m，高 0.25 m；图 7-5-11 为施工期 II 施作二衬后及其运营阶段双层衬砌接头计算模型，双层衬砌接头模型尺寸为长

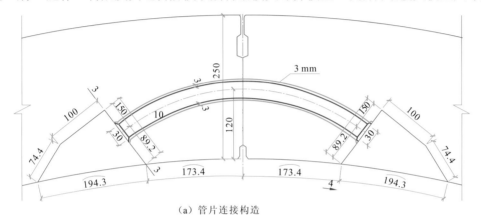

（a）管片连接构造

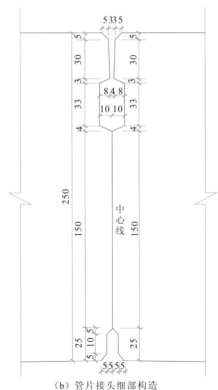

（b）管片接头细部构造

图 7-5-9 管片接头（单位：mm）

2 m（半边长度取 1 m），宽 1 m，管片高 0.25 m，二衬高 0.2 m。鉴于衬砌结构在幅宽方向两螺栓对称布置，为节省计算时间，在数值计算时幅宽方向取半幅宽 0.5 m，但后续的计算结果均换算到全幅宽管片接头上。

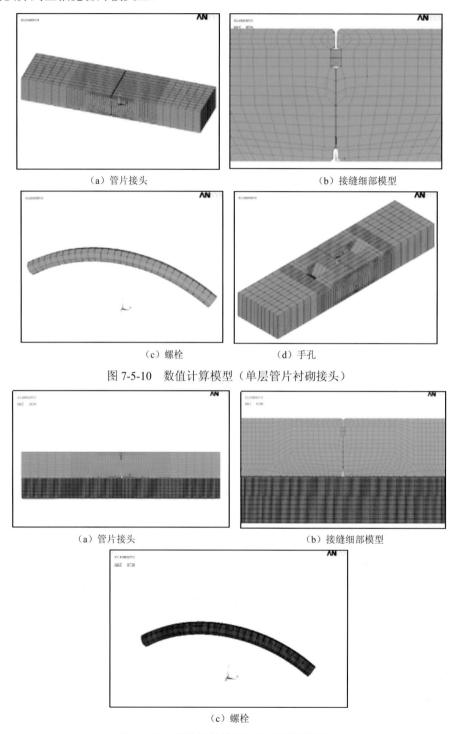

（a）管片接头 （b）接缝细部模型

（c）螺栓 （d）手孔

图 7-5-10　数值计算模型（单层管片衬砌接头）

（a）管片接头 （b）接缝细部模型

（c）螺栓

图 7-5-11　数值计算模型（双层衬砌接头）

2. 边界条件及加载

管片接头边界条件及加载见图 7-5-12 所示。边界条件为：模型一端采用固定铰支座，另一端采用可动铰支座，管片体两侧面布置链杆约束，对管片内侧远离接触面底边施加铅直约束。图中 F_1 为施加的轴向荷载，方向穿过中部接头面的中心，F_2 压力荷载，施于管片外侧或内侧，用来实现管片接头处的弯矩。

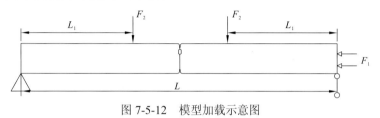

图 7-5-12 模型加载示意图

7.5.3 数值模拟结果分析

1. 单层衬砌管片接头（施工期 I，施作二衬前）力学分析

1）管片接缝张开量

在荷载作用下，管片接头发生图 7-5-13 所示的张开，产生接头张角 θ，图 7-5-13（a）为管片结构内侧张开，规定弯矩为正，图 7-5-13（b）为管片结构外侧（靠近土体侧）张开，规定弯矩为负。轴力的正负号规定为，受压为负，受拉为正。

表 7-5-1～表 7-5-5 是施工期 I 数值计算的结果，图 7-5-14 绘制了接头张开量与弯矩关系曲线。由图可以看出，关系曲线呈明显非线性，在轴力一定的情况下，当弯矩较小时，接头几乎未张开，随着弯矩的增大，接头逐渐张开，当弯矩增大到一定程度后，接头加速张开，后期较小的弯矩增量可产生较大的张开增量。在弯矩一定的情况下，轴压力越大，接头越不容易张开，较大的衬砌轴压力有利于接头的防水。另外，在轴力、弯矩值相同的条件下，施工期 I 单层管片衬砌在正弯作用下的接缝张开量均小于负弯作用下的张开量，这是由于弯螺栓布置在接缝中间稍靠管片内侧的原因。

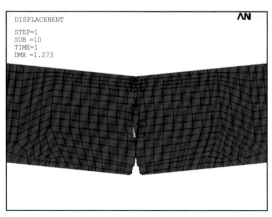

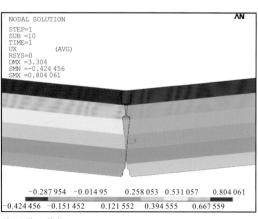

（a）正弯情况管片接头张开量（单位：mm）

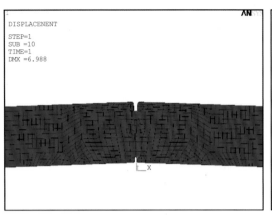
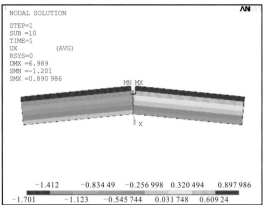

（b）负弯情况管片接头张开量（单位：mm）

图 7-5-13　管片接头张开示意图（施工期 I）

表 7-5-1　轴力 $N=-100$ kN 的接头计算结果（施工期 I）

接头施加弯矩 $M/$（kN·m）	偏心距 $e/$m	张开量 $\delta/$mm	张开高度 $h/$mm	张开角 $\theta/$（$\times 10^{-3}$ rad）	抗弯刚度 $K_\theta/$（MN·m/rad）
−30	−0.300	0.425	135	−3.14	9.52
−22.5	−0.225	0.223	133	−1.67	13.41
−15	−0.150	0.095	112	−0.84	17.68
−7.5	−0.075	0.013	70	−0.18	40.38
0	0	0	0	0	0
7.5	0.075	0.014	70	0.2	37.50
15	0.150	0.101	114	0.88	16.93
22.5	0.225	0.230	135	1.70	13.21
30	0.300	0.433	139	3.11	9.63

表 7-5-2　轴力 $N=-200$ kN 的接头计算结果（施工期 I）

接头施加弯矩 $M/$（kN·m）	偏心距 $e/$m	张开量 $\delta/$mm	张开高度 $h/$mm	张开角 $\theta/$（$\times 10^{-3}$ rad）	抗弯刚度 $K_\theta/$（MN·m/rad）
−60	−0.300	0.790	144	−5.486	10.93
−45	−0.225	0.437	140	−3.121	14.41
−30	−0.150	0.175	117	−1.495	20.05
−15	−0.075	0.028	78	−0.358	41.78
0	0	0	0	0	0
15	0.075	0.029	78	0.374	40.07
30	0.150	0.180	118	1.525	19.67
45	0.225	0.464	142	3.268	13.77
60	0.300	0.870	147	5.918	10.13

表 7-5-3　轴力 $N=-300$ kN 的接头计算结果（施工期 I）

接头施加弯矩 $M/(\text{kN·m})$	偏心距 e/m	张开量 δ/mm	张开高度 h/mm	张开角 $\theta/(\times 10^{-3}\,\text{rad})$	抗弯刚度 $K_\theta/(\text{MN·m/rad})$
-90	-0.30	1.210	149	-8.121	11.08
-75	-0.25	0.772	138	-5.594	13.41
-60	-0.20	0.451	127	-3.551	16.89
-45	-0.15	0.246	123	-2.000	22.50
-30	-0.10	0.084	88	-0.954	31.42
-15	-0.05	0.014	70	-0.200	75.00
0	0	0	0	0	0
15	0.05	0.014	70	0.200	75.00
30	0.10	0.085	89	0.950	31.41
45	0.15	0.250	127	1.960	22.86
60	0.20	0.470	130	3.615	16.59
75	0.25	0.781	140	5.578	13.44
90	0.30	1.270	151	8.410	10.70

表 7-5-4　轴力 $N=-400$ kN 的接头计算结果（施工期 I）

接头施加弯矩 $M/(\text{kN·m})$	偏心距 e/m	张开量 δ/mm	张开高度 h/mm	张开角 $\theta/(\times 10^{-3}\,\text{rad})$	抗弯刚度 $K_\theta/(\text{MN·m/rad})$
-120	-0.30	1.613	150	-10.75	11.15
-100	-0.25	1.029	141	-7.29	13.70
-80	-0.20	0.601	128	-4.69	17.03
-60	-0.15	0.328	123	-2.67	22.50
-40	-0.10	0.112	89	-1.25	31.78
-20	-0.05	0.018	70	-0.25	77.78
0	0	0	0	0	0
20	0.05	0.018	70	0.25	77.78
40	0.10	0.113	90	1.25	31.85
60	0.15	0.333	129	2.58	23.24
80	0.20	0.626	132	4.74	16.86
100	0.25	1.041	143	7.27	13.73
120	0.30	1.693	155	10.92	10.98

表 7-5-5　轴力 $N=-500$ kN 的接头计算结果（施工期 I）

接头施加弯矩 $M/$（kN·m）	偏心距 $e/$m	张开量 $\delta/$mm	张开高度 $h/$mm	张开角 $\theta/$（×10⁻³ rad）	抗弯刚度 $K_\theta/$（MN·m/rad）
−150	−0.30	2.015	153	−13.16	11.38
−125	−0.25	1.287	144	−8.93	13.98
−100	−0.20	0.752	135	−5.57	17.95
−75	−0.15	0.410	131	−3.12	23.96
−50	−0.10	0.140	93	−1.50	33.21
−25	−0.05	0.023	74	−0.31	80.43
0	0	0	0	0	0
25	0.05	0.023	75	0.30	81.52
50	0.10	0.141	95	1.48	33.68
75	0.15	0.414	134	3.08	24.27
100	0.20	0.783	138	5.67	17.62
125	0.25	1.301	147	8.85	14.12
150	0.30	2.110	158	13.35	11.23

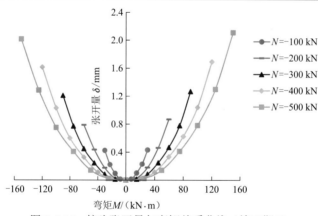

图 7-5-14　接头张开量与弯矩关系曲线（施工期 I）

关于施工期 I 接头的张开量值，由计算结果可见当弯矩 M 大于 90 kN·m 时，接头张开量超过了 1 mm，在 $N=-500$ kN，$M=150$ kN·m 时，接头张开量达到了 2.11 mm，严重威胁到接头的防水性能。由于计算中接头的荷载取值范围依据是单层管片衬砌承受全部的外水土压力，没有考虑二次衬砌对外水土压力的分担，实际施工期 I 管片衬砌承受的荷载值小于此处的计算值，实际工程中管片接头张开量比此处的计算结果要小。

2）接头抗弯刚度

接头的弯矩与转角关系曲线（M-θ 曲线）如图 7-5-15 所示，可以看出，弯矩与转角的关系呈现明显的非线性，其抗弯刚度并非恒定值，在初始段弯矩较小的一定范围内，转角随弯矩线性增长，弯矩增大到一定程度后，转角随弯矩非线性增长，增速加快，并且轴力越大，线性增长段保持越长；在弯矩一定的情况下，轴力越大，接头的张开角越小，接头的抗弯性能越好。正负弯矩作用下的曲线形状类似，数值差距很小，这是由于弯螺栓基本位于接缝面中间的缘故，接头的正负抗弯能力基本相同。

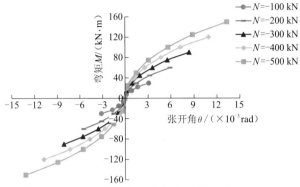

图 7-5-15　接头张开角与弯矩关系曲线（施工期 I）

图 7-5-16 是接头抗弯刚度 K_θ 与偏心距 e 的关系曲线，可见，接头抗弯刚度与偏心距关系密切，接头抗弯刚度与偏心距基本上一一对应，与轴力大小无关。接头抗弯刚度随偏心距的增大而减小，施工期 I 单层管片衬砌接头抗弯刚度取值范围为 $10\sim80$MN·m/rad。

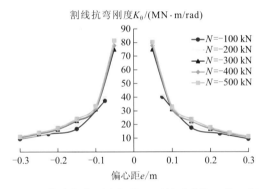

图 7-5-16　接头抗弯刚度与偏心距关系曲线（施工期 I）

3）接缝面应力

表 7-5-6 是施工期 I 的接头轴力 $N=-500$ kN 时的接缝面应力和螺栓应力计算结果，本工程接头螺栓采用 8.8 级高强螺栓，其屈服强度为 640 MPa，混凝土采用 C50 高性能混凝土，其抗压强度设计值为 28 MPa。其中 $M=150$ kN·m 时螺栓、混凝土接触面的应力情况见图 7-5-17。

表 7-5-6　轴力 $N=-500$ kN 的接缝面应力计算结果（施工期 I）

实际弯矩 M/（kN·m）	偏心距 e/m	螺栓最大应力/MPa	混凝土最大压应力/MPa
-150	-0.30	362.43	11.53
-125	-0.25	254.32	10.32
-100	-0.20	172.88	8.63

实际弯矩 M/(kN·m)	偏心距 e/m	螺栓最大应力/MPa	混凝土最大压应力/MPa
−75	−0.15	97.32	6.51
−50	−0.10	53.68	4.89
−25	−0.05	20.01	3.01
0	0	0	2.13
25	0.05	24.60	6.76
50	0.10	58.45	9.67
75	0.15	110.42	12.62
100	0.20	198.69	15.94
125	0.25	281.45	19.39
150	0.30	392.12	22.87

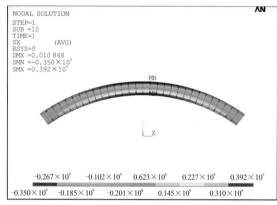

（a）螺栓应力

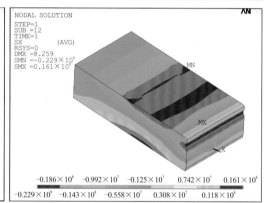

（b）混凝土应力

图 7-5-17　M=150 kN·m 时螺栓和混凝土的应力

可见，在轴力一定的情况下，随着弯矩的增加，混凝土应力和螺栓应力逐步增加，当 M=150 kN·m 时，混凝土的应力达到最大，最大压应力为 22.87 MPa，小于混凝土的抗压强度，混凝土的最大拉应力出现在螺栓端头与混凝土接触部位，产生应力集中，螺栓的最大应力为 392.12 MPa，小于螺栓的屈服强度，因此，施工期 I 荷载作用下的接头是安全的。

2. 双层衬砌通水前（施工期 II）接头力学分析

1）管片接缝张开量

施工期 II 双层衬砌结构的管片接头张开示意见图 7-5-18，图 7-5-18（a）为正弯工况，图 7-5-18（b）为负弯工况。

表 7-5-7～表 7-5-11 是施工期 II 数值计算的结果，图 7-5-19 绘制了接头张开量 δ 与弯矩 M 关系曲线，与施工期 I 单层管片衬砌接头张开量与弯矩关系曲线图 7-5-14 相比，两曲线遵循的规律相似，但是，在等荷载作用下，施工期 II 的接头张开量明显小于施工期 I，如当 N=−200 kN，M=60 kN·m 时，施工期 I 的接头张开量 δ=0.79 mm，施工期 II 的

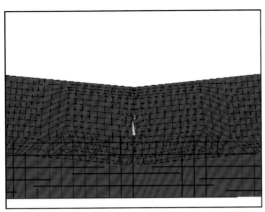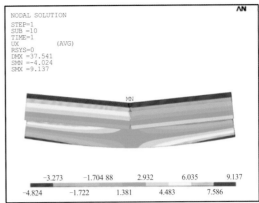

（a）正弯情况管片接头张开量（单位：mm）

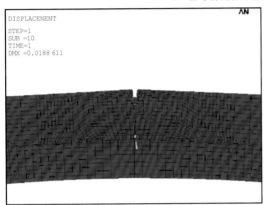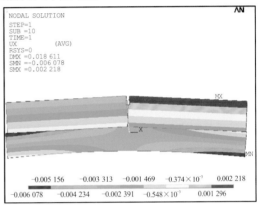

（b）负弯情况管片接头张开量（单位：mm）

图 7-5-18　管片接头张开示意图（施工期 II）

接头张开量 δ＝0.22 mm；当 N＝-400 kN，M＝100 kN·m 时，施工期 I 的接头张开量 δ＝1.0 mm，施工期 II 的接头张开量 δ＝0.18 mm。可见，二次衬砌的施作有利于限制接缝的张开，提高接头的防水性能。总体上看，在施工期 II 可能的结构荷载范围内，接头的最大张开量小于 0.4 mm。

表 7-5-7　轴力 N＝-100 kN 的接头计算结果（施工期 II）

实际弯矩 M/（kN·m）	偏心距 e/m	张开量 δ/mm	张开高度 h/mm	张开角 θ/（$\times 10^{-3}$ rad）	抗弯刚度 K_θ/（MN·m/rad）
-30	-0.300	0.158	92	-1.72	17.47
-22.5	-0.225	0.080	71	-1.13	19.97
-15	-0.150	0.029	50	-0.58	25.86
-7.5	-0.075	0.008	45	-0.18	42.19
0	0	0	0	0	0
7.5	0.075	0.008	45	0.18	42.19
15	0.150	0.035	50	0.70	21.43
22.5	0.225	0.091	72	1.26	17.80
30	0.300	0.180	93	1.94	15.50

表 7-5-8　轴力 $N=-200$ kN 的接头计算结果（施工期 II）

实际弯矩 $M/$（kN·m）	偏心距 e/m	张开量 δ/mm	张开高度 h/mm	张开角 $\theta/$（$\times 10^{-3}$ rad）	抗弯刚度 $K_\theta/$（MN·m/rad）
−60	−0.300	0.221	97	−2.28	26.33
−45	−0.225	0.115	75	−1.53	29.35
−30	−0.150	0.044	52	−0.85	35.45
−15	−0.075	0.013	46	−0.28	53.08
0	0	0	0	0	0
15	0.075	0.013	46	0.28	53.08
30	0.150	0.046	53	0.87	34.57
45	0.225	0.129	76	1.70	26.51
60	0.300	0.252	98	2.57	23.33

表 7-5-9　轴力 $N=-300$ kN 的接头计算结果（施工期 II）

实际弯矩 $M/$（kN·m）	偏心距 e/m	张开量 δ/mm	张开高度 h/mm	张开角 $\theta/$（$\times 10^{-3}$ rad）	抗弯刚度 $K_\theta/$（MN·m/rad）
−90	−0.30	0.261	101	−2.58	34.83
−75	−0.25	0.155	80	−1.94	38.71
−60	−0.20	0.085	63	−1.35	44.47
−45	−0.15	0.048	58	−0.83	54.38
−30	−0.10	0.018	50	−0.36	83.33
−15	−0.05	0.005	48	−0.10	144.00
0	0	0	0	0	0
15	0.05	0.005	48	0.10	144.00
30	0.10	0.02	50	0.40	75.00
45	0.15	0.055	58	0.95	47.45
60	0.20	0.1	63	1.59	37.80
75	0.25	0.18	81	2.22	33.75
90	0.30	0.297	102	2.91	30.91

表 7-5-10　轴力 $N=-400$ kN 的接头计算结果（施工期 II）

实际弯矩 $M/$（kN·m）	偏心距 e/m	张开量 δ/mm	张开高度 h/mm	张开角 $\theta/$（$\times 10^{-3}$ rad）	抗弯刚度 $K_\theta/$（MN·m/rad）
−120	−0.30	0.300	104	−2.88	41.60
−100	−0.25	0.179	83	−2.16	46.37
−80	−0.20	0.095	64	−1.48	53.89
−60	−0.15	0.055	59	−0.93	64.36

续表

实际弯矩 $M/(kN\cdot m)$	偏心距 e/m	张开量 δ/mm	张开高度 h/mm	张开角 $\theta/(\times 10^{-3}\ rad)$	抗弯刚度 $K_\theta/(MN\cdot m/rad)$
−40	−0.10	0.023	53	−0.43	92.17
−20	−0.05	0.006	49	−0.12	163.33
0	0	0	0	0	0
20	0.05	0.006	49	0.12	163.33
40	0.10	0.025	53	0.47	84.80
60	0.15	0.059	60	0.98	61.02
80	0.20	0.110	66	1.67	48.00
100	0.25	0.208	84	2.48	40.38
120	0.30	0.343	105	3.27	36.73

表 7-5-11　轴力 $N=-500$ kN 的接头计算结果（施工期 II）

实际弯矩 $M/(kN\cdot m)$	偏心距 e/m	张开量 δ/mm	张开高度 h/mm	张开角 $\theta/(\times 10^{-3}\ rad)$	抗弯刚度 $K_\theta/(MN\cdot m/rad)$
−150	−0.30	0.342	108	−3.17	47.38
−125	−0.25	0.204	89	−2.29	54.53
−100	−0.20	0.108	74	−1.46	68.52
−75	−0.15	0.058	69	−0.84	89.22
−50	−0.10	0.022	54	−0.41	122.73
−25	−0.05	0.007	51	−0.14	182.14
0	0	0	0	0	0
25	0.05	0.007	51	0.14	182.14
50	0.10	0.024	55	0.44	114.58
75	0.15	0.067	69	0.97	77.24
100	0.20	0.125	75	1.67	60.00
125	0.25	0.236	90	2.62	47.67
150	0.30	0.390	109	3.58	41.94

另外，由图 7-5-19 可见，在轴力、弯矩值相同的条件下，施工期 II 双层衬砌在正弯矩作用下的接缝张开量均大于负弯矩作用下的张开量，这与模型中双层衬砌的相互作用关系有关，管片与二次衬砌既不是一个整体，也不是相互独立的两个构件，接触面是可以相互传递剪力和压力的。计算模型中产生正弯矩的竖向荷载施加在管片外侧，管片直接承担荷载，再进一步传递给二次衬砌；而计算模型中产生负弯矩的竖向荷载施加在二次衬砌内侧，二次衬砌直接承担荷载，再进一步传递给管片，管片接缝面承担的弯矩削弱，接缝面张开量比正弯时减小。

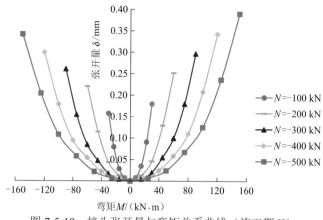

图 7-5-19　接头张开量与弯矩关系曲线（施工期 II）

将施工期 I 与施工期 II 比较，在荷载相同的条件下，对于施工期 I 单层管片衬砌，负弯工况的接缝张开量大于正弯工况；对于施工期 II 双层管片衬砌，负弯工况的接缝张开量小于正弯工况。因此，二次衬砌的施作对于提高接头抵抗负弯的效果强于正弯，对限制负弯工况的接头张开更有利。

2）接头抗弯刚度

接头的弯矩与转角关系曲线（M-θ 曲线）如图 7-5-20 所示，与施工期 I 单层管片衬砌接头的弯矩与转角关系曲线图相比，两曲线遵循的规律形同。图 7-5-21 是接头抗弯刚度 K_θ 与偏心距 e 关系曲线，可见接头抗弯刚度随偏心距的增大而减小，偏心距增大到一定程度后，接头抗弯刚度趋于稳定；但是与施工期 I 单层管片衬砌接头的接头抗弯刚度 K_θ 与偏心距 e 关系曲线图 7-5-16 不同，接头抗弯刚度与偏心距不再一一对应，而是与轴力大小有关，在偏心距一定的情况下，轴力越大，接头抗弯刚度越大，并且在偏心距越小的时候，接头抗弯刚度随轴力的变化而改变的幅度越大。

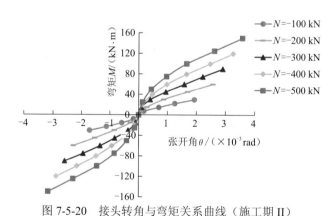

图 7-5-20　接头转角与弯矩关系曲线（施工期 II）

整体上看，施工期 II 双层管片衬砌接头抗弯刚度取值范围为 20～180 MN·m/rad，约为施工期 I 单层管片衬砌接头抗弯刚度的 2 倍，二次衬砌的施作增加了管片接头的抗弯刚度。

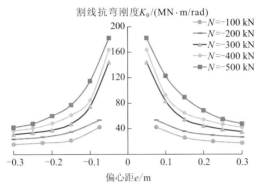

图 7-5-21　接头抗弯刚度与偏心距关系曲线（施工期 II）

3）接缝面应力

表 7-5-12 是施工期 II 的接头轴力 $N=-500$ kN 时管片衬砌接缝面应力和螺栓应力计算结果。其中 $M=150$ kN·m 时螺栓、混凝土接触面的应力情况见图 7-5-22。

表 7-5-12　轴力 $N=-500$ kN 的接缝面应力计算结果（施工期 II）

实际弯矩 M/（kN·m）	偏心距 e/m	螺栓最大应力/MPa	混凝土最大压应力/MPa
-150	-0.30	213.24	8.32
-125	-0.25	165.31	7.51
-100	-0.20	112.37	6.48
-75	-0.15	63.26	5.35
-50	-0.10	34.89	4.26
-25	-0.05	13.01	2.61
0	0	0	1.78
25	0.05	15.99	4.73
50	0.10	37.99	6.77
75	0.15	71.77	8.83
100	0.20	129.15	11.16
125	0.25	182.94	13.57
150	0.30	235.82	16.01

可见，在轴力一定的情况下，随着弯矩的增加，混凝土应力和螺栓应力逐步增加，当 $M=150$ kN·m 时，混凝土的应力达到最大，最大压应力为 16.01 MPa，小于混凝土的抗压强度，混凝土的最大拉应力出现在螺栓端头与混凝土接触部位，产生应力集中，螺栓的最大应力为 235.82 MPa，小于螺栓的屈服强度，因此，施工期荷载作用下的接头是安全的。

将轴力 $N=-500$ kN 时的施工期 I 表 7-5-6 与施工期 II 表 7-5-12 的管片接头混凝土应力和螺栓应力比较，可见，同荷载工况下，施工期 I 螺栓应力大于施工期 II 的螺栓应力，二次衬砌的施作分担了螺栓的拉应力，减轻了螺栓的受力；对于管片接头混凝土压应力，施工期 I 大于施工期 II。因此，二次衬砌的施作分担了管片衬砌的受力，降低了螺栓的拉应力。

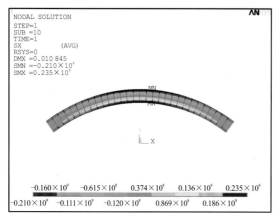
（a）螺栓应力

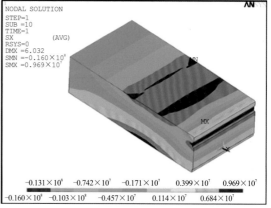
（b）管片混凝土应力

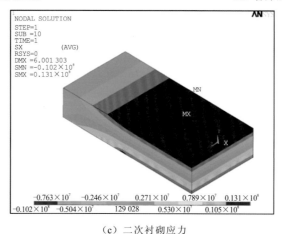
（c）二次衬砌应力

图 7-5-22　$M=150\ \text{kN·m}$ 时螺栓和混凝土的应力

3. 双层衬砌通水后（运营期）接头力学分析

依据盾构隧道整体结构的力学性能计算结论，在隧道运营期间，随着内水压力的增大，管片和二衬的弯矩变化较小，轴压力减小，且逐渐转化为轴拉力，因而，运营阶段接头的计算模型与施工期 II 相同，荷载取值不同。

1）管片接缝张开量

运营期间双层衬砌结构的管片接头张开类似于施工期 II，表 7-5-13～表 7-5-22 是运营期管片接头数值计算的结果，图 7-5-23 绘制了接头张开量 δ、弯矩 M 与轴力 N 关系曲线，图 7-5-23（a）为正弯工况，图 7-5-23（b）为负弯工况。可见，无论正弯工况还是负弯工况，在弯矩一定的情况下，在接头轴压力逐渐减小，转变为拉力，继而拉力增大的过程中，接头张开量保持增大，但两阶段的增速不同，当接头受压时，随着轴压力的减小，接头张开量增长缓慢，当接头受拉时，随着轴拉力的增加，接头张开量增长迅速。无论接头承受轴压力还是轴拉力，在轴力一定的情况下，随着弯矩的增大，接头张开量增大。

表 7-5-13　弯矩 $M=30$ kN·m 的接头计算结果（运营期）

实际轴力 N/kN	张开量 δ/mm	张开高度 h/mm	张开角 θ/（$\times 10^{-3}$ rad）	抗弯刚度 K_θ/（MN·m/rad）
−300	0.020	50	0.40	75.00
−200	0.046	53	0.87	34.57
−100	0.180	93	1.94	15.50
100	0.200	100	2.00	15.00
200	0.223	102	2.19	13.72
300	0.323	110	2.94	10.22
400	0.503	121	4.16	7.22
500	0.821	122	6.73	4.46

表 7-5-14　弯矩 $M=45$ kN·m 的接头计算结果（运营期）

实际轴力 N/kN	张开量 δ/mm	张开高度 h/mm	张开角 θ/（$\times 10^{-3}$ rad）	抗弯刚度 K_θ/（MN·m/rad）
−300	0.055	58	0.95	47.45
−200	0.129	76	1.70	26.51
−150	0.185	80	2.31	19.46
−100	0.273	93	2.94	15.33
80	0.298	98	3.04	14.80
160	0.332	103	3.22	13.96
240	0.430	110	3.91	11.51
320	0.589	118	4.99	9.02
400	0.768	125	6.14	7.32

表 7-5-15　弯矩 $M=60$ kN·m 的接头计算结果（运营期）

实际轴力 N/kN	张开量 δ/mm	张开高度 h/mm	张开角 θ/（$\times 10^{-3}$ rad）	抗弯刚度 K_θ/（MN·m/rad）
−400	0.059	60	0.98	61.02
−300	0.120	70	1.71	35.00
−200	0.252	98	2.57	23.33
−100	0.400	99	4.04	14.85
60	0.420	99	4.24	14.14
120	0.434	102	4.25	14.10
180	0.503	111	4.53	13.24
240	0.651	120	5.43	11.06
300	0.802	127	6.31	9.50

表 7-5-16 弯矩 $M=75$ kN·m 的接头计算结果（运营期）

实际轴力 N/kN	张开量 δ/mm	张开高度 h/mm	张开角 θ/（$\times 10^{-3}$ rad）	抗弯刚度 K_θ/（MN·m/rad）
−500	0.067	69	0.97	77.24
−375	0.130	75	1.73	43.27
−250	0.350	98	3.57	21.00
−100	0.520	99	5.25	14.28
35	0.570	100	5.70	13.16
70	0.620	105	5.90	12.70
105	0.680	112	6.07	12.35
140	0.770	122	6.31	11.88
175	0.872	129	6.76	11.10

表 7-5-17 弯矩 $M=90$ kN·m 的接头计算结果（运营期）

实际轴力 N/kN	张开量 δ/mm	张开高度 h/mm	张开角 θ/（$\times 10^{-3}$ rad）	抗弯刚度 K_θ/（MN·m/rad）
−500	0.130	75	1.73	51.92
−400	0.192	85	2.26	39.84
−300	0.297	102	2.91	30.91
−200	0.480	102	4.71	19.13
−100	0.700	102	6.86	13.11
20	0.760	104	7.31	12.32
40	0.780	106	7.36	12.23
60	0.830	112	7.41	12.14
80	0.930	124	7.50	12.00
100	0.990	130	7.62	11.82

表 7-5-18 弯矩 $M=-30$ kN·m 的接头计算结果（运营期）

实际轴力 N/kN	张开量 δ/mm	张开高度 h/mm	张开角 θ/（$\times 10^{-3}$ rad）	抗弯刚度 K_θ/（MN·m/rad）
−300	0.018	50	0.36	82.50
−200	0.044	52	0.85	35.45
−100	0.158	92	1.72	17.47
100	0.192	99	1.94	15.47
200	0.223	104	2.14	13.99
300	0.329	110	2.99	10.03
400	0.523	116	4.51	6.65
500	0.903	125	7.22	4.15

表 7-5-19　弯矩 $M=-45$ kN·m 的接头计算结果（运营期）

实际轴力 N/kN	张开量 δ/mm	张开高度 h/mm	张开角 θ/（$\times 10^{-3}$ rad）	抗弯刚度 K_θ/（MN·m/rad）
-300	0.050	57	0.88	51.39
-200	0.115	75	1.53	29.35
-150	0.186	95	1.96	22.98
-100	0.265	98	2.70	16.64
80	0.299	100	2.99	15.05
160	0.332	104	3.19	14.10
240	0.423	111	3.81	11.81
320	0.595	120	4.96	9.08
400	0.875	128	6.84	6.58

表 7-5-20　弯矩 $M=-60$ kN·m 的接头计算结果（运营期）

实际轴力 N/kN	张开量 δ/mm	张开高度 h/mm	张开角 θ/（$\times 10^{-3}$ rad）	抗弯刚度 K_θ/（MN·m/rad）
-400	0.055	59	0.93	64.36
-300	0.085	63	1.35	44.47
-200	0.221	97	2.28	26.33
-100	0.365	97	3.76	15.95
60	0.396	100	3.96	15.15
120	0.451	106	4.25	14.10
180	0.523	115	4.55	13.19
240	0.662	125	5.30	11.33
300	0.860	131	6.57	9.14

表 7-5-21　弯矩 $M=-75$ kN·m 的接头计算结果（运营期）

实际轴力 N/kN	张开量 δ/mm	张开高度 h/mm	张开角 θ/（$\times 10^{-3}$ rad）	抗弯刚度 K_θ/（MN·m/rad）
-500	0.058	69	0.84	89.22
-375	0.130	74	1.76	42.69
-200	0.285	98	2.91	25.79
-100	0.466	99	4.71	15.93
35	0.502	102	4.92	15.24
70	0.556	107	5.20	14.43
105	0.623	116	5.37	13.96
140	0.705	127	5.55	13.51
175	0.884	135	6.55	11.45

表 7-5-22　弯矩 $M=-90$ kN·m 的接头计算结果（运营期）

实际轴力 N/kN	张开量 δ/mm	张开高度 h/mm	张开角 θ/($\times 10^{-3}$ rad)	抗弯刚度 K_θ/(MN·m/rad)
-500	0.108	74	1.46	61.48
-400	0.170	84	2.02	44.47
-300	0.261	101	2.58	34.83
-200	0.392	102	3.84	23.42
-100	0.625	102	6.13	14.69
20	0.656	102	6.43	13.99
40	0.705	108	6.53	13.79
60	0.765	115	6.65	13.53
80	0.860	129	6.67	13.50
100	0.983	139	7.07	12.73

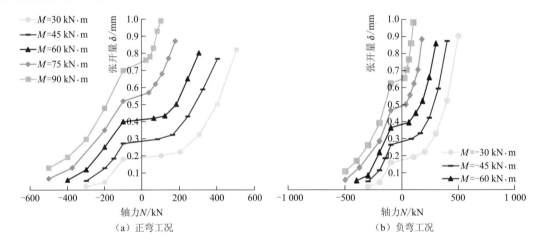

图 7-5-23　接头张开量-弯矩-轴力关系曲线（运营期）

图 7-5-23（a）正弯工况与图 7-5-23（b）负弯工况比较，在接头轴力为压力时，相同接头轴力下，正弯工况的接头张开量比负弯工况大；而在接头轴力为拉力时，相同接头轴力下，正弯工况的接头张开量比负弯工况小。因此，在接头受拉时，负弯更有利于接头外侧的张开。整体上看，在运营期接头可能的受力范围内，接头张开量控制在 1 mm 之内。

由图可见，接头张开量最大值发生在接头 M 较小，拉力 N 较大（隧道 45° 轴线范围）的时候，或者 M 较大，拉力较小（拱顶与拱腰）的时候。因此，上述部位应当作为接头防水设计重要考虑的部位。

2）接头抗弯刚度

图 7-5-24 和图 7-5-25 是运营期接头的抗弯刚度-弯矩-轴力关系曲线，由图可见，无论是正弯还是负弯工况，在接头弯矩一定的情况下，接头抗弯刚度均随着接头轴压力的减小而减小，随着接头轴拉力的增大而减小，在接头轴压力减小进而转变为拉力的过程中，接头抗弯刚度量级降低了 1 个数量级。因此，在隧道运营期间，当增加内水压力时，衬砌结

构轴压力减小，轴拉力增大，接头抗弯能力减弱，接缝变形能力增强，接缝的张开量增大，尤其是衬砌弯矩较小的浅埋隧道断面，成为接缝渗漏水的控制断面。

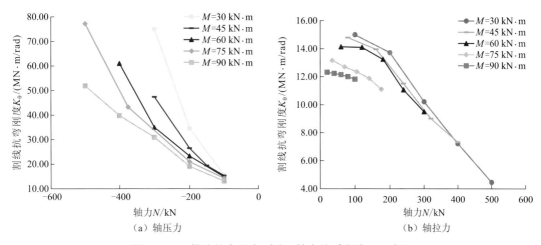

图 7-5-24　接头抗弯刚度-弯矩-轴力关系曲线（正弯）

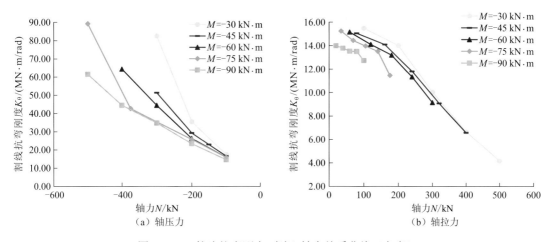

图 7-5-25　接头抗弯刚度-弯矩-轴力关系曲线（负弯）

接头正负弯工况比较：总体上看，接头的正负抗弯刚度值相差不大，负弯刚度略大于正弯，究其原因，可以追述两个方面。一方面，从双层衬砌结构刚度方面考虑，二次衬砌的施作加强了接头抵抗正弯的能力，使得接头正弯刚度增加；另一方面，从接头荷载模式考虑，由于负弯工况下的产生接头弯矩的竖向荷载施加在二次衬砌上，更多的轴力由二次衬砌承担，传递在管片接头的轴力小于正弯工况，使得接头负弯刚度增加。因此，综合结构和荷载两个方面的因素，接头的正负弯刚度差别不大，运营期接头抗弯刚度取值范围为 4～80 MN·m/rad，小于施工期 II 的接头抗弯刚度。

3）接缝面应力

对于正弯工况，同弯矩下，随着接头轴压的减小及轴拉力的增大，接缝面拉应力增大，螺栓拉应力增大；同轴力作用下，随着弯矩的增大，接缝面拉压应力增大，螺栓拉应力增大。在 $M=30$ kN·m 和 $M=90$ kN·m 时，接缝面和螺栓极值应力，见表 7-5-23 和表 7-5-24，当 $M=30$ kN·m，$N=500$ kN 时和当 $M=90$ kN·m，$N=100$ kN 时，接缝面拉应力和螺栓极值应力最大，如图 7-5-26 和图 7-5-27 所示。

表 7-5-23　弯矩 $M=30$ kN·m 的接缝面应力计算结果（运营期）

轴力 N/kN	螺栓最大应力/MPa	混凝土最大压应力/MPa	混凝土最大拉应力/MPa
−300	30.34	5.80	3.25
−200	47.85	5.04	2.81
−100	202.32	4.58	1.56
100	116.80	4.03	4.39
200	142.36	13.2	4.99
300	176.11	8.99	5.57
400	207.92	8.38	6.14
500	400.43	13.2	6.61

表 7-5-24　弯矩 $M=90$ kN·m 的接缝面应力计算结果（运营期）

轴力 N/kN	螺栓最大应力/MPa	混凝土最大压应力/MPa	混凝土最大拉应力/MPa
−500	162.31	14.52	8.24
−400	193.56	14.01	7.56
−300	293.25	13.83	6.35
20	449.96	12.51	11.51
40	453.83	12.45	11.62
60	457.71	12.34	11.84
80	461.58	12.33	11.96
100	466.02	12.25	12.07

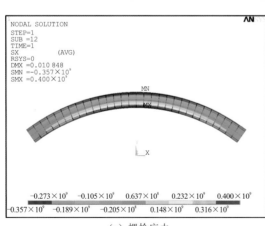

（a）螺栓应力　　　　　　　　　（b）管片混凝土应力

图 7-5-26　$M=30$ kN·m，$N=500$ kN 时螺栓和混凝土的应力

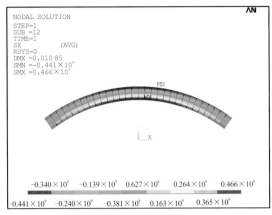

（a）螺栓应力

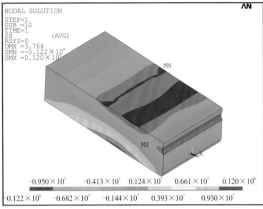

（b）管片混凝土应力

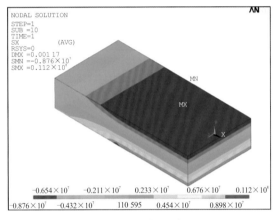

（c）二次衬砌应力

图 7-5-27　M=90 kN·m，N=100 kN 时螺栓和混凝土应力

对于负弯工况，弯矩一定时，随着接头轴压的减小以及轴拉力的增大，接缝面压应力增大，螺栓拉应力增大。当 M=−90 kN·m 时的接缝面和螺栓极值应力，见表 7-5-25，当 M=−90 kN·m，N=100 kN 时接缝面拉应力和螺栓极值应力最大，见图 7-5-28。

表 7-5-25　弯矩 M=−90 kN·m 的接缝面应力计算结果（运营期）

轴力 N/kN	螺栓最大应力/MPa	混凝土最大压应力/MPa	混凝土最大拉应力/MPa
−500	103.37	6.04	9.64
−400	118.49	7.22	8.26
−300	140.21	8.07	6.89
20	458.96	11.51	1.23
40	462.91	13.78	2.93
60	466.86	16.06	3.49
80	470.81	18.34	3.98
100	489.34	20.64	4.46

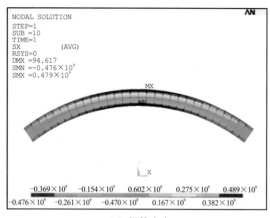
（a）螺栓应力

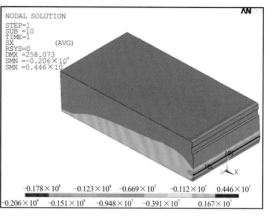
（b）混凝土应力

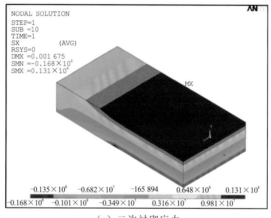
（c）二次衬砌应力

图 7-5-28　$M=-90$ kN·m，$N=100$ kN 时螺栓和混凝土的受力情况

7.6　结　　论

1. 结构形式及关键参数选取

通过调研国内外相关工程资料，以及隧道结构力学特性的数值模拟和室内相似模型试验研究表明：采用双层衬砌结构形式对提高结构安全性能更有利，同时，结合双层衬砌无论在防水性能还是防腐蚀性能相比单层衬砌均有较大的优势，能够比较明显地提高结构耐久性。因此，综合考虑结构受力、结构耐久性等诸多因素，本项目污水隧道工程采用外层预制管片+二次衬砌双层衬砌结构形式。

其结构关键参数作如下考虑。

（1）结构的分块方案。对于本工程承受内、外水压的情况，管片分块方式宜尽量采用分块数量少的，从而减小接缝渗漏的隐患。从各分块方案的计算情况来看，2+2+1 分块方案和 5 等分分块方案管片和二衬的内力较小。在施工期，管片和二衬均承受压力；在运营期，由于存在较高的内水压，管片承受压力，二衬则承受拉力，5 等分分块方案下二衬所受的拉力较小。因此，从避免结构受拉的角度看，推荐管片衬砌选用 5 等分分块方案。

（2）结构的拼装方案。管片拼装方式有通缝和错缝两种，相比于通缝拼装方式，错缝拼装具有提高管片的整体刚度、使管片受力均匀以及防水效果好等优点，所以本工程推荐采用错缝拼装方式。

（3）管片和二衬的厚度方案。从各管片和二衬厚度方案的计算情况来看，当管片厚度为 250 mm，二衬厚度为 200 mm 时，管片和二衬的受力较小。从管片和二衬所受的偏心距来看，当管片厚度为 250 mm，二衬厚度为 200 mm，以及管片厚度为 300 mm，二衬厚度为 250 mm 时，管片和二衬的偏心距在施工期和运营期内均较小。综合考虑，推荐选用管片厚度为 250 mm，二衬厚度为 200 mm。

2. 运营期与施工期管片结构内力比较

（1）运营期与施工期相比，管片弯矩分布形态基本一致，弯矩值的大小总体来说与施工期差别不大；管片轴力分布形态基本相近，但轴力值的大小变化显著。

（2）施工期管片处于压弯状态，偏心距较小；运营期随着内水压力的增大，管片轴力减小，甚至出现拉力，管片处于大偏心受压或者拉弯状态，对运营期管片的受力不利。

3. 内水压对盾构隧道结构内力的影响

通过盾构隧道结构力学特性的数值模拟和室内相似模型试验分析有以下结论。

（1）内水压对管片和二衬弯矩的影响较小，但对管片和二衬轴力的影响较大。在隧道外水土荷载不变的情况下，随着内水压力的增大，管片和二衬的弯矩值均基本保持不变，最大正弯矩略微减小，最大负弯矩略微增大；而轴力值则迅速减小，管片轴力逐渐从压力转变为拉力，二衬基本承受拉力，并随着内水压的增加，拉力显著上升，二衬的存在极大地分担了内水压产生的结构轴拉力，减轻了管片的受力。

（2）随着盾构隧道外部水土荷载的增大，管片出现拉力所需的内水压逐渐增大，因此，在内水压较大的工况下，较大的外部水土荷载会延缓结构出现拉力的时间，反而对结构更为有利。

（3）试验结果与数值模拟的同工况结果比较，得到的力学规律基本一致。

4. 纵向不均匀沉降计算

（1）隧道运营期内水压对地层和管片受力与变形的影响。隧道运营期内水压的存在将使得地层位移最大值有所增大，运营期内水压的存在对管片受拉不利；运营期内水压的存在对管片受压有利。隧道运营期内水压的存在将使得管片位移最大值有所增大，但最大值均远小于一般管片变形的最大限制值 $3‰D$（其中 D 为管片外径）。

（2）隧道纵向不均匀沉降规律。隧道拱顶纵向不均匀沉降现象比较明显，对于断面下卧地层变化明显断面，其变化趋势与下卧地层分界线一致。对于断面上覆地层变化明显断面，其变化趋势与上覆地层分界线一致。

5. 接头力学性能

（1）数值模拟结果与试验结果非常接近，也证明了数值模拟的准确性。

（2）接头张开量：单层管片衬砌接头张开量最大为 2.15 mm，施作二次衬砌后，通水前接头的最大张开量小于 0.4 mm，双层衬砌，通水后接头的最大张开量小于 1 mm，单层管片接头的防水为最不利。因此，为防止管片接头张开而导致结构破坏，二次衬砌的施作时机非常关键。

接头抗弯刚度。双层衬砌通水前的接头抗弯刚度最大，基本比单层管片衬砌提高一个数量级；双层衬砌通水后，随内水压从 0.1～0.4 MPa 的增大，接头抗弯刚度降低一个数量级。

第 8 章

盾构隧道施工关键技术

8.1 盾构机选型及适应性

8.1.1 盾构机概述

盾构工法与明挖法、矿山法相比，有功效高、衬砌质量好、安全、环保等显著优势，目前盾构工法在公路、铁路、轨道交通等领域大量使用。盾构机选型是盾构法隧道能否安全、环保、优质、经济、快速建造的关键工作之一。

为保证盾构隧道顺利实施，盾构机选型必须要做到针对不同的工程、不同的地质条件、不同的周边环境、不同的沉降控制标准、不同的施工成本与工期要求，进行针对性设计和选型。目前市场上土压平衡式盾构机和泥水平衡式盾构机均有采用，以土压平衡式为主，泥水平衡式盾构在软弱地层、穿越江河湖海等复合式地层中优先采用。

1. 土压平衡式盾构机

土压平衡式盾构机通过刀盘旋转切削土体，螺旋机输送出土。切削下来的土体，被加入人造泥浆或泡沫等材料，经过搅拌之后，形成具有流动性、止水性、可塑性的介质，充满土仓及螺旋输送机内，盾构刀盘的支撑与螺旋出土器的闭塞效应平衡开挖面的水土压力。

优点：可通过螺栓输送的出土量控制土仓压力，有效抵抗水土压力，保持工作面稳定，沉降控制好，地质适应范围广，适合复合地层，可根据围岩状态，切换掘进模式，降低能耗、机具磨损，从而加快掘进进度，弃土较容易，处理费用较低，人造泥浆设备较小，施工占地面积少。

缺点：若地层裂隙水发育或地下水压较大，地层富水性较强，渣土和易性较差，则可能产生喷涌，工作面压力难以控制，遇砂砾含量较高地层，刀盘刀具磨损较快，遇黏土地层，易形成泥饼。

2. 泥水平衡式盾构机

工作面被加以大于孔隙水压力的泥浆，表面形成泥水黏膜及渗透膜，在刀盘配合下使工作面得以稳定。工作面与盾构机之间设有隔板，在隔板的密封舱中，刀盘切削的土体，进入密封舱与泥水混合后，形成高密度泥浆，渣土随着高密度泥浆，由排泥泵及管道输送至地面处理。

优点：易控制泥水压力与工作面水土压力平衡，可保持工作面稳定，沉降控制较好，排土采用泥水管输送，水压较高区段也不容易形成喷涌现象，由于使用泥水，需要扭矩较小，单位进尺刀具磨损量比土压平衡式盾构要小。

缺点：如果地层渗透系数较高或者存在孔洞，泥浆容易出现渗漏，难以保证掌子面的泥水压力，若遇到断裂破碎带或大砾石或大泥团地段，排泥口有可能堵塞，导致压力波动，工作面不稳定，遇到黏土含量高的地层，也易出现结泥饼、排口堵塞的问题，导致土仓切口压力不稳定，工作面不稳定，泥水平衡式盾构的弃土量大，泥水处理设备占地大，弃土费用较高，由于泥浆循环设备的限制，泥水盾构的功效不会太高。

8.1.2　盾构机选型

盾构机的选型，主要与地层的渗透系数、岩土的颗粒含量等有关，目前盾构机选型，还需考虑周边环境影响、施工成本、施工工期及施工场地等因素。

1. 渗透系数

盾构机选型与地层的渗透系数的相互关系如图 8-1-1 所示。本工程各区间最大地层渗透系数见表 8-1-1。

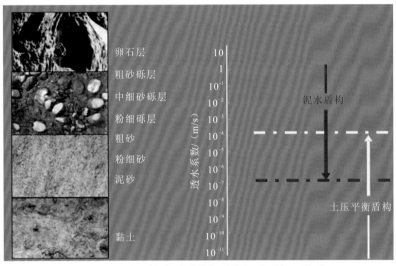

图 8-1-1　地层的渗透系数与盾构机选型相互关系

表 8-1-1　本工程各区间最大地层渗透系数表

区间	最大渗透系数/（m/s）
1#～2#（砾卵石层）	1.6×10^{-2}
3#～4#（强中风化泥质粉砂岩）	2×10^{-7}
4#～5#（强中风化泥质粉砂岩）	2×10^{-7}
5#～6#（强中风化泥质粉砂岩）	5×10^{-5}
6#～7#（中风化灰岩、白云岩）	1.5×10^{-5}
7#～8#（强中风化含钙泥质粉砂岩）	1.5×10^{-5}
8#～9#（强中风化含钙泥质粉砂岩、局部位于砂层）	1.5×10^{-5}

2. 颗粒级配因素

本工程盾构隧道区间总长约为 17.5 km，地层岩性主要为粉细砂、强风化粉砂岩、中风化泥质粉砂岩、中风化细砂岩、中风化灰岩、强风化碳质泥岩，地层中细颗粒含量较多，泥水分离设备处理效果差，从以往施工案例来看，该类地层会影响设备的掘进效率。因此从地层颗粒级配研究，土压平衡盾构优于泥水平衡盾构，见图8-1-2。

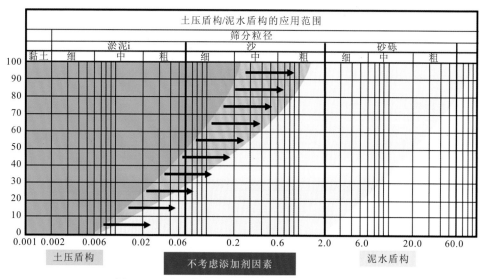

图 8-1-2　地层的颗粒级配与盾构机选型相互关系

3. 水土压力分析

本工程隧道底部最大深度约为 49 m，理论水土压力约 5 bar，在地下水土压力大于 3 bar 时，泥水盾构较土压盾构更有优势，但本工程隧道主体洞身基本位于弱透水性岩层中，该岩层隔水性较强，地下水对隧道施工影响较小。因此土压平衡盾构通过提高主驱动密封、铰接密封、盾尾密封等，同时对螺旋输送机进行特殊防喷涌设计，可满足本工程施工要求。

4. 施工效率分析

泥水盾构需要泥水分离装置，占用场地较大，规划竖井处场地有限，不利于泥水盾构施工，且地层中细颗粒含量高，分离效率低，大大影响施工效率。就本工程施工效率而言土压平衡盾构优于泥水平衡盾构。

5. 安全风险分析

6#～7#区间穿越严西湖灰岩岩溶发育区，隧道顶距离湖底约 30 m。存在岩溶水，对拟建隧道施工影响较大，其余岩层渗透系数较小，含有基岩裂隙水，但水量较小，地下水对拟建隧道影响不大。在水压高、水量大的情况下，泥水平衡盾构在保持掌子面稳定和控制地表沉降上较有优势。但通过采取有效措施提高密封，防止喷涌，采用土压平衡盾构也可降低安全风险。在上软下硬复合地层，泥水盾构施工过程中易发生滞排堵舱、管道磨损等风险，而土压平衡盾构适应能力较强。因此，推荐采用土压平衡盾构。

6. 工程成本分析

泥水盾构需要投入泥水分离设备，所需场地面积大、成本增加；且施工过程中产生的废浆较多，增加渣土外运成本；硬岩掘进过程中，为调整泥浆的密封和黏度，需持续注入膨润土，施工成本较高。所以成本控制方面，土压平衡盾构优于泥水平衡盾构。

综上所述，本工程1#～9#盾构隧道全部采用复合式土压平衡式盾构机施工，各区间盾构机主要参数见表 8-1-2。

表 8-1-2　本工程各区间盾构机主要参数表

项目	主要参数		
品牌	中铁装备	海瑞克	中铁装备
用于区间	1#～4#	4#～6#	6#～9#
开挖直径/mm	416	4 390	4 560
开口率/%	32	32	32
刀盘转速/(rad/min)	0～3.0	0～6.5	0～3.0
主驱动功率/kW	330	400	450
最大扭矩/(k·m)	2 350	1 200	3 500
脱困扭矩/(k·m)	2 820	1 600	4 200
最大推力/T	1 995	1 596	2 179
最大推进速度/(mm/min)	80	80	80
装机功率/kW	857	850	1 034

针对本工程的特殊性，在盾构机设计过程中需要重点考虑的难点如下。

（1）满足隧道埋深 50 m，盾构承压能力大于 5 bar 的要求：主驱动密封、铰接密封、盾尾密封等；

（2）满足长距离掘进、地层石英含量高对刀盘、螺旋输送机等耐磨性设计及换刀的要求；

（3）满足 125.29 MPa 硬岩掘进对盾构刀盘结构强度、刀具破岩能力要求；

（4）地层局部含泥量高，盾构机需具备良好防结泥饼措施；

（5）小盾构需配置人闸系统，具备常压及带压换刀功能；

（6）盾构机参数及其他功能满足本工程地质水文及施工要求。

各区间刀盘结构设计如下。

（1）1#～4#区间中铁装备 4 160 mm 盾构机采用复合刀盘设计（图 8-1-3），开挖直径 4 160 mm，配置 15.5 寸滚刀；强度、刚度高，破岩能力强，有效应对岩层，开口率 32%，中心双联滚刀设计；3 路泡沫/水注入口设计；防止刀盘结泥饼；2 路膨润土喷口；四牛腿，四主梁＋四副梁，提高刀盘支撑刚度、强度，满足复合地层下对刀盘的高冲击要求；环筋采用两道筋梁，减少结泥饼概率。

（2）4#～6#区间海瑞克 ϕ4 396 mm 盾构机配置滚刀与刮刀结合复合刀盘（图 8-1-4），开口率 32%，滚刀刀圈采用高合金钢；强度、刚度高，破岩能力强，有效应对岩层；刀盘面板上共设计有 3 个泡沫口，均为单管单泵设计，同时膨润土管路和泡沫管路可相互切换；

刀盘钢结构材料为 Q345R、刀盘圆周有耐磨保护环、刀盘面上焊有耐磨保护（如 hardox 板）；刀盘背部设计 2 根主动搅拌棒、压力仓板上沿圆周方向均布了 4 根被动搅拌棒，防止刀盘面板和土仓产生泥饼。

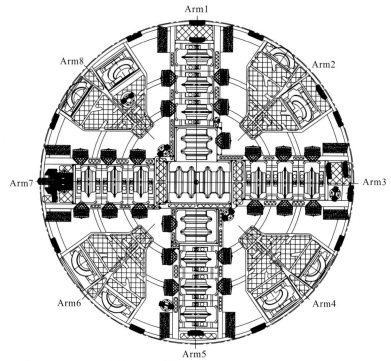

图 8-1-3　1#～4#区间刀盘结构图（1#～4#区间 φ4 160 mm 盾构机）

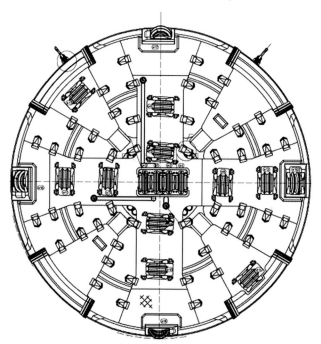

图 8-1-4　4#～6#区间刀盘结构图（4#～6#区间 φ4 396 mm 盾构机）

（3）6#～9#区间中铁装备ϕ4 560 mm 盾构机采用复合刀盘设计（图 8-1-5），15.5 寸滚刀；强度、刚度高，破岩能力强，有效应对岩层；开口率 32%，中心双联滚刀设计；3 路泡沫/水注入口设计；防止刀盘结泥饼；2 路膨润土喷口；四牛腿，四主梁+四副梁，提高刀盘支撑刚度、强度，满足复合地层下对刀盘的高冲击要求。

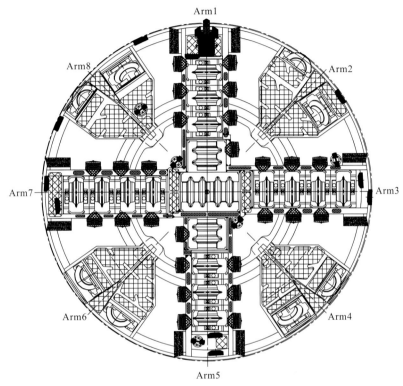

图 8-1-5　6#～9#区间刀盘结构图（6#～9#区间ϕ4 560 mm 盾构机）

8.2　矿山法盾构空推施工技术

8.2.1　硬岩段施工方案概述

本工程在长江三级阶地段局部下穿中风化泥质硅质岩、中风化灰岩及中风化泥质白云岩，本工程全段范围涉及岩体的单轴饱和抗压强度标准值及坚硬程度如表 8-2-1 所示。

表 8-2-1　本工程岩体单轴饱和抗压强度及坚硬程度列表

岩石名称	单轴饱和抗压强度标准值/MPa	坚硬程度
（15a-1）强风化含钙泥质粉细砂岩	4.40	极软岩
（15a-2）中风化含钙泥质粉细砂岩	5.40	软岩
（17a-2）中风化泥质硅质岩	77.46	坚硬岩

岩石名称	单轴饱和抗压强度标准值/MPa	坚硬程度
（18a-2）中风化灰岩	86.70	坚硬岩
（18b-2）中风化泥灰岩	31.20	较硬岩
（18c-1）强风化砂砾状泥质白云岩	10.50	软岩
（18c-2）中风化白云岩	125.00	坚硬岩
（18d-1）强风化含粉砂泥岩	4.20	极软岩
（18d-2）中风化含粉砂泥岩	7.50	软岩
（18d-2s）强-中风化含粉砂泥岩	3.50	极软岩
（18e-1）强风化含钙泥质粉砂岩	2.50	极软岩
（18e-2）中风化含钙泥质粉砂岩	15.90	软岩
（18f-1）强风化石英砂岩	24.90	较硬岩
（18g-1）强风化碳质泥岩	3.40	极软岩
（18g-2）中风化碳质泥岩	3.10	极软岩

结合本工程具体特点，本工程针对硬岩段开展施工方案比选，具体方案见表 8-2-2。

表 8-2-2　硬岩段施工方案比选表

方案		工期	安全性	经济性	备注
方案一：盾构法与矿山法结合——矿山法初支+盾构拼装管片通过		可安排矿山法先期或者同步施工，工期可控	主要为矿山法施工风险源	在盾构隧道基础上增加矿山法初支，费用较高	对各种硬质地层适应性较强
方案二：盾构机通过矿山法二衬的隧道		仅用于赶工的非常时期	主要为矿山法施工风险源	断面相比方案一增大，费用比方案一高	对各种硬质地层适应性较强
方案三：盾构直接掘进	岩石强度不高时（较软岩、软岩、极软岩）	工效比方案一高	施工较安全	费用最低	小直径盾构机功率较低，破岩能力相比大盾构要弱
	岩石强度高时（硬岩、较硬岩）	工效较低，盾构机设备损耗较大，工期不可控	盾构机本身的设备使用寿命安全受到考验	刀具磨损更换量大，设备存在故障风险，费用不可控	根据深隧施工经验，单轴饱和抗压强度超过60 MPa时，盾构掘进效率明显降低，盾构机主要部件的性能、寿命面临考验
方案四：盾构法与地面预处理结合——地面预处理硬岩+盾构掘进通过		可安排地面预处理先行施工，工期可控	施工安全	根据预处理方案差异较大	地面需要具备预处理的场地条件

通过工期、安全性、经济性等多方面的综合比选，针对抗压强度极高的灰岩、白云岩段（6A#～8#区段）采用方案一先期进行矿山法施工初支，盾构后期拼装管片通过矿山法断面，再正常进行二衬施工，对岩石强度不高区段（除 6A#～8#其余区段），采用方案三盾

构直接掘进施工管片，再正常进行二衬施工。

8.2.2　矿山法盾构空推施工技术

本工程 6A#～8#区间部分区段存在抗压强度极高的白云质灰岩、灰岩、白云岩（最高单轴饱和抗压强度达到 125 MPa），若采用盾构机掘进，工期、成本、盾构机的损耗等方便的代价极大，鉴于此，通过上述硬岩段施工方案比选，先采用矿山法开挖硬岩，后盾构机拼装管片通过的方案，成功解决上述问题。7～6A 大小里程方向矿山法＋盾构空推（共计 130 m），8～7 区间小里程矿山法＋盾构空推（共计 55 m），见图 8-2-1。

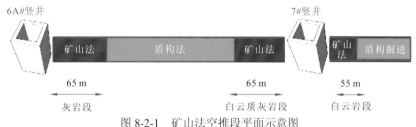

图 8-2-1　矿山法空推段平面示意图

盾构机空推通过矿山段隧道的主要施工工序为：竖井内导台施工、砌筑洞口挡墙、洞内回填水泥砂浆、盾构机掘进施工、拼装管片、管片背填注浆。

施工重难点如下。

导台精准施工，盾构机在空推段掘进时，盾构机是沿已经施作好的钢筋混凝土导台向前推进，导台可为盾构机提供精确导向，确保盾构机保持良好的推进姿态，保证管片拼装质量，达到预期的防水效果。因此，混凝土导台的精确施工是盾构空推段施工的一个难点。

盾构机安全到达，在盾构机到达矿山法隧道前 25 m 施工时，随着前方岩体长度不断减小，盾构机切削岩体对前方岩体及矿山段和盾构隧道结合部位的扰动也逐渐增大，设定合适的掘进参数，尤其是推力和推进速度的控制是保证盾构贯通面的稳定及盾构安全顺利到达矿山法隧道的关键，也是盾构施工中的重点。

提供盾构机足够的推进反力，盾构在空推段掘进时，遇到的阻力较小，可能使管片环之间的橡胶止水条挤压力无法达到设计值 1 400 kN 的要求，从而造成盾构隧道密封性不好，管片环之间易漏水，弹性密封垫大样图详见图 8-2-2，在本工程施工中，结合理论计算及施工经验，空推段前方回填砂浆层厚度确定为 3.3 m，分三层回填（图 8-2-3），理论计算的空推力大约为 4 000 kN。同时，为保证管片的防水效果，加强遇水膨胀止水条黏结质量和保护的控制，在封顶块安装之前，对止水条进行润滑处理，安装管片时，在该环管片的螺栓紧固完毕之后，对上环管片的螺栓进行二次紧固，同时保证同步注浆和二次注浆质量，通过以上措施，综合确保管片防水达到设计要求。

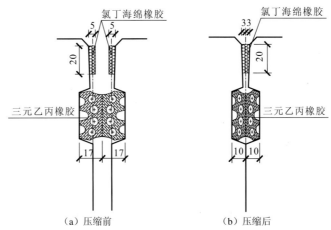

（a）压缩前　　　　　　（b）压缩后

图 8-2-2　弹性密封垫大样图（单位：mm）

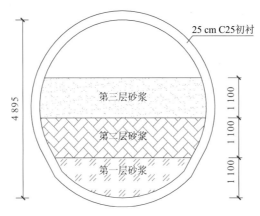

图 8-2-3　矿山法断面回填示意图（单位：mm）

空推段矿山法断面示意图如图 8-2-4 所示，现场施工阶段如图 8-2-5～图 8-2-7 所示。隧道掘进设计轴线控制，盾构管片与矿山法隧道初支之间存在 30 cm 的间隙，比正常盾构推进时的 14 cm 的间隙大了一倍多，当回填砂浆充填不饱满，同步注浆不密实时，由于管片没有得到足够的刚性支撑，容易因为盾构机各组千斤顶的推力和伸长量不同而导致管片偏离隧道设计轴线，尤其是空推段位于曲线段，偏离设计轴线的情况更容易发生。因此，盾构空推段施工要加强洞内的监控量测，同时应根据反馈的监测结果及时调整施工参数。

盾构管片上浮，空推段施工管片背后回填浆液量少，且管片背后积水较多，同步注浆浆液未能凝固，则管片背后与初支之间未形成刚性接触，积水和浆液浮力将可能引起管片上浮或左右摇摆，管片姿态无法得到有效控制。为防止管片在盾构掘进后产生上浮，在施工过程中，管片壁后注浆从管片顶部进行压注，注意注浆压力不大于 0.1 MPa，同时尽量保证管片两侧同步注浆，避免因注浆而对管片产生偏压，造成管片移位，及时对管片姿态进行人工测量，要求每 3～5 环进行一次管片姿态测量。

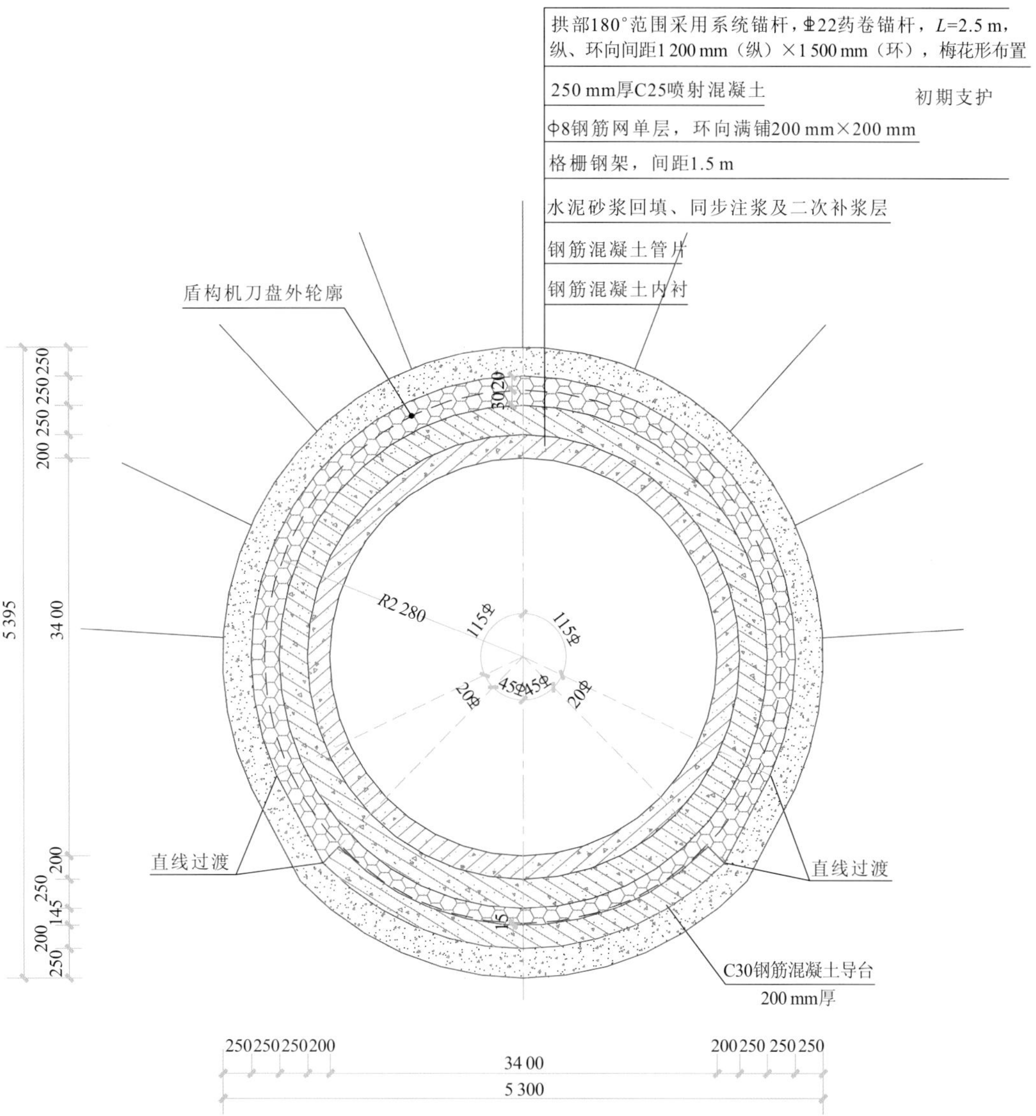
拱部180°范围采用系统锚杆，Φ22药卷锚杆，L=2.5 m，
纵、环向间距1 200 mm（纵）×1 500 mm（环），梅花形布置
250 mm厚C25喷射混凝土
初期支护
Φ8钢筋网单层，环向满铺200 mm×200 mm
格栅钢架，间距1.5 m
水泥砂浆回填、同步注浆及二次补浆层
钢筋混凝土管片
钢筋混凝土内衬
盾构机刀盘外轮廓
R2 280
直线过渡
直线过渡
C30钢筋混凝土导台
200 mm厚
5 395
34 00
250250250200
200250 250250
5 300

图 8-2-4　空推段矿山法断面图（单位：mm）

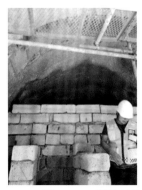

图 8-2-5　洞门砌体封堵墙施工

图 8-2-6　水泥砂浆回填层中盾构掘进施工

热烈祝贺中建三局大东隧道工程
8-7盾构区间顺利贯通

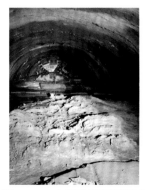

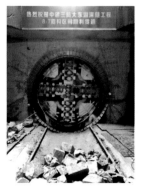

图 8-2-7　矿山法盾构空推段施工完成

8.3 岩溶强发育区施工技术

岩溶发育的地层,对盾构施工而言,不但是困难地层,更是风险地层。岩溶地层盾构施工常见风险如下。

(1)刀盘前方突水。

(2)隧道上下方的土洞坍塌引起地面塌陷。

(3)隧道下方溶洞塌陷引起盾构机栽头。

(4)盾构机可能被不大不小的溶洞卡机。

岩溶地层盾构施工风险控制主要措施如下。

(1)前期阶段:进行必要的地质灾害风险源评估,对各风险单元进行风险识别、评价和分级,采取相应的措施。

(2)勘察阶段:采用物探+钻探结合的方式,进行详细调查,对有疑问的地层加密探测。

(3)设计阶段:重视岩溶发育区的平纵断面设计,尽量避开,结合现场情况,做好岩溶处理相关设计。

(4)施工阶段:针对性盾构机选型,盾构机应具备气压作业、超前地质预报等功能。

8.3.1 本工程岩溶地质情况

根据详勘资料,深隧穿越的岩溶发育区主要分为两大段,总长度约 1 110 m:严西湖北侧陆地段:K13+370~K13+750 与 K13+860~K14+040,长度约 560 m;严西湖湖底段:K12+820~K13+370,长度约 550 m。拟建场地的岩溶发育情况详见图 8-3-1、图 8-3-2。

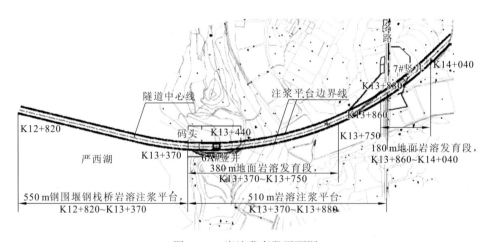

图 8-3-1 岩溶发育段平面图

根据本深隧工程详勘资料,本场地范围内可溶岩均被第四系黏性土层及强风化炭质泥岩覆盖,覆盖层厚度一般 20~60 m,为覆盖型岩溶(图 8-3-2)。

图 8-3-2　现场岩溶勘察图片

钻探及物探电磁波 CT 探测结果表明，场地岩溶形态主要为溶沟、溶槽、溶隙和溶洞，溶洞、溶隙多以陡立状发育，少见大的岩溶管道，各向异性不强烈。场地岩溶应归属于表层岩溶带，系地下水垂直渗流作用下形成的。勘察未发现土洞。拟建场地岩溶发育情况见表 8-3-1。

表 8-3-1　拟建场地岩溶发育情况

岩溶发育区段	溶洞高度	个数	所占百分比/%	溶洞充填情况	岩溶水情况
水域段 （550 m）	＜2.2 m（0.5 倍洞径）	30	41.7	溶洞以半充填、全充填为主，充填物为碎石土、软塑状黏土为主	岩溶水埋藏于第四系黏性土隔水层之下，大部分具有承压性，水位标高在 14.81～20.40 m，差异较大。岩溶水水力联系较弱，未能形成统一地下水位，仅在局部有限范围内见统一水位。岩溶地下水位较为稳定，与地表水体（长江、严西湖）无明显的水力联系
	2.2～4.3 m（0.5～1 倍洞径）	15	20.8		
	＞4.3 m（1 倍洞径）	27	37.5		
	溶洞总数	72	—		
陆域段 （560 m）	＜2.2 m（0.5 倍洞径）	3	4.9		
	2.2～4.3 m（0.5～1 倍洞径）	27	44.3		
	＞4.3 m（1 倍洞径）	31	50.8		
	溶洞总数	61	—		

溶洞、溶隙发育方向和强度受层面和裂隙控制。根据物探电磁波 CT 探测，各剖面上较完整岩体分界线总体随着基岩顶板起伏而相应变化，勘察区相对较完整岩体分界线比基岩顶板一般深 0.5～3.0 m，综合分析认为系由于地层岩性对电磁波强吸收，同时发育溶洞，造成分界线较深。

根据钻探、物探探测成果，在灰岩分布区 53 个钻孔中，有 31 个钻孔揭露到溶洞，共揭露大小溶洞 66 个，钻孔见洞率约为 58.4%，线岩溶率为 17.3%，溶洞高度一般为 0.4～16.0 m，溶洞顶底板多见蜂窝状、针状溶孔。

勘察区相邻钻孔间基岩面最大高差约 21.0 m，溶沟、溶槽较发育，串珠状溶洞发育深度约 18 m，灰岩钻孔见洞率为 58.4%，线岩溶率为 17.3%，最大溶洞高度达 16.0 m。岩溶化裂隙和小中型溶洞较发育，局部沿层面有显著溶蚀或发育串珠状溶洞，岩溶裂隙水发育，偶见集中渗流，综合判定本场地岩溶属强发育。溶洞的充填情况详见（图 8-3-3）。

"溶洞位于隧道顶板以上"是指溶洞底板位于隧道顶板以上；"溶洞位于隧道底板以下"是指溶洞顶板位于隧道底板以下；其余情况视为"溶洞位于隧道洞身"范围。

场地内钻孔共揭露溶洞 66 个，物探异常点 46 处。场地内溶洞与隧道结构顶、底板的关系见图 8-3-4。

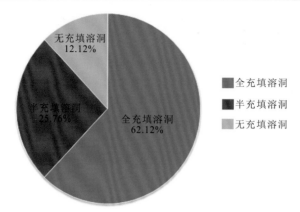

图 8-3-3　钻孔揭露岩溶充填情况

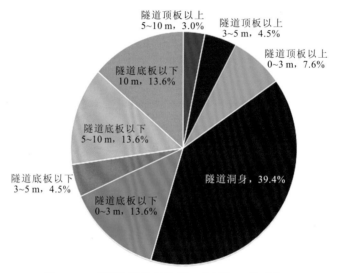

图 8-3-4　岩溶与隧道结构顶、底板相互关系情况

因修约问题加和不为100%

（1）隧道顶板以上 5～10 m 范围内分布的溶洞有 2 个，占 3.0%，溶洞高度一般为 3.7～4.6 m。

（2）隧道顶板以上 3～5 m 范围内分布的溶洞有 3 个，占 4.5%，溶洞高度一般为 1.6～6.8 m。

（3）隧道顶板以上 3 m 范围内分布的溶洞有 5 个，占 7.6%，溶洞高度一般为 2.2～8.9 m。

（4）隧道洞身范围内的溶洞有 26 个，占 39.4%，溶洞高度一般为 0.4～16.0 m。

（5）隧道底板以下 3 m 范围内分布的溶洞有 9 个，占 13.6%，溶洞高度一般为 0.5～4.9 m。

（6）隧道底板以下 3～5 m 范围内分布的溶洞有 3 个，占 4.5%，溶洞高度一般为 1.0～9.1 m。

（7）隧道底板以下 5～10 m 范围内分布的溶洞有 9 个，占 13.6%，溶洞高度一般为 0.8～8.1 m。

（8）隧道底板 10 m 以下分布的溶洞有 9 个，占 13.6%，溶洞高度一般为 1.0～10.4 m。

（9）场地物探 CT 推测岩溶异常点大致与钻探揭示的溶洞分布规律基本一致，但高度稍大。

由上述统计成果可见，绝大多数（56 个）溶洞位于隧道洞身及底板以下。溶洞顶板位于隧道洞身及底板以下 5 m 范围内的溶洞个数为 38 个，其中最大洞高 16.0 m，平均洞高约 4.0 m。其中全充填的有 23 个，占 60.5%，半充填 11 个，占 29.0%，无充填 4 个，占 10.5%。

8.3.2　岩溶处理方案

岩溶发育区段盾构施工主要存在岩溶地基稳定问题、不均匀地基问题、软塑红黏土问题及突水涌泥问题。

1. 岩溶地基稳定问题

当溶洞、物探异常位于隧道底板以下、规模较大且溶洞顶板与隧道底板间岩体有效厚度较小时，可能导致溶洞顶板坍塌，存在地基稳定问题。

2. 不均匀地基问题

隧道主要涉及各类土层及灰岩，基岩面起伏较大，多分布溶沟、溶槽，深度最大达 6 m 以上，溶沟、溶槽底部偶见软弱土分布。隧道地基岩土工程特性在水平和垂直方向上均差异较大，地基均一性差，存在不均匀沉降问题和盾构机姿态控制问题。

3. 软塑红黏土问题

专勘钻探揭露的红黏土层基本呈软塑-可塑状，大部分分布在溶沟、溶槽中，与隧道的建设和运营关系密切，在隧道施工时可能被扰动流失，将可能会使隧道地基失稳、塌陷，给隧道的建设和运营带来严重的安全影响。

4. 突水、涌泥问题

隧道施工中，在突遇岩性变化或突遇溶洞、溶隙或断层破碎带时，岩溶地下水可能涌入或击穿底板，产生突水、涌泥问题，对施工安全产生不利影响。盾构法施工时，岩溶承压水可能会影响盾构施工开挖面的压力平衡，进而影响盾构机的正常掘进。岩溶专项勘察中，岩溶裂隙承压水水位均位于隧道顶板以上，存在突水、涌泥风险。

针对以上问题，本工程陆域段采用预处理注浆充填，严西湖水域段采用水上围堰+预处理注浆充填的方案对岩溶进行预处理，在处理完成并检验合格之后，再进行盾构掘进施工。

区间岩溶处理分为以下三个阶段。

（1）岩溶识别：通过岩溶专勘揭露岩溶发育情况来确定岩溶位置及规模。

（2）岩溶加固处理：根据溶洞规模布设探边孔，采取相应加固处理措施。

（3）溶洞加固处理效果检测：通过钻孔取心与压水试验相结合的方法进行加固处理质量检查。

隧道岩溶加固原则如下。

（1）隧道结构轮廓线左右 3 m，隧道结构底板以下 6 m（隧道底位于土层）或 5 m（隧道底位于可溶性岩层），隧道结构顶板以上 6 m（隧道底位于土层）或 5 m（隧道底位于可溶性岩层）范围内的溶洞进行注浆填充加固，且一并完成岩面注浆施工。

（2）溶洞处理应遵循"先深后浅，先大后小"的顺序进行处理。

（3）对于多层上下串通溶洞，应对串通溶洞进行全压浆填充处理，对于特大型溶洞，应采取充填石块再静压灌浆的方案。

（4）对需要进行处理范围内详勘钻孔揭示溶洞进行加密钻孔验证。岩溶加固方法如表 8-3-2 所示。

表 8-3-2　岩溶加固方案表

溶洞类别	加固方法	材料
高度大于 1 m 且无填充和半填充溶洞	间歇式静压灌浆	水泥浆
全填充溶洞	静压灌浆	水泥浆
高度不大于 1 m 溶洞		
高度大于 5 m 溶洞	充填石块再进行静压灌浆	—

注浆加固流程如图 8-3-5 所示。

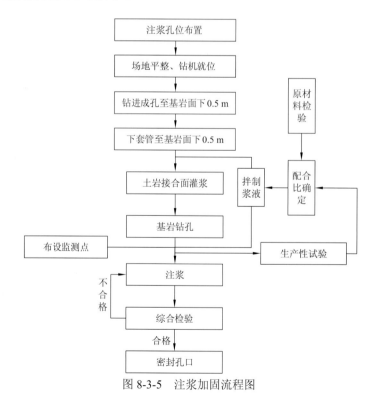

图 8-3-5　注浆加固流程图

注浆孔位布设，通过勘察资料确定溶洞大小，进行岩溶探边孔及注浆孔位布设；安装钻机，开孔；土层钻进，孔径为 110 mm，钻至基岩下 0.5 m，下套管；土岩接合面灌浆；基岩钻进，岩层孔径为 76 mm，钻至溶洞底板以下 0.5 m；注浆参数如下。

（1）注浆材料及配比：采用强度等级不低于 42.5 的普通硅酸盐水泥，其品质必须符合《通用硅酸盐水泥》（GB 175—2020）规范的有关标准；水泥浆水灰比 0.5～1.0，实际水灰比以现场实验为准。灌注水泥应保持新鲜，细度要求通过 80 μm 的方孔筛的筛余量不大于 5%，灌浆现场宜设置灌浆水泥专用库，每隔 15 d 进行一次细度检测，有受潮结块等不合质量要求的水泥不得用于灌浆。

（2）注浆管类型：注浆管采用 ϕ50 PVC 袖阀管，壁厚 4 mm，耐压值大于等于 7.5 MPa，溶洞段管壁上钻 ϕ8@300 花眼。

（3）注浆压力：土岩结合面处灌浆压力 0.2 MPa，溶洞灌浆压力按 0.3～0.5 MPa 控制；实际灌浆压力根据生产性试验适当调整。

注浆封孔标准及措施如下。

（1）注浆结束标准：注浆钻孔孔口压力在 0.5～0.8 MPa 左右，吸浆量不大于 40 L/min，维持 30 min。冒浆点超过注浆范围 3～5 m 时。单孔进浆达到平均设计压浆量的 1.5～2.0 倍，且进浆量明显减少时。注浆钻孔基岩完整，或多次注浆，孔口压力超过 1.5 MPa。

（2）灌浆封孔主要措施：所有灌浆孔及相应配套的检查孔等均应严格进行封孔处理。所有灌浆孔或检查灌浆孔结束后应紧接着进行灌浆封孔，灌浆封孔采用"压力灌浆封孔法"，浆液采用水灰比为 0.5∶1.0 的浓水泥浆。所有封孔施工宜在监理工程师的现场指导下进行。将注浆孔填实封闭截割孔口套管，留下标记备查。最后清理场地，去除污染。

注浆效果检测方法：采用钻孔取心为主、压水试验为辅的综合方法进行灌浆质量检查。

注浆效果检测标准：溶洞处理完成后，应对处理位置 1 倍洞径范围内进行钻孔，以检测是否处理完整。每个需质量检查的岩溶加固区根据溶洞发育规模，由监理工程师布置 1～3 个质量检查孔。钻孔取心后做抗压试验，岩溶注浆固结体 28 d 的无侧限抗压强度 ≥ 0.15 MPa。岩溶加固处理后质量检查孔压水试验透水率应不大于 10 Lu（1 Lu=10^{-5} cm/s），合格率应达 85% 以上，其余不合格孔段的透水率最大值应不超过 15 Lu，且不集中。不满足上述检查标准时，应对受检查的岩溶加固区进行灌浆补强施工，可根据现场实际情况适量增加质量检查孔。质量检查孔的压水检查工作应在单元工程灌浆结束 7 d 后进行。质量检查孔压水结束后应按"灌浆封孔"要求进行压力灌浆封孔。

根据现场施工试验性注浆的效果，结合既有经验，对既有岩溶处理方案进行以下总结改进。

（1）注浆孔及探边孔成孔。注浆孔及探边孔成孔过程中，详细记录地质信息，出现钻速异常及掉钻现象，应测量空洞的高度、埋深；对于填充型溶洞，记录对应溶洞充填物的类型以及对应厚度。

（2）注浆孔口密封。注浆孔成孔后，下袖阀管至孔底，需将袖阀管管径与孔口之间密封严实，保证注浆压力能够达到给定值，同时防止浆液从孔口附近反流至地面。

（3）注浆时长及间隔时间。湖中段岩溶发育区溶洞具有跨度大、洞径高的特点，适当延长注浆时长，可以较大提高注浆加固效率。

（4）注浆压力。湖中段部分岩溶是半填充或全填充状态，同时埋深普遍较深，位于 40 m 附近，按照 0.3～0.5 MPa 压力注浆，部分溶洞浆液无法有效压入，将注浆压力提升至 1～2 MPa 以后，压浆效果明显改善。

（5）增大袖阀管管径，目前常用袖阀管管径 50 mm，通过返浆至注浆头单向阀来进行封口防止浆液上流，封口压力较小，本工程将袖阀管管径增大，可使用橡胶止水塞来进行封口，提升注浆压力。

（6）碎石土与破碎带加固。破碎带区域进行补充勘察，明确具体破碎带发育区间长度，并在破碎带及碎石土轮廓线外围先行双液浆封闭，再在中间部位注水泥浆加固。

通过以上措施的改进，现场岩溶处理注浆效果良好，后期盾构掘进施工正常。

8.4　始发及接收端头加固技术

8.4.1　端头加固概述

盾构法隧道与明挖法结构的分界地段，盾构法隧道与矿山法结构的分界地段，均称为盾构端头。若盾构端头的地层的自稳能力有限，或地下水丰富，需对盾构端头的地层进行加固，以确保盾构始发和到达安全。对盾构端头的地层进行加固，是一项重要的临时性安全措施，虽然工程量不大，却是盾构隧道成败的关键。应根据地质条件、现场情况选用合适的始发和到达方式或端头加固方案。盾构端头的加固方案选择不当，或施工措施不到位，常造成地面坍塌等恶性事故，需给予足够重视。

与盾构是始发还是到达，洞门端墙有无布置钢筋，是否需要人工破除洞门，何时破除洞门有关，若明挖工作井围护结构的端墙未布置钢筋，若采用玻璃纤维筋混凝土结构时，复合式盾构机的破岩能力，足以确保盾构机能够自行破除洞门，始发和到达端的地层加固目的，主要是防止盾构始发进入土体，或者到达接收井的过程中，洞门外的水土流失进入盾构井内。

武汉地区地质情况复杂多变，施工方法多样，端头加固方式也多种多样。长江一级阶地的地层为湖积、冲积、洪积相沉积物，一般具有典型的上细下粗的二元结构，上部地层以淤泥质土、饱和的软塑及可塑粉质黏土，中部为粉土、粉砂或粉砂与粉质黏土互层，下部为细砂，底部为中粗砂和砾卵石层，长江三级阶地的地层上部以杂填土和素填土为主，中部为老黏土，下部为强中风化的岩层为主，长江二级阶地为一级阶地与三级阶地之间的过渡区，武汉地区常见盾构隧道端头加固方案如表 8-4-1 所示。

表 8-4-1　武汉地区盾构隧道端头加固方案

分类	适用条件及要求	端头加固、始发、接收方案	端头加固范围
一级阶地	适用于地下一、二层站或端头深度 <24 m 下的普通情况	地面搅拌桩（旋喷桩）加固，水位降至隧道底 1 m 以下	纵向 9 m，上下左右各 3 m
二级阶地端头	二级阶地端头位于透水砂性层地层可参考一级阶地端头加固方案；端头位于硬塑及以上的黏土层可参考三级阶地端头加固方案；其余地层情况需根据分析确定加固方案		
三级阶地端头	位于硬塑及以上的不透水土层、中风化及以上的岩层等地层条件	盾构井围护桩采用玻璃纤维筋或端头采用两排素混凝土灌注桩加固，两者取其一	当土层受扰动和渗漏水影响时，可进行桩间地面注浆
	位于全-强风化岩层中，有一定的水量，或洞身上断面为土层、下断面为硬岩，且有一定的水量	盾构井围护桩采用玻璃纤维筋，采取地面注浆	纵向 2 m，上下左右各 2 m
一级阶地超深端头	适用条件：一级阶地地下三层站及以上或端头深度≥24 m。相关要求：（1）一级阶地超深端头始发和接收风险均很高，需根据具体情况慎重采用，必要时措施可适当加强。当采用水平冻结时需进行专项论证；（2）U 形墙应与端头井连续墙应统一考虑，同步施工，避免冷缝出现	方案 1：地面 U 形素墙＋封闭区搅拌桩（旋喷桩）＋降水至隧道底 1 m 以下，可选用破洞门方案 1 或方案 2	加固长度为盾构主机长＋2 环管片 ≤12 m，上下左右各 3 m
		方案 2：地面搅拌桩（旋喷桩）加固＋钢筋混凝土箱体或钢套筒平衡始发＋钢套筒接收或水中接收。必要时降水井辅助降水。可选用破洞门方案 2 或方案 3	
		破洞门方案：方案 1：U 形素墙方案＋降水＋凿洞门 方案 2：开洞范围内地下连续墙采用玻璃纤维筋，盾构机选型要求能切割超厚连续墙和玻璃纤维筋，始发端慎用 方案 3：地面垂直冻结＋凿洞门，核心是确保端头处地下水已妥善处理（降水、封底或冻结）	

对于超深长江一级阶地地层，盾构端头加固处理的方式不多，但风险显著增大。

8.4.2　端头加固方案

本深隧工程穿越地质条件复杂多变，横跨武汉长江 I 级阶地—长江 III 级阶地。经综合比选，本工程采用的端头加固方案详见表 8-4-2。

表 8-4-2　本工程端头加固方案列表

地质分区	深隧端头井	隧道埋深/m	隧道所处地层	加固方式	备注
长江 I 级阶地	1#大里程端	26.6	粉细砂、强中风化泥质粉砂岩	U 形素地连墙＋CSM 加固＋降水	CSM 地层适应性、加固深度及效果比普通旋喷桩、搅拌桩要好，竖井支护结构采用 CSM，避免大型机械反复进场
	2#大小里程端	28	粉细砂、粉细砂夹砾石、强中风化泥质粉砂岩		
	9#小里程端	39	粉细砂、中风化含钙泥质粉砂岩		
长江 III 级阶地	3#、4#、5#、6#、6A#、7#、8#大小里程端	29～37	中风化含钙泥质粉砂岩、中风化泥质白云岩	两排 C20 素混凝土桩	

CSM 宝峨双轮铣深搅（cutter soil mixing）技术，是结合现有液压铣槽机和深层搅拌技术进行创新的岩土工程施工新技术，通过对施工现场原位土体与水泥浆进行搅拌，可以用于防渗墙、挡土墙、地基加固等工程。

8.4.3　工作井端头加固及水下接收方案

1. 端头加固方案

本深隧工程 9#工作井由汇流竖井与深隧泵房组成，其中汇流竖井截面净尺寸 15.5 m×25.8 m，基坑深 43.35 m，围护结构形式为 1.5 m 厚地连墙（深 56 m）＋11 道钢筋混凝土内支撑＋0.8 m 厚 CSM（深 38 m）工法搅拌墙止水帷幕，见图 8-4-1、图 8-4-2。

9#工作井接收端头场地位于长江一级阶地，孔隙承压水水量极丰富，与长江有密切的水力联系，承压水头标高一般在 15.0～19.5 m。隧道拱顶埋深约 39 m，上覆土层主要为：（3-1）粉质黏土、（3-4）淤泥质粉质黏土夹粉土、（4-1）粉砂、粉土混粉质黏土、（4-2）粉细砂、（4-3）粉细砂（透水性极强，最大厚度达 28.3 m），隧道位于（4-3）粉细砂与（18e-2）中风化含钙泥质粉砂岩交界面处。

根据地质条件及现场施工环境，针对 9#工作井端头加固方案进行了方案比选，共有三个方案。方案一：素地连墙＋CSM 加固＋冠梁外挑段全方位高压喷射注浆（metro jet system，MJS）加固，方案二：素地连墙＋MJS 加固，方案三：MJS 加固＋竖井钢套筒接收。上述方案对应的加固平面布置图如图 8-4-3～图 8-4-5 所示。三个方案的方案对比详见表 8-4-3。

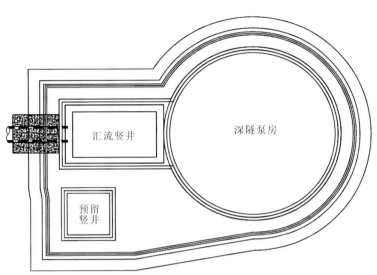

图 8-4-1　9#工作井平面布置图

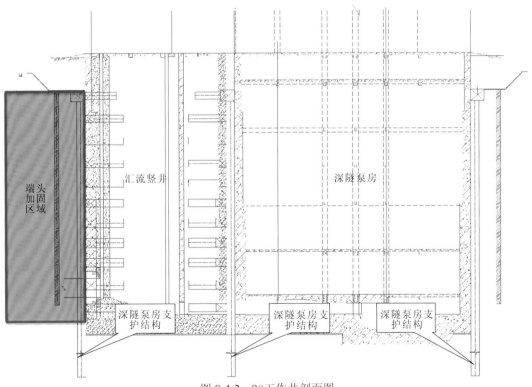

图 8-4-2　9#工作井剖面图

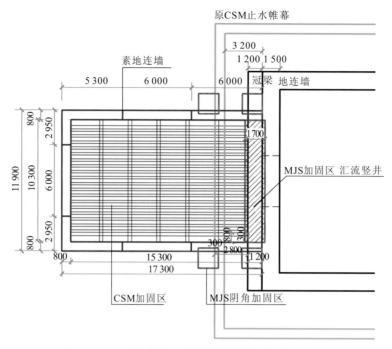

图 8-4-3　方案一端头加固平面布置图（单位：mm）

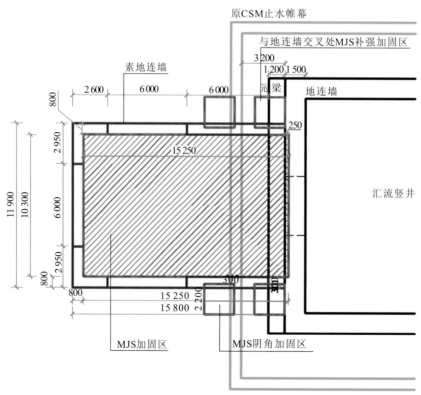

图 8-4-4　方案二端头加固平面布置图（单位：mm）

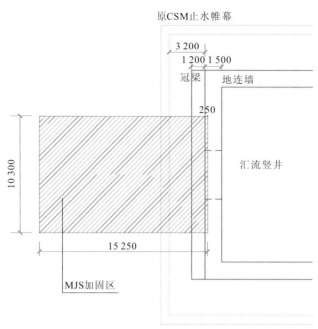

图 8-4-5　方案三端头加固平面布置图（单位：mm）

表 8-4-3　方案对比

优化方案	方案一	方案二	方案三
施工内容	MJS + CSM + 素地连墙	MJS + 素地连墙	MJS + 竖井钢套筒
优点	CSM 对岩土交界面处理效果较好，盾构接收安全风险可控	加固效果好，盾构接收安全风险可控，对汇流竖井结构受力及开挖影响相对较小，便于施工组织	对汇流竖井土方开挖影响较小
不利因素	（1）CSM 及素地连墙施工设备荷载对竖井影响最大； （2）对竖井影响工期最长； （3）大型设备较多，组织难度大	地连墙设备荷载对竖井存在一定影响	（1）钢套筒接收及吊出工期较长，需压缩区间二衬及汇流竖井结构施工工期，对通水节点影响较大； （2）缺少 U 形素墙隔水，因此在富水砂层采用钢套筒接收具有一定安全风险
对工期影响	123 天	48 天	影响汇流竖井工期约 48 天，由于钢套筒的拆除同时造成二衬施工工期滞后约 30 天，对隧道通水影响大
造价/万元	约 1 740 万元	约 1 950 万元	约 2 000 万元

　　尽管方案一造价最低，但 CSM 及地连墙施工设备对竖井影响较大，且工序转换复杂，不利于现场施工组织。方案三竖井内采用钢套筒接收对竖井及隧道施工组织影响较大，工期需滞后约 30 天。方案二与方案三整体造价相当，设备施工荷载相对较小，且对竖井及隧道施工组织无影响，综合对比分析三种方案的安全优缺点、工期、造价及对汇流竖井基坑的影响，最终采用方案二进行端头加固。

2. 水下接收方案

9#竖井位于长江一级阶地,接收区域大部分位于(4-3)粉细砂层,承压水位较高(降水井静水位标高-6.5 m 左右),且隧底以下即为土岩交界面,降水效果难以满足接收要求,盾构接收风险高,需采取进一步措施确保安全。综合比选之后,本端头盾构采用水下接收方式,主要分为端头注浆加固、基底砂浆及挡水墙砌筑、竖井注水、盾构掘进、洞门注浆封堵、抽排水、挡水墙分段凿除及洞门钢板密封、盾构机解体吊装、井内清理。具体施工流程如图 8-4-6 所示。

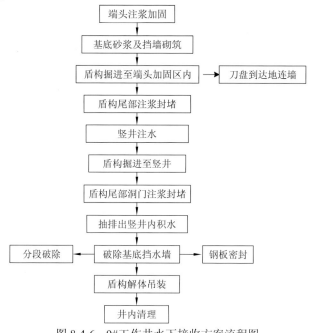

图 8-4-6 9#工作井水下接收方案流程图

1)端头注浆加固

盾构接收端头需在已加固措施基础上采取进一步措施。加固主要采取地面钻孔注浆,具体注浆孔位见图 8-4-7。

注浆加固主要作用包括封堵接收端盾构隧道周围,以及对靠近洞门端土体进行进一步填充保证土体的整体性和不透水性。

(1)9#井端头共需要打孔 19 个,其中 10 号孔和 12 号孔现场已引孔完成,成孔深度 35 m,入岩约 1 m。

(2)根据 9#井端头加固场地平面地面基准标高是 16.1 m,隧道中心的标高是-18.945 m,根据 10 号孔和 12 号孔引孔已完成情况,岩土交界面的深度是 34 m,与地质剖面图基本一致,目前动水位 22.5 m,岩土交界面的水头压差 12.4 m。

(3)除 4 号、5 号、11 号、15 号、17 号孔引孔深度从地面至盾构刀盘开挖直径范围内即可,引孔深度约 32.7 m,其余孔深从地面引孔至入岩 1 m。

(4)现场引孔的位置应避开降水井,以降水井中心 3 m 范围内的不得引孔,如有冲突调整到降水井中心 3 m 范围外。

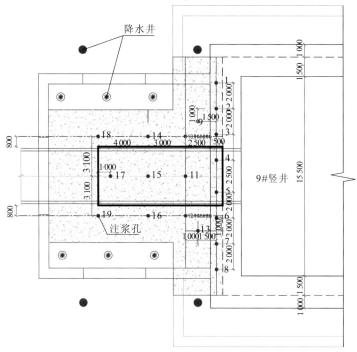

图 8-4-7　9#竖井端头注浆加固平面示意图（单位：mm）

注浆采用注入双液浆加固，视注浆止水效果，必要时需继续加密孔位补孔注浆，注浆顺序为先两侧，后中间。

2）基底砂浆及挡墙砌筑

砂浆回填主要有两部分，一部分是封堵洞门区域，另一部分是作为接收基础。洞门区域砂浆厚度 60 cm、高度 6 m、宽度左右各 3 m，完全封堵洞门，基础砂浆高度 3 m，宽度与基坑同宽，长度距离临时底板边线 1～2 m。在浇筑砂浆前需采用加气块砌成挡墙，将封堵洞门的砂浆与接收基础砂浆分隔开，基础砂浆封端也采用加气块处理。施工时在所有加气块砌好后，同时进行两部分砂浆浇筑，保证 3 m 高度范围内外浆压平衡，当浆液高度超过 3 m 后，只进行洞门处灌浆。

砂浆及加气块挡墙施工平面及断面示意图如图 8-4-8、图 8-4-9 所示。

3）竖井注水

在基础及挡水墙施工完成后，盾构机破除围护结构地下连续墙之前，在竖井内注水，以平衡接收阶段的内外水压。注水深度保持水面与降水后的观测井水位相平（注水高度 16 m 左右）。在盾构进入竖井，洞门注浆封闭完成后，逐步排出井内水，水面每下降 3 m 后停止排水，观察水面情况，若水面不回升，则继续抽水，循环直至全部排出。

4）盾构加固区掘进

（1）盾构机推进时要求保持匀速、平稳，速度控制在 10 mm/min 以内，禁止推进速度和推力出现较大的波动。

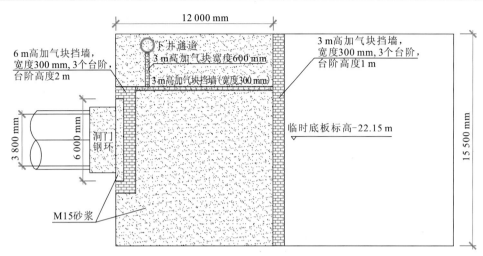

图 8-4-8　9#竖井砂浆及挡墙平面示意图

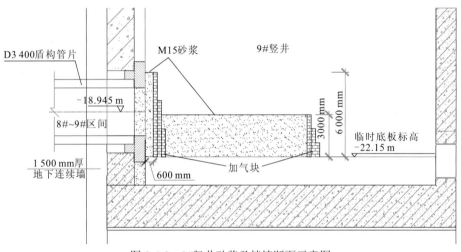

图 8-4-9　9#竖井砂浆及挡墙断面示意图

（2）推进压力保持在 1.5 bar 以内，若发现土压无法建立的情况下，以控制出渣量为主，保证同步注浆量，以防止地表沉降。

（3）盾构在该范围掘进时，遵循"低推力、低刀盘转速，减小扰动"的原则进行控制，推力控制在 500 t 以内，确保盾构推进不对吊出井端墙造成影响。

（4）盾尾接收前，应通过地面预留注浆孔注双液浆，将盾构机周围的空隙填充密实，防止形成水流通道，注浆前先通过盾尾注入聚氨酯，避免双液浆包裹盾尾。

（5）准备好管片拉紧装置，盾构机出洞后，管片前方推力较小，造成管片纵向松弛。通过管片拉紧装置，纵向锁紧出洞 12 环管片（从 1 604 环～1 615 环），保证管片无渗漏。同时保证管片螺栓复紧不少于 3 次，防止盾构机出洞后管片松弛发生位移，造成管片漏水现象。

5）地下连续墙及挡水墙区域掘进

盾构刀盘抵达竖井围护结构地下连续墙后，在切削地连墙的过程中，盾构机应遵循"低推力、低扭矩、低穿透力"的原则,提前降低盾构推力、推进速度和刀盘转速。掘进参数:推力控制在 500 t 以下,千斤顶推进速度控制在 5～10 mm/min,刀盘转速控制在 1rad/min 左右。盾构机切削地连墙的过程中,盾构司机应随时关注推力和刀盘扭矩的变化,一旦发生突然增大或减小的情况,应立即停止推进,待查明原因后方可恢复推进。当地下连续墙掘进剩余三分之一厚度时,应进一步减小推力至 300 t。

盾构在掘进过程中,在盾尾进行加固体与地连墙(1 612 环)、地连墙与内衬墙(1 614 环)接缝处时,均应进行同步注浆和二次注浆。应严格控制同步注浆质量,封堵管片与加固区之间的孔隙。同步注浆采用水泥砂浆,胶凝时间控制为 4～6 h,注浆压力不大于 0.3 MPa,注浆量控制为构筑空隙的 2～2.5 倍。待盾构进入竖井后,该区域应进行洞内二次补强注浆,注浆材料采用水泥-水玻璃双液浆,水泥浆水灰比为 1∶1,水泥浆与水玻璃体积比为 1∶1,注浆压力一般为 0.3～0.4 MPa,同步注浆和二次注浆完成后进行地面预留注浆孔注浆。

6)砂浆导台区域掘进

盾构机在砂浆导台区应采取封闭掘进模式,关闭螺旋输送机,防止喷涌。注意控制千斤顶压力分布,根据盾构机姿态动态调整各组千斤顶压力,保证盾构机不出现"上漂"。

7)洞门注浆封堵

盾构机推进至盾尾出挡墙后,停止掘进,然后进行洞门注浆封堵。洞门封堵注浆主要为洞内管片开孔注浆,注浆封堵首先对洞门范围内部分管片进行,单环注浆由下往上进行,保证浆液填充密实。注浆完成后打开球阀,观察无明水流出,否则应继续注浆。

8)抽排水施工

在确定洞门注浆效果后,开始进行井内抽排水,抽排水应缓慢进行,边抽排边观察,液面每下降 3 m 应暂停抽排,观察 1～2 h,如液面未发生上涨,同时观察洞门处管片吊装孔注浆球阀开启状态无水流出,则继续抽排,如有异常情况,应停止抽排,继续进行洞门注浆,必要时应取水回灌。反复以上过程直至抽水完成。

9)挡水墙分段凿除及洞门钢板密封施工

排水完成后,应及时组织进行洞门处挡水墙的破除作业。挡水墙破除应分层进行,随破随封,封堵采用 1 cm 厚弧形钢板,每次凿除后接缝露出高度在 50 cm 左右。

破除过程应先破除洞门范围及两侧 80 cm,破除完成后立即进行钢板封堵,封堵完成后再破除该层剩余部分。钢板为提前切割好的弧形钢板,钢板圆心角为 20°,一端与洞门钢环焊接,一端与管片外表面钢板焊接,管片外表面钢板与管片表面采用 M16 膨胀螺栓固定,弧形钢板与管片接触面提前塞垫一层棉布(图 8-4-10)。

挡墙破除完成后,继续进行基础砂浆破除。先破除隧道洞身范围两侧 50～80 cm,满足人员操作安装封堵钢板即可,钢板安装完成后,在进行到洞门底下破除时,将洞门外的管片拆除,然后进行基础砂浆破除,破除顺序仍是先洞身范围内,钢板封堵完成后再破除其余部位。

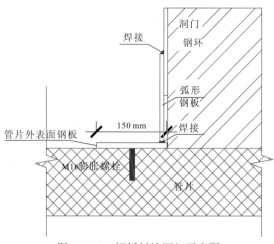

图 8-4-10　钢板封堵洞门示意图

本深隧项目端头加固现场施工照片见图 8-4-11～图 8-4-15 所示。

图 8-4-11　端头 MJS 加固施工

图 8-4-12　端头 CSM 加固施工

图 8-4-13　水泥砂浆挡水墙施工

图 8-4-14　井内回灌施工

图 8-4-15　洞门封闭，盾构机吊出，盾构接收完成

8.5　隧道近接施工技术

本深隧工程包含总长约 17.5 km 的主隧工程，以及由落步咀预处理站至三环线长约 1.7 km 的支隧工程。主隧工程隧道直径 3.0～4.8 m，支隧工程隧道直径 3.0 m。

本深隧工程距离长，沿线水文地质条件复杂，沿线分布诸多重要建（构）筑物，隧道先后下穿地铁 4 号线铁罗盾构区间、青山车辆段出入段线明挖区间、侧穿欢乐大道高架桥桥桩、侧穿京广铁路客运专线高架桥桥桩、侧穿三环线青化立交桥桥桩、侧穿武鄂高速高架桥桥桩、下穿武九铁路、武钢专线等重要风险源，各段隧道风险源及其与隧道关系如表 8-5-1 所示。

表 8-5-1　风险源性质及关系一览表

深隧分段	主要风险源	风险源性质	与深隧关系
沙湖港段	下穿地铁 4 号线铁罗盾构区间	地铁区间隧道结构底板底标高为 6.42 m	隧道距离区间结构最小竖向净距约 6 m
欢乐大道段	侧穿欢乐大道高架桥桥桩	桥梁承台长度为 5.4 m，宽度为 5.4 m，高 2 m，桥梁桩基为直径 1.5 m 钻孔灌注桩，桩长 45 m	隧道与桩基最小水平净距约 3.5 m
	侧穿京广铁路客运专线高架桥桥桩	桥梁桩基为 1 m 钻孔灌注桩，桩长约 26 m	隧道与桩基最小水平净距约 8 m
武鄂高速段	侧穿三环线青化立交桥桥桩	桥梁承台长度为 5.5 m，宽度为 2 m，高 2 m，桥梁桩基为直径 1.2 m 钻孔灌注桩，桩长 14 m	隧道与桥梁桩基最小水平净距约 4.2 m
	下穿武九铁路、武钢专线铁路	有砟轨道	隧道与轨道最小竖向净距约 30 m
	侧穿武鄂高速高架桥桥桩	桥梁承台长度为 6.8 m，宽度为 3 m，高 2 m，桥梁桩基为直径 1.5 m 钻孔灌注桩，桩长 32 m	隧道与桥梁桩基最小水平净距约 9 m
支隧段	下穿地铁 4 号线青山车辆段出入段线	出入段线区间底板底标高为 14.25 m	隧道与结构最小竖向净距约 6 m

8.5.1 国内外现行控制标准

日本盾构施工经验比较丰富,对于较重要的建筑物,基本上采用严格控制地表变形来实现建筑物的保护,日本盾构施工管理标准和桥梁变形控制标准如表 8-5-2～表 8-5-3 所示。

表 8-5-2 日本盾构施工管理标准

等级	管理标准值(地表沉降)/mm	评价	对策
I	<5	平常	工程继续进行
II	<10	注意	校核泥浆压力,壁后注浆压力,千斤顶推力等
III	>15	警戒	终止施工,研究辅助工法

表 8-5-3 日本桥梁变形控制标准

用途	建筑物形式	变形控制标准
铁路	新干线高架桥	垂直变位 3 mm,水平变位 3 mm
	一般高架桥	柱下沉量 3 mm,柱相对下沉量 2.3 mm
公路	立交桥基础	垂直变位 30 mm,水平变位 10 mm

我国的一些相关规范控制标准,如高铁桥梁控制标准,铁路、客运专线路基段控制标准,城市桥梁控制标准,地铁区间结构控制标准等如下。

1)高铁桥梁控制标准

《高速铁路设计规范》(TB 10621—2014)中指出:墩台基础的沉降应按恒载计算,其工后沉降量限值如表 8-5-4 所示。

表 8-5-4 静定结构墩台基础工后沉降限值

沉降类型	桥上轨道类型	限值/mm
墩台均匀沉降	有砟轨道	30
	无砟轨道	20
相邻墩台沉降差	有砟轨道	15
	无砟轨道	5

注:超静定结构相邻墩台沉降量之差除应符合上述规定外,还应根据沉降差对结构产生的附加应力的影响确定。

2)铁路、客运专线路基段控制标准

对于路基沉降最大值的控制,相关技术规范中只有《铁路路基设计规范》(TB 10001—2016)要求对软土及其他类型松软地基上的路基应进行工后沉降分析,路基的工后沉降量应满足以下要求:I 级铁路不应大于 20 cm,路桥过渡段不应大于 10 cm,沉降速率均不应大于 5 cm/年;I 级铁路不应大于 30 cm。根据《普通铁路线路维修规则》(TG/GW 102—2019)中线路大、中修验收标准,轨顶标高与设计标高误差不得大于 20 mm,假定轨道结构、道床和路基完全贴合,不出现悬空状态。

3）城市桥梁控制标准

表 8-5-5 所示是我国城市桥梁相关技术规范对城市桥梁墩台沉降值的规定。

表 8-5-5　我国现行规范对城市桥梁墩台沉降值的规定

规范名称	墩台沉降规定
《城市桥梁养护技术标准》（CJJ 99—2017）	简支梁桥的墩台基础均匀总沉降值大于 $2.0\sqrt{L}$ cm 时应及时对简支梁的墩台基础进行加固（L 为相邻墩台间最小的跨径长度，以 m 计，跨径小于 25 m 时仍以 25 m 计）
《公路桥涵地基与基础设计规范》（JTG 3363—2019）	墩台的均匀总沉降不应大于 $2.0\sqrt{L}$（L 为相邻墩台间最小的跨径长度，以 m 计，跨径小于 25 m 时仍以 25 m 计）。对于外超静定体系的桥梁应考虑引起附加内力的基础不均匀沉降和位移
《公路圬工桥涵设计规范》（JTG D61—2005）	相邻墩台间均匀沉降差（不包括施工中的沉降）不应使桥面形成大于 2‰ 的纵坡

4）地铁区间结构控制标准

我国《城市轨道交通工程监测技术规范》（GB 50911—2013）中有如下规定。

（1）城市轨道交通既有线监测项目控制值应在调查分析地质条件、线路结构形式、轨道结构形式、线路现状情况等的基础上，结合其与工程的空间位置关系、当地工程经验，进行必要的结构监测、计算分析和安全性评估。

（2）城市轨道交通既有线结构及轨道几何形位的监测项目控制值应符合现行国家标准《地铁设计规范》（GB 50157—2013）的有关规定，并应满足线路维修的要求。

（3）当无地方工程经验时，城市轨道交通既有线隧道结构变形控制值可按表 8-5-6 取值。

表 8-5-6　城市轨道交通既有隧道结构变形控制值

监测项目	累计值/mm	变化速率/（mm/d）
隧道结构沉降	3～10	1
隧道结构上浮	5	1
隧道差结构水平位移	3～5	1
隧道差异沉降	$0.04\%L_s$	—
隧道结构变形缝差异沉降	2～4	1

注：L_s 为沿隧道轴向两监测点间距。

另外，国内外类似工程经验有一定的经验，如：①道床及结构沉降值最大不超过 5 mm；②相邻两根钢轨高程差与外轨超高值的差值不大于 4 mm；③相邻两根轨道轨距变化范围 +4～-2 mm；④10 m 弦长轨面高程差不大于 4 mm；⑤附加沉降引起的既有结构的附加内力不超过原设计控制内力的 5%。

8.5.2　变形控制标准

本深隧工程侧穿京广高铁客运专线高架桥桥桩，按照《高速铁路设计规范》（TB 10621—2014）进行控制，桥梁为简支静定结构，无砟轨道结构，墩台的工后均匀总沉降不应大于20 mm，相邻墩台最终沉降差不应大于5 mm。考虑铁路线路已开通运营一段时间，桥梁不可避免地存在工后沉降，同时应考虑桥梁的长期使用，因此该穿越施工期京广高铁桥梁墩台的均匀总沉降控制初步定在5 mm以内，相邻墩台沉降差不应大于3 mm。

同时选线下穿武九铁路、武钢客运专线，依据《铁路路基设计规范》（TB 10001—2016）要求，考虑施工前已有的地面沉降，建议施工引起的地面沉降最大值控制在10 mm以内。除了控制路基沉降最大值，更重要的是控制路基的不均匀沉降。国内对有砟轨道线路不均匀沉降控制限值研究甚少，同济大学基于1∶1室内有砟轨道模型实验得到对于波长2.43 m的余弦式不均匀路基沉降引起轨枕临界空吊状态对应的路基波幅为 13.19～26.39 m，且波长越长，临界波幅越大。因此，对于有砟轨道结构，路基不均匀沉降建议控制在13 mm/2.43 m以内。考虑施工前已有的路基不均匀沉降，建议施工引起的路基沉降最大值控制在8 mm/2.43 m以内。

隧道选线还侧穿欢乐大道高架桥桥桩、侧穿三环线高架桥桥桩与侧穿武鄂高速高架，根据《公路桥涵地基与基础设计规范》（JTG 3363—2019）相关规定，墩台的均匀总沉降不应大于 $2.0\sqrt{L}$，水平位移不应大于 $0.5\sqrt{L}$。根据设计文件，一般简支梁桥的设计允许总沉降不大于5 mm，水平位移不大于6 mm。

关于主隧下穿地铁4号线铁罗盾构区间、支隧下穿地铁4号线青山车辆段出入段线，参照《城市轨道交通工程监测技术规范》（GB 50911—2013），考虑地铁线路已开通运营一段时间，隧道不可避免地存在工后沉降，同时应考虑桥梁的长期使用，因此。结合本深隧工程特点，初步取隧道结构累积沉降量为5 mm，变化速率为1 mm/d。

盾构法、顶管法均具有不影响城市地面交通，噪声小、振动小、施工不受风、雨等气候影响等优点，在土质差、水位高的地区被广泛采用。对于盾构法施工，其施工工序主要分为三个阶段。第1阶段为土体开挖阶段：通过盾构机前端的全断面切削刀盘的旋转来切削开挖面的土体；第2阶段为衬砌（管片）拼装、注浆阶段：盾构机向前推进一定长度（即衬砌或管片的宽度）后，可以进行衬砌（管片）的拼装及盾尾注浆。此时，由于盾构密封舱的脱离，隧道洞室表面的土压力主要由从盾尾向衬砌环外围进行注浆的注浆压力来平衡；第3阶段为盾尾脱离阶段：填充在衬砌（管片）和土层间的注浆材料逐渐凝固，强度不断增加。对于顶管法施工而言，其与盾构法的最主要区别是隧道的支护，盾构法采用管片拼装形成支护结构，而顶管法采用预制的管节连接形成支护结构。另外，盾构法施工的盾构机较为复杂，顶管法施工的机械为较为简单的工具管，它们的破土方法可以一样。隧道开挖掘进会引起地层的位移，对于已有的结构，这种位移会降低其基础的承载力，同时引起附加的变形、差异沉降及侧向位移。当地层变形超过一定范围时，就会危及邻近结构物的安全。所以在隧道施工前，应正确预测和掌握隧道施工对沿线结构物可能造成的不利影响，为完善隧道设计以及隧道施工提供技术支持和参考。

8.5.3　数值模拟计算

本深隧工程在设计阶段采用大型有限元计算软件 ABAQUS 对污水深隧沿线的近接工况进行三维有限元计算,对近接施工条件下污水隧道施工对既有建构筑物的影响进行评价。

1. 下穿地铁 4 号线铁罗区间影响分析

根据数值计算,随着污水隧道的掘进,下穿地铁 4 号线铁罗区间起挖面上方地表沉降最大值为 3.46 mm。隧道下穿引起的地铁 4 号线区间隧道应力变化很小,最大横向水平位移 0.25 mm,最大竖向位移 2.67 mm（图 8-5-1、图 8-5-2）。均满足相关规范的控制标准。

图 8-5-1　下穿地铁 4 号线铁罗区间计算模型

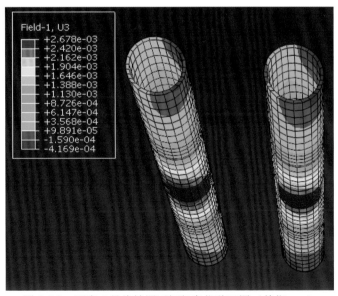

图 8-5-2　下穿 4 号线铁罗区间竖向位移云图（单位：m）

2. 侧穿欢乐大道高架桥桥桩的影响分析

根据数值计算，随着污水隧道的掘进，侧穿欢乐大道高架桥起挖面上方地表沉降最大值为 3.469 mm。隧道下穿引起的承台角点最大沉降值为 0.256 mm，最大横桥向和顺桥向水平位移分别为 4.457 mm 和-0.61 mm（图 8-5-3、图 8-5-4）。均满足相关规范的控制标准。

图 8-5-3　侧穿欢乐大道高架桥桥桩计算模型

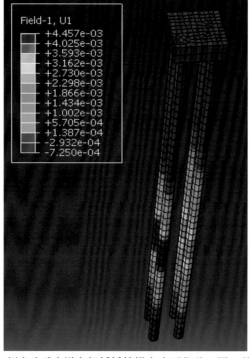

图 8-5-4　侧穿欢乐大道高架桥桥桩横向水平位移云图（单位：m）

3. 侧穿京广铁路客运专线桥桩的影响分析

根据数值计算，随着污水隧道的掘进，侧穿京广铁路客运专线高架桥区段起挖面上方地表沉降最大值为 1.96 mm。隧道下穿引起的承台角点最大沉降值为 0.439 mm，最大横桥向和顺桥向水平位移分别为 0.348 mm 和 1.75 mm（图 8-5-5、图 8-5-6）。均满足相关规范的控制标准。

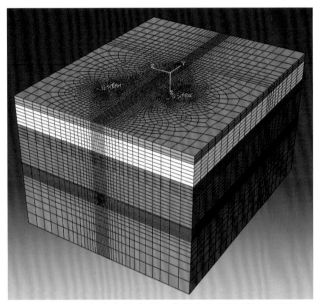

图 8-5-5　侧穿京广铁路客运专线高架桥桥桩计算模型

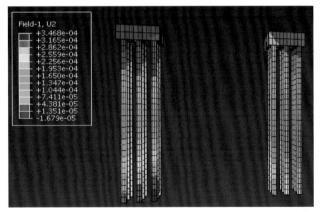

图 8-5-6　侧穿京广铁路客运专线高架桥桥桩横向水平位移云图（单位：m）

4. 侧穿三环线青化立交桥桥桩的影响分析

根据数值计算，随着污水隧道的掘进，侧穿三环线青化立交桥区段起挖面上方地表沉降最大值为 1.74 mm。隧道下穿引起的承台角点最大沉降值为 1.103 mm，最大横桥向和顺桥向水平位移分别为 0.918 mm 和 -0.723 mm（图 8-5-7、图 8-5-8）。均满足相关规范的控制标准。

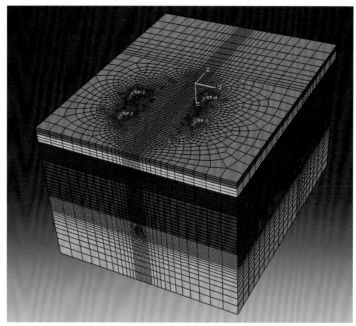

图 8-5-7　侧穿三环线青化立交桥桥桩计算模型

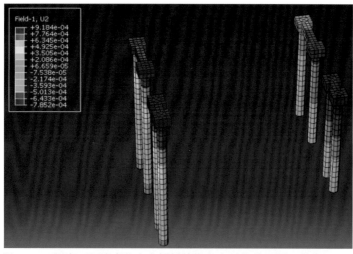

图 8-5-8　侧穿三环线青化立交桥桥桩横向水平位移云图（单位：m）

5. 侧穿武鄂高速武东特大桥桥桩的影响分析

　　根据数值计算，随着污水隧道的掘进，侧穿武鄂高速高架桥区段起挖面上方地表沉降最大值为 2.28 mm。隧道下穿引起的承台角点最大沉降值为 2.202 mm，最大横桥向和顺桥向水平位移分别为 0.339 mm 和-0.61 mm（图 8-5-9、图 8-5-10）。均满足相关规范的控制标准。

图 8-5-9　侧穿武鄂高速高架桥桥桩计算模型

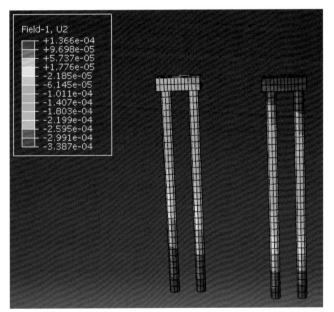

图 8-5-10　侧穿武鄂高速高架桥桥桩横向水平位移云图（单位：m）

6. 下穿武九铁路、武钢专线铁路的影响分析

根据数值计算，随着污水隧道的掘进，下穿武九铁路、武钢专线铁路区段起挖面上方地表沉降最大值为 0.786 7 mm。隧道下穿引起的铁路路基最大沉降量为 2.55 mm（图 8-5-11、图 8-5-12）。均满足相关规范的控制标准。

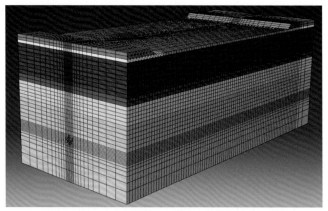

图 8-5-11　下穿武九铁路、武钢专线铁路计算模型

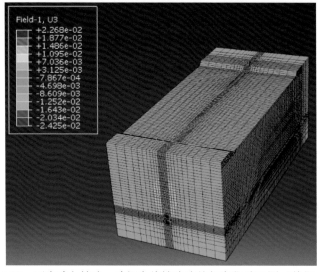

图 8-5-12　下穿武九铁路、武钢专线铁路路基竖向位移云图（单位：m）

8.5.4　近接施工技术要求

在盾构掘进时，可以通过控制施工参数和加强管理来实现控制地表沉降的目的，具体措施如下。

（1）在到达近距离下穿或者侧穿段前 50 m 设置盾构掘进模拟段，地面布置较密的监测点，根据不同的掘进参数所对应的地面沉降值，可以掌握并优化相应的盾构掘进参数（土仓压力、推进速度、总推力、排土量、刀盘扭矩、注浆压力和注浆量等），为穿越风险源做好充分准备。

（2）在盾构穿越风险源前，对设备进行全面的检查，确保在穿越期间盾构正常运转。

（3）严格控制土压力。盾构通过时的沉降是无法避免的，但是如果沉降超过设定预警值时，可以采取控制掘进速度和出土量，调整土仓压力，控制同步注浆的压力及注浆量等措施，从而有效控制地层的弹塑性变形。

（4）严格控制注浆量。注浆作为盾构施工的一个关键工序，必须严格按"确保注浆压力，兼顾注浆量"的双重保障原则，紧密结合施工监控量测的反馈信息，不断优化注浆压力，注浆量一定要保证超过理论计算值，在实际平均注浆量的理论范围内波动。

（5）尽量减少盾构推进方法的改变。盾构推进过程中严格执行"勤纠偏，小纠偏"原则，严禁大幅度纠偏，尽量减少施工原因造成的盾构推进方向的改变。减少对地层的扰动。盾构施工队地层的扰动主要是盾构机千斤顶的推力和刀盘旋转产生的，因而保证盾构机的正常运转，确保盾构机的机械性能尤为重要。隧道管片的变形量与管片拼装的质量紧密相关，在施工过程中，必须强化施工管理，保证一次紧固结实。每环掘进过程中，应适时对螺栓进行二次紧固。

（6）在近距离穿越重要风险源过程中，适当降低推进速度，严格控制盾构方向，将监测到的数据及时反馈，调整盾构推进参数，确保盾构机的平稳穿越。

（7）盾构掘进的同时，最后面 10 环管片螺栓再次进行复紧，提高隧道的抗变形能力。在隧道通过重要风险源区段管片增加注浆孔，加强掘进过程中的同步注浆，减少盾尾通过后隧道外周围形成的建筑空隙，及因此而产生的对风险源的影响。

（8）盾构穿越后，根据铁路轨道、路基、桥梁承台的变形情况，打开管片内预埋注浆管，及时对土体进行壁后二次注浆加固。

（9）盾构穿越重要风险源时，当地面变形值接近警戒值时，必须及时采取壁后注浆来保护地面铁路安全运营。

第 9 章

超深高水压条件下特殊基坑
关键技术及应用

9.1 深隧竖井基坑关键技术

9.1.1 工程概况

大东湖核心区污水传输系统工程隧道长，埋深大，建设任务艰巨，工程的关键环节与工期节点是隧道工作竖井施工。污水主隧全长约 17.5 km，共设 11 座施工竖井以满足盾构施工及工期要求。同时沿线配套建设了 4 座地下预处理站及配套管网系统，结构、工艺复杂。竖井及地下预处理站基坑的安全实施是保障后期工程顺利进行的关键。

本深隧工程竖井基坑工程主要包括以下两个方面：①主隧工程全线共有竖井 9 个，基坑深度 32.8～51.5 m，平面形状为圆形或矩形，基坑长度或直径 11～49 m；②支隧工程全线共有竖井 2 个，基坑深度 22.2～33.7 m，平面形状为圆形，基坑直径 13.2～14.6 m。竖井总体布置如图 9-1-1 所示，竖井维护结构型式见表 9-1-1。

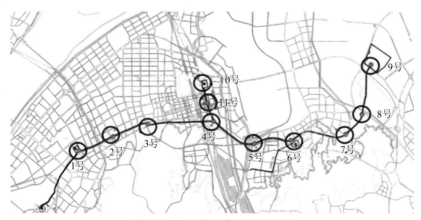

图 9-1-1 竖井总体布置平面图

表 9-1-1 竖井围护结构形式一览表

序号	位置	井号	基坑平面形状	基坑平面尺寸/m	基坑深度/m	围护结构	止水帷幕
1	主线隧道	1#	正方形	14×14	32.8	1 200 mm 厚地下连续墙 + 7 道环框梁	800 mm 厚 CSM 工法搅拌墙
2		2#	圆形	φ12	34.8	D1 600 mm 钻孔灌注桩 + 8 道环框梁 + 坑内满堂加固	双排 D800 mm 高压旋喷桩
3		3#	长方形	49×11	34.9	1 200 mm 厚地下连续墙 + 8 道混凝土支撑	800 mm 厚 CSM 工法搅拌墙
4		4#	圆形	φ20.4	47.8	1 200 mm@1400 mm 钻孔灌注桩 + 9 道环框梁	D800 高压旋喷桩、袖阀管注浆

续表

序号	位置	井号	基坑平面形状	基坑平面尺寸/m	基坑深度/m	围护结构	止水帷幕
5		5#	长方形	20×11	51.5	1 200 mm@1 400 mm 钻孔灌注桩＋11 道混凝土支撑	800 mm 厚 CSM 工法搅拌墙
6		6#	长方形	49×11	43.4	1 200 mm 厚地下连续墙＋9 道混凝土支撑	无
7	主线隧道	6A#	长方形	15×11	43.5	1 500 mm@1700 mm 钻孔灌注桩＋8 道混凝土支撑	桩间 D800 mm 高压旋喷桩
8		7#	长方形	15×11	42.8	1 200 mm@1400 mm 钻孔灌注桩＋8 道混凝土支撑	桩间 D800 mm 高压旋喷桩
9		8#	长方形	49×11	44.8	1 500 mm@1 700 mm 钻孔灌注桩＋10 道混凝土支撑	桩间 D800 mm 高压旋喷桩＋800 mm 厚 CSM 工法搅拌墙
10	污水处理厂	9#（深隧泵房）	圆形	$\phi43$	46.3	1 500 mm 厚地下连续墙＋11 道混凝土支撑	800 mm 厚 CSM 工法搅拌墙
11	支线隧道	10#	圆形	$\phi14.6$	22.2	1 000 mm@1200 mm 钻孔灌注桩＋5 道环框梁	单排 D800 mm 高压旋喷桩
12		11#	圆形	$\phi13.2$	33.7	1 000 mm@1200 mm 钻孔灌注桩＋7 道环框梁	单排 D800 mm 高压旋喷桩

本深隧工程基坑深度较深，大部分地段位于长江一级阶地，上部土层土质较软弱，地下水较丰富，需采用较为有效的地下水控制措施。因此，大部分位于长江一级阶地的地段采用钢筋混凝土地下连续墙＋内支撑支护。小部分竖井场地位于工程地质条件较好的长江三级阶地上，采用钻孔灌注桩＋内支撑支护，同时外侧采用止水帷幕。

9.1.2　场地工程地质与水文地质条件

1. 工程地质水文地质条件

根据勘察情况，本深隧工程沿线地貌形态有长江一级阶地、剥蚀堆积垄岗区三级阶地以及长江一、二级阶地过渡地段等多种类型（图 9-1-2）。工程场区的地下水有上层滞水、孔隙承压水、基岩裂隙水、岩溶裂隙水等 4 种类型。

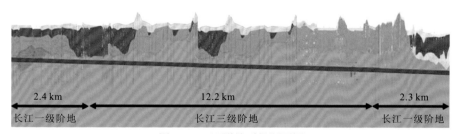

2.4 km	12.2 km	2.3 km
长江一级阶地	长江三级阶地	长江一级阶地

图 9-1-2　深隧地质纵断面图

2. 主要不良地质作用

本深隧工程场地主要不良地质作用有软土、风化岩、挤压破碎带及岩溶等。

（1）软土。软土主要指场地上部第四系覆盖层中分布的厚层淤泥、淤泥质土等软弱土，呈流塑状态，工程性质差。

（2）风化岩。本深隧工程场区下伏强风化泥质粉细砂岩、强风化含砾砂岩及强风化砾岩，胶结程度低，岩心多呈散体状；强风化泥质粉砂岩及强风化粉砂岩岩心多土状，该类岩石遇水宜软化崩解，分布厚薄不均。

（3）挤压破碎带。受断层挤压、错动影响，局部地段揭露有挤压破碎分布。挤压破碎带岩体结构基本破坏，岩心多呈岩粉、岩屑夹角砾等散体状，该类破碎岩体承载力比完整岩体下降很大，破碎带岩体透水性一般相对较好，浸水后易软化、崩解。

（4）岩溶。本深隧工程部分地段为可溶岩分布区，分布有灰岩、白云岩、泥灰岩，场地不良地质作用主要为岩溶。勘察揭示白云岩及泥灰岩未见明显溶蚀现象，灰岩溶蚀现象明显，溶洞发育。

9.1.3 超深竖井基坑支护关键技术与实践

超深竖井基坑支护存在如下难点。

（1）基坑深度大：深度普遍超过 30 m，最深 51.5 m，施工风险高。

（2）工程地质条件复杂：竖井起点和尾端位于长江一级阶地，分布较深厚软土、场地中段位于长江三级阶地、局部场地位于岩溶发育区，全线工程地质、水文地质条件变化较大。

（3）周边环境复杂：场地位于市区，周边存在市政道路、桥梁、轨道交通线、渠道、地下管线等重要保护的建构筑物，对周边环境保护要求较高。

（4）基坑形状不规则：竖井平面形状为圆形或矩形。基坑长度或直径 11～49 m，平面布置形式较多。

（5）竖井基坑使用时间较长，工作竖井基坑除满足盾构始发和接收的要求外，盾构内侧采用二期钢筋混凝土结构，施工周期较长，整个基坑需安全运营两年以上，对基坑的安全性和稳定性要求高。

1. 基坑支护关键技术的选择与应用

本基坑支护设计的原则：安全可靠、技术可行、经济合理、施工方便、工期最优，对周边环境影响尽可能小。本基坑工程重要性等级为一级。

常见的深基坑围护形式有钻孔灌注桩、地下连续墙等（图 9-1-3、图 9-1-4）。

地下连续墙开挖技术起源于欧洲，它是根据打井和石油钻井使用泥浆和水下浇筑混凝土的方法而发展起来的，1950 年意大利米兰首先采用了护壁泥浆地下连续墙施工，20 世纪 50～60 年代该项技术在西方发达国家得到推广，成为地下工程中有效的技术。经过几十年的发展，地下连续墙的技术已经相当成熟。连续墙刚度大、整体性好，支护结构变形较小；

图 9-1-3　钻孔灌注桩

图 9-1-4　钢筋混凝土地下连续墙

墙身具有良好的抗渗能力，坑内降水对坑外影响较小；作为基坑的临时支护体，其工程造价一般高于钻孔灌注桩方案。

钻孔灌注桩支护是基础工程中一种常见的工艺，目前的钻孔灌注桩施工通常为旋挖钻机或回旋钻机钻进，在钻进的过程中用泥浆护壁，成孔后下入钢筋笼，水下灌注混凝土。该工艺成熟，施工设备种类多，质量易控制，施工时占地面积较小，对周边环境影响小；施工便捷，是较常用的基坑支护方式。地下水丰富的地区需结合止水帷幕控制地下水。

自 21 世纪以来，地下空间开发规模越来越大，基坑支护的深度也越来越深，深大基坑通常位于密集的城市中心，常常紧邻建筑物、交通干线、地铁隧道及各种地下管线，施工场地紧张、条件复杂，导致基坑工程的设计和施工的难度越来越大。深隧竖井基坑具有上述特点，基坑支护结构中需要设置支撑构件以满足支护结构体系的稳定及变形的要求。

2. 基坑内支撑布置形式与支撑刚度的选取

由于基坑平面尺寸不是太大，基坑内支撑布置形式是否合理可行是本基坑支护体系设计的重要环节。内支撑布置形式应保证后期盾构需要的施工空间，同时方便施工与后期拆除，为此可采用环框梁的布置形式。矩形基坑一般采用矩形环框梁布置形式（图9-1-5）；圆形基坑一般采用圆环形环框梁布置形式（图9-1-6）；部分正方形基坑，采用外方内圆形环框梁布置形式（图9-1-7）；长条形基坑采用环框梁加内部对顶撑的布置形式（图9-1-8）。

图 9-1-5　矩形基坑

图 9-1-6　圆形基坑

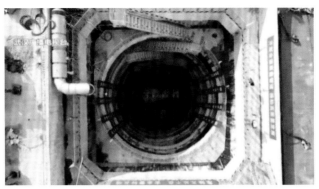

图 9-1-7　外方内圆形基坑

图 9-1-8　长条形基坑

1）圆形截面支撑刚度 k_R 计算

根据支撑刚度的定义

$$k_{\mathrm{R}} = \frac{F}{\delta}$$

式中：F 为沿围护结构布置方向每延米的力，圆形结构为径向力；δ 为围护结构某点发生的位移，圆形结构为径向位移。

根据地质资料，该竖井附近有挤压破碎带分布。挤压破碎带岩体结构基本被破坏，岩心多呈岩粉、岩屑夹角砾等散体状，见少量短柱状及块状。该类破碎岩体承载力比完整岩体下降很大，但能够满足本工程需要。为了考虑挤压破碎带对竖井基坑支护结构的影响，围护结构计算分均匀受力与非均匀受力两种工况。均匀受力工况即竖井所受土压力各方向均匀分布且大小相等；非均匀受力工况即针对处于破碎带及破碎带以下的支撑，竖井一侧考虑 50%土压力增大系数。

（1）均匀受力工况刚度计算。

环框梁均匀受力工况，建立平面模型进行刚度计算，在水平方向对环梁施加 1 kN/m 的均布荷载，环梁与土之间采用受压弹簧。建立二维模型如图 9-1-9 所示。

支撑刚度为

$$k_{\mathrm{R}} = \frac{F}{\delta} = \frac{1}{2.31 \times 10^{-6}} = 432\,900.43 \text{ kN/m}$$

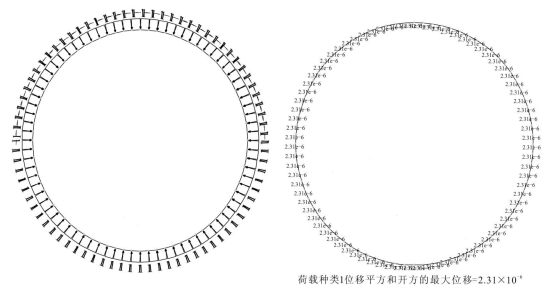

（a）受力简图   （b）荷载种类1的位移图

荷载种类1位移平方和开方的最大位移=2.31×10⁻⁶

图 9-1-9　平面刚度计算模型（一）

（2）非均匀受力工况刚度计算。

环框梁非均匀受力工况，建立平面模型进行刚度计算，在水平方向对环梁一侧施加 1.5 kN/m 的均布荷载，另一侧施加 1 kN/m 的均布荷载，环梁与土之间相互作用采用弹簧模拟。建立二维模型如图 9-1-10 所示。

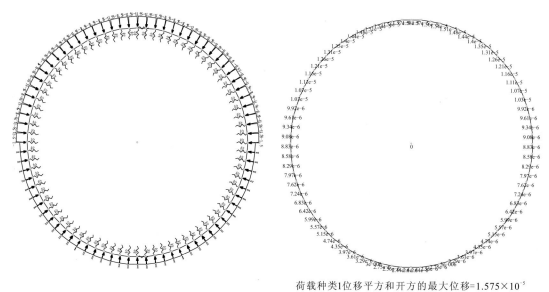

荷载种类1位移平方和开方的最大位移=1.575×10⁻⁵

（a）受力简图   （b）荷载种类1的位移图

图 9-1-10　平面刚度计算模型（二）

最小支撑刚度为

$$k_R = \frac{F}{\delta} = \frac{1.5}{1.575 \times 10^{-5}} = 95\,238.10 \text{ kN/m}$$

同理，通过均匀受力工况与非均匀受力工况得到不同的支撑刚度。

2）矩形截面支撑刚度 k_R 计算

建立平面模型进行刚度计算，在水平方向对环框梁施加 1 kN/m 的均布荷载，环框梁与土之间采用受压弹簧。建立二维模型如图 9-1-11。

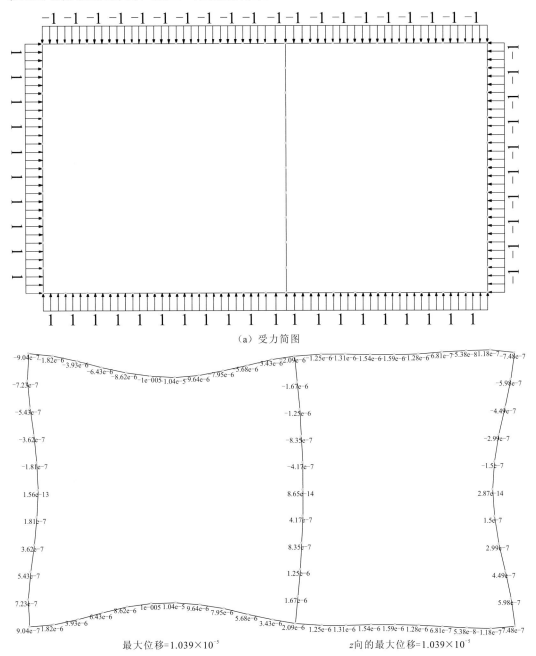

（a）受力简图

最大位移=1.039×10^{-5} z 向的最大位移=1.039×10^{-5}

（b）荷载种类1的位移图

图 9-1-11 平面刚度计算模型（三）

支撑刚度为

$$k_R = \frac{F}{\delta} = \frac{1}{1.039 \times 10^{-5}} = 96\ 246\ \text{kN/m}$$

同理，依次计算各道环框梁支护结构，得到各层支撑刚度。

3. 围护结构断面计算

采用天汉软件桩锚计算单元对围护结构断面进行内力计算和分析。本小节以主隧2#竖井为代表进行计算与分析。

主隧2#竖井位于沙湖港边现状道路处，井位下部存在18 m厚（3-3）淤泥质粉质黏土层（图9-1-12、图9-1-13），该土层强度低，承载力特征值65 kPa，压缩模量 Es_{1-2} 值3.0 MPa，抗剪强度黏聚力值11 kPa，内摩擦角5°。按常规基坑设计方法，围护结构变形达52 mm，同时基坑围护桩及支撑内力较大，不满足要求。

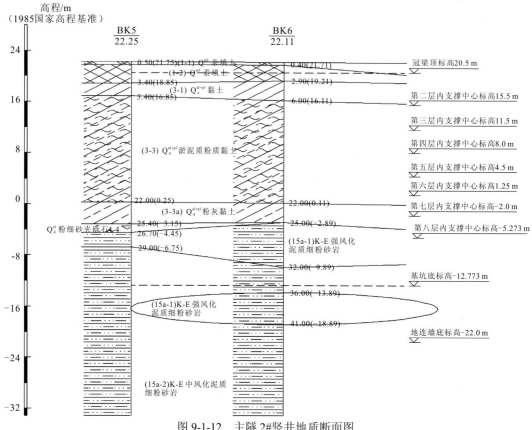

图9-1-12　主隧2#竖井地质断面图

位于深厚软土区的深基坑工程，单纯加大支护结构截面和刚度、支撑间距和刚度并不一定能有效控制变形。常规的土体加固方案多为基坑底被动区土体加固措施，但本竖井基坑深度较大，基坑底为岩层，基坑上部开挖时变形难以控制，且土压力大导致支护结构内力较大，施工风险高。土体加固措施有基坑外部主动区加固和基坑内部被动区加固两种方式，基坑外部土体加固主要是减少外侧主动土压力，基坑内部土体加固主要是增加内侧被

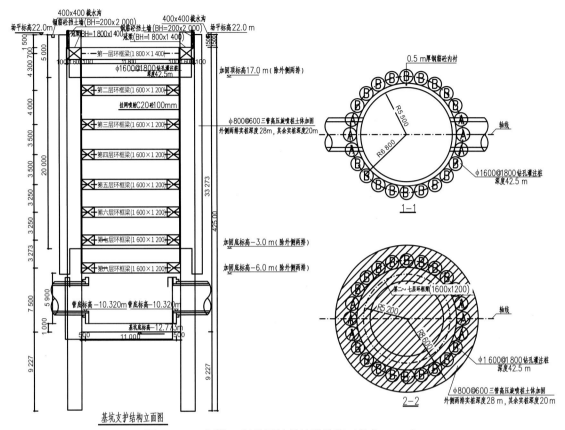

图 9-1-13　主隧 2#竖井围护结构设计图（单位：mm）

动土压力。对两种加固方式进行对比，该两种方式在一定程度上均可达到预期要求，但通过计算分析，基坑外侧加固范围较大，基坑内侧加固范围较小，从工程经济性比较，基坑内侧加固优势明显。同时坑内加固与增大支护结构断面和支撑刚度等方式比较，工程经济性和施工风险控制方面均有较大优势，故最后采用"对基坑内部（3-3）淤泥质粉质黏土层进行加固处理"方案，提高土体强度，以保证竖井支护结构安全。虽然该加固区域后期基坑开挖过程中会逐步分层挖除，但经过土体加固后，在前 6 道基坑分层开挖施工中，围护结构变形能得到有效控制，同时支护桩及支撑内力大幅降低，可以保证基坑安全实施。

加固相关参数：坑内土体采用 ϕ800 mm@600 mm 三管高压旋喷桩土体加固，加固深度 20 m，穿过（3-3）淤泥质粉质黏土层，进入下部土层 2 m。加固采用强度等级不低于 42.5 MPa 的普通硅酸盐水泥，实桩水泥掺量为 630 kg/m³，空桩水泥掺量为 180 kg/m³。实桩旋喷桩现场 28 天龄期的无侧限抗压强度不小于 0.9 MPa。

1）有限元模型建立及参数确定

由于竖井基坑范围内存在多层物理力学性质差异较大的复杂岩土分布，为验证设计方案的有效性，除采用传统天汉软件计算外，通过建立三维弹塑性有限元模型进行竖井开挖施工过程的模拟计算，可全面分析复杂岩土条件下竖井基坑围岩等周边岩土体的力学行为，以便更好地指导竖井开挖与施工。

模拟使用大型岩土有限元分析软件 Midas-GTS 进行，图 9-1-14（a）是 2#竖井拟开挖土体三维弹塑性有限元模型，图中选取水平地表为 *xy* 平面，*z* 轴铅直向上，*x*、*y* 和 *z* 轴构成右手坐标系，计算模型尺寸大小为 128 m×128 m×100 m。图中绿色箭头显示的是施工过程附加超载，附加超载等效均布荷载值为 30 kPa，作用于基坑开挖区外侧，开挖区直径 12 m。

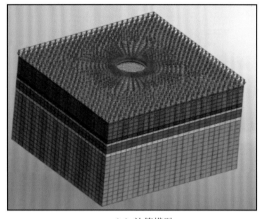

（a）计算模型　　　　　　　　　　　　　　（b）相互作用模型

图 9-1-14　主隧 2#竖井开挖三维有限元模型

根据地勘资料，岩土体地层共分成 8 层，土层从上而下依次为：（1-1）杂填土、（3-1）黏土、（3-3）淤泥质粉质黏土、（3-3a）粉质黏土、（15a-1）强风化泥质细粉砂岩、（15a-2）中风化泥质细粉砂岩、（15a-1）强风化泥质细粉砂岩、（15a-2）中风化泥质细粉砂岩。图中用不同颜色显示上述土层，因（3-3）淤泥质粉质黏土强度较低，土层较厚，方案拟在被动区对此土层进行加固处理，各岩土层的相关弹塑性力学计算参数见表 9-1-2，分析采用的计算参数主要根据设计图纸文件、地勘报告、相关设计规范等。取对称剖面模型，竖井土体、桩和环梁相互作用模型示意见图 9-1-14（b）。

表 9-1-2　主隧 2#竖井地层计算参数

土层	层厚/m	重度/(kN/m³)	内摩擦角/(°)	黏聚力/kPa	弹性模量/MPa	泊松比	环梁	环梁截面尺寸/(mm×mm)
（1-1）	3.3	18	18	9	8	0.32	第 1、2、3、4、8 道环梁	1 200×1 600
（3-1）	1.7	18.6	12	22	5	0.35		
（3-3）	18	17.5	5	11	3	0.38	第 5、6、7 道环梁	1 400×1 800
（3-3a）	4	19.4	10	20	6	0.35		
（15a-1）	3	19.9	35	0	46	0.33	—	
（15a-2）	9	23.6	55	0	856	0.31	—	
（15a-1）	4	19.9	35	0	—	—		
（15a-2）	—	23.6	55	0	—	—		
（3-3）加固后	18	20	60	0	30	0.33		
C30 混凝土	—	25			30 000	0.2		

模型中用实体单元模拟弹塑性土体，从上到下用梁单元模拟环梁结构，用板单元模拟环向分布桩支护结构，共计 24 根 1.6 m 直径桩，按刚度等效的原则简化为 1.294 3 m 厚地下连续墙进行计算。考虑模型的复杂性，模型使用以六面体为主的混合网格划分，模型由 101 877 个实体单元、3 680 个板单元，640 个梁单元，共 59 439 个节点，106 197 个单元构成。岩土体的弹塑性采用经典的莫尔-库仑本构关系。为精确模拟竖井周围围岩力学行为，这部分实体单元尺寸取 1 m，同时为控制模型求解规模，边界部位岩土体实体单元尺寸控制在 5 m 范围内。

2）相关计算工况

整个开挖过程的具体计算工况如下：加固软土层，在岩土体自重作用下，初始地应力分布，位移计算结果清零；施工地下连续墙、在基坑外侧施加施工附加超载 30 kPa；开挖至每道支撑下 1 m，则该道支撑结构发挥作用；共 8 道；开挖至基底设计标高。

3）竖井开挖施工过程模拟

（1）初始地应力。如图 9-1-15 所示，竖向初始地应力沿竖向连续变化，在第 8 层土顶部位置（标高-21 m），竖向地应力值达-0.843 MPa。

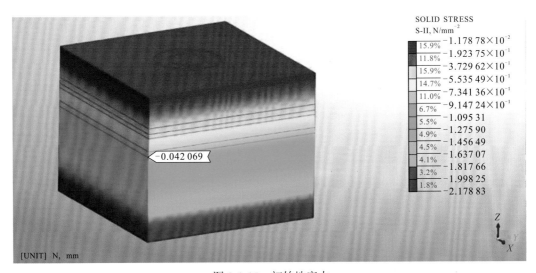

图 9-1-15　初始地应力

（2）岩土体等效塑性应变。由于模型的对称性，取如图 9-1-16 所示剖面实体，考察开挖过程中岩土体等效塑性应变分布变化情况，以便了解岩土体塑性破坏集中区和可能的破坏滑移面，更好地指导竖井开挖安全施工。分析表明，在完成被动区加固和地连墙施工后，塑性区范围和等效塑性应变大小没有明显的变化，塑性区主要分布于圆形竖井边缘松动区。开挖施工过程中，最大等效塑性应变 0.124 5 发生在支撑 6 起作用工况，出现在圆形竖井边缘第 2、3 土层交界部位。由于下部几层岩土体强度较高，基本未出现塑性区。开挖施工全过程中，塑性区主要分布于圆形竖井边缘松动区并呈片状，由于支护结构的阻挡，未形成连通的破坏滑面，竖井开挖施工过程安全。

图 9-1-16　等效塑性应变

（3）桩体等效弯矩及剪力。按刚度等效原则将桩体等效为连续板，图 9-1-17 所示为相应施工工况桩体每延米等效弯矩分布云图，图中标出了各工况桩体最大等效弯矩。图 9-1-18 所示为相应施工工况桩体每延米等效剪力分布云图，图中标出了各工况桩体最大等效剪力。相关结果列于表 9-1-3。

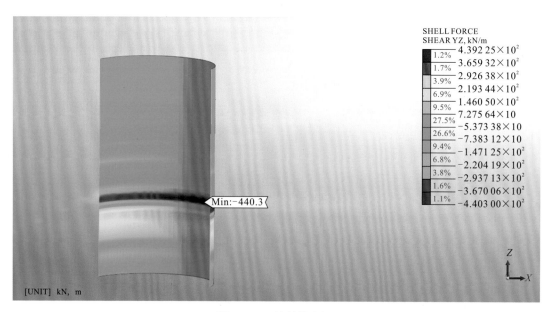

图 9-1-17　桩等效弯矩

图 9-1-18　桩等效剪力

表 9-1-3　主隧 2#竖井单桩最大弯矩、剪力及轴力

工况	每延米最大弯矩 /（kN·m/m）	单桩最大弯矩 /（kN·m）	每延米最大剪力 /（kN/m）	单桩最大剪力 /kN
支撑 1 起作用	36.91	65.71	33.91	60.37
支撑 2 起作用	102.69	182.81	56.99	101.46
支撑 3 起作用	191.13	340.26	92.57	164.80
支撑 4 起作用	291.78	519.44	152.80	272.02
支撑 5 起作用	395.57	704.21	211.18	375.95
支撑 6 起作用	493.05	877.75	241.53	429.98
支撑 7 起作用	623.59	1 110.14	280.09	498.63
支撑 8 起作用	806.90	1 436.47	440.30	783.84
开挖至基坑底	984.99	1 753.51	560.35	997.56

（4）环梁轴力。图 9-1-19 所示为相应施工工况环梁支撑截面轴力分布云图，图中标出了各工况各环梁支撑截面轴力大小。相关结果列于表 9-1-4。

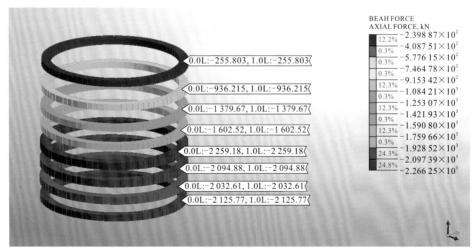

图 9-1-19　环梁轴力分布

表 9-1-4　环梁最大轴力

环梁	产生最大轴力工况	最大轴力/kN
1	支撑 2 起作用	386.12
2	支撑 4 起作用	985.58
3	支撑 5 起作用	1 432.51
4	支撑 6 起作用	1 654.22
5	支撑 7 起作用	2 346.19
6	支撑 8 起作用	2 245.19
7	开挖至基坑底	2 032.61
8	开挖至基坑底	2 125.77

从表 9-1-4 可以看出，相应环梁产生最大轴力的工况有延后现象，这也反映了各道环梁组成的结构系统按刚度分配侧向主动土压力的过程。

4. 支护结构最大侧向变形

如图 9-1-20 所示，开挖至设计基坑底标高时，桩顶最大水平侧移 30.83 mm，满足基坑支护结构水平变形控制标准要求。

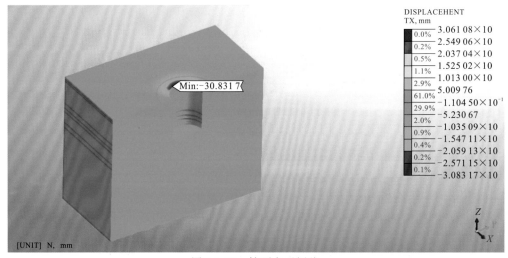

图 9-1-20　桩顶水平侧移

有限元模拟分析结果表明，开挖施工过程中，竖井支护结构系统单桩最大弯矩 1 753.51 kN·m，最大剪力 997.56 kN，其中第 8 道环梁承受的轴力最大，最大轴力 2 125.77 kN。开挖至设计基坑底标高时，桩顶最大水平侧移 30.83 mm，满足基坑支护结构水平变形控制标准要求。由于下部几层岩土体强度较高，基本未出现塑性区。开挖施工全过程中，塑性区主要分布于圆形竖井边缘松动区并呈片状，由于支护结构的阻挡，未形成连通的破坏滑面，因此，从竖井围岩整体力学行为变化规律来看，在对淤泥质粉质黏土层进行被动区加固后竖井开挖施工过程相对安全。

位于深厚软土区的深基坑工程，当周边环境复杂，对基坑变形要求较高时，单纯加大支护结构截面和刚度、支撑间距和刚度并不一定能有效控制变形。可转换思路从增加土体强度方面着手。虽然基坑内部（3-3）淤泥质粉质黏土层加固区后期基坑开挖过程中会逐步分层挖除，感觉有些"浪费"，但与其他方案比较后还是具有较大优势。深厚软土区对变形控制要求较高时，该工程案例具有一定借鉴价值。

9.1.4　复杂地质条件下特殊施工工法

1. "上软下硬"复杂地层

本深隧工程基坑深度普遍大于 30 m，多数地层上部土层软弱，下部为较硬基岩，部分基坑支护结构穿岩深度较大。例如：主隧 6#竖井基坑深度 43.4 m，地连墙深度 51.5 m，地连墙穿岩段长度 28～31 m（图 9-1-21）。其中（15a-2）中风化泥质粉砂岩，单轴极限抗压强度 2.4～7.0 MPa，平均 4.3 MPa。对于上部地层软弱，下部地层偏硬的"上软下硬"地层对工程实施有一定难度。

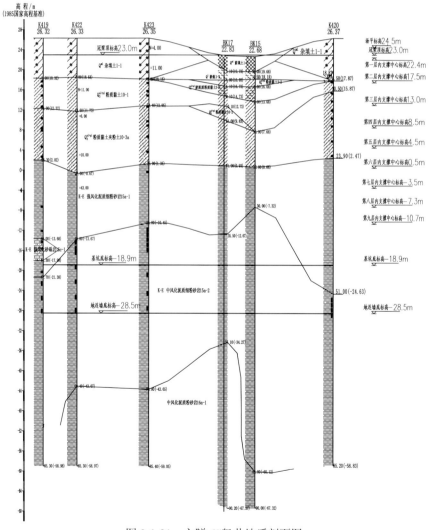

图 9-1-21　主隧 6#竖井地质剖面图

2. "组合成槽"施工法

在此类地层中地连墙成槽施工时，使用单一机械设备成槽，存在施工速度缓慢，机械设备磨损大，施工成本高等问题。为了解决以上问题，在该深隧工程施工中创新性地使用了一种组合成槽施工方法，即采用冲击钻机、旋挖钻机、成槽机、铣槽机组合成槽，确保成槽质量，并形成施工流水，提高成槽工效，缩短了施工工期。其具有以下特点。

（1）功效高。组合成槽施工法采用冲击钻机、旋挖钻机、成槽机、铣槽机组合成槽，不同地层选用不同的机械设备，并可形成流水作业，大大提高了成槽功效。

（2）成本低。采用组合成槽施工方法，将设备优势完全发挥，提高了利用率，缩短了工期，节约了成本。

（3）质量好。采用旋挖钻引孔再铣槽，不易偏钻，保证了垂直度，也较好地保证了接头止水性，提高了质量。

（4）安全文明环保。采用组合成槽施工法，较单一成槽施工，减少了单一设备的投入，避免了设备不合理的损耗，提高了功效，降低了油耗，保护了环境。

3. 施工工艺流程

成槽施工时，根据地层的分布情况、软硬程度的不同，使用不同的机械设备进行流水施工。针对上软下硬地层，先使用旋挖钻机引孔至槽底，以降低成槽机、铣槽机施工难度，然后上部软土地层中使用成槽机施工，下部硬岩地层中使用铣槽机为主、冲击钻机为辅的方式进行施工，保证成槽质量和施工进度。地连墙组合成槽施工工艺流程见图9-1-22。

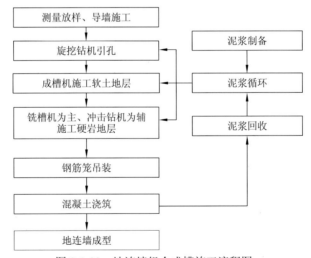

图9-1-22　地连墙组合成槽施工流程图

1）旋挖钻机引孔

根据地连墙的幅宽，布设2～4个旋挖孔位，旋挖钻垂直引孔并穿过上软下硬地层至槽底。旋挖钻引孔后可大大降低后续成槽机、铣槽机的施工难度，提高成槽工效。旋挖钻机垂直引孔穿过上软下硬地层至槽孔底部，依次施工3-1、3-3、3-2、3-4，如图9-1-23所示。

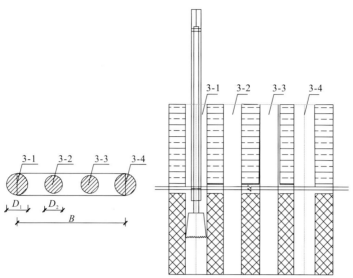

图 9-1-23　旋挖钻引孔示意图

引孔布置形式：地连墙厚度 1.2 m，幅宽 B 为 6 m。如图布置 4 个引孔，4 个引孔均匀布置，间距 2 m。外侧两个旋挖桩引孔直径 D_1 为 1.2 m 同地连墙宽度，中间两个旋挖桩引孔直径 D_2 为 1.0 m，略小于地连墙宽度。

2）成槽机抓槽

旋挖钻引孔完毕后，使用成槽机施工上部软土地层，依次施工 4-1、4-3、4-2，如图 9-1-24 所示。成槽机抓斗两侧各增加一排合金斗齿 7-2，增大成槽机液压抓斗咬合力，提高成槽工效。

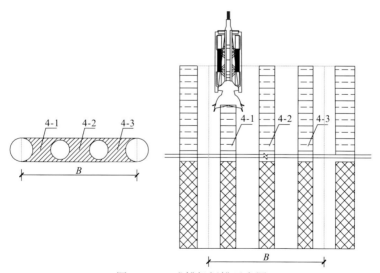

图 9-1-24　成槽机抓槽示意图

3）铣槽机铣槽

成槽机施工完毕后，使用铣槽机、冲击钻机施工下部硬岩地层，铣槽机施工 5-1，冲击钻机施工 5-3，待铣槽孔位 5-1 铣槽完成后，铣槽机施工 5-3、5-2，如图 9-1-25 所示。

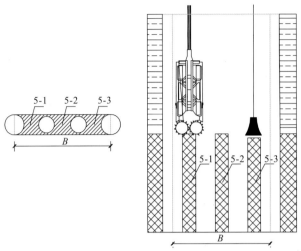

图 9-1-25　铣槽机铣槽示意图

其中以铣槽机为主、冲击钻机为辅，铣槽机、冲击钻机在槽孔两侧同时施工，并可利用冲击钻机进行修孔、处理绕流混凝土等辅助施工，有效减少下部硬岩地层成槽时间。

4）修槽及超声波检测

成槽完成后，采用铣槽机进行修槽施工，铣槽机上下往复，从一边向另一边依次进行修槽，修槽时注意控制好上下速度，铣轮间应略有重叠，防止遗漏。修槽完毕后及时进行超声波检测，确保垂直度、槽深符合设计要求，若不符合应再次修槽并重新进行检测。超声波成槽质量检测见图 9-1-26。

图 9-1-26　超声波成槽质量检测

4. 质量控制

（1）严格成槽垂直度控制。成槽作业前机械设备预先调平；钻机在有倾斜度的软硬地层交界处挖槽时，采用低速钻进；挖槽遇到较大孤石时，先用冲击破碎孤石后再挖槽；成槽过程中，操作司机要精心操作，及时纠偏。

（2）成槽施工严格按照工艺流程执行，成槽过程中定时进行循环泥浆的性能检测，及时更换及补充新浆，防止槽壁坍塌。

（3）清除槽底沉渣要彻底，在清除槽底沉渣后及时吊放钢筋笼、浇注混凝土，若槽底沉积厚度超过规定数值，应再次清底，直到合格为止。

（4）采用跳槽法施工时，还应采用工字钢接头、防绕流铁皮及回填沙袋等多种措施结合，防止混凝土绕流，提高地连墙施工质量。

5. 经济效益

本工法的成功应用，提高了成槽的功效，确保了成槽质量，有效降低了施工成本。如使用组合成槽施工，每幅地连墙约需要使用旋挖钻 7.7 台班，成槽机 4.1 台班，铣槽机 9.1 台班；而使用铣槽机单一成槽施工，每幅地连墙则约需要使用铣槽机 18 台班。

针对上软下硬的复杂地质条件，组合成槽施工法的成功应用，提高了成槽功效，缩短了工期，成槽质量良好，效果显著。该施工法有效解决了上软下硬地层地连墙施工中使用传统单一设备成槽功效低、成本高等问题，是传统成槽施工技术的较大创新，随着国内深基坑工程的快速发展以及地连墙的广泛使用，该施工法具有很高的推广应用价值。

9.2　深隧泵房基坑两墙合一逆作关键技术

深隧泵房基坑，充分利用其形状及空间三维拱效应，采用地下连续墙结合内衬墙逆作，相比常规深基坑采用地连墙结合混凝土内支撑顺做法节约了造价和工期。

9.2.1　工程概况

1. 周边环境条件

深隧泵房基坑位于城市郊区，基坑面积约 2 000 m²，普挖深度 46.35 m，坑中坑深度 48.30 m，基坑周长约 210 m（图 9-2-1、图 9-2-2）。建设场地为鱼塘和荒地，地貌单元为长江冲积一级阶地。基坑东侧和西侧为空地；南侧为市政道路，基坑开挖边线距离道路边线最近距离为 51.8 m。北侧为拟建二沉池，基坑开挖边线距离泵房基坑开挖边线最近距离为 22.8 m。

图 9-2-1　基坑施工前周边环境条件

图 9-2-2　基坑施工过程周边环境条件

2. 工程地质条件

根据勘察情况，建设场地地层自上而下可划分为 5 个单元层。第（1）单元层为人工填土层（Q^{ml}）及湖塘相沉积淤泥层（Q^l）；第（2）单元层为第四系全新统冲积（Q_4^{al}）一般黏性土、淤泥质土层及粉土夹层；第（3）单元层为第四系全新统冲积（Q_4^{al}）黏性土与下部砂性土层之间的过渡层；第（4）单元层为第四系全新统冲积（Q_4^{al}）砂土层及第四系全新统冲洪积砂夹砾卵石层（Q_4^{al+pl}）；第（5）单元层为白垩系—古近系（E-K）泥质粉砂岩。基坑典型地质纵断面图如图9-2-3所示。各土层物理力学指标如表9-2-1所示。

表 9-2-1　土层物理力学指标

地层	重度/(kN/m³)	黏聚力/kPa	内摩擦角/(°)	地层	重度/(kN/m³)	黏聚力/kPa	内摩擦角/(°)
(1-2) 素填土	18.4	11	8	(2-5c) 粉质黏土	18.2	22	11
(1-3) 淤泥	17.5	9	4	(4-1) 粉砂夹粉土、粉质黏土	18.4	0	28
(2-1) 黏土	18.5	21	10	(4-2) 粉砂	18.8	0	31
(2-3) 黏土	18.8	25	13	(4-3) 粉细砂	19.0	0	34
(2-4) 黏土	19.1	30	14	(4-4) 细中砂夹砾卵石	20.0	0	35
(2-5) 淤泥质粉质黏土夹粉土	17.8	15	6	(5-1) 强风化泥质粉砂岩	23.0	0	36
(2-5a) 粉土	18.7	13	6	(5-2) 中风化泥质粉砂岩	25.1	0	45

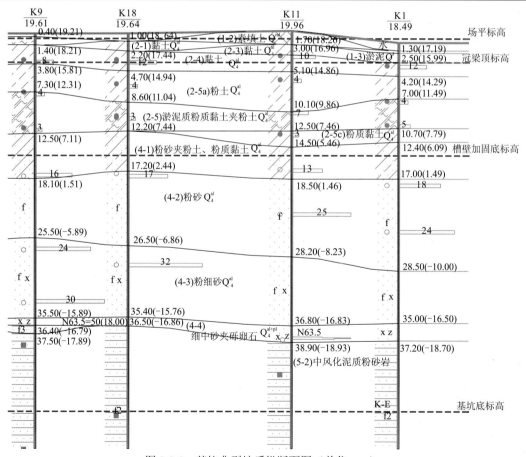

图 9-2-3　基坑典型地质纵断面图（单位：m）

3. 水文地质条件

场地地下水分布有 4 层：上层滞水、潜水、孔隙承压水和基岩裂隙水。具体分布如下。

（1）上层滞水：上层滞水主要赋存于表层填土中，水位分布不连续，水量有限且不稳定，主要接受大气降水及地表散水垂直下渗补给，以蒸发和逐步下渗的方式排泄，水量较小易于疏干。

（2）潜水：潜水主要赋存于（2-5a）、（2-5b）、（3-1）层的粉粒中，水量一般，场地大部分地段分布，具有一定水量，是基坑积水的来源之一。

（3）孔隙承压水：孔隙承压水主要赋存于场地第（4）单元层砂土中，（3-2）层粉土中也含有过渡性弱孔隙承压水，上覆黏性土及下伏基岩为相对隔水层顶板、底板。试验测得场地孔隙承压水稳定水位位于地面下 2.00 m，相当于绝对标高约 17.4 m；场地承压水含水层第（3）、（4）单元层渗透系数建议选用 17.6 m/d，影响半径建议选用 150.0 m。

（4）基岩裂隙水：基岩裂隙水主要为碎屑岩裂隙水，赋存于白垩系—古近系泥质粉砂岩的构造和风化裂隙中，渗透系数为 0.056～0.039 m/d，弱透水性，但是总体来说水量贫乏，对工程建设影响不大。

9.2.2 基坑设计方案比选

1. 深隧泵房基坑特点

本基坑工程具有以下特性。

（1）基坑深度大：基坑深度约 46.35～48.30 m，基坑变形控制尤其重要。

（2）工程地质条件较差：基坑位于长江一级阶地，基坑侧壁土层较差，有较厚的淤泥质黏土层。

（3）周边环境条件较好：基坑除了北侧为在建二沉池，其他三面均为空地。

（4）地下水：基坑侧壁有深厚的粉土、粉细砂和细砂层等含水层，地下水量较丰富，对基坑影响较大，地下水治理为基坑支护设计的关键点之一。

（5）基坑形状特别：泵房区为开口的标准的圆形，汇流井区为长方形（图 9-2-4）。

图 9-2-4　基坑形状展示图

2. 深隧泵房基坑方案比选

本基坑属于超深基坑，根据本工程特点，综合本地区已经施工过的同类基坑的经验，基坑可采用以下两种可行的支护方案。方案一：地连墙+内支撑顺做法；方案二：地连墙结合内衬墙逆作法。内衬墙既作为泵房的主体结构外壁，又作为基坑的内支撑，两墙合一。

由于泵房主体结构楼板间距为 6.5～8.5 m，相对于常规民用建筑地下室楼板间距过大，不利于内支撑和换撑板带设置，采用方案一顺做法则支护体系和支护体系成本均较方案二高，变形控制较方案二差。另外，采用方案一，主体结构与支护体系要留施工空间，占地面积较大。方案二，充分利用了圆形结构空间三维拱效应，主体结构外壁可以与地下连续墙做成叠合墙，不仅减小了主体结构壁厚与占用空间，而且降低成本，缩短工期。综合比较，方案二可降低造价约 3 000 万元，缩短工期约 12 个月，具有良好的技术经济效益，推荐方案二。

9.2.3　两墙合一逆作技术

1. 总体设计方案

地下连续墙结合内衬墙逆作法，内衬墙既作为泵房的主体结构外壁，又作为基坑的内支撑，两墙合一。地下连续墙深度 56 m，厚度 1.5 m，内衬墙自上而下厚度为 1.2～2.0 m。

2. 两墙合一结构体系

深隧泵房主体结构采用地下连续墙与内衬墙联合受力的叠合墙结构，深隧泵房内部为满足功能需求，采用梁、柱框架结构体系；为了泵房和外侧地连墙充分贴合，地下连续墙通过槽段划分和多段成槽，按照泵房主体结构形成外接圆形状，地连墙通过预埋钢筋与泵房外壁有效连接，最终形成一个内部框架结构加叠合外墙的整体受力地下结构体系。地连墙先施工，泵房外壁兼作为内衬墙逆作施工。深隧泵房深约 46 m，抗浮设计方面，采用结构自重结合叠合外墙结构中的地下连续墙作为抗浮措施（图 9-2-5）。

深隧泵房前端的汇水井，平面上为 22.3 m×11.3 m 的矩形池体结构，同样采用地下连续墙与内衬墙联合受力的叠合结构，内部设置一道横隔墙，将汇水井分为干区和湿区两部分，最终形成一个多格水池加叠合外墙的整体受力地下结构体系。抗浮设计方面与深隧泵房一致，采用结构自重结合叠合外墙结构中的地下连续墙作为抗浮措施。

主要几何尺寸如下：泵房主体结构平面上为圆形结构，内径为 39.0 m，地下部分深46.35 m，地面以上部分高为 27.8 m；深隧泵房前段设置有汇水井，汇水井平面内净空尺寸为 23.5 m×11.5 m，地下部分深为 46.35 m，地面以上部分高为 27.8 m；汇水井前段与深隧隧道衔接，作为污水的进水端。深隧泵房与汇水井整体平面上呈乒乓球拍形状（图9-2-6、图 9-2-7）。

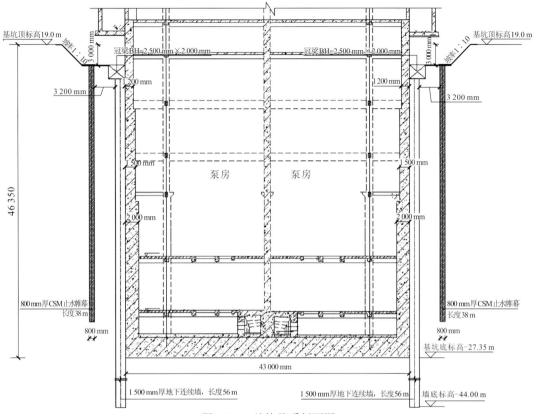

图 9-2-5　结构体系剖面图

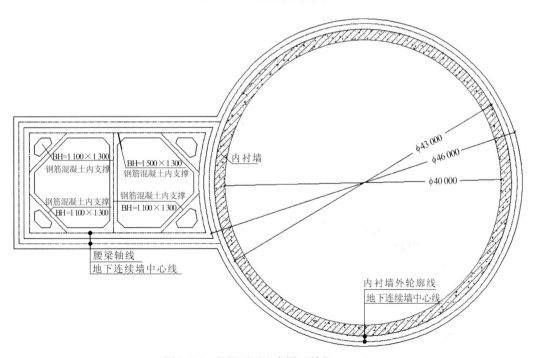

图 9-2-6　基坑平面示意图（单位：mm）

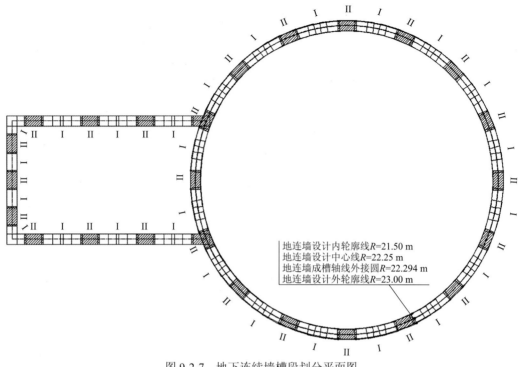

地连墙设计内轮廓线 R=21.50 m
地连墙设计中心线 R=22.25 m
地连墙成槽轴线外接圆 R=22.294 m
地连墙设计外轮廓线 R=23.00 m

图 9-2-7　地下连续墙槽段划分平面图

3. 两墙合一内衬墙计算模型

深隧泵房基坑为大直径圆形超深基坑支护体系，可充分发挥圆形基坑特点，把地连墙设计成圆弧形，减小支护体系受力，泵房外壁兼作为基坑支护内支撑，主体结构外墙与支护地连墙连接做成叠合墙。内衬墙模型计算弯矩示意图如图 9-2-8 所示，由于内衬墙为整体的封闭圆环，如何将圆环分段计算为基坑设计的难点。如果将圆环分段越小，则内衬墙弯矩越小，最后趋近于零，为纯轴压构件。如果将圆环分段过大，则内衬墙弯矩过大，不能反映圆形受力特点，与实际也不相符，造成造价过高，壁厚过大。根据有限元模拟结果以及地下连续墙 I 期槽段及 II 期槽段分槽施工的特点，模型计算时，将圆环内衬墙按地下连续墙 I 期槽段及 II 期槽段长度分段建模计算。

4. 地下连续墙槽段连接方式

基坑侧壁有深厚的粉土、粉砂和粉细砂层等含水层，基坑止水要求高。另外，设计地连墙具有墙体深、厚度大、嵌岩深度大的特点。一般抓斗设备对岩层施工非常困难，且接头封水效果较差。铣接法为在相邻两个一期槽段浇筑完毕后，在建造二期槽段的同时，将一期槽混凝土铣削掉一部分，使两期槽形成锯齿状连接。与型钢板接头和凸型异形接头相比，铣接法接头具有良好的自防水性能。另外，铣槽机设备适用于深大地连墙和嵌岩深度大的基坑。因此，基于本基坑的特点采用铣接法。

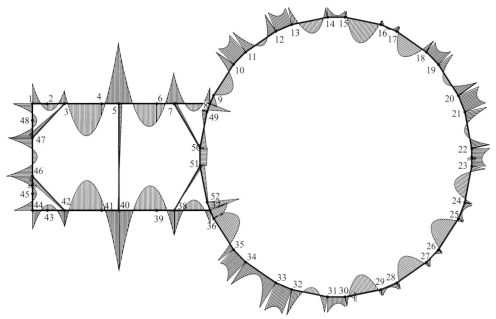

图 9-2-8　内衬墙模型计算弯矩示意图

5. 地下连续墙槽段划分

为了充分发挥基坑形状特点，利用圆形基坑的拱效应，泵房基坑槽段设计成弧形。减小支护体系受力，做成无内支撑支护体系；主体结构外墙与支护地连墙连接做成叠合墙，充分利用地连墙，其为主体结构的一部分，减少了主体结构外墙的厚度。本深隧工程设计时将地连墙成墙槽段分为 I 期槽段及 II 期槽段（图 9-2-9）。II 期槽段为一幅墙，长度 2.8 m；I 期槽段为三幅墙，采用三铣成槽，长度约 6.447 m。施工时先间隔施工 I 期槽段，再间隔施工 II 期槽段，两种槽段咬合 0.25 m，其夹角近似为 173.44°。I 期槽段每铣每幅仍为 2.8 m，先施工两侧两幅墙段，再施工中间一幅墙段，其与两侧两幅墙段咬合均为 0.977 m，其夹角均近似为 175.31°。两侧两幅墙段及中间墙段的实际轴线长度分别为 2.312 m 及 1.823 m，总长为 6.447 m。如此，每幅墙之间的最终夹角为 173.44° 及 175.31°，两种夹角近似在允许范围内，逼近圆形，如此充分发挥了圆形基坑的拱效应。

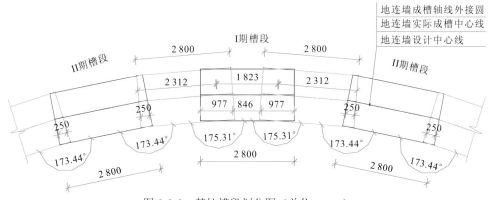

图 9-2-9　基坑槽段划分图（单位：mm）

6. 两墙合一连接措施

1）抗剪埋件设置

在主体结构底板至地连墙冠梁高度范围内，沿地连墙竖向间距 1.0 m，水平间距 0.3 m，方形布置预埋 ϕ25 mm 钢筋和套筒接驳器，并与地连墙主筋焊接牢固。内衬墙施工时在预埋接驳套筒上接 ϕ25 mm 钢筋伸入内衬墙钢筋网，作为地连墙和内衬墙结合抗剪筋，用以加强地连墙与内衬墙的结合。土方开挖以后，地下连续墙所附泥浆和疏松混凝土应凿除并清洗干净。凿除地下连续墙墙体保护层，露出钢筋网片主筋。使地下连续墙与内衬墙结合良好，协调工作。根据《悬挂式竖井施工规程》（JGJ/T 370—2015）附录 B.0.2 条结合面抗剪验算计算公式如下。

$$\frac{KS_k}{n\pi DH_i} - 0.8 f_y A_{sb} \leqslant 0.7 \beta_h f_t, \qquad \beta_h = \left(\frac{800}{H_i}\right)^{\frac{1}{4}}$$

式中：K 为安全系数，K 取 1.4；S_k 为施工到第 k 节段时的悬挂力；n 为挂壁桩数量；D 为挂壁桩直径；分段施工高度 H_i 为 3.0 m；内衬墙和地连墙混凝土等级均为 C40 植筋抗拉强度设计值 f_y 取 360 N/mm²；A_{sb} 为植筋截面面积；β_h 为截面高度影响系数，当 H_i<800 mm 时，取 β_h=800 mm，当 H_i>2 000 mm 时，取 β_h=2 000 mm；f_t 为混凝土的抗拉强度设计值，取最小值。地连墙直径为 45 m，代入数据计算如下：

$$\frac{1.4 \times 19311}{141 \times 3.14 \times 1.5 \times 3} - 0.8 \times 360 \times (3.14 \times 43 \div 0.3 \div 3 \times 490.9) \times 10^{-6} = 13.6 - 21.2 < 0$$

由计算结果可知，选取的钢筋满足抗剪要求。

2）地下连续墙内侧面清理

土方开挖以后，地下连续墙所附泥浆和疏松混凝土应凿除并清洗干净。凿除地下连续墙墙体保护层，露出钢筋网片主筋。使地下连续墙与内衬墙结合良好，协调工作。

3）冠梁施工

冠梁位于地下连续墙顶部，截面尺寸为 2.5 m×2.0 m。冠梁作为内衬墙逆作施工起点，第一幅逆作内衬墙锚入冠梁内，内衬墙由冠梁下口下挂，是内衬墙自重的重要受力构件。

7. 两墙合一逆作施工技术

结合基坑无内支撑且内衬墙逆作的特点，采用"中心岛式"和"盆式"交替开挖的施工工序，避免了传统的挖一层、停一层的方式，能大大缩短工期。内衬墙逆作及土方开挖步骤如下（图 9-2-10）。

第一步：施工地下连续墙和冠梁；第二步：沿着地连墙周边开挖，开挖后形成一个中心岛，施工第一道内衬墙；第三步：在中心岛中心进行土方开挖，直至挖除第一层土；第四步：第一层土挖完后，再沿着地连墙周边开挖第二层土，开挖后再次形成一个中心岛，施工第二道内衬墙；重复第三步和第四步直至施工完内衬墙和底板。

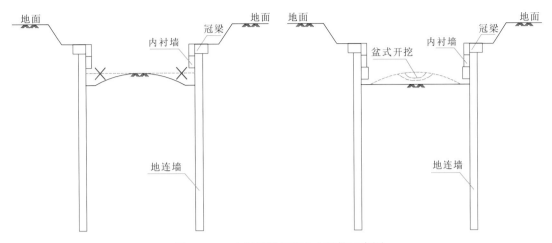

图 9-2-10　内衬墙逆作和土方开挖示意图

9.3　三维声呐检测技术

　　深基坑工程较多事故是由地下水渗漏引起。深隧泵房基坑深度大，基坑侧壁有超过 20 m 厚度的承压含水层，地下水治理措施的有效性尤其重要。深隧泵房深度较大，建设周期较长，根据厂区建设进度，深隧泵房施工时，北侧和东侧二沉池、粗格栅、细格栅、厂区管涵等均提前建完，属于深隧泵房基坑的保护对象。深隧泵房基坑建设要跨越两个汛期，帷幕渗漏失效引起风险较大，必须采取措施确保帷幕安全有效。传统处理检测措施是坑内降水或抽检帷幕的强度等措施，该措施不能检验出帷幕的整体有效性。多数情况是在基坑开挖后，发现渗透点再进行加固补救，属于事后处理方式。该检测及处理模式，风险较高，不确定性较大。

　　三维声呐检测技术是一种用于检测水利堤坝渗漏的新技术，该技术精确度高，能准确检测出帷幕的渗漏点和渗漏水流量。在基坑开挖之前进行检测，根据检测结果对止水帷幕进行加固处理，是一种事前检测及加固模式。该技术用于深基坑止水帷幕检测，可以在基坑开挖前检测止水帷幕的有效性，如有渗漏及时采取加固补强措施，能确保基坑开挖过程中的安全稳定，避免深隧泵房基坑止水措施失效。

9.3.1　目的和任务

　　地下连续墙因受施工技术和施工工艺所限，特别是复杂地质条件下的不确定因素等原因，在地下连续墙面及槽段接缝处，混凝土浇筑质量及槽缝刷壁控制不当，而出现的渗漏情况较为普遍。基坑开挖后如发生渗漏，需启动应急抢险预案，一方面影响基坑及周边环境安全及稳定，另一方面造成工期延误。因此，在基坑开挖前就准确检测出墙体是否存在渗漏，并有针对性地采取超前补强措施，可有效规避基坑开挖风险。

通过数字化定量检测，探明基坑止水结构发生渗漏缺陷的坐标位置与渗漏流速、流向、流量等渗漏流场量化指标，制订严格的连续墙体风险预警、预报渗控评估体系。

9.3.2　技术原理

声呐是特别针对水下信息探测、识别、导航、通信的物理测量方法。基于双电层震电理论与声呐渗流测量方法的技术融合，建立声呐矢量加速度探测技术、航空定向技术、压力传导技术、水文地质仿真计算技术、全球定位系统（global positioning system，GPS）定位技术、计算机大数据解析成像技术、无线通信网络技术与显示、存储、打印于一体的用于水流质点运动速度和矢量的可视化成像系统。三维流速矢量声呐测量仪，基于声呐矢量加速度三轴探测器陈列，能够精细地测量出声波在流体中能量传递的大小与分布。声呐矢量加速度传感器自动感应识别流体空间的运动速度与方向，与对应的渗漏缺陷坐标位置的数据采集与原解析模型成像，将自动生成地下工程需要的各种水文地质参数图表。

按下式计算地下水三维运动速度与方向有

$$U_x = atX \tag{9-3-1}$$

式中：U_x 为 x 方向水流运动流速；a 为 x 方向水流运动加速度；X 为 x 的空间旋转矢量；t 为 x 方向的加速度时间。

9.3.3　检测方法

三维流速矢量声呐测量仪（图 9-3-1）由测量探头、电缆和笔记本电脑三部分组成。仪器测量之前，需要通过室内标准渗流试验井，进行渗流参数标记后，才能进行现场渗流测量。野外试验测量前，要对测量仪器通电预热 3 min 后，把测量探头放入测量井孔内正式进行测量，测量的顺序是自上而下，从地下水位以下开始测量，测量点的间距为 1 m，单个测点的测量时间 1 min，待 1 min 测量完成，测量数据自动保存在电子文档中，再进行下一个点的测量，直到测量至孔底。

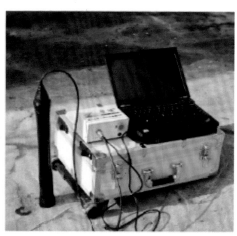

图 9-3-1　三维流速矢量声呐测量仪

9.3.4　结果分析

深隧泵房基坑地下连续墙共计布置 32 个测量孔，各单孔渗漏流场声呐现场测量数据（图 9-3-2）：原位测量孔内每米渗透流速、渗流方向、渗漏流量的分布数据（图 9-3-3）。

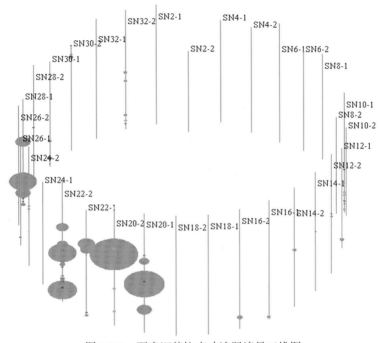

图 9-3-2　泵房深基坑声呐渗漏流量三维图

其中单孔渗漏流量超过 1.0×10^2 cm³/s 的共 6 个，按大小排序为 SN22-2、SN20-2、SN28-1、SN20-1、SN30-2、SN22-1。这 6 个测孔的平均渗漏量排序为 SN22-2 为 2.67×10^2 cm³/s、SN20-2 为 2.62×10^2 cm³/s、SN28-1 为 2.22×10^2 cm³/s、SN20-1 为 2.01×10^2 cm³/s、SN30-2 为 1.56×10^2 cm³/s、SN22-1 为 1.05×10^2 cm³/s。

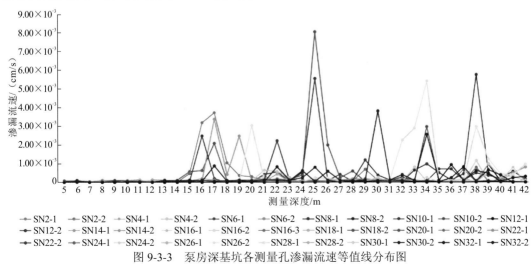

图 9-3-3　泵房深基坑各测量孔渗漏流速等值线分布图

根据图 9-3-4 测量数据显示：32 个测量孔中，有 6 个测孔的平均渗漏流速超过 2.0×10^{-4} cm/s，它们各孔平均流速排序是：SN20-2 为 6.90×10^{-4} cm/s、SN22-2 为 6.07×10^{-4} cm/s、SN28-1 为 5.70×10^{-4} cm/s、SN20-1 为 5.02×10^{-4} cm/s、SN30-2 为 3.55×10^{-4} cm/s、SN22-1 为 2.62×10^{-4} cm/s。

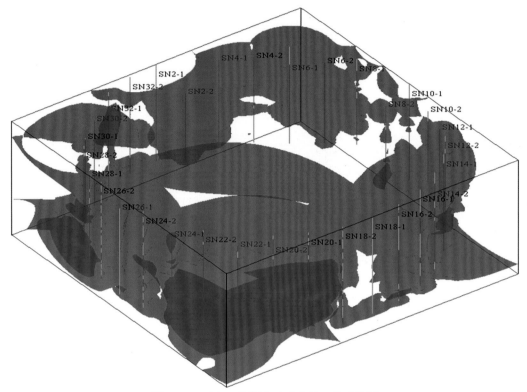

图 9-3-4　泵房深基坑声呐渗流场三维成像图

根据所有钻孔测量现场三维空间地下水渗流所有声呐原位测量数据生成的渗流场（含流速、流向、流量）三维多媒体可视化成像。生成图形可以 360°方向旋转观察任一空间的渗漏流场异常变化与止水结构的缺陷对应关系，并由此三维渗漏流场基础图生成工程设计与施工现场需要的 X、Y、Z 各个切平面上的地下水流的剖面图与动态水文地质参数的原位真实的数据支持。可以根据工程需要任意剖切渗流场中的各种水文地质参数，以达到对基坑工程地下水的量化及预测和预报。

根据三维声呐检测结果可知，6 个钻孔处渗漏有异常情况，对异常渗漏的测量孔进行注浆加固。在渗漏处接头地连墙外侧距离 0.5 m 处，采取两个钻孔进行注浆加固。注浆孔孔径 100 mm，成孔深度进入基岩 1 m 左右。注浆采用压密注浆，注浆压力不小于 20.0 MPa。灌浆材料为添加水泥重量 5%的水玻璃的水泥浆，水灰比 0.8，浆液初凝时间 1 h。垂直孔的垂直度偏差应小于 1%。注浆完成后，再次进行复测，检测合格为止。

根据深隧泵房基坑三维声呐检测，对于渗流不满足要求的接头处，进行注浆加固处理后，基坑开挖过程中没有发生漏水和渗水现象，确保了基坑施工过程的安全与稳定。

第 10 章

智慧深隧关键技术

10.1　智慧水务系统概述

智慧水务是利用物联网、传感器、云计算、大数据等技术对供水、排水、污水处理等水务环节进行智慧化管理。通过结合传感器和物联网云平台提高水务信息化水平，实现水务管理协同化、水资源利用有效化、水务服务便捷化，帮助用户实现水务行业智慧化管理。

我国智慧水务技术发展主要分三个阶段，从 1.0 初步发展期到 2.0 稳定发展期再到 3.0 快速发展期，经历了数字化—智能化—智慧化的蜕变，在技术和驱动力等方面也实现突飞猛进式的发展。智慧水务作为智慧城市建设的重要环节，能提高企业运营管理效率，提高城市居民生活幸福感，其在未来发挥的作用也会越来越凸显，根据社会发展趋势，智慧水务市场空间将呈现爆发式增长。

10.1.1　系统内容

1. 构建目标

对于城市来说，智慧水务系统能够实现城市给排水、防洪、保护水资源等业务运营的协同化管理，同时搭建统一的门户平台，社会公众可随时查询需要的水务信息，能够改进服务方式，提高服务水平。对于企业来说，智慧水务系统能够实时监控、统计分析水质、供水管网，实现供水、用水情况，合理调配资源，实现资源高效化利用，同时能够深层挖掘行业大数据，为水务业务的发展提供支持，提高决策的准确性。

2. 系统构成

智慧水务系统由智慧给水系统、智慧排水系统、智慧防洪系统、智慧污水回用系统、智慧节水系统等子系统构成，同时每个子系统又有如水源监控系统等众多的子系统，它们共同构成智慧水务这个大系统。

3. 系统功能

（1）数据采集与监控。将泵站、河道、管网、自来水厂、污水处理厂、湖泊等数据采集与监控（supervisory control and data acquisition，SCADA）数据及多种硬件采集数据整合纳入系统中统一管理，并根据用户需求进行统计分析，为应急指挥决策提供科学依据，包括：在线数据采集与监控、数据历史查询分析、周期性报表统计分析、自定义报表统计分析。

（2）积水监测。积水监测主要对积水点进行实时水位监测，它既可以为决策机构提供道路、下沉式立交桥等积水点的实时信息，又能够为市政排水调度管理机构提供数据支持，还可以通过 App、广播、电视等媒体为广大老百姓提供出行指南。主要功能：积水点数据实时采集、历史数据查询分析、周期性报表及自定义报表统计分析、视频监控、多媒体信息发布。

（3）污水运行监管。将生产监控与水务管理有机地结合起来，在水务管理层和现场自动化控制层之间起承上启下的作用。通过从数据库层面将实时运行数据和设备资产数据统一起来，使得管理层可以及时获取任何一个运行单位的实时数据，同时又可以调阅各类设备、设施的信息。主要功能：基础信息维护，设备、设施管理，运行数据在线监测，运行状态在线控制。

（4）排水管线控制。排水管线控制系统是以在线监测数据、管网空间数据为基础，结合地理信息系统（geographic information system，GIS）的数据管理和空间分析能力，为城市排水管网系统的泵站调度方案设计、模拟、评估及运行提供支持。主要功能：泵站基础信息维护，泵站人员、设备和运营指标管理，泵站运行状态在线控制，防汛排涝应急控制。

（5）泵站综合集成监测。以在线监测数据、管网空间数据为基础，结合 GIS 的数据管理和空间分析能力，为主干道路排水管网的排水泵站调度提供支持。系统可实现排水泵站的智能化管理，实现远程监控排水泵站水位、流量、泵站运行状态等信息。通过对排水泵站加装物联网感知设备，管理人员可以在调度中心远程监测泵站水位、流量、泵运行状态等；支持水泵启动设备的自动控制，可以远程控制加压泵组的启停。

4. 技术架构

智慧水务技术架构包括信息安全、标准规范、业务应用、大数据中心、信息采集和基础设施。信息采集是智慧水务的"感觉系统"，助力监测网络对涉水对象及其环境信息的感知和接收。

5. 核心技术

智慧水务核心技术包括物联网、智能传感、云计算、大数据、人工智能等。各项核心技术运用于智慧抄表、管网优化设计、信息发布、生产预警、智慧运营调度等业务领域，能够显著提升水务管理及运营效率。

6. 产业链

智慧水务产业链包括上游的水表供应商、阀门供应商、水泵供应商，分别为下游的系统集成服务商提供水表、阀门、水泵等硬件设备；中游的自动化方案服务商、智能技术服务商，为下游的系统集成服务商提供设备自动化解决方案；下游的系统集成服务商，提供物联网、智能传感、云计算、大数据、GIS、建筑信息管理（building information modeling，BIM）、人工智能等技术服务，为最终用户提供智慧水务应用服务。

10.1.2 实际应用案例

1. 企业应用

深圳水务集团重视信息化和数字化建设，从 2018 年开始重新编制智慧水务的顶层设计，总结出一套从顶层设计到项目实施全流程的建设方法，保障智慧水务规划完整、架构先进、基础牢固、切合业务。

根据建设方法要求，首先做顶层的规划设计；然后整理数据，即管控数据质量，提高数据治理水平；接着搭建综合性的信息平台，整合各个小散信息系统，打通业务部门之间的信息壁垒；之后找出应用场景，从业务应用中挖掘数据和平台的价值；最后协同业务部共同建设、共同创新，实现智慧水务在短时间内快速应用，取得超预期的效果。

深圳水务集团现已经实现调度、生产、管网、营销和客服数字化，全方位支撑城市的供水、排水、水环境等核心业务，推动业务流程和组织架构的优化，全面提升集团的运营能力，数字化运营和智慧化决策开始显现出一定成效。

1）实践一

综合调度平台在实际生产运营调度指挥工作中发挥了非常重要的技术支撑保障作用，通过全要素的数字化管控模式，把深圳河涉及的所有设施、要素进行梳理，设计预警和处置流程，然后进行数字化实现。

2）实践二

深圳水务集团从数字技术出发，构建了从源头到用户水龙头的全流程数字化管控系统，使得深圳市盐田区在 2018 年实现了全区的自来水直饮。通过智能感知对供水全流程、全要素进行风险管控，按照危害分析和关键控制点（hazard analysis critical control point，HACCP）的风险识别与分析体系进行水质管控；应用供水水力水质在线模型进行辅助预测、分析、诊断、处置爆管和水质突变等异常事件；将 GIS 时空大数据与算法相结合，探索爆管预测与定位、管网状态诊断、管网水质分析等应用（图 10-1-1）。通过盐田直饮水数字化管控系统，实现从"源头到龙头"水质安全监管一张图管理。

2. 城市应用

2016 年起，苏州市开始推行数字化水务创新，基于实际情况，政府规划引入智慧水务平台，基于物联网、云计算、大数据、人工智能等新兴信息技术，以"智慧驱动、精准治理"为理念，通过构建感知与仿真、决策与预警、调度与控制三大核心能力，实现感知全天候、业务全覆盖、监控全过程，建设以科学治水、精准治水、依法治水、全民治水为核心的"智水苏州"智慧水利水务样板。

"智水苏州"的项目理念提出后，苏州市基于未来发展趋势的判断，随后紧密出炉了智慧水务框架，对"智水苏州"项目提出"急用先建，适度超前"的基本思路（图 10-1-2）。

图 10-1-1　深圳市智慧水务信息总平台

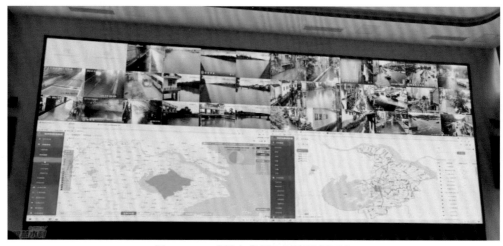

图 10-1-2 "智水苏州"调度指挥平台

10.1.3 发展趋势

1. 趋势一："供排污"一体化智慧管理系统成为行业重要发展趋势

近年来，全国各地积极响应国家号召，推进生态环境治理体系和治理能力现代化，而"供排污"一体化改革是其中一项重要任务，各地政府也以破解"九龙治水"困局的魄力，勇闯改革"深水区"，实现"供排污"一体化；多个地区水务公司也陆续开展"供排污"一体化工作，在"供排污"一体化发展日益加快的背景下，"供排污"一体化智慧管理系统的应用需求也不断增长，在智慧管理平台系统开发、搭建与运维等方面具有丰富经验的专家表示，发展"供排污"一体化智慧管理系统是智慧水务行业发展的重要趋势。

2. 趋势二：智慧水务逐渐融合于智慧城市发展体系

智慧水务是智慧城市的重要组成部分，智慧水务通过提高城市供水、排水、污水处理系统的智慧化水平来打造智慧水环境，有力推动城市生态文明建设，促进智慧城市进一步升级发展，同时智慧水务将逐步融合于智慧城市发展体系，其在智慧城市建设中的重要性将逐步提升。

"水电气热"四表合一抄收系统是智慧水务融合于智慧城市发展体系的重要体现。同时"水电气热"四表合一抄收系统应用推广步伐也逐步加快，在试点应用方案中，抄收系统接入客户，实现联合档案管理、联合抄表、账单合并与发布、联合收费及清分结算等功能，为客户提供一站式收费服务，大幅度提升服务的便利程度。

3. 趋势三：智慧水务将进一步提升消费者在线互动能力

客户服务是智慧水务平台的重要服务内容之一，在物联网、大数据、云计算、人工智能等智能技术赋能下，智慧水务平台与消费者在线互动能力将进一步提升，客户服务质量将会实现质的提高。

在 NB-loT、LoRa 等物联网技术帮助下，水务公司可以便捷获取水表、阀门等设备连接信息，抄表水费管理效率显著提升，并可定期通过 PC 端、手机端的网页、APP、公众号等渠道将账单发送至消费者处，当设备探测出漏失、堵塞、污染等情况时，水务公司还可以及时将设备故障或异常情况向消费者汇报，客户服务质量进一步提高。

10.1.4　建设目的

1. 运维管理的必要性

大东湖深隧项目建成后，后期运营内容除 19.7 km 的深层排水隧道外，还包括 3 个预处理站、1 个提升泵站，末端还与北湖污水厂的污水提升和处理流程紧密衔接，具有区域大、分布零散、协调度高、业务专业性强、管理难度大等特点。既要服务流域前端各泵站、闸站污水的排放与调度，又要满足后端北湖污水厂污水处理量要求，同时还面临深层排水隧道自身的"淤、腐、渗"等运维困难。城市污水处理系统的运营维护应针对上述运维管理难题，充分结合数字化技术，搭建大东湖智慧深隧系统信息平台，借助物联网、大数据等信息化技术，强化区域运营调度，创新管理模式，通过数字化技术赋能系统管理智慧化，实现节能、低碳与高效运营，具有极大的现实意义。

2. 重点工程示范作用

大东湖深隧项目是目前国内传输流量最大、输送距离最长的污水深隧，未来满负荷运营后将达到每天 150 万 t 的污水处理规模，武汉市近三分之一的污水经过预处理后，将通过这条隧道进入北湖污水处理厂，将原来分散的污水处理变成集中污水处理，有效缓解中心城区的环境压力，改善长江水环境。本项目立足于全面解决大东湖地区的水环境问题，将城市核心区污水处理厂搬迁至城市边缘集中处理，既能解决目前污水处理厂处理能力不足与尾水达标排放的矛盾，又能有效保护城市中心湖泊和港渠，有利于水环境水质目标的实现；同时结合规划的雨水深隧能够统筹解决区域污水处理、雨季溢流、雨水排涝等问题，是向构建大东湖生态水网迈出的重要一步。

大东湖深隧项目属于排水与污水处理领域的典型工程，不仅建设规模大、服务范围广、施工难度大、安全风险高、社会关注度高，而且建设方案在城市用地矛盾突出、尾水升级达标难等问题上具有巨大的参考价值。在本工程中开展智慧水务的试点和探索，探索智慧水务建设运营模式，推动智慧水务行业发展，符合国家政策方向，能在排水与污水处理的综合性管控平台、智慧应用等方面形成可复制、可推广的经验，以及较好的示范引领作用，为各地智慧水务发展提供参考。

3. 新技术的场景支撑

智慧水务的技术发展突飞猛进，技术更新日新月异，主要涉及人工智能、物联网、大数据、云计算、区块链、智能感知、虚拟现实、机器人和网格技术等方面。这些新兴技术都将为本项目智慧水务的发展提供强有力的支撑和保障，满足本工程应用场景的实现，推动智慧水务的不断创新和发展。

（1）人工智能技术的应用。智慧水务通过传感器、物联网等技术，实现对水资源的实时监测和控制，产生了大量的数据。这些数据需要经过深入分析和处理，才能够更好地指导水资源的管理和利用。人工智能技术可以通过数据挖掘、机器学习等手段，对大量的数据进行分析和处理，提高水资源的利用效率和管理水平。

（2）物联网技术的进一步应用。物联网技术是实现智慧水务的基础技术，智慧水务通过传感器、云计算等技术，实现对水资源的实时监测和控制。这需要物联网技术的支持，实现设备之间的信息共享和协同作业。

（3）大数据技术的应用。智慧水务技术产生的大量数据需要进行分析和处理，才能够更好地指导水资源的管理和利用。大数据技术可以通过分析和处理这些数据，提取有效信息，优化水资源的分配和利用。

（4）云计算技术的应用。智慧水务需要实现设备之间的信息共享和协同作业，这需要大规模的计算和存储资源。云计算技术可以提供高效、可靠的计算和存储资源，支持智慧水务的实现。云计算技术的不断发展和普及，将为智慧水务技术提供更加有力的，推动云计算技术的应用不断深入。

（5）区块链技术的应用。区块链技术是近年来新兴的技术，具有不可篡改、去中心化等特点，可以提供去中心化、可信、安全的数据存储和交换平台，保证水资源数据的安全性和可信性。

（6）智能感知技术的应用。智能感知技术通过传感器等设备，对水资源进行实时监测和控制，实现对水资源的高效利用和管理。

（7）虚拟现实技术的应用。虚拟现实技术是一种新兴的技术，具有高度逼真的视觉效果和沉浸式体验，可以通过模拟不同的水资源场景，提高水资源管理人员的应对能力和决策水平。

（8）机器人技术的应用。机器人技术是实现智慧水务的关键技术之一，可以通过自主导航、自主识别、水下监测、淤积冲洗等功能，实现对水资源的实时监测和控制，提高水资源管理的效率和水平。

10.1.5　武汉市智慧水务规划情况

武汉市站在新起点，锚定国家中心城市、长江经济带核心城市和国际化大都市总体定位，建设"五个中心"（全国经济中心、国家科技创新中心、国家商贸物流中心、国际交往中心和区域金融中心），实现现代化大武汉。武汉市于2022年发布《武汉市新型智慧城市"十四五"规划》，对推动武汉实现治理体系和治理能力现代化，助力武汉高质量发展具有重大战略意义。其中有如下要求。

（1）推动生态保护立体化。强化生态环境物联感知应用，聚焦空气、水、土壤、重点污染源等领域，构建环境监测网络，提高生态环境预测预警与决策指挥能力。建立城市水务智能化管理体系，提升"源、供、排、污、灾"全过程综合管理能力，完善武汉特色的数字防洪排涝工作体系，打造一流智慧水务典范城市。开展智慧园林和林业建设，加快智慧公园、智慧管养、湿地监测、森林防火等领域建设。推进零碳排放区示范工程建设，积极支持发展国家碳排放权注册登记，打造全国碳金融中心。

（2）智慧水务建设。基于地理空间基础信息，叠加全市洪水、污水、排水、供水等各类数据，构建智慧水务专题图层和智慧海绵城市雨水资源监测分析模型，汇聚全市涉水业务数据，优化水务基础设施监测、综合决策平台和水务大数据平台，形成完整的智慧水务支撑体系。

同时，《武汉市智慧水务发展专项规划》（2021—2025）中提到，以智慧水务总体规划及核心建设需求为引领，强化感知网络、夯实基础建设、落实业务应用、保障网络安全，按照"5 大应用场景，3 个平台，2 大基础设施，2 个保障体系"的体系架构，逐步实现"一网全感知、一图知全局、一屏全指挥、一键辅决策、一证保安全"五项管控目标；"全面互联感知、智能自动调控、深度融合分析、智能管理决策、总体安全可控"五大支撑能力；"智慧水政务、智慧水环境、智慧水资源、智慧水安全、智慧水资产"五大核心功能；落实"一年夯实建设基础，三年实现数据决策，五年实现智慧管控"的五年建设计划。

到 2022 年短期内完成智慧水务标准规范体系和信息安全体系建设，统一标准，全面整合提升已有信息化平台，构建应用支撑能力平台及信息通信技术（information and communications technology，ICT）基础设施，夯实智慧水务基础；到 2023 年，实现水务大数据平台和综合决策指挥平台基本建成，实现市区一体的协同联动，五大场景核心管理功能上线；到 2025 年，监测感知体系基本完善，典型河湖流域实现实时联控联调，武汉市现代化治水体系和智慧化治水能力基本实现，打造国内领先，国际一流的智慧水务典范城市；远期展望到 2035 年，全面融合机器学习、人工智能、边缘计算等先进技术，扩展智慧水务边界，打造无人值守、智慧决策、自动调度的智慧水务平台，探索新一代信息技术与水务业务深度融合，推动水务行业创新发展。

基于以上情况，在本工程范围内建设大东湖智慧深隧系统信息平台。

10.1.6　建设意义

大东湖智慧深隧系统信息平台日后将作为武汉大东湖深隧建设运营水务公司管理的核心平台系统，平台建设意义主要有以下几方面。

（1）贯彻"智慧城市"总体规划建设要求，全面促进武汉市经济和社会高速发展。武汉智慧城市建设包括感知基础设施、网络基础设施、云计算中心等基础信息设施，构建应用、产业和运行 3 大核心体系，其中应用体系选择在包含智慧水务等 15 个领域进行智慧城市建设，智慧水务对智慧城市总体规划的实施及最终建成具有重要意义。本深隧项目充分贯彻智慧水务的思想，遵循智慧、水务提出的三大业务应用方向，以信息感知、监测数据传输为重点，以数据存储为基础，逐步开展业务分析计算模型建模，充分挖掘业务应用，重视对外服务。本深隧项目的实施将是智慧深隧系统实施的新起点，对全面开展智慧水务建设具有重大意义。

（2）应对新时期水务管理新形势，全面提升水务管理能力，实现水务现代化。随着社会和经济的发展,水环境面临的形势越来越严峻,调蓄和排涝之间的矛盾加大,洪涝之患也并未完全根除,对全区防洪减灾、水资源供给、水环境保护提出了新的更高的要求。水务管理工作面临的严峻形势和肩负的艰巨任务使得传统的管理手段越来越力不从心,迫切需要通过水务管理手段的全面创新,解决现有信息化存在的问题,充分利用信息化技术为各级管理部门和相关组织、社会公众提供高效的水务管理及综合信息服务,为防汛抗旱指挥、水资源管理等业务应用提供信息支撑,有效提高各级管理部门在抵御和减轻洪涝灾害、应对水资源短缺、水资源污染和水土流失等突发事件方面的能力,提高各级部门水务管理能力。运行数据的不断积累,可对不同季节,不同时段上游来水情况,下游北湖污水厂运行情况进行分析,逐步形成深隧内各预处理站的水量综合调度策略和各预处理站点的经济运行策略。

(3)打破资源割据,满足水务管理全局利益,有计划、有步骤地解决水务信息化存在的问题。随着水务管理方式的转变,水务信息服务的公开化、社会化及水务业务应用的一体化、全局化要求越来越高。按信息技术应用的特点,强调信息化综合体系的整体推进,以推动水务信息化从局部单一发展向整体全面推进转变,有利于强化信息系统对各级水务部门核心职能和业务的支撑能力,达到提高水务工作能力与效益的目标。智慧深隧平台要满足公司领导层快速掌握公司整体经营及营收情况的需要,通过对生产单位生产运营状况和目标完成情况的实时监控、统计分析,从而为公司总部进行项目投资、生产运营优化调整、公司战略分析决策等工作提供全面合理的数据决策支撑。

(4)实现全范围数据的全面监测,为运营管控提供数据支撑。通过深隧预处理站进厂污水流量、下游北湖污水厂泵房液位等信息,在深隧管网自身调蓄能力范围内合理分配污水输送量,为北湖厂提供稳定的水源。实现对深隧管线运营数据的全面在线管控,特别是对于生产过程参数指标和设备运行状态的监控、设备及构筑物的日常管理、辅助现场安全生产及异常情况的应急处理,从而实现生产单位内部的高效管理。

(5)为运营管理提供辅助决策、实现节能增效。利用智慧深隧平台,生产可进行综合化、可视化、图形化的数据统计、对比和分析,为生产单位优化业务生产工艺,指导实际运营管理工作,帮助基层员工找到问题解决方案,实现快速、高效、专业、科学的经营、智慧的诊断和决策,最终实现合理削减能源和人力消耗,全面落实节本增效。

10.1.7 工程效果

2020年8月31日,大东湖核心区污水传输系统工程正式通水运营,至今已稳定输水近4年,实现污水全闭环处理,助力东湖整体水质持续保持Ⅲ类,有效改善了城市生活环境。智慧深隧系统在整个工程的日常运维维护中起到了巨大的积极作用。

大东湖污水深隧项目通过大力开展科技创新,以建设数字化、自动化、智能化的智慧水务系统为目标,研发了包括智慧运营、结构健康监测、水下巡检机器人及无人机巡线在内的深隧智慧管理系统,实现深隧上下游物联感知、运维数据智能分析、调度策略智慧调整、系统风险准确预测、巡检作业无人化远程控制等专业应用场景,显著提高了运营管理效率。

智慧深隧管理系统应用后，共节约管理人员 25 人，每年减少深隧冲水清淤 4 次，并有效避免了隧道传统排空检测所需的停运、抽水、通风、检测、复运等一些列措施，节约了大量物料、能源消耗，减少了管理人员投入，降低厂站运营及维护成本，实现了绿色低碳运营。

10.2　智慧深隧系统信息平台建设需求与方案

10.2.1　需求分析

1. 业务需求分析

1）深隧基础数据统一管理的需求

目前，涉水设施基础资料（如地理空间资料、规划资料、设计图纸、验收文档等）的信息化统一性不够，各种格式数据并存，水务资产的变化信息不能及时更新并统一存储，排水户信息不能实现统一管理。因此，深隧系统的建设过程中，首先需要建立信息格式统一，满足各种业务需要的综合数据库，结合深隧系统的实际变化进行长期的信息维护和更新。同时，结合智慧深隧系统一张图（图 10-2-1），对深隧水务信息按照时空关系进行空间数据、资产数据、历史变化数据等进行高效地存储和管理。

通过集成地理空间框架数据（线划地图、影像地图、三维地图、地名地址）、水务基础数据（二三维排水管线数据、水务设施数据、水资源数据）、排水管线内窥检测数据、监测设备数据、实时监控数据（排水管线监测、气象信息、水资源监测、泵站监测、易渍水点监测、港渠监测等）、视频监控数据和业务数据（车辆调度数据、工程项目数据）建立智慧深隧数据中心。这样既可以满足深隧系统资产管理的需求，又能为深隧系统的智慧化管理提供良好的数据基础，为系统功能的设计和开发提供了必要数据条件，同时满足了资产管理的业务需求。

2）管网数据整合的需求

对已有的管网数据资料进行整合梳理，对存疑的管段进行重新勘探并核实建设情况；管网的维修、改造项目要及时上报整理，并在现有管网数据中进行更新。保证管网数据的正确性和有效性，为信息化平台的建设做好数据基础。

通过建立深隧智慧水务平台，对管网系统图进行细化分级，直观展示排水管道分布和雨污合流、管道混错接情况，指导排水管道日常运维和雨污分流、混错接改造、规划等工作开展；同时能够为管道施工保护、问题改造、有机更新、勘察检测提供基础资料，便于水务工作的综合管理和决策。

3）监测预警的需求

随着监测硬件技术和网络传输技术的发展，对防洪防涝、水环境治理、供排水系统的运行状态进行动态监测变为现实。在线监测的内容主要包括：水务设施、排水管网、深层隧道等。

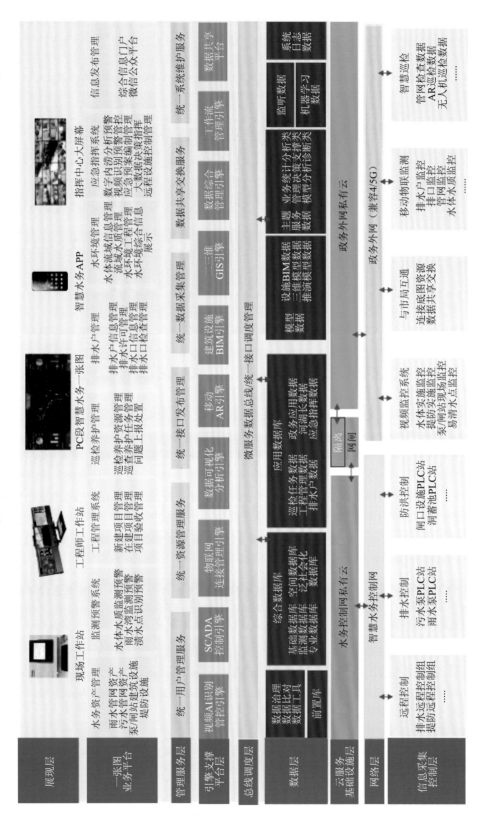

图10-2-1 智慧深隧系统一张图

对系统所属泵站、管网、预处理厂、深层隧道、竖井和污水处理厂等进行全要素的监控，对实时的进出水质、水量、设备运行情况等进行监测，及时发现运行中的突发问题，尽快进行事件溯源、追踪与预警，辅助管理部门做到防患于未然，提升对深隧运行的综合管理、预警和处理能力。

对水质、水量信息进行监测和预警，收集综合多方面大量的信息数据[包括天气、水情、工情、灾情及各街道防汛指挥办（所）的动态]，提高水质、水量的预测预警能力，同时增强风险点的监测能力，以支撑运营单位做出及时、科学的决策管理，使生产工作更智能化、便捷化。

4）业务综合管理的需求

深隧系统的管理涉及多节点、多部门，对管理手段的综合性、全局性、精细化提出了更高的要求，需要建立统一的信息化标准体系，实现各部门各交叉专业的统筹协调，提高协同管理的效率，保证相关工作的长效推进。

深隧系统的运行是一项全面系统的工程，需要一套综合性的管理平台，梳理整个系统内的污水系统情况，并围绕水体水质达标进行监测和水体污染物处理过程分析，对各类运行工况进行影响评估，统筹协调各部门、各专业的工程建设和监管业务，满足监督考核、组织计划、行政管理、对外服务的业务需求。

为落实生产责任制，提高应急会商指挥调度水平，需要建立综合管理系统系统，制定合理有效的应急预案，并依据全面的信息系统进行指挥和资源调度，在全面执行方案过程中通过综合管理系统如管网排水模型模拟和网络分析功能，支持技术人员客观分析危机事件的影响范围，对处理方案进行实时评估和优化，从而及时给出最佳的应急方案，有效应对突发事件。

5）信息共享的需求

提高信息资源利用率，避免信息采集管理方面的重复浪费，需要建立一套信息共享系统，满足管理和共享的需求，实现有关信息的有效流转。

通过信息共享系统，全面提高水质信息、水量信息、水环境信息获取的及时性、准确性和可靠性，更加有效地为生产建设和领导决策服务，提升水务行业社会管理和公共服务能力，保障水务可持续发展。

2. 网络及系统功能需求分析

1）综合数据管理

深隧综合信息分为基础信息类、实时信息类、业务信息类、元数据信息类等。数据流程如图 10-2-2 所示。

（1）基础信息类：存放大比例尺的基础数字地形图、高分辨率的卫星遥感和航空遥感影像、道路、桥梁、河流、湖泊、水库、行政区划、高程点、数字高程模型、人口、社会经济数据等。

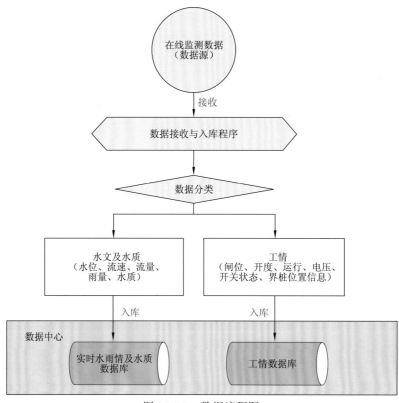

图 10-2-2　数据流程图

（2）实时信息类：存放水务决策支持所需的实时数据，包含防汛决策数据、水资源调度数据、水环境整治数据、行政许可数据等；存放跨行业管理所需要的实时数据，包括水利、供水、排水等行业提交的可以在水务系统内共享的数据，如水情、雨情、水质等。

（3）业务信息类：存放行业管理、辅助决策中需要的业务数据，具体包括：排水系统、排水泵站、排水管网、预处理厂、污水厂、排水深隧的运行情况等。

（4）元数据信息类：元数据是描述数据的数据，主要包含数据的质量、内容、状况、更新情况、存放位置、共享情况、发行情况等信息。

数据存储采用"集中为主、集中与分布相结合"的模式。数据库设计分为属性数据库、空间数据库和影像数据库，其中属性数据选用大型关系数据库进行存储和管理。

本深隧项目数据中心设置在二郎庙污水处理厂内，是运营单位决策支持和跨行业管理的数据基础，是相关部门或单位提供的政务、防汛、水资源、行业管理、元数据等各类数据汇聚整合后的合集，并采用数据挖掘技术形成支撑多个相关专题应用的数据仓库。相关单位可以通过水务数据中心共享访问相关的数据仓库内容，从而实现双向的数据交换和共享。

各管理单位在汇总、整合本单位及本行业数据的基础上，建立行业基础数据库，支撑行业精细化管理和统一行业调度。行业基础数据库采用分布式架构，放置在各行业管理单位。行业基础数据库的内容并不完全汇聚到深隧数据中心，部分数据仍采用分布式存储方式，例如设施运行维护的详细资料、行业统计的原始数据、工程设施的视频历史资料等。

需采用统一数据交换手段对同类多源数据抽取、比对、清洗、加载来保证数据入库质量，做到一数一源。并提供统一数据接口和交换总线，实现与上级管理部门、政府部门及深隧系统各部门间的数据在线共享。

2）业务信息化管理

污水管网监测：监测重点片区污水管网流量、液位等信息，监测污水泵站前池水质信息。

泵站监测：对水系内泵站的自动控制系统进行接入，获取水位、流量、视频监控信息。

预处理厂监测：对 4 座预处理厂进行监控，接入其控制系统获取工况信息和监控信息。

竖井监测：对沿途竖井内的液位进行检测，并获取监控信息。

结构健康监测：对深层隧道的关键节点进行结构健康检测。

污水处理厂监测：对末端污水处理厂的运行情况进行检测，并获取对应的监控信息。

3）信息整合与发布

将实时采集的数据经整编以后进行发布，经综合处理以后形成报告、公告进行发布，将水务工程、水资源管理、水文气象、供排水、环保、基础地理和社会经济信息进行共享和发布等，实现信息资源的共享利用。

4）应急决策分析

综合运行相关的实时监测数据，联合环境信息、气象信息、水情信息、工情信息、灾情信息对应急业务做出分析与预测，主要包括气象分析、灾情分析、结构安全分析、视频状况分析、排水设施综合调度分析、降水趋势分析等，及时做出应急决策。

5）信息维护更新

数据中心的信息维护和更新是保证系统长效运转的必要条件。信息维护更新处理对动态监测系统的维护和静态数据的更新以外，关键是要建立符合防汛、水资源、供排水管理业务流程、设计合理的信息维护更新机制。只有将信息维护更新真正纳入防汛、水资源、供排水管理业务流程体系，将信息维护更新任务作为运营管理部门的首要任务来抓，在规范合理、设计科学的机制约束下，才能实现信息的及时、准确和完整。

6）机房建设需求

按照专业数据机房进行建设，实行模块化设计，保证各功能区布局合理，各系统配置周到、均衡、全面。机房装修工程中，核心设备及材料需采用知名品牌，确保本机房质地高雅、精致、线条流畅，具备现代机房风貌的整体品质。机房配电柜根据用途设计，各路供电要准确、可靠，并设有应急联动开关。需给机房内网络、服务器等重要设备提供不间断电源（uninterruptible power supply，UPS）供电方案，保证后备待机时间大于 1 h。需为机房内各设备提四级防雷保护；并保证机房内计算机系统直流接地电阻小于 1 Ω，交流工作接地系统接地电阻小于 4 Ω，计算机系统安全保护接地电阻和静电接地小于 4 Ω，防雷保护接地系统接地电阻小于 10 Ω。合理规划机房的弱电线缆和强电线缆走线方式和路由；保证机房内每台设备机柜有充足的互联线缆。

7）运行会商指挥需求

为保证异地运行会商工作的安全、稳定开展，如各种会议（电话、视频等）的正常召开，在二郎庙预处理厂办公大楼一楼建设异地会商室，其新建的各项配套设施必须满足现代化办公楼会议室的数字智能化管理，保障领导运行会商过程的各项决策部署和指挥调度的准确性及高效性。

8）视频监控调度需求

需保证系统内各种视频监控资源能够上墙显示，确保运营期间为领导调度指挥提供直观可视化依据。

9）网络及网络安全需求

能实现与上级管理部门及二级单位的互连互通，能有效承载业务系统、视频会议和视频监控等应用，具有合理的网络安全防护措施。

（1）网络系统。根据后期视频监控图像传输及存储的数据带宽需求，建立万兆主干核心网络，满足多路高清视频图像数据流量并发的网络访问能力。根据现有资源，优化改造网络架构。更换部分老化的设备，并融合到整体改造规划中。为运营单位办公终端提供高速、可靠及安全的核心网络运行平台，满足至少 100 个办公终端并发的网络访问能力。为内部业务服务器及相关数据库存储系统（如水务监测、视频会商等业务应用）提供安全可靠稳定的接入环境，并提供多种类型端口的接入。

（2）网络安全系统。参照《水利信息网建设指南》（SL 434—2018）网络安全相关建设要求，完善现有网络安全系统。主要包括：对于关键业务应用进行传输带宽保障，建立端到端的业务流保障体系，实现关键业务稳定、高效地运行；实现安全通信网络的安全防护，主要防护内容包括通信网络安全审计、可信接入保护；加强安全区域边界的安全防护，主要防护内容包括边界访问控制、网络安全审计和完整性保护等。

3. 性能需求分析

根据业务需求和网络系统功能需求分析，智慧深隧系统信息平台系统性能应体现如下要求。

（1）具备海量数据存储和管理能力。

（2）具备良好的并发响应能力，正常情况下水务业务网内 200 个用户并发访问时，各系统平均整体响应性能在 5 s 以内。

（3）在非业务高峰期间，应用系统平均响应时间要求如下：应用系统内在线事务处理的响应时间不大于 3 s，跨系统在线事务处理的响应时间不大于 10 s，应用系统内查询的响应时间不大于 5 s，应用系统内统计的响应时间不大于 15 s。

（4）在业务高峰期间，应用系统平均响应时间要求不超过非业务高峰期间平均响应时间的 1.5 倍。

（5）应用系统并发数设计应该支持 30% 的冗余，保证系统在业务高峰期间稳定运行。

（6）系统应支持 3 年内年增长 20% 的处理能力的扩展要求。

（7）应具备较强的容错能力和灾难恢复能力，重要服务器组采用集群模式。

（8）主要软件系统应具备高度的灵活性，能适应日常业务变更的需求，实现"零代码"方式的系统管理和维护。

（9）局域网平均桌面链路能力 1 000 Mbps，核心机房主干不小于 10 G。

（10）主要服务器忙时 CPU 占用率低于 60%。

（11）故障率时间小于年工作时间的 0.5%。

（12）系统出现故障时，能在 2 h 内得到恢复。

（13）保证网络畅通，7×24 h 无阻碍运行，保证网络传输信息安全。

（14）服务器系统留有可扩展的 CPU、RAM 及存储硬盘的扩展余地；系统的应用服务器应可进行动态扩展，以满足日益扩展的服务和应用请求。

（15）数据库系统应对并发访问和请求的用户数，留有一定的余地，系统的用户扩展不会影响系统的应用性能。

通过消息中间件实现信息的自动采集和汇接，利用可扩展标记语言（extensible markup language，XML）作为系统接口的数据交换标准，进行信息资源整合。在不考虑有线或无线网络带宽影响的情况下，文本信息交换的响应时间应控制在 1 s 以内。

10.2.2　总体方案设计

1. 项目背景

大东湖深隧是国内第一条正式建造并已投入运营的长距离深层污水传输隧道，建设内容包括 17.5 km 主隧、1.7 km 支隧和沙湖提升泵站、二郎庙预处理站、落步咀预处理站、武东预处理站及配套管网。工程旨在将大东湖核心区 130 km² 内约 180 万居民产生的生活污水传输至新建的北湖污水处理厂进行集中处理，改善该区域居民生活工作环境、缓解城市内涝压力、有效解决大东湖地区的水环境问题。

本深隧工程充分分析深隧运营各个难点如深隧系统运维既要服务流域前端各泵站、闸站污水的排放与调度，又要满足后端北湖污水厂污水处理量要求，同时还面临"淤、腐、渗"等深隧运维困难。针对上述运营难题搭建大东湖智慧深隧系统信息平台，通过借助物联网、大数据等信息化技术，来强化区域运营调度，提高运营管理效率，保障深隧运营安全。

智慧深隧系统信息平台应用当今主流的信息化集成技术，集成沙湖提升泵站，二郎庙、落步咀、武东预处理站，3#、4#、6#、7#竖井，深隧管线构筑物内的所有生产、视频数据，在此基础上建立一套由智慧控制、智慧调度、智慧管理、智慧展示等主要功能搭建的智慧运营管理平台，打造生产预警，生产调度决策和企业形象展示于一体的智慧深隧平台。平台按数据采集、数据分析归档、应用业务导向、集中可视化展示、水利模型预测五部分建设。数据的感知采集和网络通信实现数据的采集功能；数据中心层对采集的数据进行集成、清洗、转化、加载功能，为数据挖掘和分析提供基础和保证；应用平台层以应用业务为导向，涵盖各种运营管理功能；集中展示层提供形式多样，内容丰富的展示效果，实现系统可视化功能；根据深隧运行特点、管道淤积产生的危害，在现场采集数据的基础上，利用水利模型预测，对深隧管道的淤积进行预警功能。

2. 总体建设原则

为确保深隧智慧水务建设目标的实现，克服水务信息化发展过程中出现的各自为政、低水平重复建设、信息资源分散、开发利用效率低、信息资源整合共享不足、安全体系薄弱等全局性问题，深隧智慧水务建设应遵循以下基本原则。

（1）"统筹规划，稳步推进"原则。智慧水务的建设必须统一部署，统筹安排建设任务，逐一落实，协调、稳步推进各项建设内容，满足当前工作的迫切需要。同时，智慧水务顶层设计需建立有效的工作协调机制，健全相关法制，制订标准与规范，采取有效措施，促进重点项目建设在技术上统一标准、统一框架，确保信息的互联互通，促进资源的整合、公用、共享，充分发挥各种资源的作用和效能。

（2）"需求驱动、急用先建"原则。以满足实际需求，提升业务支撑能力为目的，建立以应用需求为导向、信息技术应用服从于水务事务和业务需求的科学发展模式，在保障系统可扩展性的基础上，选择实用先进的信息技术，建立可配置、易扩充和能演化的系统，注重实用、好用够用，确保系统尽快发挥效益。

（3）"注重整合、资源共享"原则。所有信息基础设施，包括采集监控、通信网络、数据存储、计算、安全和机房等软硬件设施，都必须按资源共享的原则建设和应用；特别是要依托深隧数据中心建设，建立信息交换平台，在深隧系统内部最大限度地共享信息资源，对社会公众要最大限度地开放公共信息，实现资源优化配置，信息互联互通，处理按需协同，政务公开透明，促进信息基础设施和应用系统效能最大化，避免重复建设。

（4）"建管并重，注重运维"原则。加强建设项目的规范化过程管理与科学评估，明确各类信息基础设施及业务应用的合理生命周期，将所建系统的运行维护管理方案及合理生命周期内所需备品备件纳入设计内容，落实运行维护经费和维护组织方式，强化日常管理，保障深隧信息系统建得成、用得好、可持续。

3. 建设目标

围绕武汉市对智慧水务新基建的工作要求，以深隧运营单位业务需求为核心，以顶层设计为指引，以信息化技术为手段，打造数据资源丰富、基础功能扎实、运行环境稳定的智慧水务管理平台，提升水务设施管理水平，优化排水系统指挥调度，增强突发事件应急处置能力。

结合深隧系统当前的信息化现状和业务需求，按照"全面互联感知、智能自动调控、深度融合分析、智能管理决策、总体安全可控"的原则，综合利用地理信息系统、物联网、云计算等技术，建设深隧智慧水务信息平台，实现全数据、全可视、全感知、全管理的"四全"智慧水务的建设目标，为深隧系统的水安全、水环境、水资源的治理保护和开发利用提供智慧化的管理手段。

（1）强化物联感知，健全监测网络。建设深隧系统物联网感知设备，打造物联网平台，实现河湖水系、排水系统及易涝点的实时监测；为排水系统预警预报、灾情预判、辅助决策、指挥调度提供可量化数据基础。开发物联网基础系统，以适配不同类型传感器的通信协议，建立感知消息总线，并在其基础上实时获取各类传感器的感知数据，对获取的感知数据进行分类编码，为监测应用提供在线的物联网感知数据服务。

（2）数据资源集中管理，落实整体调度。对深隧系统的现有监测数据进行整合共享，并以此为基础结合空间数据库管理框架，建设深隧空间数据服务体系，为深隧业务应用系统提供统一的空间数据应用服务，为信息化管理和整体调度决策提供数据依据。

（3）落实应用场景，提升业务水平。充分考虑业务的实际需求和功能逻辑，确定了四大核心应用场景，即智慧水政务、智慧水资产、智慧水安全和智慧水环境。

（4）强化平台运维，推动数据更新。强化深隧智慧水务平台的运维，及时更新各水务资产，以求平台信息真实有效性，为水务管理的综合决策提供基础资料。

（5）保障信息安全，加强管理运营。遵循国家信息安全等保标准，设计安全防护体系保证整体网络安全。保障网络安全、主机安全、应用安全、数据保安全、安全管理。

4. 建设内容

工程建设内容包括前端监测系统的设计与建设、信息管理和服务平台、水系一张图业务平台、监测预警管理系统、应急预案紧急决策支持系统和智慧水务 App 及业务门户，具体内容如下。

（1）前端监测系统的设计与建设：分别从管网监测、泵站检测、预处理厂检测、竖井监测、污水处理厂检测及相关水务设施监测方面进行监测布点的设计，以实现对相关涉水要素的远程自动在线监测，实现深隧系统的重点水务设施全面远程监管需求。

（2）业务平台建设方案：建立信息管理与服务平台、水系一张图业务平台、监测预警管理系统、应急预案紧急决策支持系统、智慧水务 App 及业务门户，形成统一的业务服务和信息管理平台。

（3）综合数据库建设：包含基础数据库、基础辅助库、实时监测数据库、专业数据库、空间数据库、泛社会化数据库、应用库和元数据库等数据库的设计与建设。

（4）基础软硬件建设：包括数据中心机房建设和计算及存储资源建设。

（5）网络及网络安全系统建设：包括深隧业务网建设、网络系统安全建设和楼内综合布线设计。

（6）指挥中心建设：在二郎庙预处理厂内建设指挥中心，面积 130 m^2，包括扩声系统、数字会议系统、中央控制系统、视频会议系统的建设。

（7）项目运维方案设计：从运维需求和运维服务管理体系建设两个方面进行运维方案的设计。

5. 建设范围和规模

智慧深隧系统信息平台信息化建设涉及的整个深隧系统的水务业务包括排水泵站、前端管网、预处理厂、深层排水隧道、沿途竖井、北湖污水处理厂。

6. 平台功能

平台数据以 GIS 信息地图为整体框架，3D 全景图形式展示具体深隧、各预处理厂站生产数据。深隧运行涉及大量的物联网监测数据、空间基础数据、模型数据和业务数据，平台对多源、多格式、多类型的数据进行集中存储和管理，实现数据管理、挖掘分析、共享交换和可视化分析评估，充分发挥智慧运营的数据价值。系统以数据驾驶舱一张图的形式对工程关键生产数据、运营考核指标、实时监测信息、预警信息、设备状态等多源数据进行全局展示，并融合地图界面、三维模型将各生产单位的地理位置布局和详细信息集成，形成统一的监控及调度管理入口（图 10-2-3）。

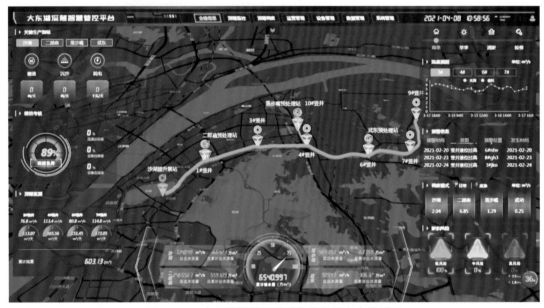

图 10-2-3　大东湖智慧深隧系统信息平台全维展示

大东湖智慧深隧系统信息平台具有权限功能、巡检功能、设备管理、运行管理、报表管理、视频监控、报警管理、移动端应用、语音助手管理功能。对项目公司运营所涉及设备和设施的台账信息、巡检养护、维修保养等全生命周期进行日常管理，辅助制定设备保养计划，追踪设备的维修记录，通过基层工作的精细化管理来提高设备使用可靠率并延长使用生命周期，以优化人力和设备资源配置。通过系统还能对深隧传输系统的生产现场、工艺运行、运行 KPI 进行监控和管理，能对生产运营数据进行综合化、可视化、图形化的数据统计、对比和分析，通过参数指标的趋势分析为优化业务生产工艺、指导运营管理工作提供诊断和决策的数据支撑（图 10-2-4）。

根据现场数据建立一套深隧防淤积水利模型，模型能对深隧淤积进行预测，从而指导管道的日常养护。智慧平台利用排水管网模型对管道内的水力状态进行实时分析，结合先进的深隧防淤积模型和机器学习算法对深隧运行工况进行模拟计算，预测深隧固体物淤积分布情况，可以识别流速过小较容易发生淤积的区域和对应管道，协助运维管理人员更加全面直观地掌握深隧水流特征，快速识别出容易发生淤积的管道。通过管道流速，淤积风险分级地图的颜色差异可以直观看出整个管网中流速的空间分布规律和发生淤积的风险高低，从而指导管道的日常养护做到防患于未然（图 10-2-5）。

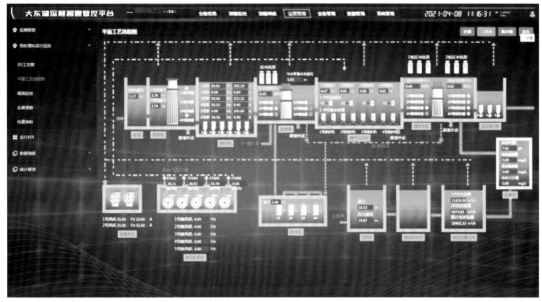

图 10-2-4　智慧深隧系统信息平台生产工艺模块

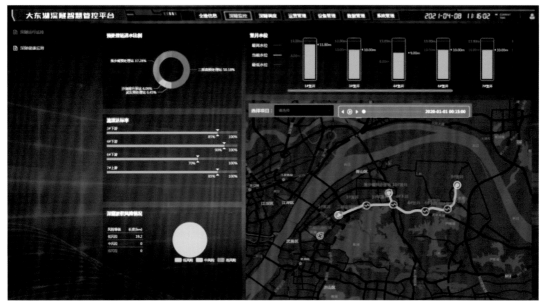

图 10-2-5　大东湖智慧深隧系统信息平台水力模型模块

1）信息管理及服务系统

（1）统一用户管理。需要建立整个平台系统集群统一的组织、角色、用户、权限管理模块，典型故事点包括组织管理、用户管理、访问管理和实时统计。组织管理：可以通过本模块建立深隧系统水务从顶层到二级部门的组织结构树，在建立的过程中自动维护编号等属性，可实现组织结构的添删改查统，平台中所有其他系统中所引用的组织结构时刻与本模块中维护的组织数据一致。用户管理：可以通过本模块建立深隧系统所有用户的访问账户，账户可以分为不同功能权限的角色，用户挂接到组织树中去；管理员可以通过本模块修改账户的姓名、身份证号、手机号、激活时间、注销时间等内容；可以修改账户本身的相关内容，本模块中的用户账户与湖北省大数据中心用户管理模块实现账户一致。访问管理：可以通过用户名密码、手机验证码、邮箱验证码、实名认证等多种方式，获取进入平台系统进行访问的权限，同一个账户在 Web 端、APP 端、微信端和后台管理端通用。实时统计：可以通过本模块的后台页面，查看整个智慧水务系统集群各个不同系统的使用情况，进行日活跃用户统计、月活跃用户统计。

（2）统一业务接口。需要建立整个平台系统集群统一的业务接口管理模块，实现对数据资源交换行为的有序控制，典型故事点包括接口导航、接口示意和接口限制。接口导航：可以通过本模块查看到目前对外开放的业务接口，既可以通过访问频次排序也可以通过类型归属排序；可以通过本模块的搜索框搜索出相关的业务接口。接口示意：可以通过本模块查看某一个业务接口的详情，从详情中了解该业务接口的出参、入参、限制条件；进一步可以下载关联的接口介绍、对接文档、问题答疑、更新日志和示例代码；可以通过本模块帮助开发人员快速共享业务接口的调用方法，提升数据资源互联互通的速度和效率。接口限制：可以通过本模块对特定的账户进行接口访问的限制，包括不允许访问某一些接口、不允许访问某一类数据、不允许在一天内访问多少次、不允许一天内获取多少数据。

（3）信息系统集成。需要建立整个平台系统集群统一的数据资源接入打通模块，典型故事点包括对外打通和对内打通。对外打通：可以通过本模块将深隧系统接口开发的数据接入武汉市智慧水务系统集群，本模块打通后的数据资源，自动接入平台数据总线中，由统一业务接口对外共享。对内打通：可以通过本模块梳理接入的设备的主从调用关系、梳理接入的数据的主从调用关系。智慧水务系统集群任何接入到本模块的系统，均不会访问到有二义性的数据资源。

2）水务业务平台

（1）水务一张图。需要建立指挥中心大屏幕上墙用的展示模块，能够集中展示深隧系统智慧水务的建设成果，典型故事点包括2D/3D 一体化、资产一张图、设施实时监控一张图、巡检养护一张图、工程项目管理一张图、水环境综合管理一张图、监测预警一张图、视频管理一张图和应急管理一张图。

2D/3D 一体化：可以通过本模块建立 2D 和 3D 无缝切换的大屏展示效果。其中 2D 情况下，采用互联网发布的底图或者影像作为衬底；3D 情况下，采用 3D 城市底板作为衬底。在偏重专业分析情况下可选用 2D，在偏重直观展示情况下选用 3D。可以通过本模块在 3D 城市底板上加载倾斜摄影、典型泵站建筑信息模型（BIM）等 3D 要素。可以通过本模块建立 2D 和 3D 分屏联动的大屏展示效果。移动、放大、缩小 2D 部分，3D 跟随漫游，反之亦然。

资产一张图：可以通过本模块在一张 2D/3D 地图上一目了然地浏览水务资产的相关情况，包括：以实测地下管网为主的主题展示；以管网系统图为主的主题展示；以汇水分区为主的主题展示；以监测点位为主的主题展示；以设施 BIM 为主的主题展示。可以通过本模块展示水务资产之间的联动分析关系，包括：管网、泵站、预处理站、排水隧道、竖井、污水处理厂。进入视野显示典型节点的名称、汇水面积、雨量，实时计算理论汇水量，显示相关监测的雨量，显示末端流量（排口、箱涵末端等）、显示异常状态，依据末端流量的流速、流量、液位的组合，对一些明显问题，进行状态提醒，比如液位高流速低显示"疑似淤堵"，比如历史最高瞬时流量过大（超过截面设计）显示"疑似过流能力不足"，比如雨天超出正常处理规模显示"疑似污水混入雨水"，比如液位持续高位显示"疑似排水不畅"，具体规则可以一区一策，分别校准制定。点击典型汇水区，显示汇水区汇入末端的通道，多条通道情况下多条都以不同颜色显示，同时显示汇水拓扑图，沿线的泵站、闸站、箱涵末端、排口、连通管、渍水点、排水户、区界点、毗邻汇水区以组态软件连接方式展示，实时显示关键的监测数值。可以通过本模块抽取水务资产管理的业务数据，形成一张图上的融合展示，两个模块的数据保持一致。

设施实时监控一张图：可以通过本模块跳转到指定的 SCADA 工艺界面，实时显示 SCADA 数据和仿真预测数据。可以通过本模块抽取设施运行 SCADA 监测和调度管理的业务数据。

巡检养护一张图：可以通过本模块在一张 2D/3D 地图上一目了然地浏览巡检分区、巡检人员、巡检车辆、巡检事件，一旦巡检相关状态发生改变，将立刻以醒目的方式予以提醒。可以通过本模块抽取水务巡查养护的业务数据。

工程项目管理一张图：可以通过本模块在一张 2D/3D 地图上一目了然地浏览在建工程项目的主要情况和内容，有 BIM 模型的项目可以通过 GIS+BIM 的方式查看项目信息，建立直观感受。可以通过本模块抽取水务工程项目管理的业务数据。

水环境综合管理一张图：可以通过本模块在一张 2D/3D 地图上一目了然地浏览深隧系统各个独立水系水环境的宏观情况，包括水系基本信息、关联设施信息、排口信息和汇流范围、监测数据、管理水质目标等。可以通过本模块抽取水环境综合信息管理的业务数据。

监测预警一张图：可以通过本模块在一张 2D/3D 地图上一目了然地浏览深隧系统监测点实时监测的一览情况，包括以下几方面。总主题：同屏查看实时系统的污水进出水量、水质实时监测，进行实时提醒；防淤积主题：同屏查看实时深隧内流量、流速、液位监测，依据数据判断淤堵风险，进行分色显示；水质主题：同屏查看泵站、预处理站、污水处理厂前后的水质监测及人工监测数据，分析水体之间污染物交叉干扰的上下游。可以通过本模块抽取监测预警管理的监测数据。

视频管理一张图：可以通过本模块在一张 2D/3D 地图上一目了然地浏览所接入视频点位的实时监测、录像及云台控制。可以通过本模块调取边缘分析平台的实时分析结果，一旦出现路面积水，将自动形成告警，通知使用者注意。可以通过本模块抽取视频识别管控的视频监测数据。

应急管理一张图：可以通过本模块在一张 2D/3D 地图上一目了然地浏览深隧系统防汛防涝应急预案、应急物资、泵站应急启动的情况。可以通过本模块抽取应急预案指挥决策的业务数据。

（2）水务资产管理。需要围绕"水务资产"这一核心数据资源，建立为整个深隧智慧水务系统集群管理水务资产数据的模块，典型故事点包括分类显示、系统数据修改、实测管网专题分析、管网缺陷数据管理、BIM 数据管理、CAD 输出、统计图表输出。

分类显示：可以通过本模块显示指定内容的管网资产要素并能够实现一键切换，包括：①显示排水管网设施资产；②显示排水泵站设施资产；③显示预处理站设施资产；④显示深层隧道设施资产；⑤显示污水处理厂设施资产。

系统数据修改：可以通过本模块对现有系统图和实测的数据进行修改，包括新增、删除管线、批量导入、批量删除、修改位置、修改属性、修改拓扑连接关系、修改与监测点间挂接关系。

实测管网专题分析：可以通过本模块实现实测管网的分析，包括施工分析、断面分析、流向分析等，分析的方式及结果满足湖北省住房和城乡建设厅所发布的地下管网信息管理平台的建设标准及建设要求。

管网缺陷数据管理：可以通过本模块实现对管道内部缺陷检测结果的管理，包括内窥检测成果、暗接管道、结构性缺陷、功能性缺陷、闭路电视系统（closed circuit television systems，CCTV）检测结果、手持式管道潜望镜（quadratic variation，QV）检测结果、声呐检测结果。相关检测结果能够挂接到具体的检查井和管段上。

BIM 数据管理：可以通过本模块实现对设施及箱涵关联 BIM 文件的在线展示，包括目录树、构件开闭、点击查询、文档及多媒体关联。可以通过本模块实现把 BIM 模型关联到系统图内任意图元上的功能，比如给某箱涵绑定 BIM 文件。可以通过本模块实现给 BIM 模型构件关联监测点，在显示 BIM 的同时显示监测点数据。

CAD 输出：可以通过本模块实现系统图、管网图按所选范围、所选汇水区输出 CAD，输出过程中可选择坐标系、指定图框、生成符号拓扑方向的注记。

统计图表输出：可以通过本模块实现实测管网的数据统计，支持按属性、条件、全网范围、行政区划、环线区域、管辖区域等几种给定的条件，统计汇总各种规格管线的长度、管件和附件的数量、造价、折旧，结果可以分布图、棒图、饼形图及列表等形式显示、保存和打印输出。

（3）水务工程项目管理。需要围绕"工程项目"这一核心水务业务，建立水务工程项目管理模块，典型故事点包括项目浏览、树形索引和流程管理。

项目浏览：可以通过本模块获取水务工程项目的详情，通过一次操作就能获取单个工程项目的如下数据。基本信息包括项目名称、项目编号、项目轮廓、建设内容、项目地址、投资总金额、竣工时间、项目关联人员；规划设计资料包括工程规划信息、设计图纸、设计报告等，可存储 CAD 等数字图档和 PDF 扫描文件图档；竣工验收资料包括工程质量鉴定报告、交工验收报告、竣工验收鉴定书、总体竣工图和各专业竣工图；多媒体资料包括现场照片、项目有关视频。

树形索引：可以通过本模块依据行业惯用的"项目→案卷→文件"的模型形成多级树，支持使用者将各类文件传输到树节点中去，并通过展开、全文、条件等多种方式管理相关的工程文件。

流程管理：可以通过本模块顺序标记项目所在的阶段（规划中、已立项、已招标、在建、完工、已验收、投入使用），支持通过电子政务的方式实现工程项目推进的政务流程管理。

（4）水务巡查养护。需要围绕"巡检养护"这一核心水务业务，建立水务巡视巡查养护任务管理模块，典型故事点包括缺陷闭环、手机上报、位置监控、区域绑定和绩效查询。

缺陷闭环：可以通过本模块基于工作流引擎进行再次开发，实现从问题上报到问题关闭的全闭环工作流程管理。每流转到下一个人，均能记录流程和表单历史数据，支持全程回溯。

手机上报：可以通过本模块接收手机 App 上报的缺陷问题检查结果，并进一步把缺陷问题进入闭环，自动通知待办尽快进行办理。

位置监控：可以通过本模块查询到任意巡检人员的实时位置及历史轨迹。

区域绑定：可以通过本模块实现汇水分区、工艺分区（主要负责人、业务能力、业务范围、资质、联系方式、地址）管理范围之间的绑定。

绩效查询：可以通过本模块实现实时针对排水队、办事个人的指标查询，如巡检覆盖率、隐患上报数、应关闭案件、实际关闭案件。

（5）无人机遥感反演。包括全景在线和融合反演。

全景在线：可以通过本模块查看在线监测数据，并在无人机全景场景中交互展示。

融合反演：可以通过本模块以时间为 X 轴，具体的监测波段为 Y 轴，形成进、出水水质的多指标、多光谱反演，并找出水质变化的具体态势，包括进水指标变化、生物处理环境变化、出水水质变化、处理水量变化。

3）监测预警管理系统

（1）物联监测预警。需要建立整个平台系统集群统一的物联设备接入及物联监测预警管理模块，典型故事点包括前端监测接入、监测统计分析和报警告警管理。

前端监测接入：可以通过本模块发布数据上报节点，支持水文规约或《污染物在线监控（监测）系统数据传输标准》（HJ 212—2017）协议的设备，接入物联网平台中，包括雨量监测（管理接入的雨量信息，支持分别设置雨量告警限制）、流量液位监测（管理接入的流量计和液位计）、设备运行监测（管理接入的电力仪表）、水质监测（管理接入的水质仪），场站工况。

监测统计分析：可以通过本模块记录监测点的监测结果，存储在数据库中，并在需要的时候支持统计分析，包括水雨情信息统计分析、水量信息统计分析、水质信息统计分析、工情信息统计分析。以图表的形式展示流量站点实时数据和基础数据；以过程线图、涨率过程线、数据表格的方式展示水位测站实时数据、涨幅数据以及基础数据。以数据表格、柱状图等形式展示测站的时段处理雨量、累计处理量、剖面图；以图表形式展示水质站基础信息和实时信息，实时信息除显示常规 5 项（pH、电导率、浊度、溶解氧、高锰酸盐）外，还包含氨氮、化学需氧量、总磷、总氮等。

报警告警管理：可以通过本模块给接入监测设备的任意指标的任意字段设置告警，包括低报、高报、低低报、高高报、设备故障、设备掉线；可以通过本模块采用"发布订阅"的方式，将告警数据推送到统一业务接口中去。

（2）设施运行 SCADA 监测和调度管理。需要围绕"深隧系统运行工况"这一核心数据要素，建立设施运行 SCADA 监测和调度管理模块，典型故事点包括前端监测接入、监测报警、实时监控网络传输状态信息和声光报警。

前端监测接入：可以通过本模块订阅物联监测预警中接入的 SCADA 数据。

监测报警：可以通过本模块实时查看泵闸站实时工况，获取完整的实时信息，包括现场水位、流量、设施状态、配电状态等传感器和设备数据信息。

实时监控网络传输状态信息：实时监控不间断电源（UPS）供电状态信息和报警信息。

声光报警：可以通过本模块获取泵闸站实时工况即时反映的各种异常数据，在大屏、手机等端进行声光报警。

（3）视觉识别管控。视觉识别管控需要围绕"视频监控"这一核心数据要素，建立视频识别、视频接入、视频管理专题模块，典型故事点包括前端探头接入和视频自动识别（图 10-2-6）。

图 10-2-6　智慧深隧系统信息平台生产视频

前端探头接入。可以通过本模块提供的视频接入模块，实现水务系统、平安城市等第三方系统的摄像头的接入，并支持视频播放、视频控制、点播、轮询基本操作。可以通过本模块适配如下协议，支持《安全防范视频监控联网系统信息传输、交换、控制技术要求》、输入协议支持实时流协议（real-time streaming protocol，RTSP）或开放式网络视频接口论坛（open network video interface forum，ONVIF）、输出协议支持动态码率自适应（HTTP live streaming，HLS）协议、HTTP-FLV、实时消息协议（real-time messaging protocol，RTMP）。

视频自动识别，可以通过本模块提供的 AI 边缘计算，实现设备异常视频识别、违法排水视频识别、水面垃圾视频识别、非法入侵并自动告警。

4）应急预案指挥决策支持系统

（1）应急大屏主题数据展示。需要扩展指挥中心大屏幕上墙用的展示模块，能够集中展示应急预案决策指挥的重要内容，典型故事点包括：管网设施安全运行监测预警、水质水量监测预警、安全预警。

管网设施安全运行监测预警：可以通过本模块提供的专题分析工具，糅合管道走向、管道拓扑、管道监测、泵闸站视频监控，对排水管网安全运行进行综合评价；一旦出现安全隐患，自动联动应急响应，发布警情。可以通过本模块提供的专题分析工具，糅合泵闸站工况监控、泵闸站视频监控，对泵闸站安全运行进行综合评价，一旦出现安全隐患，自动联动应急响应，发布警情。

水质水量监测预警：可以通过本模块提供的专题分析工具，对历史监测数据及系统图管网走向进行融合，依据水质水量变化生成专题图；通过专题图对深隧系统进出水水质趋势进行综合评价。一旦出现安全隐患，自动联动应急响应，发布警情。

安全预警：可以通过本模块提供的专题分析工具，对所有风险源进行智能分析，如果预测到系统运行有可能发生危险，将自动联动应急响应，发布警情。

（2）应急预案指挥决策支持。需要围绕"事故应急响应"这个核心水务业务，建立应急预案指挥决策支持管理模块，典型故事点包括：应急资源管理和应急响应发布。

应急资源管理：可以通过本模块提供的档案管理工具，对应急队伍进行档案登记，支持添删改查统及批量导入导出；可以通过本模块提供的档案管理工具，对应急专家进行档案登记，支持添删改查统及批量导入导出；可以通过本模块提供的档案管理工具，对应急法规进行档案登记，支持添删改查统及批量导入导出；可以通过本模块提供的专题报表工具，生成日报表、月报表、年报表及各类统计分析报表和图表。

应急响应发布：可以通过本模块建立的应急响应发布及警情上报处置的电子化管理机制，依据应急预案实时推送相关工艺环节的抽排情况。针对应急警情依据响应方案编辑应急响应信息内容，通过审核流程后经公众服务平台发布。

5）项目运维方案设计

（1）运维需求。项目运维需求主要包括运维管理体系建设要求、智慧水务系统正常运行保障服务要求。

运维管理体系建设要求：建设运维管理平台，采用标准的运维管理流程，提供准确、详尽、专业的报告制度，完善服务质量管理，逐步建立起一套符合深隧系统实际的运维管理标准及应用制度，通过客观分析运维过程中出现的各种障碍及问题，为武汉市智慧水务持续高水平建设提供决策依据。

智慧水务系统正常运行保障服务要求：涵盖深隧系统智慧水务招标范围的软件、硬件、数据、服务项目和集成系统的运维管理，提供符合深隧系统智慧水务本期项目实际的服务响应水平及质量保障。

（2）运维服务管理体系建设。运维服务管理体系主要是通过流程协作的形式对于运维过程中运维事件进行处理。建立维护工作平台管理积累运维知识，记录运维流程轨迹，并对整个运维过程监控（图10-2-7）。

运维流程管理：结合实际按规范建立六大流程故障，包括问题、提数、发布、变更、交接流程。定义流程各角色职能协作流转。

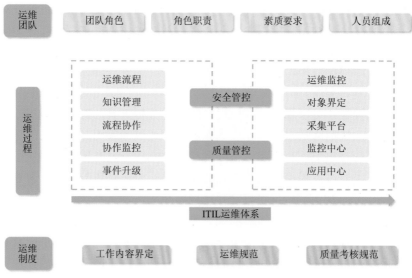

图 10-2-7　运维服务管理体系构成

　　运维知识管理：运维过程知识体系，包括项目文档、常见业务咨询问答、常见故障问题解决，支撑服务台人员对于事件甄别、事件初检。整个运维过程中知识的积累沉淀、传承至关重要，可以有效地避免对同一事件重复运维，以及由人员流动导致的知识流失。良好的知识库体系应当包括知识广泛的收集渠道能力、知识强大的管理能力、知识有效的应用能力。

　　运维过程监控：预警监控主要对运维流程监控，通过设定预警规则，生成预警信息，后台自动调度的方式将预警信息推送。对于运维事件协作过程分层级（红色、橙色、黄色等）进行监控预警。预警过程的紧急度及影响度，根据具体处理情况以及历史预警日志，系统智能将预警信息升级。触发点事件环节流传点通知提醒，事件处理时间超期提醒，事件紧急处理提醒，事件升级告警等。

　　运维事件升级管理：事件在规定的时间内不能由一线支持小组解决，那么将分为职能性升级和结构性升级，职能性升级需要具有更多时间、专业技能或访问权限的人员来参与事件的解决；结构性升级，当经授权的当前级别的结构不能保证事件能及时、满意地解决时，需要更高级别的机构参与进来。运维过程应当尽量在运维团队内解决，避免结构性升级。

　　运维服务质量管理：运维人员必须明确质量管理是提供服务的组织工作中每一个人的责任。质量保证是项目运维管理的重要政策，质量管理同时意味着持续地改进服务，实施能够改进质量的行为，确保质量管理实施能够提供持久满足业主期望及相关协议的服务。包括统一服务台建设、建立文档管理制度。统一服务台建设：要求运维方建立统一保障电话，统一保障、统一维修接口，业主可以通过统一的保障电话申请服务、查询服务处理进程，跟踪处理进度，确保服务时效、控制服务质量、调查用户满意度。建立文档管理制度：文档管理的目标是通过对运维服务过程中使用文档进行统一管理，达到充分利用文档提升服务质量的目的，确保运维资源符合运维服务的要求。文档资源包括运维体系文档、项目（软硬件）文档资料、服务质量管理文档及服务报告文档等。

6）智慧水务 APP 及业务门户与公众号

（1）智慧水务 APP。需要建立移动侧的展示模块，能够在手机端展示深隧系统智慧水务的建设成果，典型故事点包括：重要信息、移动 GIS、事件上报、AR 巡检、个人工作台（图 10-2-8）。

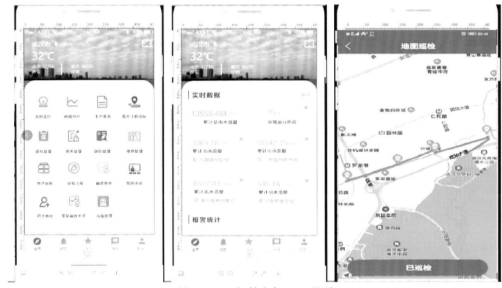

图 10-2-8　智慧水务 APP 界面

重要信息：可以通过本模块在移动端向使用者实时推送天气预报，包括连续天气预测、雷达回波图、卫星云图，提供台风相关信息；可以通过本模块在移动端向使用者实时推送水务简报，包括以防汛等重大任务为主，集中任务时期内的各时段的简报内容。

移动 GIS：可以通过本模块在移动端实现 GIS 专题查询，移动端引用的地图资源与一张图业务平台保持一致，包括移动任务、移动雨情、移动水情、移动水环境、移动资产和移动监测。移动任务包括日常工作任务点位、紧急程度、任务状态、任务分类；移动雨情包括最新雨情、降雨信息、雨强信息、降雨分布图、平均雨量；移动水情包括进出水质、水量；移动水环境包括水体、水流域信息的查询，显示相关信息，显示关联设施的运行数据和监测数据；移动资产包括管网资产、管网实时数据显示泵/闸站资产的点位、信息及实时运行数据；移动监测包括展示监测点位、实时数据和相关信息，预警点位信息。

事件上报：可以通过本模块在移动端实现问题上报功能，通过附加拍照、录制短视频的方式，把水务资产投诉或者水环境投诉的结果上报到运营单位，进入工作流闭环，进行标准处理。

AR 巡检：可以通过本模块在移动端实现虚实结合的 AR 功能，把三维管网以透明的方式悬浮显示于真实环境的下方，给使用者有一种"看穿地面"的视觉和触觉。

个人工作台：本模块在移动端的功能包括权限管理、消息管理、我的工作、通讯录、权限配置、系统设置。

（2）智慧水务业务门户与公众号。需要建立门户网站上的展示模块，能够在网站上提供二维码，扫描后支持下载 APP 或者微信公众号，典型故事点包括：信息公开、个人工作台和后台管理。

信息公开：可以通过本模块在门户网站和微信公众号上向社会发布水务相关的重要信息，包括政务通知、工作简报、天气预报、雨水情。

个人工作台：可以通过本模块在门户网站和微信公众号上实现权限管理，包括密码找回、个人任务、待办事项、已办事项。

后台管理：可以通过本模块在后台系统中编辑、管理和发布门户内的有关政务通知、工作简报，推送有关信息，管理有关文章素材，设置部分栏目可推送到公众号管理平台。

10.3　基于 GIS 的智慧水务建设技术

10.3.1　建设要求

智慧水务解决方案是以三维 GIS 为基础数据、集成供水企业生产经营服务等业务的综合系统平台解决方案。这个智慧水务平台在实时监测、管网 GIS 等系统基础上，集成运行调度数据采集与监控系统、客服热线系统、管网巡检系统、管网抄表/抢修系统、管网水力建模系统、工程报装系统等供水企业众多的业务系统，能够有效提升供水企业的现代化管理与服务水平（图 10-3-1、图 10-3-2）。

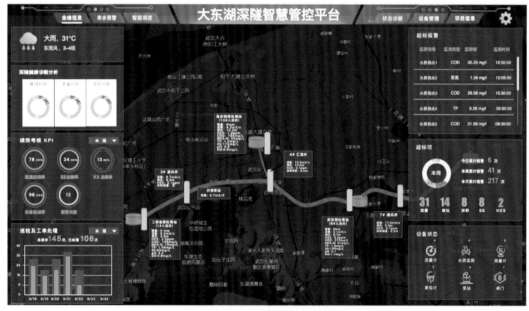

图 10-3-1　深隧系统运行总界面

在 GIS 界面可以查看设备基础管理信息，展示界面右侧能显示当前站点设备的基本信息，包含如站点名称、在线情况、设备编号、地理位置、设备类型、投入使用时间、规格型号、所属区域，同时能对接入的设备总数、设备类型数、在线设备和总运行时间等进行统计展示，使用户能直接简单获取该站点设备基本情况和外观视觉印象，并且可以预览设

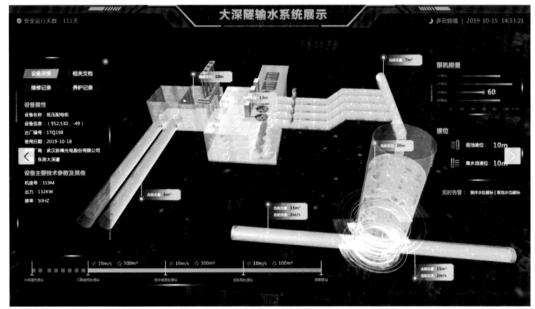

图 10-3-2　深隧入流竖井模拟界面

备关键运行参数的实时曲线，了解设备运行情况。

对生产调度相关数据整合，智慧水务系统在设计中着眼于消除数据孤岛，为发挥智慧水务系统的作用，其数据监视范围不仅局限于生产数据，而且聚焦相关数据集成展现，进行数据整合应用。例如设备管理系统可以调用 GIS 服务，直接在地理空间上显示设备维护信息、管线设备工作单信息。调度系统可以调用 GIS 服务，在管网和水厂的地理信息中显示测点实时数据和历史曲线。通过接口，各类生产运行管理信息以直观的方式在生产调度系统平台上综合展示。此外，系统还为未来建立管网水力模型、压力优化系统提供优质的生产历史数据。

以深隧系统的地理信息系统为基础整合工程范围内所有数据资源、通信资源、网络资源、系统资源，建立集排水各专题信息服务于一体的深隧排水信息共享服务平台，以此为基础快速构建面向运营企业综合运营监管的综合业务应用平台，打破信息孤岛，实现信息的共享，实现运营企业的信息共享和协同办公，实现排水业务监控、管理、服务等业务的数字化、可视化与联动化，最终建成运营企业网络化办公，使企业的人力、物力、信息等资源实现共建共享与互惠互赢，改变现有各业务系统分散工作的局面，为运营企业的综合信息化监管开创一种全新的管理思路与模式，最终建成具有运营企业特色的智慧水务综合运营平台，为企业的运营、调度指挥、分析决策提供有效的数据支撑。

10.3.2　建设目标

（1）实现无缝隙数据共享：以 GIS 为核心，高度集成调度系统、客服热线、办公 OA、管网建模等业务数据，实现无缝共享。

（2）实现实现业务流转：通过工作流引擎，整合企业现有业务流程和资源高效地完成各部门的业务流转。

（3）规范管理机制：以信息化为管理平台，建立数据动态更新，实时汇总分析，透明化、规范化业务流程，使供水企业经营管理机制更为完善和规范。

（4）变被动管理为主动管理：基于信息化和工作流的综合管理平台，能主动驱动各部门业务流程，便于水务企业积极控制运行成本，提高服务质量和管理水平。

（5）变粗放管理为精细管理：智慧水务综合管理平台能为经营决策提供全方位的数字依据和决策支持。

（6）生产管理更为科学高效：在水务数据仓库、工作流和规范的管理机制基础上，构建主动、精细的管理模式，使得水务企业生产管理更为科学高效。

10.3.3 建设方案

统一地图服务功能需求流程如图 10-3-3 所示。

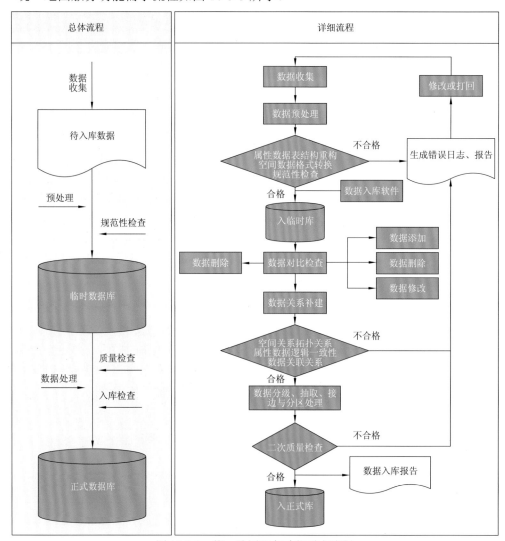

图 10-3-3　统一地图服务功能需求流程

1. 数据分类

空间数据库用于存储各类空间数据资源，包括基础地理数据库、水务地理数据库、数字高程模型库及遥感影像库，其中基础地理数据和水务地理数据属于矢量类型的空间数据，数字高程模型和遥感影像属于栅格类型的空间数据。基础地理数据起基础定位作用，它以二维地图形式提供定位支持，在此基础上加载水务地理数据形成专题图。

空间数据的来源，其中基础地理数据、数字高程模型和遥感影像主要使用武汉市"时空云平台"，水务地理数据则由水务相关设计单位进行已有资料收集或现场测量形成。

基础地理数据库：基础地理数据以矢量数据结构描述境界与政区、水系、居民地及设施、交通等要素。除起基础定位作用之外，还可以进行长度、面积量算和各种空间分析，如缓冲区分析、路径分析等。基础地理数据采用水平分区垂直分层的方式进行组织，以要素集和要素的方式进行管理。它可根据空间范围及比例尺建立不同的数据集，数据集之下又可根据地物大类及几何特征的不同划分成不同的要素层。

水务地理数据库：水务地理数据库包括水务基础地理数据和水务专题地理数据两类。其中，水务基础地理数据为各种相对稳定的空间分布的水务管理对象和功能区间，这类信息一般只需要确定其空间位置和相互关系。水务专题数据指水务管理单位日常业务中产生的和空间分布有关的各类成果信息，这类空间成果数据需要依附水务基础对象存在。

（1）水务基础地理数据。水务基础空间数据包括水务对象、水务工程、监测站点、功能分区等数据。监测站点包括水位站点、水文站点、墒情站点、雨量站点等，功能分区包括武汉市功能区划和水资源功能分区等。根据水务基础地理数据的对象表述内容，可以将水务基础数据按对象进行分类，每一类对象对应一个图形要素，相应的水务对象分层要素描述如表 10-3-1 所示。

表 10-3-1　水务基础地理数据分层表

分类		名称	图层名	几何类型
水务对象	流域	一级流域	GEO_WB_BAS1ST	面
		二级流域	GEO_WB_BAS2ND	面
	河流	水系岸线	GEO_WB_RIVER_1	线
		水系轴线	GEO_WB_RIVER_2	线
	湖泊	湖泊	GEO_WB_LAKE	线
	行政部门	水务管理部门	GEO_WB_CORP	点
监测站点	水位站点	水位站点	GEO_WB_RIVER_LEVEL	点
	水文站点	水文站点	GEO_WB_RIVER_HYD	点
	墒情站点	墒情站点	GEO_WB_SOIL_MOIS	点
	雨量站点	雨量站点	GEO_WB_RAIN_FAIL	点

（2）水务专题地理数据。水务专题地理数据主要包括各业务应用系统根据需要构建的相应要素，主要包括水资源、水质、水灾害（防汛抗旱）、水土保持等要素。

1）数字高程模型

数字高程模型用一组有序数值阵列描述地面高程信息，正方形格网数字高程模型（DEM）是最常用的一种，其水平间隔应随地貌类型的不同而改变。数字高程模型可作为通视分析、汇水区分析、水系网络分析、淹没分析的基础。数字高程模型采用水平分区的方式进行组织，以栅格镶嵌数据集的方式进行管理。它可根据空间范围及比例尺的不同划分成不同的数据集。

2）遥感影像

遥感影像采用水平分区的方式进行组织，以栅格镶嵌数据集进行管理。它可根据空间范围及分辨率的不同划分成不同的数据集。

2. 数据组织

1）数据入库

（1）数据收集。根据前面的数据划分，将数据收集整编中的空间数据收集齐全，它包括不同格式、比例尺、空间分辨率、时间分辨率的基础地理数据、水利地理数据、数字高程模型（DEM）和遥感影像，其中水务地理数据包括矢量的水务基础地理数据和水务专题地理数据。收集的数据中，可能分为电子文件和纸质文件两类。

（2）数据预处理。收集来的空间数据具有数据量大、数据格式多样、数据结构复杂等特点。从数据格式来说，包括 dwg、dgn、shp、gdb 等格式；从来源来说，包括历史纸质地图、现有空间数据等；从数据类型来说，包括栅格数据、矢量数据等；从大地坐标系统来说，包括北京 54 坐标系、西安 80 坐标系、WGS-84 坐标系、2000 国家大地坐标系；从投影坐标来说，包括高斯-克吕格投影、墨卡托投影、兰勃特投影等；从高程坐标系来说，包括 56 黄海高程坐标系、85 国家高程基准。

（3）数据对比检查。数据预处理之后，即可对数据成果的完整性、命名规范性等进行初级检查，数据合格后，将其存入临时地理空间数据库中。数据录入临时数据库后，再以导入的水务普查成果空间数据为基础，对收集的数据进行对比检查，根据数据核对情况和加工策略，对水务专题空间数据进行添加、修改、删除等加工处理。

（4）质量检查。通过数据对比检查后，再对空间数据中存在的问题进行空间关系补建，物理拼接，重构拓扑等操作，形成物理上无缝的空间数据库。同时重点检查空间数据的拓扑关系、拼接关系的缝隙检查、空岛检查等。

（5）数据入库。将通过检查后数据从临时库复制到正式的地理空间库中，完成空间数据的最终入库。

（6）数据更新。建立水务一张图基础数据更新机制，周期性采集更新影像及地形数据，进一步收集各类专题数据，完善水务一张图，支撑好水务业务应用。

2）水务一张图

深隧系统水务一张图系统以可视化地图为背景，集中展示工程范围内排水资产信息、相关水务监测数据，实时准确反映各个重要业务环节的运行状况，提供各类水务监控数据查看，实时及历史趋势图表展示、实时报警和历史报警查询功能。各级调度管理人员通过实时监视窗口对生产现场的生产执行情况进行实时监视，能够及时、准确、全面、直观地掌握生产状况，进而实现对整个城市供排水系统的集中监视。

水务一张图系统通过空间数据库管理框架，建设水务空间数据服务体系，为水务业务应用系统提供统一的空间数据应用服务、为信息化管理和宏观决策提供可视化界面。

水务一张图系统主要是基于在线地图进行拓展的服务，在智慧深隧系统水务信息化项目建设过程中，调用在线地图资源，并通过统一的 GIS 平台将基础地图数据和业务专题数据融合加工制作基础地图数据和业务专题数据，形成各类系统专题图，并为各业务应用系统提供基础地图操作功能，如地图浏览、要素选取、要素加载、查询、统计、分析、标注和打印输出等功能。

（1）首页配置。首页是在线地图的展示效果的总体情况，包括地图窗口、常用工具条、功能面板、缩放条、比例尺标识、鹰眼图窗口、数据切换按钮等功能。具体功能描述如下。

地图窗口：展示地图的主窗口，用于地图数据的展示。

常用工具条：提供对地图区域的一些简单操作，主要包括放大、缩小、平移、全屏、地图刷新、前一视图、后一视图、量距、打印等功能。

功能面板：包括我的地图、查询、统计、分析、定位、标注、专题图制作等功能。

缩放条：拖动缩放条来控制地图的放大和缩小。

比例尺标识：显示当前视窗范围的比例尺。

鹰眼图窗口：在地图窗口上移动、放大或缩小任何改变地图范围的时候，鹰眼与地图同步缩放，同步移动。可选择显示或者隐藏地图右下角的鹰眼。用鼠标点击鹰眼时，地图选择框也相应地移动到被点击的区域，在地图显示框中相应地也会显示出被地图选择框框住的区域。

底图切换：无缝切换各类地图（电子地图、专题底图、影像图等）。

（2）数据查询。数据查询包括属性查询和空间查询。

属性查询：属性查询可对各类数据的属性信息进行查询，根据用户输入查询条件，从数据库中检索满足查询条件的属性数据，系统返回满足查询条件的结果列表，在地图上选择需要的对象，弹出属性显示对话框或在属性面板上显示该对象的属性信息。

①按设施分类查询：按照水利设施的分类进行查询，包括雨水管网设施、污水管网设施、污水处理设施、防洪设施、监测设施、视频监控设施、穿堤建筑设施、巡检资源和应急资源等。

②按道路名称查询：按照道路名称查询出指定范围内的分类设施数据。

③按行政区域查询：按照行政区进行设施的查询操作。

空间查询：空间查询可按照框选区域进行数据的查询操作，显示选中对象的相关属性信息，可支持矩形范围查询、圆形范围查询、多边形范围查询、点位及点周边查询。

3. 数据统计

针对给定的属性字段、空间范围等，在该范围搜索符合条件的结果并进行统计。统计结果支持柱状图、饼状图、直方图、统计表格等表现形式。

（1）按属性条件统计：按照设施属性条件实现设施有关的统计操作。

（2）按组合条件统计：按照属性和空间条件对设施有关的统计操作。

（3）按空间关系统计：能够按照空间条件实现设施的统计操作。

（4）按道路统计：提供按道路统计设施的操作。

4. 快速定位

快速定位包括地名定位、坐标定位。

（1）地名定位：根据按区、乡镇建立起来的地名索引树进行地名检索，或者输入地名关键字，依据输入信息模糊查询出地名列表，利用检索的结果进行地名定位。

（2）坐标定位：根据输入的经纬度坐标进行定位。

5. 信息标注

信息标注包括点标注、线标注、面标注、标注符号样式设置、标注属性信息添加、标注增加、标注修改、标注删除、标注共享等功能。

1）地理位置共享服务

一张图的信息共享服务主要提供地理空间信息的共享，为使用平台的各类系统应用提供支撑，并支持按区域范围和对象类型等维度进行应用权限控制，数据域权限用于约束用户的视角、专题及空间数据范围。共享接口开发遵循通用开放式地理信息系统协会（Open Geospatial Consortium，OGC）标准规范，主要提供 Web 地图瓦片服务（Web map tile service，WMTS）、Web 地图服务（Web map service，WMS）、Web 要素服务（Web feature service，WFS）和网络覆盖服务（Web coverage service，WCS）服务。

2）地图配置

地图配置事件流包括地图常规功能和界面操作记录新建地图对象。地图配置首页是在线地图展示效果的总体情况，包括地图窗口、常用工具条、功能面板、缩放条、比例尺标识、鹰眼图窗口、数据切换按钮等功能。

3）地图服务开发

地图服务开发事件流包括登录系统、地图服务和地图服务开发。地图开发遵循通用OGC 标准规范的 WMTS、WMS、WFS 和网络处理服务（Web processing service，WPS）服务。为使用平台的各类系统应用提供支撑，并支持按区域范围和对象类型等维度进行应用权限控制。

4）应用图层

应用图层事件流包括登录系统、地图服务和应用图层。基于水务一张图的基础数据，根据各业务应用系统的实施，增加相应的业务图层，通过不同的图层叠加形成比较全面的水务一张图。

前置条件：地图服务。

后置条件：无。

功能要求：通过不同的图层叠加形成比较全面的水务一张图服务。

5）地理管理机制

土地管理机制事件流包括登录系统、地图服务和地图管理机制。建立水务一张图基础数据更新机制；进一步收集各类专题数据，完善水务一张图，支撑好水务业务应用；充分整合已有遥感影像数据。

6）遥感应用

遥感应用事件流包括登录系统和地图服务。通过对遥感应用数据的处理、解译、分析，形成监测专题信息成果，对河道、湖泊等进行乱占、乱采、乱堆、乱建等岸线占用，违法排污等行为进行监控。

7）卫片素材获取

卫片素材获取事件流包括登录系统、地图服务和卫片素材获取。定制接口，从国家数据网获取卫星图片集成在地图服务中。

10.4　前端监测技术

10.4.1　前端建设方案

1. 建设要求

深隧智慧水务监测系统建设通过深入分析深隧系统水务管理工作各项业务，结合治水相关政策及任务目标，系统梳理各项业务的内部联系及相关性，明确监测要素、监测类型、基本方法和频度要求，形成符合深隧系统管理工作的监测体系。

2. 总体原则

（1）已有监测设备和新建监测设备相结合。充分利用已有监测数据资源，适当补全新建监控设施设备，以数据共享的方式，实现"新、旧"数据的充分结合。

（2）全面监测与重点区监测相结合。深隧服务区范围大，监测面广，监测对象多，可采取全面监测和重点区域加密监测的方式，来支撑水量、水质特征分析。

（3）功能指标和经济指标相结合。监测设备的指标选取应从工作实际需求角度出发，在确保监测指标能满足要求的同时确保监测成本的合理性。

（4）方案系统性和实施可行性相结合。在充分了解深隧系统和水务资产的基础上进行布点方案设计，同时结合现场调研确定监测点位的安装条件和监测内容，确保方案实施的可行性。

（5）分散监测与集中监测相结合。深隧智慧深隧系统监测需求内容多，监测设备覆盖面广，方案布置时应充分考虑将相邻监测点位进行功能整合，增强监测设备集成性，提高设备使用效率，同时降低运行维护成本。

3. 监测内容

围绕深隧智慧水务监测系统监测体系，从水系流域管理、城市水安全管理、排水系统长效运维、水务设施远程监测、相关涉水要素自动在线监测，以及实现全系统重点水务设施全面远程监管需求等角度出发，对深隧智慧水务监测项目进行系统设计。主要监测内容如下。

（1）水质水量监测管理。围绕水质水量管理工作监测管理需求，以深隧系统的水质水量监测与评价为核心，采用固定式及便携式自动监测方案，为全面支撑深隧系统的处理工艺优化、处理规模预测等方面工作提供数据支撑。

（2）设备监测管理。围绕深隧系统设备运行管理的经济安全保障工作任务目标，整合深隧系统现有监测数据，加强对工艺、电气、自控设备的监测，支撑系统经济运行分析、运行方案优化、运维计划制定、固定资产盘点等，完善和丰富系统运行监测数据资源。

（3）安防监测管理。围绕安全运行的监测需求，通过视频、门禁、人员定位、电子围栏等系统和手段，通过数据二次开发，最终实现系统内人流物流的权限授权、轨迹收集与安全防范。

（4）结构健康监测管理。在深隧内关键节点进行结构健康监测，以实时结构形变的检测与评价为核心，采用永久式的自动监测方案，实现对深隧系统结构安全的全方位监测。

（5）深隧系统长效运维管理。围绕深隧排水系统长效运维管理工作目标，建设深隧排水管网系统诊断监测体系，以污水提质增效、防洪排涝支撑为目的，构建排水管网、泵站、预处理站、竖井、污水处理厂、排水口（末端）全排水过程水质、水量监测体系，为综合分析排水形式、淤积判断、水量调度、水质提标提供系统性评价监测数据。

4. 监测布点方案

（1）泵站监测。监测方式：接入泵站自动控制系统信息获取水位、流量信息、视频数据、设备运行情况；监测对象：所属泵站；监测指标：液位、流量、视频、设备运行情况；监测频度：实时在线监测，5 min 推送一次数据。

（2）排水管网。监测对象：污水管网、污水提升泵站；监测指标：在线监测液位、流量、COD、氨氮、电导率；布点原则：在区域三级汇水区主干管末端进行流量监测；在污水泵站进水位置进行水质监测。

（3）竖井。监测对象：深隧沿途 1#、3#、5#、7#竖井；监测指标：在线监测液位、流量、流速、有毒有害气体；布点原则：在关键竖井进行液位、流量、有毒有害气体的监测。

（4）预处理站。监测方式：接入预处理站自动控制系统信息获取水位、流量信息、视频数据、设备运行情况；监测对象：所属预处理站；监测指标：液位、流量、视频、设备运行情况；监测频度：实时在线监测，5 min 推送 1 次数据。

（5）污水处理厂。监测方式：接入污水处理厂自动控制系统信息获取水位、流量信息、视频数据、设备运行情况；监测对象：所属泵站；监测指标：液位、流量、视频、设备运行情况；监测频度：实时在线监测，5 min 推送 1 次数据。

10.4.2　深隧流量监测点

在深隧设计和运营过程中,运营人员的核心控制指标为深隧内的流态和可能淤积状态,因此需要实时测量流速、流量和淤泥厚度,以便评估运行中的风险并调整运行策略。其中深隧的流速是深隧运行中的关键考核指标,若流速低于 0.65 m/s,则深隧将面临较高的淤积风险。此外,深隧的流速也是水力模型的校准条件之一。因此,流速的准确监测对深隧系统可持续性和长期可靠运行至关重要,也是运营期间项目风险管控的关键评判指标。

结合国际深隧运行的成功经验进行判断,可以认为流量是最直观反映深隧传输水量的关键参数,而流速是最直观有效地反映深隧淤积风险的指标,一旦流速低于最低设计流速,深隧管控平台应及时发出报警信息来提醒运营人员关注可能发生的淤积情况。通过在深隧平直管段设置流量计传感器,利用实时监测获取流速、流量、液位、淤积厚度等数据,可实现对大东湖深隧运行状态的实时掌控。

基于上述需求与大东湖深隧自身条件,大东湖深隧流量监测面临如下问题:① 流速高动态变化,对传感器监测的稳定性有较高要求;② 满管运行,液位达到深隧管底以上 30 m,对传感器的耐压提出更高的要求;③ 在流速低于 0.65 m/s 时,可能产生淤泥,对传感器的安装方法与安装位置有限制;④ 受限于深隧结构,传感器必须安装于竖井附近的平直管段,并通过电缆传输数据至地面,因此要求传感器与变送器之间的电缆长达 100 m 以上,电缆屏蔽效果好。

考虑深隧完工后仅保留 7 座竖井,流量计采集到的数据需要通过有线的方式传输至地面远传设备,此外考虑管径变化、安装条件、入流条件,最终选择在 4 个关键竖井附近设置流量监测点,每个监测断面处在不同角度安装 3 个传感器探头,实现测量并校验预测模型,形成自学习闭环,以持续提高模型预测准确性,最终通过不间断运行数据的积累来指导实际深隧运维生产,流量计布设点位如图 10-4-1 所示。4 套流速和沉积测量仪的安装与调试如图 10-4-2 所示。

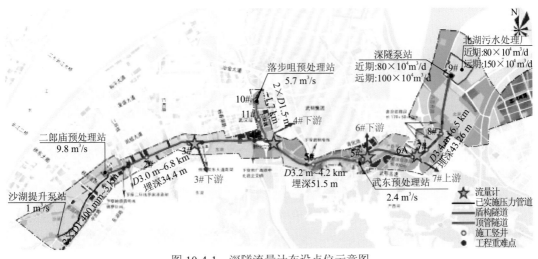

图 10-4-1　深隧流量计布设点位示意图

图 10-4-2　深隧 4 套流速和沉积测量仪的安装与调试

10.5　水下巡检机器人

10.5.1　建设要求

　　大东湖深隧工程是国内首条正式建造并投入运营的污水传输深隧，在运维检测方面国内尚无相似工程案例可供借鉴。且大东湖深隧工程在通水运行后，不具备停水作业条件，隧道运行期间内部污水流速高、输水距离长、静水压力大、水质混浊，也进一步增加了隧道内部检测的难度。考虑污水传输隧道在长期运行过程中，"健康"保障存在一定的不确定性，很有必要定期对深隧进行检查，以便为后期深隧的有效运营和管理提供依据。

　　大东湖核心区污水传输系统工程水下巡检机器人（图 10-5-1），是基于城市污水传输深隧系统的工程特点和运营需求专项生产的一款排水隧道维护设备，其基本功能要求如下。

图 10-5-1　水下巡检机器人实物图

（1）采用有缆悬浮水下机器人，能在深隧正常运行工况下（不停水）安全稳定地进入隧道和返回地面；

（2）具备隧道内观测、检测和清淤功能，可在正常运行工况下（不停水）完成隧道内部淤积检测和表观检测，能对隧道内的淤积物进行清理；

（3）隧道内作业数据（包括视频观测、检测和定位数据等）实时本地存储，相关操作人员可简单方便地对数据进行分析、处理、应用和展示。

10.5.2　技术要求

根据项目需求，水下巡检机器人应满足以下技术要求。

1. 水下机器人本体

（1）尺寸要求：水下机器人本体能通过 1#、3#、4#、6#、7#竖井进入深隧隧道内部安全地完成作业，其进入隧道后不影响隧道正常运行，不危害隧道及隧道内设备安全。

（2）耐水压要求：水下机器人本体耐水压性能不小于 0.52 MPa。

（3）耐腐蚀要求：水下机器人本体具备耐腐蚀性，隧道内污水 pH 为 5～9。

（4）抗水流要求：隧道最大设计流速为 2.50 m/s，水下机器人本体能在设计流速条件下稳定工作。

（5）作业长度要求：水下机器人本体能完成隧道全线作业（单段最大区间长度约4.2 km）。

（6）功能灵活性要求：水下机器人本体各功能采用模块化设计，可根据不同需求进行灵活搭载。

（7）安全回收要求：水下机器人应具备各种工况下安全回收的能力，不会危害隧道安全。

（8）运动功能要求：水下机器人本体需实现 6 自由度全姿态控制，其航行速度、姿态、深度、距离可控。

（9）推进器应具备过流、过压保护和防异物卡死功能。

（10）机器人本体电子舱应具备短路保护功能及过温保护功能。

（11）定位导航系统：正常工况下能够辅助机器人安全准确行进，实现机器人位置定位；水下定位精度不低于 0.5%D（D 为航程）；可以将水下机器人的位置坐标和运动轨迹实时传输、显示，具备标记功能；定位导航系统支持声学图像数据融合技术。

（12）检测系统。检测系统能在正常工况下完成隧道内部淤积检测和表观检测（污水浊度约 300 NTU 以内）。检测系统需牢固搭载，没有脱落风险。检测信息能实时准确传输，直观显示在地面控制系统。根据所搭载的检测设备，需提供与之对应的详细检测方案。检测传感器：前视声呐，二维多波束图像声呐频率≥900 kHz、探测角度≥120°，三维多波束环扫声呐波束频率≥2 250 kHz、扫描角度为 360°，检测精度须达到厘米级；水下探测雷达频率≥900 MHz、采样点数≥512、时间窗≥60 ns，淤积厚度检测精度须达到厘米级；浑水摄像系统，水下摄像机分辨率≥1 920×1 080、帧速率≥60 fps，应具备自动曝光、增益和白平衡调节功能，能识别毫米级的裂缝，具备水下裂纹长度测量功能。

（13）清淤系统：完成隧道内部淤积的清理工作，清理过程中不损伤隧道结构、不影响隧道功能；清淤系统采用模块化设计，具备快速安装和拆卸功能；清淤系统需牢固搭载，没有脱落风险。

2. 脐带缆绞车系统

（1）脐带缆采用光电复合缆，同时具备供电和通信功能。通信光纤带宽应满足检测数据传输和人机通信需求。

（2）脐带缆抗弯折、抗腐蚀、抗拉、耐磨性能须满足机器人完成布放-作业-回收的使用要求。

（3）脐带缆与机器人之间的连接牢固可靠，没有脱落风险。

（4）绞车具备脐带缆收放长度计数功能、脐带缆拉力监测功能、收放缆速度调控功能、恒张力排缆功能。

（5）绞车能根据水下机器人速度和缆线拉力自动收放线缆，避免脐带缆发生水下缠绕，在缆线拉力超过安全值时发出警报。

3. 布放回收系统

（1）布放回收系统须搭载光学和（或）声学设备，实现竖井内部情况观测功能。

（2）保证水下机器人通过各个竖井安全稳定的进入隧道和返回地面，布放回收过程中不对隧道和竖井及内部相关设备造成损伤。

（3）针对 1#、4#、6#竖井实现机器人沿非垂直路径布放与回收。

（4）具备导缆功能，避免缆线在隧道入口处的磨损与过度弯折。

（5）针对不同竖井结构，水下机器人下放回收过程须有对应的详细操作方案。

4. 地面控制系统

（1）采用"一体化集成"设计，外观参考标准集装箱，箱内配备操控台、显示系统和数据存储/传输设备。

（2）箱体方便运输，箱体内应配备机器人装卸的辅助设施。

（3）控制台须配备多屏显示器，操控机器人作业，以及脐带缆绞车系统、布放回收系统和供电系统。

（4）数据存储和传输设备须实时存储数据到本地，并能通过网关和 USB 接口传输数据。

（5）操控软件系统。总体要求：采用图形化中文操作系统，支持各功能模块分布式部署；功能模块要求：操控模块支持机器人水下行为的手动控制和自动控制，支持多传感器辅助驾驶，控制算法需采用闭环控制方式；检测模块实时记录并分析各传感器检测数据；清淤模块控制清淤工具完成水下清淤；绞车控制模块支持恒张力自动排缆，实时监测线缆拉力与排缆状态；故障自诊断模块自动检查和监测机器人系统工作状态，出现故障时及时上报；导航定位模块实时计算和标记机器人水下位置；数据传输模块建立本地数据库，并将检测数据传输至"大东湖核心区污水传输系统工程自控系统智慧深隧平台"。

5. 供电系统

（1）正常运行时使用 380 V 三相市电，为整个水下机器人系统提供电力。

（2）配备应急供电措施，保证水下机器人系统运行期间不间断供电。

（3）具备绝缘检测、稳压、漏电保护、过流保护、过压保护等安全功能，异常情况下报警，危险情况下自动断电。

（4）在断电情况和切换电源间隔期须保证水下机器人和隧道安全。

6. 应急保障系统

针对水下机器人缆线断裂或机器人本体脱落的情况，应提供可行的应对措施以保证隧道及下游泵站运行安全。

7. 其他技术要求

（1）环境适应性：机器人的贮存温度在-10～50 ℃，机器人水下系统须能在 0～35 ℃的水相环境中稳定使用，地面系统须能在-10～50 ℃的潮湿环境中稳定使用。

（2）水下机器人系统须满足招标方提出的其他合理要求。

10.6　网络及网络安全系统建设

10.6.1　水务业务网建设

水务业务网整体网络规划设计采用层次化、模块化的架构设计，清晰定义和区分不同的功能区域，将网络平台划分为不同的功能区域，部署不同的应用，使网络架构具有可扩展性、灵活性、高可用性及高安全性。因此，网络设计主要实现与深隧系统内互联互通，包含办公楼的办公终端接入、业务系统的数据接收发布、视频监控中心实时处理调度、对外部单位（气象、公安、环保等）数据采集及交换。核心网络暂不考虑网络冗余。在规范、统一、冗余的同时，要尽量保证拓扑结构简单。根据层次化设计原则，核心网络设计将分为三层：核心层、汇聚层和接入层。整合现有网络设备，对于老化、性能不足的设备可进行更换。网络建设要求在满足建设需求的条件下，能够提供一定的扩展，满足网络日后的发展和建设。水务业务网络架构如图10-6-1所示。网络系统规划设计方案中从层次化网络设计介绍和网络功能区两点分别阐述网络结构。

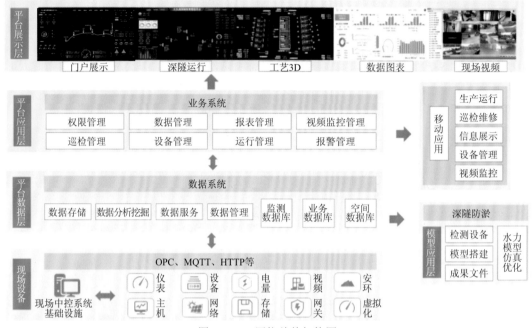

图 10-6-1　网络总体架构图

整个水务业务网采用层次化网络设计（图10-6-2），分为内部接入区域（办公终端接入层、办公楼汇聚层、核心交换层），外部接入区域（运维单位内网接入、其他单位网络接入、自建视频监控点接入）。内部接入区域和外部接入区域通过部署防护墙实现简单网络访问控制及阻断。

网络从功能上设计分为8个网络功能区域，所有区域均建设在各个节点的办公楼。

（1）核心交换区：部署1台核心交换机，作为核心交换体系。负责整体网络系统数据交换和路由转发，并与数据中心交换机实现千兆互联，实现网络信息数据高速交换和转发。在核心交换区与办公楼接入区网络连接中，部署2台防火墙，用于对办公电脑终端及水务集团业务内网的网络访问控制与阻断。

（2）数据中心业务区：数据中心承载深隧系统核心业务，保障各个业务系统都具有相对独立的网络交换环境。数据中心是为满足日常业务功能，部署服务器的需求而构建。高性能和高可靠性成为数据中心网络承载的核心问题。数据中心网络的任何中断将都构成重大影响。本区域配置1台数据中心交换机，主要对部署在各服务器中的业务系统提供高速网络接入，通过万兆链路接入核心交换区网络。

（3）网络管理区：管理内部所有主机、服务器、网络设备等，网络管理区主要部署网络管理系统入侵检测系统（intrusion detection system，IDS）、漏洞扫描、堡垒机等系统，实现对网络、安全、设备、系统及应用数据等的管理维护。

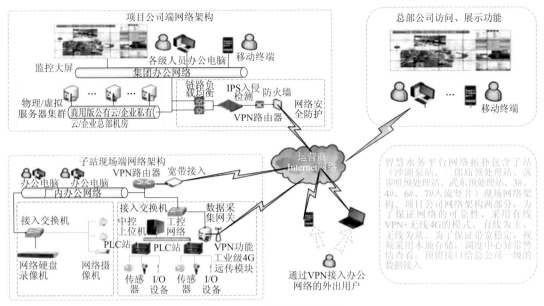

图 10-6-2 系统网络拓扑图

（4）对外应用服务区：本区域隔离信息交换（俗称网闸）与互联网相连，从而实现对数据交换和采集的高安全保护，从根本上杜绝非法网络入侵和数据偷取。为了给对外发布的服务器组提供一个相对独立的安全策略空间，该组服务器直接挂接在出口防火墙的隔离区（demilitarized zone，DMZ）专区。此部分部署了 Web 应用防护系统、入侵防御系统（intrusion prevention system，IPS）、流量控制等安全防护系统。

（5）大楼办公区：部署 1 台汇聚交换机，作为核心交换体系。负责整体网络系统数据交换和路由转发，在核心交换区与办公楼接入区网络连接中，部署 2 台防火墙。

（6）综合视频监控区（含前端监控点接入）：部署 1 台视频监控汇聚交换机，将多业务传送平台（muti-service transport platform，MSTP）专线及虚拟专有拨号网络（virtual private dial network，VPDN）专线进行汇聚，并通过万兆链路上联综合视频监控平台区。

（7）隔离交换区：部署 1 台隔离信息交换及 1 台防火墙设备，用于深隧系统内相关单位及互联网链接，从而实现对数据交换和采集的高安全保护，从根本上杜绝非法网络入侵和数据偷取。

（8）无线外部接入区：用于所有采用无线通信网络接入的网络设备，主要包括水雨情监测站点及渍水监测点采集数据的 VPDN 接入。

10.6.2 架构设计

超融合架构在数据中心中承担着计算资源池和分布式存储资源池的作用，极大地简化了数据中心的基础架构，而且通过软件定义的计算资源虚拟化和分布式存储架构实现无单点故障、无单点瓶颈、弹性扩展、性能线性增长等能力；通过简单、方便的管理界面，实现对数据中心基础架构层的计算、存储、虚拟化等资源进行统一的监控、管理和运维。超融合基础架构形成的计算资源池和存储资源池直接可以被云计算平台进行调配，服务于 OpenStack、Cloud Foundry、Docker、Hadoop 等基础设施即服务（infrastructure as a service，IaaS）、平台即服务（platform as a service，PaaS）平台，对上层的互联网及物联网业务等进行支撑。同时，分布式存储架构简化容灾方式，实现同城数据双活和异地容灾。现有的超融合基础架构可以延伸到公有云，可以轻松将私有云业务迁到公有云服务。

平台在通用的 X86 平台之上，利用软件定义的思路，将计算、网络、安全和存储进行全面地融合，构建出池化的超融合基础架构。

整个超融合架构如图 10-6-3 所示，使用 3 台超融合一体机来构建统一资源池，包含计算、存储、网络模块，加上 2 台三层万兆可堆叠交换机，实现一个标准超融合基础平台。后续如果想扩大整个资源池，只需要增加服务器、交换机等硬件设备，无须改变架构，无须淘汰现有设备，即可平滑升级。同时，针对产生的数据，可利用系统自带的备份软件，通过定时全备和增量备份相结合的方式进行备份，预防因系统出现操作失误或系统故障导致数据丢失。整个方案主要从以下 5 个方面进行设计。

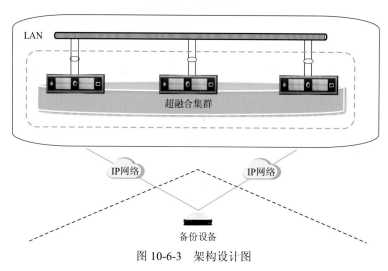

图 10-6-3　架构设计图

1. 超融合资源池

通过虚拟化的技术将这 3 台新服务器的硬件资源打通成一个大的资源池。单台服务器配置 7×10 T SAS 盘，3 台一共 210 T 空间，双副本后可用空间达到 105 T，满足现有及未来业务所需的存储容量的需求，后续存储容量不够时，只需要增加服务器硬盘即可。同时每台服务器配置 2 块 960 G SSD 固态盘用于缓存热点数据，单台服务器每秒读/写操作（input/output operations per second，IOPS）次数达到 6 W 左右，满足业务高峰期访问数据库等核心应用的 IOPS 性能需求。

2. 万兆交换机

配置两台 24 口万兆交换机，为超融合各节点之间的数据交换提供快速的通道，各超融合节点通过万兆网卡与万兆交换机相连，实现数据的交互。两台交换机之间采用堆叠技术，防止由单点故障而导致业务中断。

3. 数据可靠性

通过虚拟存储的副本技术，所有虚拟机写入的数据会跨主机、跨磁盘地分布式存储，实现数据的镜像写入。任意一块磁盘或者主机故障，都不会影响数据的完整性，数据不丢失。分布式存储＋副本技术是天生的"存储双活"架构（图 10-6-4），无须购买双活外置存储即可实现相同功能，性价比极高。

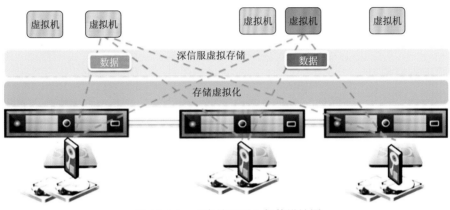

图 10-6-4　"存储双活"架构设计图

4. 核心业务秒级数据保护设计

通过超融合内置的持续数据保护（continuous data protection，CDP）技术，实现数据库等核心的秒级数据保护，应用系统每写入一笔数据的同时，会写入备份存储设备中。保证 CDP 的业务中的数据与备份存储中的数据完全一致。同时，利用截获每个写 I/O 功能并进行记录，可基于时间点的快照进行回滚，此功能能够在被保护服务器数据发生逻辑错误时，快速有效地进行每 I/O 节点或快照点的挂载，避免逻辑错误造成的数据损坏。

5. 数据备份

副本技术只能解决物理故障，解决不了逻辑错误，比如误删文件或者中了病毒等。针对数据安全这一块，采用数据副本＋带外备份方案，这样既能解决物理故障出现的数据丢失，也能通过带外备份解决误删文件或者中了病毒等数据逻辑错误问题。

10.6.3　IP 地址规划

（1）IP 地址分配原则。地址分配应本着简化路由选择，充分利用地址空间，考虑现有网络规划及今后网络发展，便于业务管理等原则进行；地址分配方案可考虑可变长子网掩码技术；充分反映 IP 网络的拓扑层次结构；有利于路由协议的配置，地址归纳和自治域的设定，方便网络管理；在各个层次都预留地址以适应不同层次的扩容；参考《水利信息网命名及 IP 地址分配规定》（SL 307—2004）相关内容，合理规划。

（2）IP 地址规划原则。按照前面介绍的规划的策略，地址规划应该配合路由规划策略，因此从下面几个方面来考虑 IP 地址的规划。核心网络部分：核心层属于整个网络的最高层，由于整网采用私有地址，具备足够的地址空间，采用规划的 IP 172.16.100.0～172.16.107.0 总共 8 个 C 类地址规划，下属汇聚的节点采用路由汇聚的策略把各自己的 IP 路由汇聚到这些地址空间内。前端视频监控点及其他单位的接入可分别采用独立地址体系，通过路由汇聚策略接入核心。所有网络设备及终端 IP 地址原则上采取静态地址分配方式，部分会议室的终端地址因为存在随机性，可考虑动态地址分配。

10.6.4 网络路由规划

1. 路由规划要点

路由策略：路由协议规划的核心是路由策略，一个好的拓扑结构＋精确合理的路由策略才是一个好的网络。路由策略设计应使得路由可控、路径可预测，采用清晰、明确、简单的路由策略，摒弃过于复杂和精细的设计，避免给运营部署带来困难。

路由引入/重分布：尽可能避免路由引入（尤其是动态路由协议），路由引入不当是造成路由环路的主要原因。同时，路由引入也是造成整网路由振荡的罪魁祸首之一。

路由聚合/汇总：尽可能使用路由聚合以减少路由振荡、提高路由收敛速度、减轻设备路由计算的负载。但一定要注意避免聚合环路问题及聚合导致的次优问题。还要注意有些路由千万不能聚合。

负载分担：实现网络流量负载分担和整网流量相对均衡是路由设计的重要目标之一。基于等值路由的分担是最常用的方法之一，建议使用基于流的分担方式，可以更好地支持多业务承载。

默认路由：默认路由是路由规划的难点，不当的设计极易造成路由黑洞、增加维护负担；应避免大规模部署静态默认路由。

2. 路由规划设计

整体网络各网络区域之间采取路由接口进行网络互联，并使用开放最短路径优先（open shortest path first，OSPF）动态路由协议进行路由转发。核心和边界、汇聚设备在内部互联端口运行 OSPF，使用一个 Area 0 进行路由交换。

10.6.5 网络性能规划

1. 网络可靠性与可用性

在这一方面，应当考虑的是防止难以应付的意外，并且一旦发生，它们必须被很快地限制并通过一个用户不可见的进程得到解决。根据预算和服务的重要性，使用不同的技术来提供一个可靠和可用性很高的网络。例如，在重要的核心层用冗余来防止对服务产生的大的中断，并且考虑链路的冗余。

有了上述的后备措施，还应当考虑当路由器计算其他路由时，快速的收敛对于通信的畅通的重要性。使用先进的路由协议 OSPF，将大大增强网络的可用性，加快网络收敛的时间，减少导致路由通信断线情况出现的概率。

2. 网络的服务质量策略设计

在一个网络系统中，有多种需要实时性保障的关键业务，各种业务能有一个比较均匀的速率在网上进行发送，可以减少网上业务的时延及抖动，这就需要对一些会对网络带宽进行大量占用的非关键霸道业务（如 FTP 等）进行带宽的限制使用，而为了使关键业务得到较好的服务，又需要对关键业务提供一定的带宽分配和保证，业务可以通过获得网络带宽的占用而达到减少时延的目的。

通常在网络拥塞时，需要保证关键业务得到主要的带宽（50%），一般级别业务也能得到相应的网络带宽（30%），这样就能通过带宽资源的获得而减小这种业务的拥塞及时延，而且，当关键业务流量达不到其对带宽的占用时，该部分带宽也可以被别的业务占用，从而提高整个网络资源的利用率。

3. 端到端 QoS 的实现

可实现基于设备物理端口、MAC 地址、IP 地址、TCP/UDP 端口号进行业务流分类；并可根据不同数据流设置不同的带宽限制。当对业务数据流进行分类标记以后，中间所有的设备将对不同类别的数据流，提供不同等级的数据交换服务，从而实现端到端的网络服务质量（quality of service，QoS）。

10.6.6　网络安全

网络是整个信息系统传输数据的渠道，系统应具有高度的安全保障特性，能保证数据的传输过程中有一定的保密措施，具体满足以下要求。

1. 物理安全要求

为保证信息系统的安全可靠运行，降低或阻止人为或自然因素对硬件设备的安全可靠运行带来的安全风险，应对硬件设备及部件采取适当安全措施。

2. 访问控制要求

在没有任何防范措施的情况下，网络的安全主要是靠主机系统自身的安全，如用户名及口令字等简单的控制来防范的。但这种保护方式很难防止网络攻击。按实际工程经验，灵活配置安全防范策略，可采取：配置防火墙，加密访问控制，设置 IP 黑白名单防止非法访问，安装入侵检测系统，网络安全扫描系统和防病毒软件等方式。

3. 应用安全要求

在 Web 应用中最大的安全隐患是"跨站点脚本攻击"和"注入缺陷"，因此，系统在开发时应重点关注此两点，进行必要的安全规则配置及网络规划，结合硬件级防火墙、入侵检测、行为分析管理、网关访问控制、运维审计等一系列安全软硬件措施，为智慧深隧平台提供可靠的安全保障。

4. 软硬件设备要求

1）防火墙

防火墙应符合现行国家标准《信息安全技术第二代防火墙安全技术要求》（GA/T 1177—2014）的相关规定，并应具备下列基本功能。

（1）状态检测及动态过滤；

（2）安全通道控制；

（3）IP 地址盗用自动探测；

（4）网络地址转换（network address translation，NAT）；

（5）入侵检测；

（6）审计和告警；

（7）可有效阻断多种攻击类型；

（8）支持高可用及负载均衡；

（9）能够提供多线程，多会话的高性能透明代理技术；

（10）支持多种网络通信协议和应用协议；

（11）网络吞吐量不宜低于 200 Mbps，并发连接数不宜低于 150 万；

（12）通过 QoS 技术，能够对网络实时传输速度进行测量，对网络拥塞情况进行监测并按照预先定义的优先级别，保证关键业务的网络带宽占用。

2）防病毒系统

（1）允许安全管理员通过控制台，集中实现所有节点上防毒软件的监控、配置、查询等管理工作；

（2）控制台能够实时显示防（杀）病毒客户端的信息；

（3）提供远程病毒报警手段，网内任何一台计算机终端上发现病毒时，杀毒软件自动将病毒信息传递给系统管理；

（4）支持集中的病毒报警和报告；

（5）实时和定时检测/清除病毒；

（6）发现病毒后，提供多种处理方法；

（7）通过内存监控与杀毒技术，能够直接对运行的进程和线程进行扫描，并直接在内存中对正在运行的染毒文件进行清除病毒的工作；

（8）实时检测和清除来自各种途径的各类恶意代码和特洛伊木马；

（9）支持 DOS 下查杀新技术文件系统（new technology file system，NTFS）病毒的功能；

（10）具备对未知病毒的查杀技术。

10.6.7　网络效率

将数据进行长距离传输的代价很大，任何对带宽的节省都是有用的，这就是网络路由交换设备的任务。通过阻止不必要的广播，最小化路由更新和对服务广播进行本地缓存，路由交换设备能够给多种协议的传输创造高的效率。

1. 网络系统安全建设

对水务业务网的网络安全系统建设是为确保深隧智慧水务网络安全体系的完备性、合理性和适应性，为水务业务系统提供全面的、多方位的、合理的安全服务，切实满足各方面各层次的网络安全需求。网络安全的建设，可实现基本的网络阻断和访问控制，及对内部与外网络的数据挖掘和交换之间，搭建信息隔离交换设备，杜绝非法数据偷取。初步达到保证水务业务系统正常可靠地运行和安全使用的目的。

根据《水利信息网建设指南》（SL 434—2008）中网络安全建设的相关内容，需遵循以下要求进行改造。

（1）安全域划分及保护对象的确立。

（2）安全域的防护及隔离。

（3）信息流向控制。

（4）尽量不影响业务处理性能、网络性能和拓扑结构。

（5）最大限度保留和利用已有安全资源。

（6）系统应具有易操作性，便于自动化管理、维护与升级。

（7）根据实际情况，确定网络安全系统的建设项目和规模。

1）安全域划分

整体网络安全建设需要在合理划分安全域的基础上，通过防火墙进行安全域之间的访问控制，为应用系统提供一个可信可控的网络平台。

根据应用、数据、用户、特定接入的不同安全需求，划分出 8 个安全域，分别是：核心交换域、数据中心域、网络管理域、楼层终端接入域、对外应用服务域、监控中心接入域、网络内联域、网络外联域。

2）网络安全改造规划设计

网络安全主要关注的方面包括：网络结构、内部网络边界、网络设备自身安全、终端安全及网络管理等。具体的控制点包括：结构安全、访问控制、边界完整性检查、入侵防范、网络设备防护及网络管理等控制点。

依据安全域的特性，同一安全域拥有相同的安全等级和属性，域内是相互信任的，安全风险主要来自不同的安全域互访，需要加强安全域边界的安全防护。区域之间依据业务及安全的需要配置安全策略。通过防火墙部署，初步实现各个安全域的访问控制阻断。

3）网络设备自身安全保护

网络设备自身安全保护主要通过以下几点技术手段实现。

（1）网段划分安全体系。对于网络内部各安全域之间的访问控制，可以通过合理地划分虚拟局域网（virtual local network，VLAN）来解决。并对内部进行 MAC 地址和 IP 地址与用户的对应关系进行管理登记，划分合法内部接入地址范围。

（2）网络层访问控制。网络层访问控制基本的安全防护手段，通常采用设备自身等手段实现，不仅提供网络层的访问控制功能，通过定义好的安全规则来实现数据访问控制。

2. 防 VLAN 的脆弱性配置

网络 VLAN 多且关系复杂，无法在工程上完全杜绝诸如网络故障切换、误操作造成的临时环路，因此有必要运行生成树协议作为二层网络中增加稳定性的措施。

3. 设备管理安全

简单网络管理协议（simple network management protocol，SNMP）是一种基于标准的互操作网络管理协议。SNMP 将网络分组的验证和加密功能相结合，提供了安全的设备接入能力。

4. 防火墙技术

安全域隔离：防火墙部署不同安全区域之间，并提供多个端口，分别连接到各个安全域，相当于在逻辑上隔离了安全域，对各个计算环境提供有效的保护。

访问控制策略：防火墙工作在不同安全区域之间，对各个安全区域之间流转的数据进行深度分析，依据数据包的源地址、目的地址、通信协议、端口、流量、用户、通信时间等信息，进行判断，确定是否存在非法或违规的操作，并进行阻断，从而有效保障了各个重要的计算环境。

地址转换策略：部署的防火墙将采取地址转换策略，将来自广域网远程用户的直接访问变为间接访问，更有效地保护了对外应用服务。

应用控制策略：在防火墙上执行内容过滤策略，实现对应用层超文本传输协议（HTTP）、文件传输协议（file transfer protocol，FTP）、Telnet、简单邮件传输协议（simple mail transfer protocol，SMTP）、邮局协议版本 3（post office protocol-version 3，POP3）等协议命令级的控制，从而给系统提供更精准的安全性。

会话监控策略：在防火墙配置会话监控策略，当会话处于非活跃一定时间或会话结束后，防火墙自动将会话丢弃，访问来源必须重新建立会话才能继续访问资源。

10.7 深隧结构健康监测系统

10.7.1 监测隧道工程概况

大东湖核心区污水传输系统 $d3\,000\sim d3\,400$ mm 主隧道总长约 17.5 km，结合地表收集系统、重要地下构筑物等相关因素，隧道底起点高程-4 m，终点高程为-20.16 m，埋深为

25.52～40.76 m。

1. 隧道系统功能

近期输送二郎庙预处理站处理后的污水（现状沙湖、二郎庙污水厂污水）、落步咀预处理站处理后的污水（现状落步咀污水厂的污水）、武东预处理站处理后的污水（现状白玉山区域污水厂的污水）。

2. 隧道系统运行工况

大东湖核心区污水传输系统采用压力流方式运行，即沙湖、二郎庙、落步咀三座现状污水处理厂拆除后，现状污水经过各预处理站进行预处理后，通过隧道输送至末端污水处理厂进行处理。隧道各关键点水位见图 10-7-1。

3. 隧道系统进水和检修工况

大东湖核心区污水传输系统隧道在施工期及进水运行初期，隧道内水由空到满，最终达到设计的水位。在需要检修时，隧道内的水，由设计水位逐渐下降，并最终排空。实现目标如下。

（1）搭建适合微型污水隧道营运环境的数据采集及传输网络，实现营运期深隧系统主体结构受力特征参数的实时自动采集与传输；开发污水管道深隧系统主体结构健康状态的评估及预警平台，实现营运期间对污水管道深隧系统主体结构健康状态的实时评估与预警。

（2）提出适应隧道结构使用环境及监控元件混合组网方法，实现多元化监控数据的实时采集、远距离传输及接收处理；建立基于隧道结构实际力学状态及其时空特性的综合智能评价方法，研发可实时获取、查询隧道结构力学性态及其演化趋势的隧道结构安全与健康状态智能评价及预警软件系统。

4. 结构健康状态智能化评价与预警系统总体架构

监测断面上的传感器可使用振弦式或者光纤光栅传感器；在线路传输与组网方面可使用有线和无线传输方式，如图 10-7-2 所示，每一科研管片传感器测试数据先汇集于数据采集仪中，继而通过有线光缆或者无线基站传至监测中心，最终传感信号通过光交换机输入监控中心的上机位，分析得出其应力、应变值，并将其传输至服务器，进而可以综合分析评价隧道结构健康状态。

10.7.2　监测断面选择

考虑隧道内的污水可能会对科研管片传感器的导线和数据采集仪造成损害，管片传感器的导线和数据采集仪不能布置于管片衬砌内侧，其中，传感器的导线需要经由地面至科研管片拱顶处的钻井或竖井传至地面，再汇集于地面处的数据采集仪中，拟定安装 25 个科研断面，位置靠近 1#、5#、7#施工竖井，具体位置见图 10-7-3，里程见表 10-7-1。

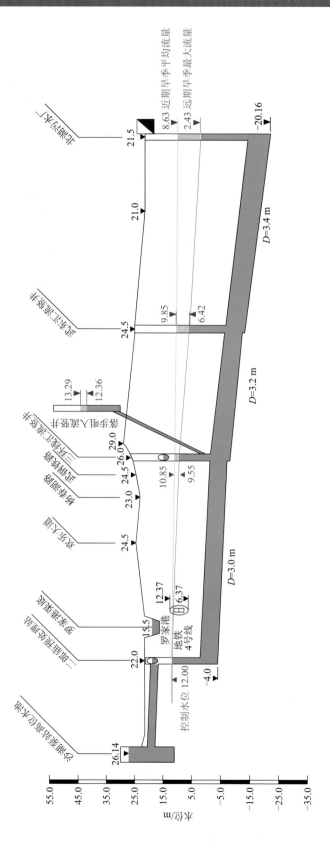

图 10-7-1 排水深隧竖向示意图

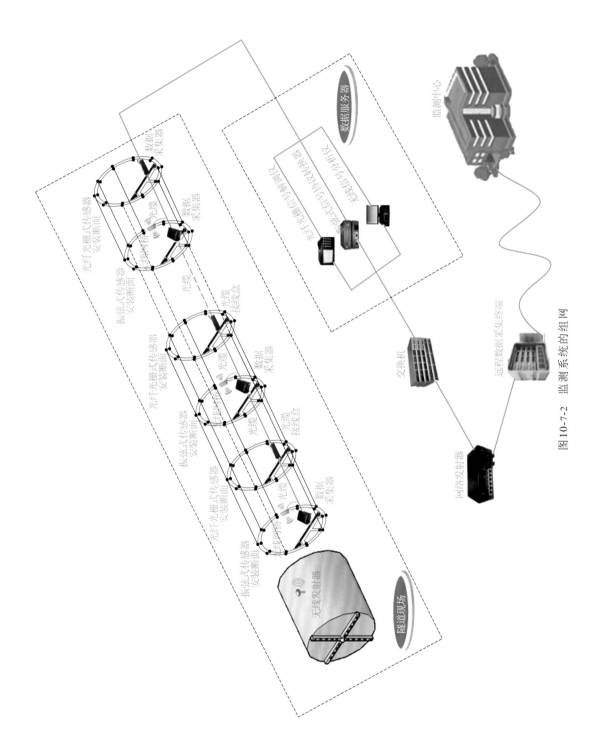

图 10-7-2　监测系统的组网

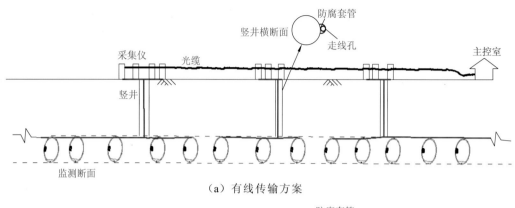

（a）有线传输方案

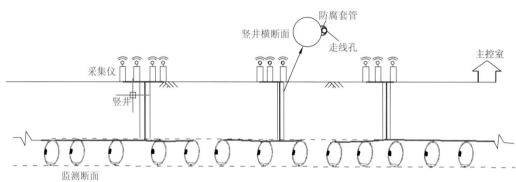

（b）无线传输方案

图 10-7-3　断面布置与走线示意图

表 10-7-1　监测断面里程

引出竖井	监测断面里程	引出竖井	监测断面里程
1#施工竖井	K0+015	5#施工竖井	K6+900
	K0+020		K6+950
	K0+030	7#施工竖井	K10+915
	K0+050		K10+965
	K0+100		K10+985
5#施工竖井	K6+730		K10+995
	K6+780		K11+005
	K6+805		K11+043
	K6+815		K11+053
	K6+825		k11+063
	K6+860		k11+083
	K6+870		k11+133
	K6+880		

　　监测断面上安装土压力盒、孔隙水压计、混凝土应变仪等各类传感器，主要测试盾构隧道管片衬砌及二次衬砌的外部水压力、土压力、盾构结构内力。其中，土压力盒、孔隙

水压计和混凝土应变计在现场浇注管片混凝土前预先固定在钢筋上,测试元件位置固定后,测试专用电缆全部导入专用走线孔,处理完相应防水后,即进行盾构隧道管片混凝土浇筑。

测试管片加工养护完毕后,根据施工进度在测试断面里程桩号处进行安装,安装完成后,每一个科研断面的所有传感器导线安放于防腐套管内再通过在施工竖井断面预留的走线孔引至地面,随后将传感器导线引至地面数据采集仪中进行读数。

10.7.3　盾构隧道现场测试元器件布设及其工艺

1. 传感器布置原则

本深隧工程采用主动监测技术对隧道结构进行长期监测,隧道主动监测系统是通过现场安装、埋设传感器(如压力传感器、钢筋计、混凝土应变计等)来监测隧道结构的变形或受力变化。它分为两个阶段。第一阶段在施工中进行,包括安装、埋设传感器并读取数据,据此分析隧道在施工阶段的受力变化特征。第二阶段在隧道竣工后长时间内进行,通过自动采集设备及光纤通信网络把传感器数据传至中心控制系统,通过计算和分析来确定隧道受力特点和安全及健康性能。

(1)各个断面的振弦式传感器分别接入振弦式数据采集器中(有几个传感器就用几个采集器的通道),该采集器放置在断面附近的预留空间中。

(2)各个断面的采集器通过通信网络接入控制中心的上位机,在采集器和上位机上各配置一台协议转换器(俗称"光猫"),利用光纤实现长距离通信。

(3)各个断面的采集仪和上位机之间的通信光纤,在光纤光栅系统布设时统一考虑,左右线各需1~2芯光纤。

(4)在上机位实现振弦式传感器采集数据的读取。

(5)将采集数据传输到信息处理及分析系统(数据服务器),以此对结构安全性进行智能分析、评估等。

现场测试元器件布设及其工艺是确保现场传感器存活率和精度的重要环节,也是保障结构完整和长期耐久性的重要手段。对于盾构施工参数数据,可通过盾构机可编程逻辑控制器(programmable logic controller,PLC)公开的远程访问协议实施实时访问并直接通过光纤导入监测中心服务器。而地层水压力、土压力、管片衬砌混凝土应变、混凝土内钢筋受力、视频等数据只能事先采用埋入式或表贴式传感器、摄像机等各种传感器加以监测,然后通过监测数据终端进行采集,最后利用光交换机、视频交换机等进行信号处理后方可利用光纤传输至监测中心服务器。

每个测试断面管片衬砌上布设有土压力计、孔隙水压力计、混凝土应变计、钢筋计等测试元器件。传感器布置位置和数量遵循以下原则:管片衬砌每个分块都安装各类传感器,土压力计、水压力计安装在分块外表面的中间位置,同时在每个分块中间位置安装一对混凝土应变计,这样可以形成一个密集的测量圈,一方面可以获得翔实的测试数据,便于分析管片衬砌力学行为。另一方面,如果管片养护、拼装过程中造成某些部位传感器失效,相邻分块上的传感器数据可以配合形成失效点的拟合数据。

针对本深隧工程，拟定在管片衬砌每个分块上安装一个土压力、一个水压力计、一对混凝土应变计，同时在二衬的相同位置安装以上类型和数量的传感器，这样一环科研管片衬砌共计安装 40 个传感器。

土压力计、孔隙水压计、钢筋计和混凝土应变计在现场浇注管片混凝土前预先固定在钢筋上。测试元件位置固定后，测试专用电缆全部导入专用走线孔，处理完相应防水后，即进行盾构隧道管片混凝土浇筑。测试断面上传感器的布置如图 10-7-4、图 10-7-5 所示。从管片拼装开始即进行测试，全程动态监测管片的拼装、脱出盾尾、同步注浆、水土压作用等受力全过程，直至结构处于承受正常荷载为止。

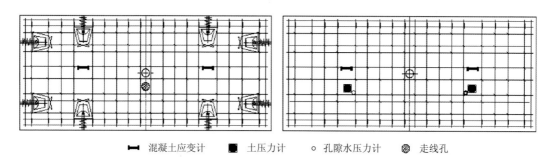

▐━ 混凝土应变计　　■ 土压力计　　○ 孔隙水压力计　　◉ 走线孔

图 10-7-4　量测元件埋设示意图

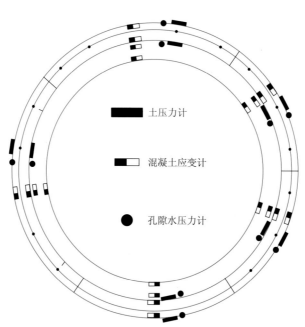

图 10-7-5　管片衬砌结构现场测点布置

采集到的盾构机体和围岩场体以及管片结构体的工作状态参数统一通过有线或无线中继传输方式传送至控制中心进行存储及处理。

2. 传感器选型

围岩压力的测试仪器采用振弦式土压力计，量程 30 MPa；孔隙水压测试仪器采用振弦式孔隙水压计，量程为 10 MPa；管片的内力测试仪器采用振弦式混凝土应变仪，规格为 40 MPa；围岩温度的测试仪器采用差阻式温度计，量程为-50～350 ℃。每个测试元件的线缆长度为 150 m；每种测试元件需要一定量的富余量，以便防止测试元件由于各种原因损坏造成测试无法进行。元器件型号及参数见表 10-7-2。

表 10-7-2　元器件型号及参数

元器件类型	型号	数量	实物图	性能参数
土压力计	XYJ-6 型压轴式双膜	100		量程：30 MPa 精度：±1.0%F.S. 灵敏度：0.025%F.S.
孔隙水压力计	XJS-3	100		量程：10 MPa 精度：±1.0%F.S. 灵敏度：0.025%F.S.
振弦式混凝土应变计	XJH-2 型埋入式	200		量程：40 MPa 精度：±1.0%F.S. 灵敏度：0.4 με
数据传输终端盒	JS-2010	10		1 个 10/100M 网口，5 个串口，1 个并口，支持 TCP/IP/DHCP 以 ASYNC 方式连接，环境参数：温度：0～40 ℃；湿度：10%～80%

3. 传感器埋设工艺

在将元件运往场地前，对元件进行逐个检验和编号，记录自编号与出场编号的对照表，并通过出场编号对应找出标定参数表，后期处理数据是用以查询。

土压力计、孔隙水压计和混凝土应变计在现场浇注管片混凝土前预先固定在钢筋上。测试元件位置固定后，测试专用电缆全部导入专用走线孔，进行防水处理后，进行盾构隧道管片混凝土浇筑。具体措施如下。

（1）土压力计的安装，见图 10-7-6。混凝土外表面的土压力计采用绑扎式安装，将感应面与管片迎土面相平，保证感应面暴露并能感受外部压力。安装时，在土压力计周围缠绕一层大约为 1 mm 厚的弹性保护垫层，以减小管片变形对测试元件的影响，并根据管片外弧面混凝土保护层厚度，选择适当直径的钢筋来连接土压力计与受力主筋，通过绑扎方式固定测试元件的位置。

图 10-7-6　土压力计的安装

（2）孔隙水压力计的安装，见图 10-7-7。在埋设孔隙水压力计前，在孔隙水压力计周围缠绕一层大约 1 mm 厚的弹性保护垫层，以减小管片变形对测试元件的影响，并用毛巾块封住水压力计渗水石，确保其在浇注混凝土和施工壁后注浆时不被水泥砂浆封堵，保证其渗透性以感应水压力。在对其进行固定时，将水压力计两端绑扎于预先与管片受力筋相固定的两条$\phi 10$ mm 的钢筋上，然后将信号传输电缆导入专用走线通道。

图 10-7-7　孔隙水压力计的安装

（3）振弦式混凝土应变计的安装，见图 10-7-8。由于混凝土应变计测试的是管片环向应变，因此应变计的绑扎方向应与环向受力主筋方向平行，且每个测试点内外侧钢筋上各布置一个应变计，混凝土应变计和环向主筋高度一致并量测内外应变计之间的距离。将测试传输电缆导入专用走线孔。

（a）振弦式混凝土应变计

（b）安装

图 10-7-8　振弦式混凝土应变计的安装

（4）差阻式温度计的安装。温度计紧贴管片混凝土外表面安装。安装时，先将一根水平向 ϕ12 mm 的钢筋点焊在混凝土主筋上，为防止温度计受碰损坏，事先需用黑胶布将其密缠 3 层。

（5）走线孔的布设，见图 10-7-9～图 10-7-11。走线孔材质、工艺与吊装孔相同（可采用吊装孔制作），仅在高度上降低 7 cm。走线孔两端设置封堵，内端封堵设通线孔。通线孔需进行充分的防水处理，避免管片在养护时发生渗水侵蚀电缆。

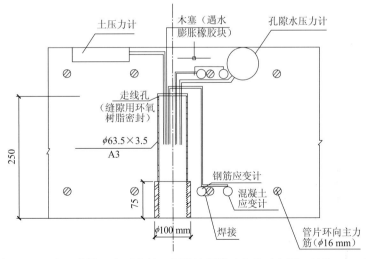

图 10-7-9　土压力计、水压力计、钢筋计埋设及走线示意图（单位：mm）

图 10-7-10　走线孔防水处理

图 10-7-11　走线孔安装位置固定

（6）管片环浇捣和养护成型后的处理，见图 10-7-12 和图 10-7-13。管片浇捣完成进入蒸汽养护之前，剥开土压力计、水压力计的外包混凝土。蒸养完成后对试验管片环进行标记。

图 10-7-12　混凝土脱模示例

图 10-7-13　试验管片标记示例

（7）数据传输线连接，见图 10-7-14 和图 10-7-15。试验管片环养护成型后，打开走线孔位置的混凝土保护层及走线孔顶端防水胶带，取出预埋数据线，对应编号将之前的信号线与外部信号传输线焊接相连，焊接位置采用 704 硅胶进行绝缘防水处理，并用热缩管密封。接线完成后用混凝土密封走线孔。

图 10-7-14　打开走线孔示例

图 10-7-15　封堵走线孔示例

10.7.4　数据自动采集传输技术

管片衬砌传感器参数的监测系统利用光纤或者无线基站实现信号的远距离传输，首先管片衬砌传感器参数由数据采集仪进行数据采集，数据采集仪留有 RS232 接口，该接口与光交换机交换数据，光交换机将该数据上网进行光纤远程传输或者无线基站传输。具体实现如下：①各个断面的振弦式传感器分别接入振弦式数据采集器中（有几个传感器就用几个采集器的通道）；②各个断面的采集器通过通信网络接入控制中心的上位机，在采集器和上位机上各配置 1 台光交换机，再利用光纤或者无线基站实现长距离通信；③各个断面的采集仪和上位机之间的通信光纤，采用 1 芯光纤；④在上机位实现振弦式传感器采集数据的读取；⑤将采集数据传输到信息处理及分析系统（数据服务器），以此对结构安全性进行智能分析、评估等。

针对该工程的 25 个测试断面，分别采用 25 个数据集线箱采集数据。其中集线箱内安装有尾纤盒、尾子排、小型变压器、光交换机、视频交换机，以实现振弦信号向光信号的转换，集线箱内设备布置见图 10-7-16 和图 10-7-17。

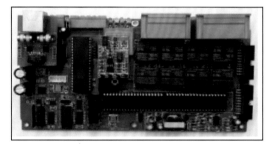

（a）焊接和喷漆后的 CPU 板

（b）焊接和喷漆后的 CPU 板

（c）装配完成后的 CPU 单元正面

（d）装配完成后的 DO 单元正面

图 10-7-16　监测系统数据终端

集线箱内根据各个科研断面传感器的预埋数量配备有一个或多个结构监测数据终端；该结构监测数据终端由 CPU 和数字输出（digital output，DO）两个单元构成，单个结构监测数据终端最多可以对 48 个传感器进行监测（CPU 可以检测 16 个传感器，扩展 DO 后可以增加 32 个检测通道），每个传感器的检测间隔时间可选。结构监测数据终端的数据接口包括：液晶显示器（liquid crystal display，LCD），工业 RS232/RS485/422，光纤和工业以太网。监测系统的施工包括：集线箱的生产，出厂检验，运输，现场安装及现场调试。

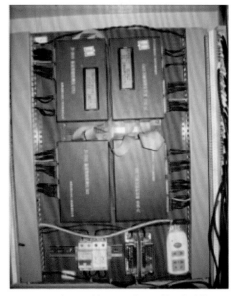

（a）两个 CPU 单元的集线箱 　　　　　　（b）两个 CPU 单元和两个 DO 单元集线箱

图 10-7-17　监测系统集线箱的装配

10.7.5　软件系统架构

采用灰色绝对关联法建立区域内隧道断面与典型监控断面的相关性，通过推演法则的建立实现对区域内隧道主体结构在营运期间各阶段健康状态的实时监控、评价及预警。

主体结构健康状态的评价是通过建立基于均质圆环刚度等效内力求解的盾构隧道允许应力和极限状态结构安全评估技术进行综合分析，该技术包括荷载获取方法、内力分析方法、衬砌混凝土和衬砌接头抗拉、抗弯、抗剪相互结合的校核方法，这些方法主要以公式化的形式呈现，方便植入现场监测软件系统，具备实时评估功能，实现盾构隧道结构现场监测的及时评估，提交结构安全评估报告的时间不超过 10 min（图 10-7-18～图 10-7-23）。

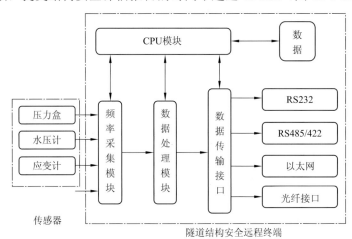

图 10-7-18　隧道结构安全与健康状态监控远程终端原理图

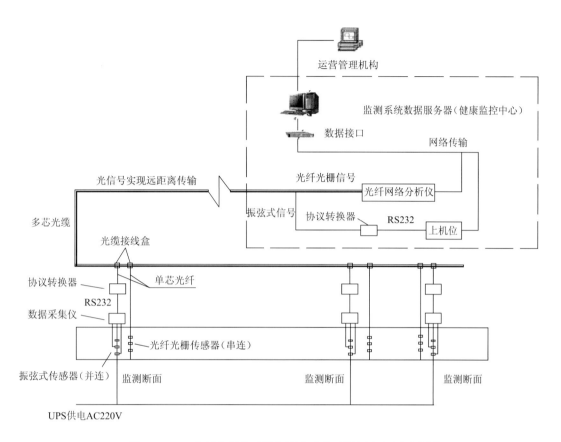

图 10-7-19　光纤光栅传感器与钢弦式传感器混合组网示意图

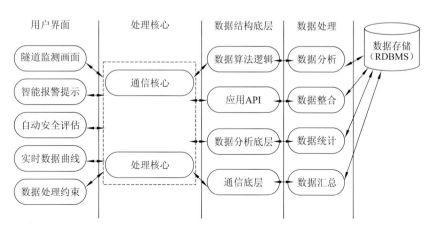

图 10-7-20　监测软件开发架构图

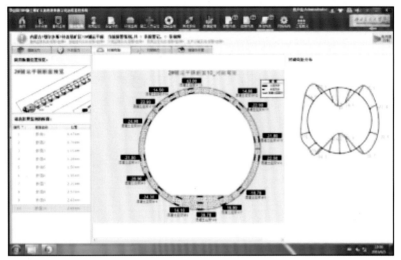

（a）管片衬砌弯矩实时监测

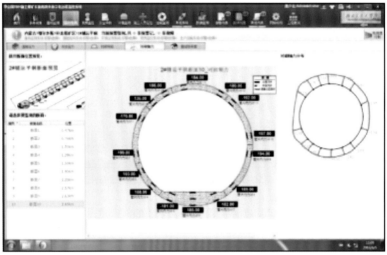

（b）管片衬砌轴力实时监测

图 10-7-21　管片衬砌结构监测模块界面

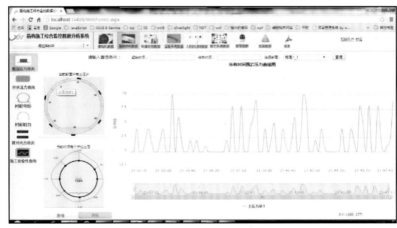

图 10-7-22　管片衬砌历史参数查询界面

图 10-7-23　管片衬砌结构安全评估模块界面

10.7.6　监控中心集成控制技术

　　监控中心布设服务器和工作站,以及下端各硬件设备通信的通信机。数据采用 Internet 公网进行接入。数据服务器、监控工作站、监视器和其他相关监控软硬件均布置在监控中心内。监控中心控制系统由多台计算机构成,其中两台为服务器,其余为工作站,通过计算机局域网联为一体,构成服务器-客户机模式。服务器进行全局数据存储及网络通信服务,这样可使系统达到很高的可靠性、实时性,满足隧道监测系统信息量大,监控流程复杂的要求,同时管理计算机可为用户提供大量运营管理资料。数据服务器、监控工作站、电视墙见图 10-7-24,监控中心集成控制设备见图 10-7-25。

图 10-7-24　数据服务器、监控工作站、电视墙

图 10-7-25　监控中心集成控制设备

第 3 篇

大东湖污水深隧工程设计

第 *11* 章

污水深隧工程总体设计

11.1 设 计 标 准

11.1.1 总体设计技术标准

1. 排水体制

远期按照《武汉市主城区污水收集与处理专项规划（2010～2020年)》，除武昌旧城区4.6 km²（北起中山北路，南至紫阳路、武珞路，东临临江大道，西抵中山路、复兴路），按照规划保留合流制外，其他地区均为雨污分流区（图11-1-1)。合流区规划截流倍数 $n_0=1$。

近期考虑沙湖、二郎庙污水处理厂服务范围内存在较多雨污混错接现象，部分区域采用的截流式合流制，过渡阶段除了应对旱季污水进行截流，同时雨季应考虑溢流污水截流；分别是武昌旧城区合流区，内沙湖、沙湖北、董家明渠、和平大道和友谊大道、水果湖茶港和天鹅湖、武东和白玉山截流式合流区，总共 38.4 km²（图11-1-2)；其中除武东和白玉山地区外，其余区域城市建设较早，地表管网系统早已建设完成，且基本按照截流倍数 $n_0=1$ 建设，为减少对老城区的破坏，建议该区域过渡区仍按照 $n_0=1$ 截流；而武东地区管网还未完善，有条件按照高标准建设，因此建议该区域截流倍数 $n_0=5$ 截流。其他分流制区域严格按照雨污分流进行规划与控制。

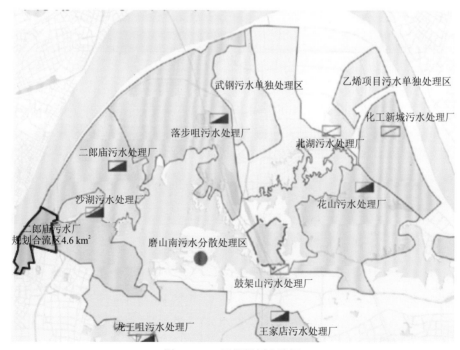

图 11-1-1　远期规划合流区

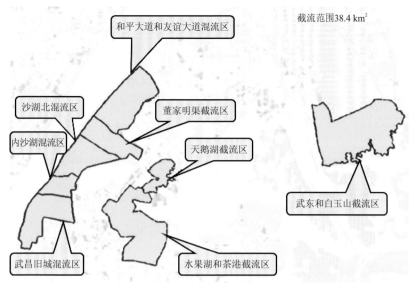

图 11-1-2 近期合流区、混流区图

2. 污水深隧设计参数

结合国内外的设计运行经验，主要设计参数取值如下。

流速 v：正常设计运行流速 0.7 m/s $\leqslant v \leqslant$ 2.5 m/s，其中最低流量时流速不小于 0.65 m/s。

纵坡 i：考虑排水隧道维护，结合国内外经验，压力流取 0.000 65。

充满度（$a=h/D$）：重力流运行时建议正常运行时 $a \geqslant 0.4$，旱季最低流量 $a \geqslant 0.3$；压力流运行时为 100%。

管涵设计流量：

$$Q = Av$$

式中：Q 为流量；A 为有效断面面积；v 为流速，$v = \dfrac{1}{n} R^{\frac{2}{3}} i^{\frac{1}{2}}$，$R$ 为水力半径，i 为坡降，n 为粗糙系数，混凝土成品管，根据设计手册重力管取 0.014，压力管取 0.013。

3. 隧道结构设计标准

（1）隧道功能：污水传输，压力流运行。

（2）设计使用年限：100 年。

（3）结构安全等级一级，结构重要性系数取 1.1，结构按施工阶段和正常使用阶段分别进行结构强度计算，必要时进行刚度和稳定性计算，结构计算模式的确定，除符合结构的实际工作条件外，能反映结构与周围地层的相互作用。

（4）抗震设防：结构按抗震烈度 6 度进行验算，并按抗震烈度 7 度采取相应的结构构造措施，以提高结构的整体抗震能力，抗震等级为三级。

（5）结构计算应根据施工阶段和运营阶段可能出现的最不利荷载组合，进行强度、刚度和稳定性验算。

（6）防水等级：三级，结构防水应遵行"以防为主，刚柔结合，多道设防，因地制宜，综合治理"的原则。

（7）环境作用等级：内外侧环境对混凝土结构的作用等级均为I-B。

（8）管片衬砌结构径向计算变形控制要求为3‰D（D为隧道外径）。

（9）裂缝控制宽度：管片结构外侧裂缝宽度≤0.2 mm，管片结构内侧裂缝宽度≤0.2 mm，内衬结构内侧裂缝宽度≤0.2 mm，不允许出现贯穿裂缝。

（10）结构进行抗浮验算时，不计侧摩阻力时，其抗浮安全系数不得小于1.1。

（11）根据工艺专业提供资料，隧道内部水压，正常工况最低内水压0.208 MPa，最高内水压0.275 MPa；事故时最低内水压0.303 MPa，最高内水压0.421 MPa。

4. 预处理站结构设计标准

（1）结构（含基础）安全等级为二级，重要性系数取1.0，设计使用年限为50年。

（2）地基基础设计等级为乙级。

（3）抗震设防烈度为6度，综合预处理构筑物、综合管理楼、提升泵上部结构及入流竖井抗震设防类别均为乙类，框架结构抗震等级为三级，按抗震烈度7度采取抗震措施。其他构筑物抗震设防类别均为丙类，框架结构抗震等级为四级。设计基本地震加速度值为0.05g，设计地震分组为第一组，本工程场地类别为II类，特征周期为0.35 s，水平地震影响系数最大值α_{max}为0.04。

（4）场地地下水设计水位取设计地面标高；构筑物抗浮稳定系数不低于1.05，管道不低于为1.1。

（5）屋面钢筋混凝土环境为二a类，地下部分为二b类，其余为一类。

（6）钢筋混凝土构筑物构件的最大裂缝宽度限值ω_{max}：环境类别二a类取0.2 mm，环境类别一类取0.3 mm，沉井结构的施工阶段最大裂缝宽度限值：ω_{max}≤0.25 mm。

（7）砌体施工质量控制等级为B级。

（8）基坑工程重要性等级为二级（基坑工程设计等级为乙级）。

（9）综合预处理构筑物防水标准为二级。

（10）主要荷载（作用）取值如下。

基本雪压：S=0.50 kN/m²，基本风压：W=0.35 kN/m²，地面粗糙度为B类。

活荷载标准值：地面堆载为10 kN/m²；种植屋面为3.0 kN/m²（用于管理房）；不上人的屋面为0.7 kN/m²（用于1号楼梯及货梯、2号楼梯、1号提升泵和2号提升泵上部结构）；楼梯、走廊、门厅为3.5 kN/m²；厨房、卫生间、阳台为2.5 kN/m²；中控室、分控室为5.0 kN/m²；餐厅为4.0 kN/m²；加压送风机房为7.0 kN/m²；其余未特别说明的楼面等均为2.0 kN/m²；二次装修荷载按1.0 kN/m²考虑；种植墙面荷载按1.0 kN/m²考虑；栏杆水平荷载取1.0 kN/m，竖向荷载取1.2 kN/m，水平荷载与竖向荷载分别考虑。

施工和检修荷载：屋面板、挑檐、悬挑雨篷和预制小梁的施工或检修集中荷载标准值取1.0 kN，并在最不利位置处进行验算；计算挑檐、悬挑雨篷的承载力时沿板宽每隔1.0 m取一个集中荷载；在验算挑檐、悬挑雨篷的倾覆时沿板宽每隔2.5 m取一个集中荷载。

设备、工具等根据设备的实际重量确定荷载。

种植屋面、种植平台覆土厚度不得大于200 mm，种植屋面永久荷载为8.0 kN/m²。

道路荷载：厂区内道路采用支道标准，路面设计轴载为 BZZ-100 kN；厂区外道路为城-A 级（公路-I 级）。

5. 深隧泵房结构设计标准

（1）地面以下结构安全等级为一级，重要性系数取 1.1，设计使用年限为 100 年；地面以上结构安全等级为二级，重要性系数取 1.0，设计使用年限为 50 年。

（2）地基基础设计等级为甲级。

（3）抗震设防烈度为 6 度，抗震设防类别为乙类，按 7 度采取抗震措施，框架结构抗震等级为三级；设计基本地震加速度值为 0.05g，设计地震分组为第一组，本工程场地类别为 II 类，反应谱特征周期为 0.35 s，水平地震影响系数最大值 α_{max} 为 0。

（4）场地地下水位取设计地面标高；构筑物抗浮稳定系数不低于 1.05，管道不低于为 1.1。

（5）钢筋混凝土环境类别：地下部分外侧墙、3.5 m 标高层混凝土结构及屋面混凝土结构的环境类别为二 a 类，其余为一类。

（6）钢筋混凝土构筑物构件的最大裂缝宽度限值 ω_{max}：环境类别二 a 类取 0.2 mm，环境类别一类取 0.3 mm。

（7）砌体施工质量控制等级为 B 级。

（8）主要荷载（作用）取值如下：

基本雪压：S=0.50 kN/m²，基本风压：W=0.35 kN/m²，地面粗糙度为 B 类。

活荷载标准值：地面堆载为 10 kN/m²；不上人的屋面为 0.7 kN/m²；上人屋面或顶盖为 2.0 kN/m²；操作平台、走道板或办公的楼面为 2.0 kN/m²；资料室、设备夹层为 8.0 kN/m²；中控室为 6.0 kN/m²；活动室为 3.5 kN/m²；卫生间、走廊、门厅、阳台为 2.5 kN/m²；楼梯为 3.5 kN/m²；其余未特别说明的楼面或平台等均为 2.0 kN/m²，二次装修荷载按 1.0 kN/m² 考虑；栏杆水平荷载取 1.0 kN/m，竖向荷载取 1.2 kN/m，水平荷载与竖向荷载分别考虑。

施工和检修荷载：屋面板、挑檐、悬挑雨篷和预制小梁的施工或检修集中荷载标准值取 1.0 kN，并在最不利位置处进行验算；计算挑檐、悬挑雨篷的承载力时沿板宽每隔 1.0 m 取一个集中荷载；在验算挑檐、悬挑雨篷的倾覆时沿板宽每隔 2.5 m 取一个集中荷载。

主泵每台水泵荷载按 237 kN 设计、电机荷载按 136 kN 设计，电机支撑架按 56 kN 设计、冷却水泵阀系统按 2.2 kN、润滑油系统暂按 5 kN；排空泵每台水泵荷载按 84 kN 设计、电机荷载按 61.5 kN，电机支撑架按 30.5 kN 设计；其余设备、工具等根据设备的实际重量确定荷载。

6. 基坑支护设计标准

1）基坑工程设计等级

根据基坑开挖深度、场地工程地质条件与水文地质条件及周边环境状况，按照湖北省地方标准《基坑工程技术规程》（DB 42/T 159—2012）判定本工程沿线竖井基坑重要性等级可定为一级，基坑工程设计等级为甲级。基坑设计使用年限不超过 24 个月。

2）荷载及组合

荷载取值及其分项系数按《建筑结构荷载规范》（GB 50009—2012）、湖北省地方标准《基坑工程技术规程》（DB 42/T 159—2012）要求确定，除以下注明外，其余均按有关规范规定进行取用。

（1）侧向水、土压力：勘察所提岩土体参数为总应力指标，侧向水土压力按总应力法核算。围护结构上作用土压力、水压力及地面超载产生的侧向压力，按朗肯主动土压力计算。施工期间围护结构的主动区土压力按主动土压力计算，围护结构的被动区土压力，根据结构的变位取被动土压力或介于被动土压力与静止土压力之间的经验值。

（2）地面超载：基坑施工期间，地面荷载取 30 kPa。

本工程基坑重要性等级为一级，在验算构件强度时，根据湖北省地方标准《基坑工程技术规程》（DB 42/T 159—2012）的规定，结构重要性系数按 1.0 考虑。

3）基坑稳定性验算

被动区抗力安全系数：两道及以上支撑 $K_{tk} \geq 1.05$。

抗隆起安全系数：$K_{lq} \geq 1.8$。

支护结构的设计水平位移允许值：基坑支护体最大水平位移不大于 40 mm。

4）混凝土环境作用等级

本工程混凝土结构所处环境类别为一类（一般环境），混凝土结构按 I-C 类作用等级考虑。

11.1.2　建筑设计标准

（1）预处理站：建筑等级为三级，耐火等级为二级，厂（库）房为戊类火灾危险性建筑，设计使用年限为 50 年，屋面防水等级为 II 级，防水耐用年限 15 年。

（2）深隧泵房：建筑设计使用年限为 50 年，建筑等级为三类，耐火等级一级，屋面防水等级为 I 级，耐用年限 50 年。

11.2　设　计　规　模

11.2.1　北湖污水处理厂总规模

依据大东湖核心区污水系统的总体布局，近期沙湖、二郎庙、落步咀及武东地区的污水经北线污水深隧系统输送至北湖污水处理厂，白玉山地区污水收集系统中的青化路以北区域的污水经地表系统直接进入污水处理厂。近期北湖污水处理厂设计规模 80 万 t/日。

远期沙湖、二郎庙、落步咀及武东地区的污水经北线污水深遂系统输送至北湖污水处理厂，龙王嘴地区的污水经南线深隧系统进入污水处理厂，白玉山地区污水收集系统中的青化路以北区域经地表系统直接进入污水处理厂。远期北湖污水处理厂设计规模 150 万 t/日。

11.2.2　隧道节点规模

污水深隧各个节点规模详见表 11-2-1。

表 11-2-1　深隧系统管段各工况流量汇总表　　　　　　（单位：m³/s）

工况		二郎庙—三环	三环—武东	武东—沙湖泵站	落步咀—三环
		Q2	Q3	Q4	Q5
近期	旱季平均流量	5.67	7.97	8.37	2.3
	旱季最大流量	7.37	10.37	10.89	3.0
	雨季流量	7.37	10.37	10.89	3.0
远期	旱季平均流量	6.37	10.77	11.6	4.4
	旱季最大流量	8.28	14	15	5.72

根据规划，考虑沙湖和二郎庙、武东汇水区近期部分混流现象，沙湖泵站、二郎庙污水预处理站和武东污水预处理站考虑初雨规模，按照雨季最大截流量设计。但考虑污水处理厂承受能力，近期超标初雨在预处理之后溢流排放。各泵站/预处理站规模见表 11-2-2、图 11-2-1 和图 11-2-2。

表 11-2-2　各泵站/节点规模一览表　　　　　　　　　（单位：m³/s）

泵站		近期规模			远期规模	
		旱季平均流量	旱季最大流量	雨季流量	旱季平均流量	旱季最大流量
北线污水深隧	沙湖泵站	0.77	1.00	1.00	0.77	1.00
	二郎庙污水预处理站	5.67	7.37	9.80	6.37	8.28
	落步咀污水预处理站	2.30	3.00	3.00	4.40	5.72
	武东污水预处理站	0.40	0.52	2.40	0.81	1.05
	北线深隧泵站	9.26	12.00	12.00	11.60	15.00
白玉山青化路以北（单独进厂）		0.62	0.81	0.81	2.30	3.00
龙王嘴（南线）		—	—	—	3.50	4.50
北湖污水处理厂		9.26	12.00	12.00	11.60	15.00

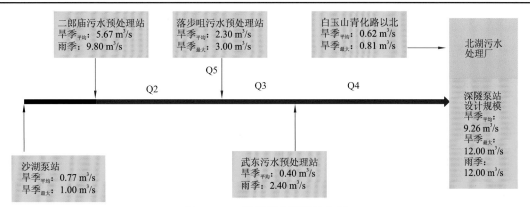

图 11-2-1　近期节点流量分布图

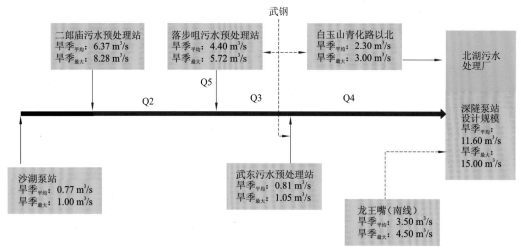

图 11-2-2　远期节点流量分布图

11.3　深隧系统总体布局

根据规划总体布局，本期工程设置一条北线污水隧道，同时预留远期雨水深隧和南线污水深隧的对接和路由。大东湖核心区污水传输隧道系统包括"一主隧、一支隧、四站点（地表完善系统）"。

1. 污水主隧道

污水主隧道起点为二郎庙污水预处理站，终点为北湖污水处理厂，长度约 17.5 km。

（1）二郎庙污水预处理站—青化立交（支隧汇入点）：隧道内径为 DN3 000 mm，长度约 6.8 km，主要传输现状沙湖污水处理厂和二郎庙污水处理厂服务范围内的污水。

（2）青化立交（支隧汇入点）—武东预处理站：隧道内径为 DN3 200 mm，长度约 4.2 km，主要传输现状沙湖污水处理厂、二郎庙污水处理厂和落步咀污水处理厂服务范围内的污水。

（3）武东预处理站—北湖污水处理厂：隧道内径为 DN3 400 mm，长度约 6.5 km，主要传输现状沙湖污水处理厂、二郎庙污水处理厂、落步咀污水处理厂和武东污水预处理站（白玉山区域青化路以南）服务范围内的污水。

2. 污水支隧道

污水支线道起点为落步咀污水处理厂，终点为主隧道（青化立交处），主要传输现状落步咀污水处理厂服务范围的污水至污水主隧道。污水至隧道内径为 2-DN1 650 mm，长度约 1.75 km。

地表完善系统主要包括沙湖泵站、二郎庙污水预处理站、落步咀污水预处理站和武东污水预处理站 4 个站点及其配套的地表衔接管道。

11.4 隧道输送方式及系统水位

大东湖核心区污水传输系统工程中的重要部分——隧道输送系统输送方式的选择，目的是确定合适的污水隧道的输送方式，从而合理确定隧道埋深、系统水位等关键控制参数。

与地表系统类似，目前常用深隧传输系统输送方式分为主要有两种：压力流输送方式和重力流输送方式（图 11-4-1）。

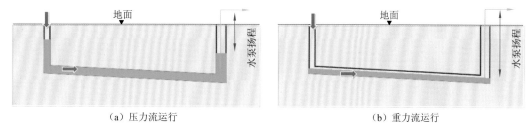

（a）压力流运行 　　　　　　　　　（b）重力流运行

图 11-4-1 压力流、重力流示意图

压力流输送方式：隧道内水流相对稳定，其末端泵站扬程相对较低、通风除臭相对简单，但对各入流点流量变化适应性相对较弱。

重力流输送方式：隧道内水流相对稳定，对各入流点流量变化适应性较强，但重力流隧道埋深末端泵站扬程相对较高、对通风除臭要求较高。

本深隧工程排水输送方式采用压力流输送方式。

压力流系统水位计算示意图如图 11-4-2 所示，压力流系统内水位不受隧道主体埋深控制，系统内水位设置主要满足各预处理站地表水接入，且为远景发展留有足够的余地，并考虑减少末端深隧泵站扬程，减少运行费用。为更合理确定压力流起端控制水位，设计利用 InfoWorks ICM 对压力流系统进行各工况进行动态模型，根据理论计算机模型模拟结果，压力流系统内起端控制水位确定为 12 m 时，可以满足系统安全运行，同时末端泵站运行费用相对合理。

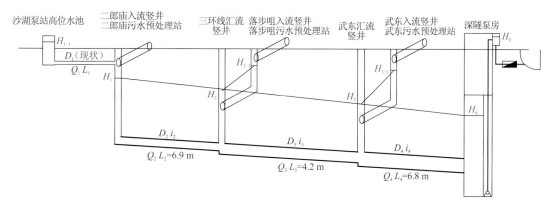

图 11-4-2 压力流系统水位计算示意图

H—隧道内水位；D—隧道直径；i—隧道坡度；L—隧道段长度

本深隧工程针对深隧系统的各管段流速及水位，分别采用 InfoWorks ICM 5.5 软件、国内规范公式进行计算。具体计算结果见表 11-4-1。

表 11-4-1　深隧系统水力计算结果表

工况		竖井水位/m					
		二郎庙入流竖井	三环线汇流竖井	武东汇流竖井	深隧泵站	落步咀入流竖井	武东入流竖井
近期	旱季平均流量	12	10.85	9.85	8.63	12.76	9.85
	旱季最大流量	12	10.06	8.36	6.30	13.29	8.36
远期	旱季平均流量	12	10.55	8.70	6.34	12.36	8.70
	旱季最大流量	12	9.55	6.42	2.43	12.60	6.42

11.5　深隧平面设计

11.5.1　主隧工程

设计结合路由沿线用地和构筑物情况，具体实施深隧路由如下。

沙湖大道（铁机路—杨家桥路段，图 11-5-1）：该段 DN3 000 mm 污水主深隧由二郎庙污水预处理站入流竖井接出，沿拟建沙湖大道敷设，为避让现状跨罗家港大桥桥桩，在杨家桥路口之前将污水主深隧由拟建沙湖大道顺接至沙湖港内敷设。该段污水主隧道与罗家港相交，相交处从罗家港下部穿越，并保持施工安全要求。

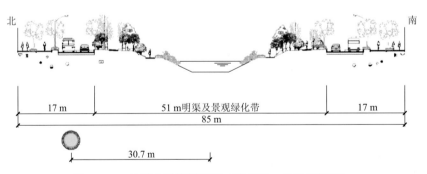

图 11-5-1　沙湖大道横断面图（铁机路—杨家桥路段）

沙湖大道（杨家桥路—二环线段，图 11-5-2）：该段 DN3 000 mm 污水主隧道主要沿沙湖港中线布置，在穿越二环线高架桥时，从高架桥桥桩之间穿过，其后为避让沙湖港人行天桥桥桩，沿沙湖港港内北侧布置。该段污水主隧道与现状地铁 4 号线（罗家港站—铁机村站区间）相交，相交时从地铁 4 号线结构下部穿越，并保持施工安全要求。

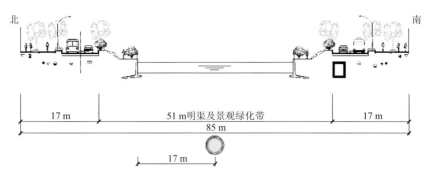

图 11-5-2　沙湖大道横断面图（杨家桥路—二环线段）

沙湖大道（二环线—新沟渠段，图 11-5-3）：为避让沙湖港北侧挡土墙排桩和布置施工竖井，该段 DN3 000 mm 污水主隧道主要沿拟建的沙湖大道敷设，沿线交叉路口主要有铁机小路、园林路、三弓路。

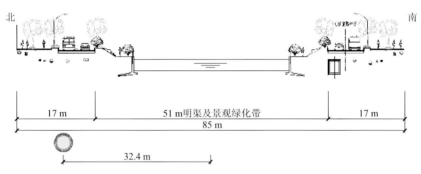

图 11-5-3　沙湖大道横断面图（二环线—新沟渠段）

沙湖大道（新沟渠—礼和路段，图 11-5-4）：该段 DN3000 mm 污水主隧道布置于沿拟建的沙湖大道以北。

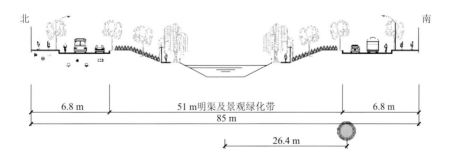

图 11-5-4　沙湖大道横断面图（新沟渠—礼和路段）

欢乐大道（礼和路—三环线段，图 11-5-5）：该段 DN3 000 mm 污水主隧道主要沿欢乐大道北侧布置，为避让迎鹤湖大桥桥墩，隧道局部（设计桩号 K4+660～K4+780）布置于欢乐大道北侧红线外。在欢乐大道上下桥匝道路段，污水主隧道敷设于主线与匝道的桥墩之间并保证一定的施工安全距离。

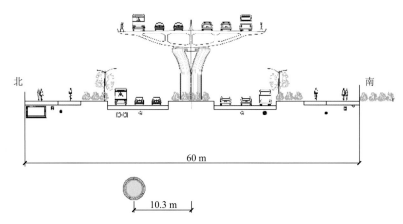

图 11-5-5　欢乐大道横断面图（礼和路—三环线段）

武鄂高速公路（三环线—武东明渠排口，图 11-5-6）：该段 DN3 200 mm 污水主隧道，在武鄂高速公路路基段沿武鄂高速公路北侧边沟敷设；与青王路高架穿过，为避让桥墩，沿桥墩北侧绿化带布置；武鄂高速公路高架段，为避让公路桥墩，沿桥墩北侧绿化带布置。

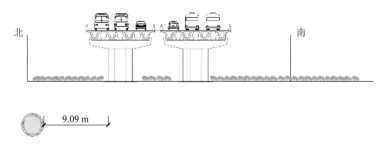

图 11-5-6　武鄂高速公路横断面图（三环线—武东明渠排口）

武东排口—北湖污水处理厂（图 11-5-7）：DN 3400 mm 污水主隧道过严西湖和北湖时，均从湖底穿越。

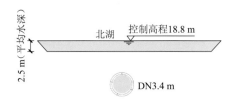

图 11-5-7　武东排口—北湖污水处理厂横断面图

主要节点：排水深隧与地铁 4 号线（现状）有两处相交，均从地铁 4 号线以下穿越（图 11-5-8 和图 11-5-9）。排水深隧与地铁 5 号线（设计）有一处相交，从地铁 5 号线以下穿越（图 11-5-10）。

污水主深隧与武广高铁有相交部分（图 11-5-11），为避让高铁桥墩，DN3000 mm 污水主隧道从北侧两桥墩间敷设，并保留一定的安全距离。

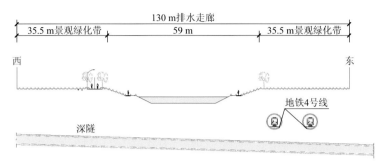

图 11-5-8　排水主隧穿越地铁 4 号线和罗家港节点断面图

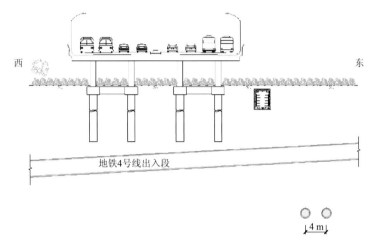

图 11-5-9　排水支隧穿越四号线车辆段断面图

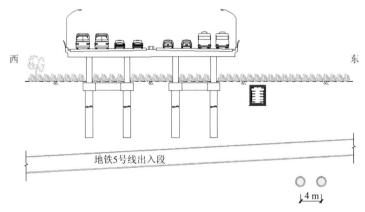

图 11-5-10　排水支隧穿越五号线（王青公路站—武汉火车站）区间断面图

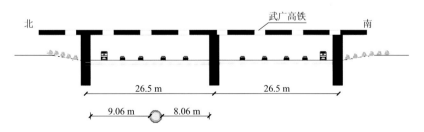

图 11-5-11　排水深隧穿越武广高铁节点断面示意图

主隧全线采用盾构法施工，深隧主线设计参数详见表 11-5-1。

表 11-5-1　深隧主线设计统计一览表

序号	管段	内径/m	长度/m	坡度/‰	埋深/m	流量/（m³/s）	管材	施工工法
1	1#～2#	3	1 808	0.65	29.93～31.85	5.67～8.28	盾构管片＋内衬	盾构
2	2#～3#	3	1821	0.65	29.93～35.01	5.67～8.28	盾构管片＋内衬	盾构
3	3#～5#	3	3 211	0.65	35.01～44.95	5.67～8.28	盾构管片＋内衬	盾构
4	5#～6#	3.2	2 340	0.65	44.95～49.23	7.97～14	盾构管片＋内衬	盾构
5	6#～7#	3.2	1 841	0.65	40.91～49.23	7.97～14	盾构管片＋内衬	盾构
6	7#～8#	3.4	2 907	0.65	40.91～41.98	8.37～15	盾构管片＋内衬	盾构
7	8#～9#	3.4	1 249	0.65	39.73～40.91	8.37～15	盾构管片＋内衬	盾构
8	9#～10#	3.4	2 355	0.65	39.73～42.15	8.37～15	盾构管片＋内衬	盾构

11.5.2　支隧工程

设计结合路由沿线用地和构筑物情况，具体实施深隧路由如下。

落步咀预处理站至主隧 5#汇流井（图 11-5-12）：该段 2-DN 1500 mm 污水支隧由落步咀预处理站入流竖井接出，沿三环线绿化带向南接入主隧 5#汇流井。

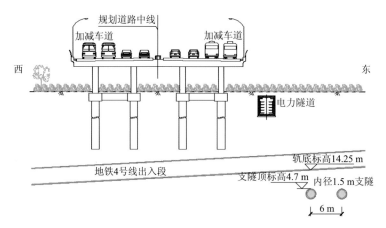

图 11-5-12　支隧横断面图

支隧全线采用顶管法施工，支隧设计参数详见表 11-5-2。

表 11-5-2　支隧设计统计一览表

序号	管段	内径/m	长度/m	坡度/‰	埋深/m	流量/（m³/s）	管材	施工工法	备注
1	10#～11#	2×1.5	755.5	0.5	22.37～32.6	1.15～2.86	F 型钢承口式钢筋混凝土排水管	顶管	支线
2	11#～4#	2×1.5	929.5	0.5	31.21～32.6	1.15～2.86	F 型钢承口式钢筋混凝土排水管	顶管	支线

11.5.3　深隧竖向设计

1. 主隧工程

本深隧项目隧道底起点高程-8.85 m，终点高程为-20.64 m，坡度 0.000 65。

深隧主隧及支线沿线平面相交的主要构建筑物有地铁、高架桥梁、铁路线、河湖渠等及其他设施。

1）地铁

地铁 4 号线（现状）：罗家港站—铁机村站区间，与污水深隧主线平面相交位置 K0+795。

2）高架桥梁

现状罗家港大桥桥桩：位于污水深隧主线平面相交位置 K0+660。

现状沙湖港人行天桥桥桩：位于污水深隧主线平面相交位置 K0+905。

现状二环线高架：与污水深隧主线平面相交位置 K1+020～K1+080。

现状欢乐大道高架：与污水深隧主线平面相交位置 K3+840～K5+820。

现状欢乐大道立交（杨春湖路）：与污水深隧主线平面相交位置 K5+420。

现状三环线高架：与污水深隧主线平面相交位置 K6+380～K7+280。

现状青王路高架：与污水深隧主线平面相交位置 K7+640～K7+700。

3）铁路线

现状京广铁路客运专线：铁路高架，与污水深隧主线平面相交位置 K6+240～K6+280。

现状武钢专线：铁路线，与污水深隧主线平面相交位置 K8+840～K8+900。

4）河、湖、渠等

罗家港：与污水深隧主线平面相交位置 K0+720～K0+800；交点处渠底高程为 16.5 m。

沙湖港：与污水深隧主线平面相交位置 K0+500～K1+240；交点处渠底高程为 17.5 m。

东湖港：与污水深隧主线平面相交位置 K3+700～K3+740；交点处渠底高程为 17.3 m。

严西湖：与污水深隧主线平面相交位置 K11+260～K13+360。

北湖：与污水深隧主线平面相交位置 K15+940～K17+020。

5）其他设施

北洋桥垃圾填埋场：与污水深隧主线平面相交位置 K4+660～K4+820。

2. 支隧工程

本深隧项目支隧隧道底起点高程 1.13 m，终点高程为 0.29 m，坡度 0.000 5。深隧支线沿线平面相交的主要构建筑物有地铁、支隧。

1）地铁

地铁 4 号线（现状）：车辆段，与污水深隧支线平面相交位置 Z0+691.1。

地铁 5 号线（设计）：王青公路站—武汉火车站区间，与污水深隧支线平面相交位置

Z0+366.71。

2）支隧

本深隧项目隧道底起点高程 1.13 m，终点高程为 0.29 m，坡度 0.000 5。

11.6　地表完善系统总体设计

11.6.1　系统组成

地表完善系统主要由以下几部分组成（图 11-6-1）：

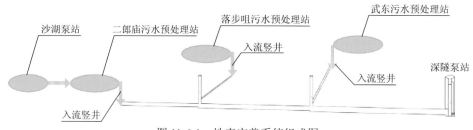

图 11-6-1　地表完善系统组成图

（1）污水预处理站/泵站。沙湖污水泵站主要是将沙湖系统沙湖大道重力干管来水进行提升，之后通过现状压力转输管道，将沙湖地区污水输送至二郎庙污水预处理站进行预处理。污水预处理站主要功能是将汇入的污水进行预处理，去除污水中的漂浮物、悬浮物和无机颗粒，避免污水杂质在隧道系统内产生淤积。

（2）地表与深层隧道衔接系统。地表与深层隧道衔接系统主要是将地表水消能后接入深层隧道内，主要的构筑物为入流竖井，入流竖井设置在各预处理站内。

11.6.2　总体布局

1. 沙湖污水提升泵站

沙湖污水泵站设计流量规模为 $Q=1.0$ m³/s，按最终规模一次建成。同时站内高位水池将汇集东湖路和水果湖泵站污水一起输送至二郎庙预处理站。

压力流系统水位计算示意图如图 11-6-2、图 11-6-3 所示。由于原路由规划和可研方案泵站选址均位于沙湖公园绿地范围，经与业主、规划、园林部门协商，拟将泵站选址调整至沙湖大道对面，位于现沙湖污水厂北侧围墙与沙湖大道之间堆土区，占地面积约 1641.5 m²。站区南侧沙湖污水厂厂平高程 21.5 m，沙湖大道路面高程为 22.2～22.4 m，路对面沙湖公园高程 22.8～25.0 m，东沙湖调蓄池厂平标高为 23.0～23.8 m，结合周边地形，沙湖泵站厂平标高定为 22.5 m。

图 11-6-2 沙湖污水提升泵站总体布置图

图 11-6-3 沙湖污水提升泵站总体布置图

经环评计算论证，沙湖提升泵站卫生防护距离为 50 m，50 m 范围内主要为南侧现沙湖污水厂及西南方城中村拆迁区，距离最近居民点万达御湖世家 75 m，卫生防护距离内无居民居住。

2. 二郎庙污水预处理站

根据前面规模论证，二郎庙污水预处理站设计规模见表 11-6-1。

表 11-6-1　二郎庙污水预处理站规模表　　　（单位：m³/s）

规模	旱季平均流量	旱季最大流量	雨季合流流量
近期	5.60	7.37	9.80
远期	6.37	8.28	8.28

原规划厂址位于二郎庙污水处理厂厂区西南角（图 11-6-4），在实施时需要进行拆迁，根据与业主及相关部门了解，沿沙湖港房屋拆迁难度较大，因此，为避免施工拆迁问题，将污水预处理站选址调整至现状厂区红线内东南角，面积约 9 103 m²，如图 11-6-5 所示。

预处理站及入流竖井设置在现状厂区内，施工竖井设置在主隧道上，施工竖井施工需要无拆迁。

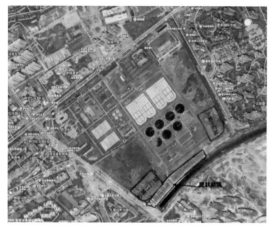

图 11-6-4　二郎庙预处理站站址选择　　　　图 11-6-5　二郎庙预处理站站址现状图

现二郎庙污水处理厂厂平高程 20.8 m，东侧铁机路路面高程 21.6～21.8 m，铁机路对面住宅区高程 21.8～22.0 m，站区南侧为沙湖港，此段渠底高程为 16.6 m，结合周边环境及现状地形，二郎庙污水预处理站厂平高程定为 22.5 m。经环评计算论证，二郎庙污水预处理站卫生防护距离为 50 m，50 m 范围内主要为现二郎庙污水处理厂，距离最近居民点团结竹君苑距离为 60 m，卫生防护距离内无居民居住。

3. 落步咀污水预处理站

落步咀污水预处理站设计规模见表 11-6-2。

表 11-6-2　落步咀污水预处理站规模　　　（单位：m³/s）

规模	旱季平均流量	旱季最大流量
近期	2.3	3.0
远期	4.4	5.72

落步咀污水预处理站土建按远期规模实施，设备按近期规模安装。原路由规划落步咀污水预处理站位于现状落步咀污水处理厂及西侧的三环线防护绿带内（图 11-6-6），后期根据与规划部门对接，在修规中调整至现状落步咀污水厂西北角，占地面积 10 218.5 m²。目的主要是对落步咀地区污水进行预处理，污水经预处理后由入流竖井引入排水隧道系统中。

图 11-6-6　落步咀污水预处理站总体布置图及站址图

现落步咀污水处理厂厂平高程 23.2 m，预处理站用地及周边场地高程为 21～25 m，结合周边环境及现状地形，落步咀预处理站厂平定为 23.5 m。50 m 范围内无建筑物，距离最近居民点苏家咀距离为 400 m，卫生防护距离内无居民居住。

从位于三环线东侧的现状落步咀污水处理厂进水管道的检查井处，新建一排 d2 000 mmm 污水管道，将落步咀地区污水转输至落步咀污水预处理站。

4. 武东污水预处理站

根据前面规模论证，武东污水预处理站设计规模见表 11-6-3。

表 11-6-3　武东污水预处理站规模表　　　　　（单位：m³/s）

规模	旱季平均流量	旱季最大流量	雨季流量
近期	0.40	0.52	2.40
远期	0.81	1.05	1.05

武东污水预处理站规模按终期规模一次建成。其中近期预处理设施按 $n_0=5$ 截流处理，即雨季设计流量为 2.40 m³/s。由于近期溢流雨水，考虑已经经过预处理过程，污染物已经大为削减，截流的合流污水经过预处理后排放到周边水体内，不进入北线污水深隧系统；如下一步南线实施后，截流的合流污水经过预处理后可排放至南线污水深隧内。

武东污水预处理站位于武鄂高速的北侧、规划严西湖北路的南侧，站区现状为堆土区，南侧 20 m 为严西湖，占地面积约 9 667.5 m²。武东污水预处理站范围内及周边地势起伏较大，地面高程在 19.8～26.0 m，结合现状地势及周边水体控制水位，确定武东预处理站厂平高程 24.5 m。经环评计算论证，武东预处理站卫生防护距离为 50 m，其 50 m 范围内仅有少量工厂厂房，距离最近居民点武东村距离为 580 m，卫生防护距离内无居民居住。

污水经预处理后由入流竖井引入排水隧道系统中，如图 11-6-7、图 11-6-8 所示。

图 11-6-7　武东污水预处理站选址

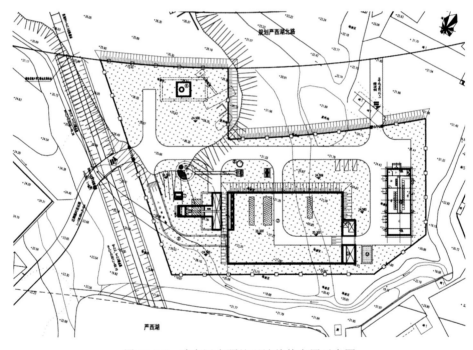

图 11-6-8　武东污水预处理站总体布置示意图

11.7　北线隧道与南线隧道关系

根据规划，远期拟增设一排雨水隧道，雨水隧道在旱季可作为污水隧道的应急备用，因此在北线隧道设计时，预留远期与雨水隧道接口。同时北线隧道平面布置时预留雨水隧道平面用地，污水处理厂内预留雨水隧道泵站用地，如图 11-7-1 所示。

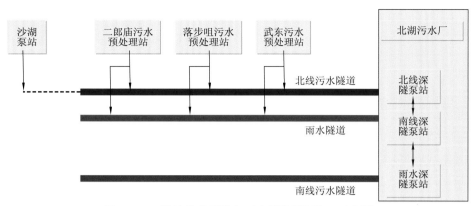

图 11-7-1　设计北线隧道与雨水隧道预留接口示意图

  本深隧工程经过总体布局优化调整，北线和南线分开设置，设计北线隧道平面布置时预留南线合流隧道平面用地，污水处理厂内预留南线深隧泵站和初雨处理构筑物用地；同时武东污水预处理站预留预处理后溢流污水至南线隧道的接口。

第 12 章

污水深隧结构设计

12.1　深隧工法选择

目前，国内外大型长距离转输管道工程技术主要有明挖法、盾构法、顶管法和矿山法，明挖法对城市交通、环境、既有管线等影响较大，且对于埋深较大的基坑支护经济性较差，一般不予采用，本深隧工程主要位于现状及规划道路下，且埋置深度较大，采用明挖法施工，基坑深度大，施工风险高，施工措施费，且需管线改迁及交通疏解量大，因此不推荐采用明挖法施工。本深隧工程线路长，主要位于现状及规划道路下方，多处穿越市政桥梁、铁路、轨道交通、湖泊等重要风险源，且穿越地层复杂多变，若采用矿山法施工辅助工法较多，且施工机械化程度低，施工速度慢，施工风险大，因此不推荐采用矿山法施工。

盾构法、顶管法具有可行性，表12-1-1针对盾构法和顶管法具体特点进行比较。

表 12-1-1　盾构法与顶管法特点对比表

工法项目	盾构法	顶管法
施工竖井	施工竖井少，间距可达3 000 m以上	施工竖井较多，间距不宜大于1 000 m
结构性能	单层衬砌时螺栓连接整体性、防腐蚀性、抗渗性能差，双层衬砌时螺栓连接整体性、防腐蚀性、抗渗性能较好	整体性、防腐蚀性、抗渗性能较好
地层适应性	地层适应性较强	地层适应性较差，长距离岩层顶进技术难度较大，富水砂层中顶进施工风险较大
对环境影响	控制地面沉降较容易，施工影响持续时间短，对地面及地下构筑物影响小	施工影响持续时间长，对地面及地下构筑物影响较大
单次掘进能力	单次掘进能力强	单次掘进能力较差，长距离掘进需增加中继间
工期	较长，平均6～8 m/d	较短，平均8～10 m/d
曲线半径	不小于250 m，平面布置灵活	不小于600 m，曲线布置较不灵活
土建投资（含施工竖井）	综合估算，3.4 m内径盾构每延米造价约5.4万元（双层衬砌）	综合估算，3.4 m内径顶管每延米造价约4.4万元

根据以上对比，盾构法在穿越敏感性建构筑物、设置竖井的灵活性、对地层适应性、单次掘进能力及平面布置上具有较为明显的优势，顶管法在工期、结构整体性、防水、防腐蚀性能上具有较为明显的优势，工程造价上顶管法稍具优势，故本深隧工程工法选择的原则为：在深隧穿越区段有敏感建筑及高危风险源或地面交通不允许设置工作井时采用盾构法施工，在平面布置、交通、环境等条件下允许下采用顶管法施工。

12.2　盾构隧道结构设计

12.2.1　衬砌结构选型

根据工艺专业流速要求，本深隧工程隧道的断面内径如表 12-2-1 所示。现阶段收集了一些针对国内排水隧道断面设计情况，如表 12-2-2 所示。

表 12-2-1　隧道断面内径表

隧道段	分段	隧道方案
	二郎庙—三环线段	单排 3.0 m 内径
主隧道	三环线—武东段	单排 3.2 m 内径
	武东—北湖泵站段	单排 3.4 m 内径
支线道	落步咀—三环线段	两排 1.5 m 内径

表 12-2-2　国内主要排水隧道断面设计情况表

工程名称	施工工法	衬砌结构类型
重庆主城排水过江隧洞工程	盾构法	单层预制管片
南水北调穿黄工程	盾构法	外层预制管片＋内衬双层结构
台山核电厂取水隧洞工程	盾构法	外层预制管片＋内衬双层结构
北京亮马河污水隧道	盾构法	单层预制管片
上海青草沙长江原水输水隧道工程	盾构法	单层预制管片
广州市深层隧道排水系统东濠涌试验段	盾构法	单层预制管片
辽宁红沿河核电厂取水隧洞工程	盾构法	外层预制管片＋内衬双层结构
上海白龙港片区南线输送干线完善工程	顶管法	整环衬砌结构
武汉市新武湖水厂跨长江顶管隧道	顶管法	整环衬砌结构

表 12-2-3　单层衬砌与双层衬砌性能对比表

	单层衬砌	双层衬砌
力学性能	施工期、运营期均由单层结构承受外部水土压力和内部水压	施工期由外层衬砌承受外部水土压力，运营期由双层衬砌协同承受外部水土压力和内部水压
防水性能	较差	较好
防腐蚀性能	较差	较好
造价	较低	高（相比单层衬砌约高 20%～25%）
工期	较短	较长（由于隧道断面空间较小，二衬浇筑时间对工期影响较大）

以内径 3.4 m 隧道断面为例，分施工期和运营期对单层和双层衬砌结构受力性能进行比较分析，单层衬砌厚度为 450 mm，双层衬砌为 250 mm 厚管片+200 mm 厚二衬。单层衬砌与双层衬砌性能对比见表 12-2-3，单层衬砌与双层衬砌数值计算结果见表 12-2-4。

表 12-2-4 单双层衬砌数值计算结果

衬砌类型	工况	管片				二衬			
		最大正弯矩/(kN·m)	对应轴力/kN	最大负弯矩/(kN·m)	对应轴力/kN	最大正弯矩/(kN·m)	对应轴力/kN	最大负弯矩/(kN·m)	对应轴力/kN
单层衬砌	施工期	131	334.5	−120.2	600	—	—	—	—
	运营期	115.2	187（拉）	−127.9	133	—	—	—	—
双层衬砌	施工期	82.6	134.2	74.45	402	93.0	193.7	80.8	269.4
	运营期	80.8	74	74.0	298	21.7	156（拉）	15.6	186（拉）

通过单双层衬砌计算结果可以得出：采用单层衬砌，施工期衬砌处于压弯受力状态，运营期最大正弯矩对应轴力处于受拉状态，结构受力极为不利，受拉区存在开裂风险；采用双层衬砌，施工期管片和二衬均处于压弯受力状态，运营期管片处于压弯状态、二衬处于受拉状态，其所受弯矩较小，整体受力较采用单层管片衬砌时有利；考虑本深隧工程运营期内部污水介质存在一定的腐蚀性，采用双层衬砌在防水、防腐蚀性能方面相比单层衬砌也具有较强的优势。因此，综合考虑，本污水隧道工程采用外层预制管片+二次衬砌双层衬砌结构形式。

12.2.2 衬砌结构及构造设计

1. 管片形式

盾构隧道一般采用钢筋混凝土管片，其形式主要有箱形管片和平板形管片，箱形管片在相同几何尺寸条件下，具有重量轻，节省材料的优点，故一般多用于大直径的隧道。而在相等厚度的条件下，平板形管片的抗弯刚度和强度均大于箱形管片，且管片混凝土截面削弱小，对盾构推进装置的顶力具有较强的抵抗能力，故管片形式选择钢筋混凝土平板形管片。

2. 衬砌拼装方式

管片拼装方式通常有通缝拼装和错缝拼装两种方式。通缝拼装具有构造简单、施工方便等优点。错缝拼装可使接缝均匀分布，在管片的整体刚度、整体均匀受力及防水等方面有优势，目前，国内外大多数盾构隧道均采用错缝拼装。由于管片衬砌错缝拼装的要求，衬砌环向螺栓沿环向必为均匀分布。纵向螺栓的数量直接影响隧道衬砌的纵向刚度和错缝拼装组合形式。纵向螺栓数量越多，隧道衬砌的纵向刚度越大，错缝拼装组合形式也越灵活，环缝受到更均匀的螺栓紧固力，对隧道的防水有利，但拼装速度越慢。设计采用错缝拼装。

3. 衬砌环类型

由于隧道的线路是由直线及曲线所组成，为了满足盾构隧道在曲线上偏转及纠偏的需要，应设计楔形衬砌环，目前国际上衬砌环的类型有以下三种。

1）楔形衬砌环与直线衬砌环的组合

盾构隧道在曲线上是以若干段折线（最短折线长度为一环衬砌环宽）来拟合设计的光滑曲线。设计和施工是采用楔形衬砌环与直线衬砌环的优选及组合进行线路拟合的。根据线路偏转方向及施工纠偏的需要，设计左转弯、右转弯楔形衬砌环及直线衬砌环。设计时根据线路条件进行全线衬砌环的排版，以使隧道设计拟合误差控制在允许范围之内。盾构推进时，依据排版图及当前施工误差，确定下一环衬砌类型。由于采用的衬砌环类型较多，所以给管片供给带来一定的难度，在竖曲线上采用楔形贴片。这种衬砌环类型中每种楔形环位置是固定的，灵活性小。

2）楔形衬砌环之间相互组合

这种管片组合形式，国内目前只有在南京地铁施工中使用。它采用几种类型的楔形衬砌环，设计和施工是采用楔形衬砌环与楔形衬砌环的优选及组合进行线路拟合的。根据线路偏转方向及施工纠偏的需要，设计左转弯、右转弯楔形衬砌环，在直线段通过左转弯和右转弯衬砌环一一对应组合形成直线。该种管片在供应上有一定难度，在竖曲线上采用楔形贴片。

3）通用型管片

通用型管片为只采用一种类型的楔形管片环，盾构掘进时根据盾构机内环向千斤顶的传感器的信息和线路线形设计的要求，根据曲线拟合确定下一环衬砌绕管片中心线转动的角度，以达到设计线路和纠偏的目的，使线路的偏移量在规定的范围内。该类管片衬砌环作为一种新颖的通用衬砌环类型，在欧洲普遍流行。由于只需一种管片类型，可节省钢模数量，不会因管片类型供给不到位而影响施工。但其对管片制造精度要求高，管片的拼装难度较大，对拼装机械要求较高。

目前，国内外盾构隧道中以上几种管片形式均有采用，但是综合比较之下，通用型管片目前采用最为广泛，施工也最为快速便捷，本隧道采用通用楔形环管片。

4. 衬砌环分块

衬砌环的分块及宽度主要由管片的制作、防水、运输、拼装、隧道总体线形、地质条件、结构受力性能、盾构掘进机选型等因素确定。随着分块数量的增加，衬砌环刚度降低，柔度增加。柔性的衬砌可充分利用围岩的自承能力，但接缝增多，拼装速度慢，不利于防水。

一般国内地铁区间（直径 6～6.2 m）单线隧道大多采用 6 块模式，即 3 块标准块、2 块邻接块、1 块封顶块；对于更小直径的隧道，采用 6 块模式及 5 块模式的均有实践经验。管片的分块应该结合隧道所处地层情况、荷载情况、构造特点，以及制作、运输、拼装等要求综合取定。针对等分、2+2+1、3+2+1 三种分块方案比较分析 7.2.2 小节已介绍。

5. 衬砌环宽度

根据工程经验，衬砌环宽度一般为 1 000 mm、1 200 mm、1 500 mm。环宽越大，隧道结构的纵向刚度越大，抗变形能力增强；接缝越少，越利于防水；连接件减少，施工速度加快。但不便于管片制作、运输、拼装，也不适用于小半径曲线的施工，另外，管片环宽增大后会直接影响盾构机的灵敏度。因此，管片也不是越宽越好。由于本隧道管径较小，最小曲线半径约 350 m，为增加盾构拼装过程的灵活性并减少管片的拼装误差，设计采用幅宽 1 000 mm。

6. 管片接缝连接

目前管片适合使用的连接方式有：直螺栓连接、弯螺栓连接和斜螺栓连接。

直螺栓连构造简单、施工方便，一般用于箱形管片中，用于平板型管片时，对衬砌削弱太大。斜螺栓连接构造简单，施工方便，便于快速施工，在欧洲普遍使用，适用于地层稳定的地段，一般用于大直径盾构隧道。弯螺栓连接施工简单，接头刚度小，较适用于直径较小、衬砌厚度较薄的管片，在国内普遍采用。设计采用弯螺栓连接方式。

7. 衬砌环楔形量确定

为能同时适应曲线段以及施工纠偏等需要，衬砌按双面楔形衬砌环设计。考虑全线盾构管片的通用性，楔形量按全线允许最小曲线半径 300 m 计算确定，楔形量为 18 mm。不同的曲线段以经计算优选的最佳衬砌布置方案拟合，以满足线路设计的需要。

8. 环、纵缝构造

纵环缝采用平板设计。外弧侧设框形弹性密封垫槽，内弧侧设嵌缝槽。环与环间以 15 根纵向螺栓相连，既能适应一定的纵向变形，又能将隧道纵向变形控制在防水要求的范围内。块与块间以 10 根环向螺栓紧密相连，能有效减少纵缝张开及结构变形。环向螺栓、纵向螺栓均采用锌基铬酸盐涂层作防腐蚀处理。

9. 管片衬砌制作要求

为保证装配式结构良好的受力性能，避免衬砌过大开裂和变形，保证结构的耐久性，衬砌制造和拼装要求详见表 12-2-5。

表 12-2-5　衬砌制造及拼装精度要求

项目		允许偏差/mm
单块检验	管片宽度	±1
	管片弧长、弦长	±1
	管片厚度	+3, −1
	螺栓孔孔径、孔位	±1.0
整环拼装检验	成环后内径	±2.0
	成环后外径	+6, −2
	环向缝间隙	2
	纵向缝间隙	2

10. 结构几何尺寸

1）隧道内径

本隧道内径的确定基于工艺对流速、流态等综合因素的考虑。隧道内径为三种，分别为 3 m、3.2 m 和 3.4 m。

2）衬砌厚度

衬砌的厚度对隧道土建工程量及工程造价有显著的影响。在结构安全、功能合理的前提下，应尽可能采用较经济的衬砌厚度。根据施工经验，管片厚度一般为衬砌环外径的 4% 左右。管片厚度计算结果见表 12-2-6。

表 12-2-6　管片厚度计算结果

部位	管片厚度 /mm	二衬厚度 /mm	衬砌内径 /m	最大正弯矩 /(kN·m)	对应轴力 /kN	最大负弯矩 /(kN·m)	对应轴力 /kN
管片	250	200	3.4	61.752	−119.816	−52.851	−367.56
	250	200	3.4	60.398	−61	−51.705	−255
	300	200	3.4	82.638	−134.232	−74.445	−402.36
	300	200	3.4	80.788	−74	−74.011	−298
	300	250	3.4	73.177	−127.113	−65.87	−373.458
	300	250	3.4	77.874	−110	−68.595	−310
	250	200	3.2	49.898	−95.549	−43.499	−290.787
	250	200	3.2	54.5	−167	−45.8	−288
	300	200	3.2	66.129	−107.322	−60.536	−319.235
	300	200	3.2	70	−176	−63.7	−298
	300	250	3.2	57.638	−52.76	−53.18	−296.757
	300	250	3.2	70.6	−187	−61.6	−333
	250	200	3.0	37.767	−71.925	−33.531	−218.494
	250	200	3.0	42.4	−137	−36.5	−237
	300	200	3.0	49.631	−81.164	−46.35	−240.833
	300	200	3.0	54.1	−147	−49.9	−246
	300	250	3.0	42.573	−76.674	−40.406	−224.04
	300	250	3.0	54.3	−153	−48.4	−269
二衬	250	200	3.4	85.052	−215.233	−71.419	−287.804
	300	200	3.4	14.045	190.6	−19.618	172
	300	200	3.4	92.949	−193.661	−80.811	−269.439
	300	250	3.4	21.676	156	−15.685	186
	300	250	3.4	108.667	−212.846	−96.888	−313.07
	250	200	3.2	19.991	200	−26.284	180
	250	200	3.2	68.891	−165.303	−59.567	−59.567
	300	200	3.2	4	213	−8	175
	300	200	3.2	74.701	−149.067	−66.409	−216.235
	300	250	3.2	8.6	160	−5.1	189
	300	250	3.2	86.768	−164.223	−78.782	−251.832

部位	管片厚度/mm	二衬厚度/mm	衬砌内径/m	最大正弯矩/(kN·m)	对应轴力/kN	最大负弯矩/(kN·m)	对应轴力/kN
	250	200	3.0	4.4	215	−8.6	183
	250	200	3.0	52.427	−120.293	−46.524	−175.065
	300	200	3.0	3.1	132	−5.8	106
二衬	300	200	3.0	56.513	−108.796	−51.235	−165.459
	300	250	3.0	4.1	122.1	−6.2	96
	300	250	3.0	65.305	−120.037	−60.209	−192.964
	250	200	3.4	3.7	135	−6.1	110

3）盾构管片结构参数汇总

盾构管片结构参数见表 12-2-7。

表 12-2-7　盾构管片结构参数

管片内径/mm	管片外径/mm	管片厚度/mm	二衬厚度/mm	管片分块	螺栓类型	环向螺栓	纵向螺栓	混凝土等级	抗渗等级	拼装方式
3 000	3 900	250	200	5	弯螺栓	10 套	15 套	C50	P12	错缝拼装
3 200	4 100	250	200	5	弯螺栓	10 套	15 套	C50	P12	错缝拼装
3 400	4 300	250	200	5	弯螺栓	10 套	15 套	C50	P12	错缝拼装

11. 双层衬砌结构连接构造

为保证双层衬砌之间的可靠连接，施工中应注意以下几方面。

（1）内衬浇筑过程中应将管片内衬手孔及接缝区域浇筑密实，保证双层衬砌结构连接牢靠。

（2）对管片内侧应适当进行混凝土凿毛处理，保证双层衬砌结构连接牢靠。

（3）隧洞内衬施工完成后，进行内衬背后回填注浆。回填注浆满足以下要求：纵向注浆管设于拱顶模筑衬砌外缘、管片内侧，纵向注浆管孔径φ20，采用聚乙烯管（管壁开缝）。结合施工缝和变形缝布置，注浆管每模衬砌一段，两端分别与预设的φ20 镀锌钢管注浆口连接。镀锌钢管注浆口应突出衬砌内缘 3～5 cm，以便于连接。回填注浆材料采用 1∶1 水泥浆液。回填注浆压力：0.05～0.1 MPa。

12. 螺栓选型

按照目前管片连接方式，最为常用的为螺栓连接方式。螺栓连接有直螺栓、弯螺栓和斜螺栓等连接方式。管片制造时要求具有较高的预制精度，施工拼装时需要一定的定位精度，因而施工速度较慢，造价也较高。但是螺栓的力学特性比较好，能够适应复杂软弱地层。

1）直螺栓接头

直螺栓施工方便，可有效减短螺栓长度，减少钢材使用量，同时管片接头部位能承担较大荷载，且便于施加预紧力。不足之处在于所需螺栓手孔较大，对管片截面削弱多，致使管片端头及侧肋的各种应力水平较高，成为管片的薄弱部位。直螺栓设计中应主要考虑螺栓与管片肋部的匹配，即在肋部破坏前，螺栓应进入流塑状态，手孔设置应综合考虑各种施工影响以及对接头断面的削弱，不可设置过小或过大。这种接头方式广泛用于上海地铁等软土盾构隧道。

2）弯螺栓接头

弯螺栓多用于平板形管片，其主要优点在于所需螺栓手孔小，对截面削弱少；试验表明，弯螺栓比直螺栓抗弯刚度更大，材料消耗较小，经济性较高，在螺栓预紧力和地震作用下将对端头混凝土不易产生挤压作用，对结构的长期安全性较为利。目前在地铁、市政盾构隧道中大量采用。综合比较，推荐本隧道采用弯螺栓接头进行连接。

13. 内衬与管片连接方式

目前，国内外较为常见的双层衬砌连接方式有叠合模式和复合模式，其中叠合式衬砌施工阶段由管片承担外部水土压力，施工期间双层结构共同承担，内外衬间可传递压力、剪力，由于形成一个整体，二衬厚度一般比较薄；复合式衬砌施工阶段由管片承担外部水土压力，施工期间外部水土压力和内部水压力按双层结构刚度比例分担，内外衬间可传递压力，不可以传递剪力，二衬厚度一般较厚，优于充分利用了二衬的截面，从经济性角度上来说，叠合模式要较优于复合模式，故本阶段推荐采用的是叠合式双层衬砌模式。

内衬与管片采用锚筋进行连接，在管片预制过程中，沿管片环向预埋进锚筋，预留接驳器，在二衬浇筑时将锚筋接入二衬，使管片与二衬形成一个受力的整体，连接方式见图 12-2-1。

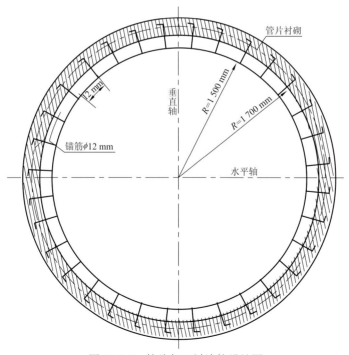

图 12-2-1　管片与二衬连接设计图

12.3 结构防水及防腐蚀设计

12.3.1 结构防水设计

本隧道结构防水等级为二级。结构防水的措施共分为以下 4 类。

（1）隧道管片的混凝土等级为 C50，抗渗等级 P12，限制裂缝开展宽度≤0.2 mm。

（2）在衬砌管片与天然土体之间存在环形空隙，通过同步注浆与二次注浆充填空隙，形成一道外围防水层，有利于隧道的防水。

（3）在管片接缝处设置弹性密封垫（三元乙丙橡胶）和嵌缝（聚硫密封胶）两道防水措施，并以弹性密封垫为主要防水措施（图 12-3-1）。

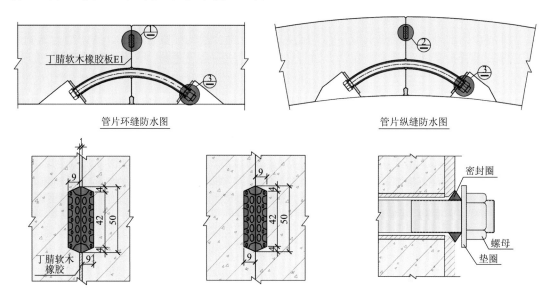

图 12-3-1 管片接缝防水详图（单位：mm）

（4）二衬按 25 m 一节设置一道变形缝考虑，在二衬变形缝处设置了中埋式钢边橡胶止水带和外贴式止水带两道防水措施，并预留注浆导管（图 12-3-2）。

12.3.2 结构防腐蚀设计

遵循"预防为主和防护结合"的原则，根据城市污水的腐蚀性、环境条件施工维修条件等，因地制宜，区别对待，应综合选择防腐蚀措施，对危及人身安全和维修困难的部位，以及重要的承重结构和构件应加强防护。

根据《工业建筑防腐蚀设计标准》（GB/T 50046—2018），排水深隧腐蚀性等级为弱腐蚀。防腐蚀设计是排水深隧设计的重要组成部分。根据国外深隧工程的实践经验，常采用的防腐蚀设计方案如表 12-3-1 所示。方案 1：防腐有机涂层（环氧树脂、聚氨酯等），方案 2：聚氯乙烯（polyvinyl chloride，PVC）/高密度聚乙烯（high density polyethylene，HDPE）

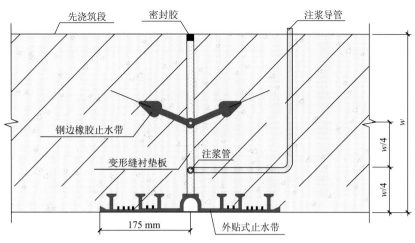

图 12-3-2　二衬接缝防水详图

等高分子材料内衬，方案 3：水泥基型渗透结晶无机涂料，由于添加聚合物成本较高且施工质量较难保证，污水隧道中防腐蚀设计主要以防腐涂层、高分子材料内衬、水泥基型内衬为主。

表 12-3-1　防腐方案对比表

项目	有机涂层	PVC/HDPE 材料	水泥基型渗透结晶无机涂料
材料性能	在较短时间内防腐蚀性能优于高分子材料，但涂料与混凝土表面附着力有限，在水流长期冲刷下容易脱落	抗拉抗裂性能优良，可适应结构受力变化，且强度较高。与混凝土结构结合较为紧密，不易开裂	通过渗透作用与混凝土结构形成一体，通过水化作用形成非水溶性晶体结构
结构开裂的结果	延伸率低，容易随着结构开裂同时开裂	延伸率很高，不易随着结构开裂同时开裂	由于与结构形成一个整体，不存在明显的裂缝
施工条件	需要在主体结构完成后进行二次施工	与主体结构施工同步，以预埋的形式完成	需要在主体结构施工完之后进行二次施工
使用寿命	性能随着时间的推移逐渐下降	耐腐蚀和耐久性较强，使用寿命高	渗透到结构内部，与结构形成一个整体，使用寿命较高
经济性	价格较低	价格较高	价格较高

综合以上对比，水泥基型渗透结晶无机涂料在材料性能、施工条件以及使用寿命等环节要优于有机涂料和 PVC/HDPE 材料内衬，而有机涂料在经济性上更具优势，综合考虑，本阶段，本深隧工程采用水泥基型渗透结晶无机涂料形式进行结构防腐蚀。

12.4　结构耐久性设计

由于深隧结构工程设计使用年限为 100 年，结构设计应具有足够的耐久性。本隧道结构的环境作用等级为 I-C，深隧钢筋混凝土结构应具有整体密实性、防水性、防腐蚀性，使用阶段没有渗水裂缝，采取的具体措施如下。

（1）结构混凝土必须达到规定的密实度，二衬采用补偿收缩混凝土，相应保护层厚度及计算裂缝宽度分别见表 12-4-1、表 12-4-2。有腐蚀介质地段应选用耐水或耐腐蚀的低水化热的水泥。

表 12-4-1　受力钢筋的混凝土保护层最小厚度　　　　　　　　　　（单位：mm）

结构类别	地下连续墙		钻孔灌注桩	钢筋混凝土管片	
	外侧	内侧		外侧	内侧
保护层厚度	70	70	70	50	50

注：①混凝土结构中受力钢筋的混凝土保护层厚度不应小于钢筋的公称直径；
　　②箍筋、分布筋和构造钢筋的混凝土保护层厚度不应小于 28 mm。

表 12-4-2　最大计算裂缝宽度允许值

结构部位	允许值/mm
钢筋混凝土管片迎水侧	0.2
钢筋混凝土管片背水侧	0.2

（2）采用优质合格钢筋。

（3）加强使用阶段的监测、保护，定期对结构物保养，维护。

12.5　结构抗震设计

1. 抗震设防标准

深隧结构抗震设防分类为重点设防类，抗震设防标准按抗震烈度 6 度考虑，抗震措施按抗震烈度 7 度采用，抗震等级取三级。

2. 抗震措施

（1）控制结构轴压比不大于 0.8。

（2）在隧道与竖井连接处、土层性质急剧变化等处设置变形缝。

（3）盾构结构管片采用高强螺栓进行连接。

（4）加强盾构施工同步注浆和二次注浆。

（5）顶管及盾构衬砌管片混凝土强度等级：C50，抗渗等级为 P12。

（6）盾构二衬混凝土强度等级：C40，抗渗等级为 P12。

（7）盾构管片连接螺栓的为高强度 8.8 级 M24。

（8）竖井围护结构混凝土强度等级：C30。

（9）钢筋：HRB400E、HPB300。

第 13 章

竖 井 设 计

13.1 工 程 概 况

大东湖核心区污水传输系统工程污水主隧工程主隧道共设置 9 个竖井（1#~9#），支隧道设置 2 个竖井（10#~11#），其中 1#、10#为入流竖井，4#和 6#竖井为汇流竖井并兼具通风功能，3#、7#竖井为通风井、9#竖井利用深隧泵房基坑，其他竖井为施工竖井，施工完毕后进行回填恢复。施工竖井的设置应该遵循的原则如下。

（1）施工竖井的井位选择应满足区间施工工法的需要。

（2）施工竖井的井位选择应尽可能利用管线上的工艺井，与之合用。

（3）施工竖井应便于排水、出土和运输，距电源和水源较近。

（4）施工竖井应避免对周围建构筑物及地面交通的不利影响。

（5）竖井宜设置在线路的直线段，方便盾构或顶管的接收和始发。

结合本工程的工法安排，本深隧工程的施工竖井布置位置及功能设置详见表 13-1-1。

表 13-1-1　施工竖井布置表

竖井	布局	功能	备注
1#竖井	二郎庙污水处理厂内	—	主隧起点竖井，入流竖井与施工竖井共用
2#竖井	东湖港西侧现状空地	—	—
3#竖井	欢乐大道与规划路交叉口西侧	通风、检修、自控液位监测、深隧结构健康监测	—
4#竖井	三环线青化立交绿化带	收集污水支隧来水，通风、检修、自控液位监测、深隧结构健康监测	支隧与主隧合流工作井
5#竖井	武鄂高速北侧绿化带（武九铁路以东）	—	—
6#竖井	武东预处理站北侧废弃炼钢厂内	通风、检修、自控液位监测、深隧结构健康监测	—
7#竖井	武钢北湖橡胶制品厂东侧农田和苗圃中	通风、检修、自控液位监测、深隧结构健康监测	—
8#竖井	北湖南侧空地内	—	—
9#竖井	北湖污水处理厂内	—	主隧终点竖井，深隧泵房共建
10#竖井	落步咀污水处理厂内	—	支隧起点竖井，入流竖井与施工竖井共用
11#竖井	现状绿化带空地内	—	支隧中间井

13.2　施工竖井设计

施工竖井包括工作井和接收井，本工程工作井兼作接收井，故施工竖井尺寸均按工作井控制。本工程入流竖井在施工时候均作为工作井用，施工完毕后按照工艺要求形成入流竖井。

1. 施工竖井平面尺寸确定原则

施工竖井平面尺寸确定原则见表 13-2-1。

表 13-2-1　施工竖井平面尺寸确定原则

施工方法	长度		宽度	深度
顶管法	$l \geqslant l_1 + l_3 + k$（按顶管机长度确定）	$L \geqslant l_2 + l_3 + l_4 + k$（按下井管节长度确定）	$B = D_1 + (2 \sim 2.4)$	$H = H_1 + D_1 + h$
盾构法	$L = L_1 + L_2 + L_3 + L_4$		$W = 2W_1 + D$	

注：L 为工作井的最小内净长度；l_1 为顶管机下井时最小长度；l_2 为下井管段长度；l_3 为千斤顶长度；l_4 为留在井内的管道最小长度；k 为后座和顶铁的厚度及安装富余量；B 为工作井的宽度；D_1 为管道的外径，双孔深隧采用共用同一个工作井时 B 宽度应增加两孔之间的轴线间距；L_1 为盾构机与工作井结构内壁间施工预留空隙；L_2 为盾构机盾体长度；L_3 为盾构机始发时反力架与负环管片长度；L_4 为盾构机后配套长度；W_1 为盾构机与工作井结构内壁间施工预留空隙；D 为盾构机最大外轮廓直径。

2. 工竖井初拟平面尺寸

根据施工竖井平面尺寸确定原则结合相关工程经验，本深隧工程施工竖井初拟平面尺寸见表 13-2-2。

表 13-2-2　预估施工竖井平面尺寸表

深隧内径及施工方法	工作井内净宽度/m	工作井内净长度/m
单排 3 m 盾构	10	20
单排 3.2 m 盾构	10	20
单排 3.4 m 盾构	10	20
双排 1.5 m 顶管	10	11

3. 施工竖井结构形式

施工竖井结构分为施工期与运营期两个阶段，采用多层闭合框架结构，施工期为满足施工机械及材料的转运，竖向设置框梁，在施工结束之后，通过浇筑中间层板，顶板形成闭合框架结构。施工期与运营期的施工竖井典型横剖面如图 13-2-1 所示。

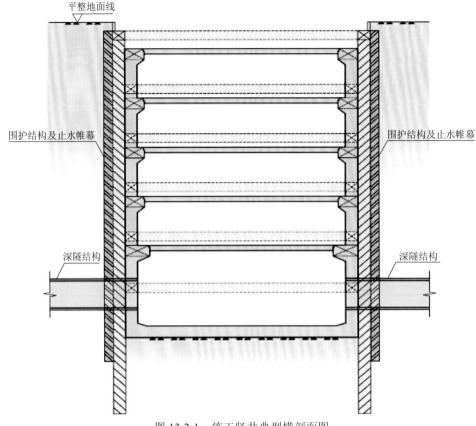

图 13-2-1 施工竖井典型横剖面图

13.3 基坑支护设计

13.3.1 设计原则和标准

本基坑支护设计的原则：安全可靠，技术可行、经济合理，兼顾工期、施工方便，同时尽可能将施工期间对周边环境的影响降到最小。

围护结构设计必须依据地质详细勘察资料进行，地层的物理力学指标依据工程地质勘察报告取值。

深基坑支护结构及其构件应满足强度、稳定和变形的要求，以确保邻近建筑物和重要管线的正常使用，并根据安全等级提出监测要求和监测方案，以便实现信息化设计施工。

围护结构除了满足承载力要求外，还应满足基坑的整体稳定、抗倾覆、抗滑移、抗隆起、抗管涌等稳定性要求。

I 级阶地处的竖井基坑存在承压水层，采用 CSM 工法（双轮铣）深层水泥土搅拌墙止水+管井疏干抽水，III 级阶地处的竖井基坑采用设置排水沟+集水井加以潜水泵抽排。

1. 基坑工程设计等级

根据基坑开挖深度、场地工程地质条件与水文地质条件及周边环境状况，按照湖北省地方标准《基坑工程技术规程》（DB 42/T 159—2012）判定本工程沿线竖井基坑重要性等级可定为一级，基坑工程设计等级为甲级。基坑设计使用年限不超过 24 个月。

2. 荷载及组合

荷载取值及其分项系数按《建筑结构荷载规范》（GB 50009—2012）、湖北省地方标准《基坑工程技术规程》（DB 42/T 159—2012）要求确定，除以下注明外，其余均按有关规范规定进行取用。

侧向水、土压力：勘察所提岩土体参数为总应力指标，侧向水土压力按总应力法核算。围护结构上作用土压力、水压力及地面超载产生的侧向压力，按朗肯主动土压力计算。施工期间围护结构的主动区土压力按主动土压力计算，围护结构的被动区土压力，根据结构的变位取被动土压力或介于被动土压力与静止土压力之间的经验值。

（1）地面超载：基坑施工期间，地面荷载取 30 kPa。

（2）本工程基坑重要性等级为一级，在验算构件强度时，根据湖北省地方标准《基坑工程技术规程》（DB 42/T 159—2012）的规定，结构重要性系数按 1.0 考虑。

3. 基坑稳定性验算

被动区抗力安全系数：两道及以上支撑 $K_{tk} \geq 1.05$；抗隆起安全系数：$K_{1q} \geq 1.8$；支护结构的设计水平位移允许值：基坑支护体最大水平位移不大于 40 mm。

4. 混凝土环境作用等级

本工程混凝土结构所处环境类别为一类（一般环境），混凝土结构按一 C 类作用等级考虑。

13.3.2　支护结构设计

围护结构设计应考虑场地工程地质条件和周围环境情况，采取经济有效的基坑支护措施，确保工程质量和环境要求。对明挖围护结构，应遵照《建筑基坑支护技术规程》（JGJ 120—2012）及湖北省地方标准《基坑工程技术规程》（DB 42/T 159—2012）的相关规定，根据工程地质及水文地质条件，施工方法、基坑深度和周围环境条件进行围护结构内力、位移和稳定性分析，结合工程类比和理论计算确定结构设计参数，施工过程中应根据现场地质条件、施工监测反馈信息，及时调整相关设计计算参数，实行信息化设计。

武汉地区常见的隧道围护结构形式有型钢水泥土搅拌墙（soil mixing wall，SMW）工法桩、钻孔灌注桩（图 13-3-1）、地下连续墙（图 13-3-2）、套筒咬合桩等，针对本出入场线具体情况，各围护结构方案的优缺点详见表 13-3-1，竖井围护结构形式见表 13-3-2。

图 13-3-1 钻孔灌注桩支护示意图

图 13-3-2 钢筋混凝土地下连续墙支护示意图

表 13-3-1 围护结构方案比较表

围护结构	优点	缺点	造价比
地下连续墙	1. 技术相对成熟; 2. 适用于各种地层,周边复杂环境工程,特别是止水要求严格的基坑支护	1. 工程投资高; 2. 施工机具要求较高,施工工艺较复杂; 3. 施工机具占用场地较大; 4. 废弃泥浆等对环境有污染	1.12
套筒咬合桩	1. 适用于各种地层,特别是地下水较发育,有承压水的地区; 2. 施工对周边环境影响污染较小	1. 市场施工机具较少,施工工艺较复杂; 2. 工程投资相对较高	1.08
钻孔灌注桩	1. 技术相对成熟,工艺相对简单; 2. 适用于各种地层,受地质条件的限制较小; 3. 单桩成孔时间短,施工进度快	1. 在含水地层使用还需配以止水措施,工程投资综合较高; 2. 对环境有一定影响	1.0
SMW 工法桩	1. 技术成熟,施工速度快; 2. 止水效果好,刚度大,变形小	1. 土层很好的地层,SMW 搅拌桩难以施工; 2. 对环境有一定影响	0.9

表 13-3-2 竖井围护结构形式一览表

序号	位置	井号	基坑平面形状	基坑平面尺寸/m	基坑深度/m	围护结构	止水帷幕
1	主线隧道	1#	正方形	14×14	32.8	1.2 m 厚地下连续墙+7 道环框梁	0.8 m厚CSM工法搅拌墙
2		2#	圆形	φ12	34.8	D1.6 m 钻孔灌注桩+8 道环框梁+坑内满堂加固	双排 D0.8 m 高压旋喷桩
3		3#	长方形	49×11	34.9	1.2 m 厚地下连续墙+8 道混凝土支撑	0.8 m厚CSM工法搅拌墙
4		4#	圆形	φ20.4	47.8	1.2 m@1.4 m 钻孔灌注桩+9 道环框梁	D0.8 m 高压旋喷桩、袖阀管注浆
5		5#	长方形	20×11	51.5	1.2 m@1.4 m 钻孔灌注桩+11 道混凝土支撑	0.85 m 厚 CSM 工法搅拌墙
6		6#	长方形	49×11	43.4	1.2 m 厚地下连续墙+9 道混凝土支撑	无
7		6A#	长方形	15×11	43.5	1.5 m@1.7 m 钻孔灌注桩+8 道混凝土支撑	桩间 D0.8 m 高压旋喷桩
8		7#	长方形	15×11	42.8	1.2 m@1.4 m 钻孔灌注桩+8 道混凝土支撑	桩间 D0.8 m 高压旋喷桩
9		8#	长方形	49×11	44.8	1.5 m@1.7 m 钻孔灌注桩+10 道混凝土支撑	桩间 D0.8 m 高压旋喷桩+0.8 m 厚 CSM 工法搅拌墙
10	污水处理厂	9#（深隧泵房）	圆形	φ43	46.3	1.5 m 厚地下连续墙+11 道混凝土支撑	0.8 m厚CSM工法搅拌墙
11	支线隧道	10#	圆形	φ14.6	22.2	1.0 m@1.2 m 钻孔灌注桩+5 道环框梁	单排 D0.8 m 高压旋喷桩
12		11#	圆形	φ13.2	33.7	1.0 m@1.2 m 钻孔灌注桩+7 道环框梁	单排 D0.8 m 高压旋喷桩

结合本工程特点及武汉地区工程经验，可选用的支护体系对比分析如下。

地下连续墙+内支撑支护：连续墙刚度大、整体性好，支护结构变形较小；墙身具有良好的抗渗能力，坑内降水时对坑外影响较小；地下连续墙如不考虑节省地下室外墙，总体造价较其他围护体系要高；本工程如仅作为基坑的临时支护体，其工程造价一般高于相同抗弯刚度的钻孔灌注桩方案。

钻孔灌注桩+内支撑支护：工艺成熟，质量易控制，施工时占地面积较小，对周边环境影响小；施工便捷，是较常用的基坑支护方式。但其不具有止水性，地下水丰富的地区需结合桩外侧止水帷幕控制地下水。

套筒咬合桩是指平面布置的排桩间相邻桩相互咬合（桩圆周相嵌）而形成的钢筋混凝

土"桩墙"。钻孔咬合桩"桩墙"有别于圆形桩与异形桩组合的"桩墙",咬合桩的混凝土终凝出现在桩的咬合以后,成为无缝的连续"桩墙",具有良好的截水性能,不需普通钻孔排桩的辅助截水及桩间挡土措施。但其施工工艺复杂,需采用钢套管护壁的全套管钻机,工程经济性差。

工法连续墙技术成熟,施工速度快,止水效果好,但其支护深度有限,难以满足本工程要求。

本工程位于长江一级阶地地段的区段,基坑深度较深,上部土层土质较软弱,地下水较丰富,需采用有力的地下水控制措施。因此,宜采用钢筋混凝土地下连续墙+内支撑支护。位于工程地质条件较好的长江三级阶地上地段的区段,可采用钻孔灌注桩+内支撑支护,同时外侧结合止水帷幕。

第 14 章

预处理站设计

14.1　总　体　布　局

依据大东湖核心区污水系统工程的总体布局（图 14-1-1），共有 3 座预处理站系统，分别是沙湖泵站、二郎庙污水预处理站系统、落步咀污水预处理站系统、武东污水预处理站系统。每个预处理站系统包含污水预处理站和地表与深层隧道衔接系统。

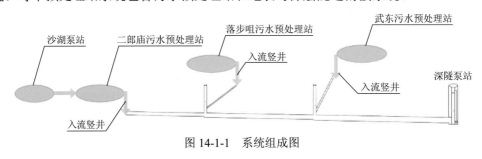

图 14-1-1　系统组成图

14.2　工　艺　设　计

14.2.1　预处理工艺流程设计

通过对大东湖核心区污水转输系统工程服务区内现状沙湖、二郎庙及落步咀污水处理厂的运行情况的调研，考虑工程服务范围内近期存在混流区、雨污混接及施工工地多等特点，采用强化污水预处理工艺：粗格栅（20 mm）+提升泵房+细格栅（6 mm）+曝气沉砂池（0.2 mm）+精细格栅（3 mm）+入流竖井，具体如图 14-2-1 所示。沙湖泵站不设置预处理设施，沙湖片区污水经泵站提升后，进入二郎庙污水预处理站，与二郎庙片区污水一起在二郎庙污水预处理站进行预处理。

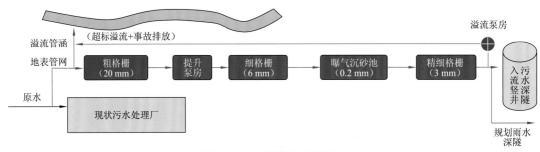

图 14-2-1　预处理工艺流程

14.2.2　沙湖污水泵站设计

泵站主要构建筑物包括：进水间、格栅间、泵房、高位水池、事故溢流井、除臭设施、管理房及变配电间、流量计井等。其中进水间、格栅间、泵房为合建。

1. 进水间、格栅间、泵房

进水间、格栅间、泵房合建，采用 T 形结构，进水管道为 D1 220 mm×10 mm 螺旋焊接钢管，进水管管底高程为 13.986 m（1985 国家高程基准，下同），出水管管中高程为 20.500 m，事故溢流管管底高程为 17.600 m。

结构形式：地下式。

数量：1 座。

平面尺寸：14.6 m×11.4 m

1）格栅间

功能：将水中较大漂浮物及浮渣破碎化，保护后续设备的正常运行。

结构形式：全地下式钢筋混凝土结构。

渠道数量：2 条。

渠道宽：1 200 mm。

主要设备：粉碎式双转鼓格栅机 2 套、铸铁方型闸门（配手电两用启闭机）2 套。

控制方式：根据栅前栅后液位差，由 PLC 控制格栅间隙运行，同时设有定时和手动控制。

栅渣处理：栅渣经格栅机粉碎后排入下游管道。

溢流处理：在进水间内设置事故溢流管，保证发生应急事故时，能够将污水顺利排出，溢流管接入站外现状沙湖调蓄池箱涵内。进水间外设置事故溢流井，平面尺寸为 2.6 m×2.6 m，井内设有 DN1 000 mm 铸铁圆闸门（配手、电两用启闭机户外型），以防止箱涵内水倒灌。

2）泵房

功能：提升污水，满足输送至二郎庙污水预处理站的水力流程的要求。

结构形式：全地下式钢筋混凝土结构。

主要设备：潜水离心泵，铸铁方闸门。

潜水离心泵：共 4 台，3 用 1 备，均设变频。

水泵工作范围：$Q=0.256\sim0.33$ m^3/s，$H=12.97\sim15.8$ m；

设计工况点：$Q=1\ 200$ m^3/h，$H=13.8$ m。

电机功率：$N=75$ kW。

设备效率：$\eta \geqslant 70\%$。

控制方式：根据集水池水位由 PLC 自动控制水泵的开停，根据累计运行时间自动轮值，同时可设手动控制。共设置 4 套变频装置，按变频、恒水位方式控制运行，以节省能耗。

铸铁方闸门：洞口尺寸为 $B×H=0.8$ m×0.8 m，共 2 台并配用手、电两用启闭机（户外型）。

洞口尺寸：$B×H=0.5$ m×0.5 m，共 1 台并配用手、电两用启闭机（户外型）。

各水泵单独出水，出水管为 $D530$ mm×8 mm 焊接钢管，出水管直接接入高位水池中。

2. 高位水池

功能：承接沙湖泵站出水及现状东湖路泵站（$Q=1$ m³/s）和水果湖泵站（$Q=1.6$ m³/s）经压力管道输送至泵站的来水，为减少 3 个系统来水间的互相干扰，各系统间的出水经薄壁堰后汇合出水。

结构形式：半地下式钢筋混凝土结构。

数量：1 座。

尺寸：7.9 m×7.9 m。

主要设备：2 套 DN1 400 mm 铸铁圆闸门配用手、电两用启闭机（户外型）。

3. 流量计井

功能：对沙湖泵站高位水池出水流量进行在线监测。

结构形式：全地下式钢筋混凝土结构。

尺寸：3.8 m×5.8 m。

设备：DN1 400 mm 分置式电磁流量计 2 套，DN1 400 mm 双法兰限位伸缩接头 2 套。固定安装排水泵 1 台。

4. 除臭系统

功能：将污水泵站产生的臭气进行处理，达标后排放。进水间、格栅间、泵房、高位水池等均需进行密封并预留除臭孔洞进行臭气收集。

尺寸：3 m×6 m。

除臭风量：$Q=3\ 600$ m³/h。

主要设备：一体化离子除臭装置，$Q=3\ 600$ m³/h。

配套设备：含风管收集系统、离心风机、调节风阀、过滤棉、导流口、排风烟管等。除臭收集风管为 DN150 mm～DN300 mm，采用玻璃钢夹砂管，埋地敷设。

14.2.3 二郎庙预处理站设计

二郎庙污水预处理站主要构建筑物包括：综合预处理构筑物（粗格栅间、提升泵间、细格栅间、曝气沉砂池、精细格栅间、溢流泵房、流量计井、除臭设施）、箱涵结合井、入流箱涵、入流竖井、综合管理楼等。

1. 粗格栅间

粗格栅间位于综合预处理构筑物内，土建及设备按流量 6.2 m³/s 进行设计，设备按设计流量安装。

功能：去除污水中较大漂浮物，并拦截直径大于 20 mm 的杂物以保护后续水泵的正常运行。

平面尺寸：11.2 m×14.0 m。

数量：1 座，渠道 4 条。

渠道宽：2 000 mm。

主要设备：钢丝绳格栅除污机 4 台。

设备参数：设备宽 1 800 mm，渠宽 2 000 mm，栅前水深 2 000 mm。

栅条参数：栅条间隙 20 mm，倾角 75°，功率 $N=2.2$ kW。

运行方式：根据栅前栅后水位差，自动控制格栅除污机的运行。

栅渣处理：栅渣由皮带输送机送至压榨机脱水打包后外运，进行卫生填埋。为保证站区环境，格栅凸出地面部分玻璃钢构加盖密封。

为减少栅渣恶臭对站区环境的影响，要求粗格栅及垃圾箱采用 304 不锈钢支撑＋钢化玻璃密封。

2. 提升泵间

提升泵间位于综合预处理构筑物内，土建及设备按流量 6.2 m³/s 进行设计，设备按设计流量安装。

功能：对二郎庙地区汇入的污水进行提升，以满足预处理站的水力流程的要求。

结构形式：全地下式钢筋混凝土结构。

数量：1 座。

尺寸：1.8 m×22.8 m，深 14 m。

设备类型：轴流泵。

设备情况：共 6 台，全变频，近期旱季时 3 用 3 备，雨季时 5 用 1 备；远期旱季时 4 用 2 备。

水泵参数：工作范围 $H=5.0\sim7.0$ m，效率 $\eta\geqslant75\%$，功率 $N=160$ kW。

设计工况点：$Q=1.35$ m³/s，$H=5.5$ m。

控制方式：根据集水池水位由 PLC 自动控制水泵的开停，根据累计运行时间自动轮值，同时可设手动控制。6 台水泵均配置变频器，按变频、恒水位方式控制运行，以节省能耗。

各泵出水管经出水井汇入细格栅前的渠道，沙湖泵站提升的污水经压力管道直接汇入细格栅前的渠道。

3. 细格栅间

细格栅间位于综合预处理构筑物内，土建及设备按流量 9.8 m³/s 设计，设备按设计流量安装。

功能：进一步去除污水中较大漂浮物，如丝状、带状漂浮物，并拦截直径大于 5 mm 的杂物。

平面尺寸：15.2 m×18.4 m。

数量：1 座，渠道 6 条。

主要设备：内进流孔板式格栅除污机 8 台。

设备参数：设备宽 2 000 mm，渠宽 2 200 mm，栅前水深 2 000 mm，网孔直径 6 mm，格栅长度 1 500 mm，功率 $N=3.0$ kW。

运行方式：根据栅前栅后液位差，由 PLC 控制格栅间隙运行，同时设有定时和手动控制。

栅渣处理：栅渣送至栅渣压实机，经压实后外运，进行卫生填埋。为减少栅渣恶臭对地下室环境的影响，要求垃圾箱密封。

4. 曝气沉砂池

曝气沉砂池位于综合预处理构筑物内，土建及设备按流量 9.8 m^3/s 进行设计，设备按设计流量安装。

功能：有效去除污水中粒径≥0.2 mm 的无机砂粒及油脂，保护后续管渠、污水处理设备、排水深隧及末端提升泵的安全运行。

平面尺寸：37.95 m×26.9 m

数量：1 座，渠道 4 条。

设计参数：池宽 5 400 mm 池长 30 000 mm。

有效水深：H=3 850 mm。

水平流速：V=0.07～0.12 m/s。

停留时间：T=5.0～7.25 min。

设备类型：水平排砂螺杆 4 套；刮渣器 4 套；罗茨鼓风机 5 台。

运行方式：由 PLC 控制桥式除砂机运行，同时设有定时和手动控制。

沉砂处置：经螺旋式砂水分离器处理后，分离后的泥砂外运，进行卫生填埋。

5. 精细格栅间

精细格栅间位于综合预处理构筑物内，土建及设备按流量 9.8 m^3/s 进行设计并安装。

功能：进一步去除污水中较大漂浮物，如丝状、带状漂浮物，并拦截直径大于 3 mm 的杂物。

平面尺寸：15 m×24.4 m。

数量：1 座，渠道 9 条。

主要设备：内进流孔板式格栅除污机 8 台。

设备参数：渠宽 2 000 mm，栅前水深 2 500 mm，网孔直径 3 mm，格栅长度 1 500 mm，功率 N=3.0 kW。

运行方式：根据栅前栅后液位差，由 PLC 控制格栅间隙运行，同时设有定时和手动控制。

栅渣处理：栅渣送至栅渣压实机，经压实后外运，进行卫生填埋。为减少栅渣恶臭对地下室环境的影响，要求垃圾箱密封。

6. 溢流泵房

溢流泵房位于综合预处理构筑物内，土建及设备按流量 4.05 m^3/s 进行设计，设备按设计流量安装。

功能：近期雨季超过二郎庙入流竖井控制规模的合流污水经预处理站后抽排至沙湖港，远期进入雨水深隧。

平面尺寸：24.6 m×6.5 m。

数量：1 座。

主要设备：轴流泵 3 台。

水泵参数：工作范围 $H=6.5\sim7.5$ m，效率 $\eta\geq75\%$，功率 $N=160$ kW；设计工况点 $Q=1.35$ m^3/s，$H=6.5$ m。

控制方式：根据集水池水位由 PLC 自动控制水泵的开停，同时可设手动控制。

7. 流量计井

功能：对预处理站出水进行计量。

平面尺寸：4.0 m×6.4 m。

数量：流量计井 1 座。

主要设备：DN1 800 mm 电磁流量计 2 套；DN1 800 mm 双法兰限位伸缩接头，2 套。

8. 入流竖井

功能：将预处理站出水消能后排入深层排水隧道。

结构形式：全地下式钢筋混凝土结构。

数量：1 座。

尺寸：根据模型计算得，进水渠道断面尺寸为 3.0 m×2.8 m；入流竖井内径 $\phi10.0$ m，深 31.4 m，入流筒直径 $\phi2.0$ m。

主要设备：潜水排污泵 1 台，$Q=10$ m^3/h，$H=12.5$ m，$N=1$ kW。

消能方式：采用涡流入流消能方式。

通风排气：竖井顶部设有 4 处 $\phi0.2$ m 通风管，与外界大气相通。

9. 箱涵结合井

功能：控制预处理站出水进入污水深隧或规划雨水深隧。

结构形式：全地下式钢筋混凝土结构。

平面尺寸：5.8 m×7.0 m。

数量：1 座。

主要设备：设备尺寸 3 000 mm×2 800 mm，手、电两用附壁闸 2 套，DN1 600 mm 手电两用附壁闸 2 套。

14.2.4　落步咀预处理站设计

落步咀污水预处理站主要构建筑物包括：综合预处理构筑物（粗格栅间、提升泵间、细格栅间、曝气沉砂池、精细格栅间、溢流泵房、流量计井、除臭设施）、箱涵结合井、入流箱涵、入流竖井、综合管理楼等。综合预处理构筑物为全地下式。

1. 粗格栅间

粗格栅间位于综合预处理构筑物内，土建及设备按流量 5.72 m³/s 进行设计，设备按设计流量安装。

功能：去除污水中较大漂浮物，并拦截直径大于 20 mm 的杂物以保护后续水泵的正常运行。

平面尺寸：14.5 m×8.0 m。

数量：1 座，渠道数 4 条。

主要设备：钢丝绳牵引式格栅除污机 4 台，皮带输送机 1 台。

明杆式镶铜铸铁方闸门 5 台。

栅渣处理：栅渣送至栅渣压榨机，经压实后外运，进行卫生填埋。为保证站区环境，格栅凸出地面部分用 2 个玻璃钢构加盖密封。

2. 提升泵房

提升泵房土建及设备按流量 5.72 m³/s 进行设计，设备按设计流量安装。

功能：对地区汇入的污水进行提升，以满足预处理站的水力流程的要求，各泵出水管经出水井汇入细格栅前的渠道。

结构形式：全地下式钢筋混凝土结构。

数量：1 座。

尺寸：45.0 m×18.2 m，深 12.4 m。

主要设备：潜水排污泵，6 台；水泵工作范围 $H=7\sim9$ m，效率 $\eta\geqslant75\%$；设计工况 $Q=1\,150$ m³/h，$H=8.0$ m，$N=155$ kW，全变频；近期开启 3 台；远期开启 5 台（控制方式：根据集水池水位由 PLC 自动控制水泵的开停，根据累计运行时间自动轮值，同时可设手动控制。6 台水泵均按变频、恒水位方式控制运行，以节省能耗）；MD1 型电动葫芦 1 台。各泵出水管经出水井汇入细格栅前的渠道。

3. 细格栅间

细格栅间位于综合预处理构筑物内，土建及设备按流量 5.72 m³/s 设计，设备按设计流量安装。

功能：进一步去除污水中较大漂浮物，如丝状、带状漂浮物，并拦截直径大于 6 mm 的杂物。

平面尺寸：17.5 m×18.1 m。

数量：1 座，渠道数 6 条。

主要设备：内进流孔板式格栅除污机 6 台，含配套流渣管槽 1 套；栅渣压榨机 2 台，手、电两用渠道闸 6 套。

栅渣处理：栅渣经栅渣压榨机压实后外运，进行卫生填埋。

4. 曝气沉砂池

曝气沉砂池土建及设备按流量 5.72 m³/s 进行设计，设备按设计流量安装。

功能：去除污水中粒径≥0.2 mm 的无机砂粒，保护后续管渠、污水处理设备、排水深隧及末端提升泵的安全运行。

平面尺寸：30.4 m×21.3 m。

数量：1 座，分四格。

设计参数：单格池宽 $B=4\,700$ mm，池长 $L=30\,400$ mm，有效水深 $H=3\,200$ mm，水平流速 $V=0.07\sim0.12$ m/s。

主要设备：水平排砂螺杆 4 台；砂水分离器 2 台；刮渣器 4 套；栅渣压榨机 1 台；明杆式镶铜铸铁方闸门 8 台；潜水砂泵 8 台。

运行方式：由 PLC 控制螺杆及排砂泵运行，同时设有定时和手动控制，浮渣通过刮板排入输砂槽，与沉砂一并处理。

沉砂处置：沉砂经螺旋式砂水分离器处理后，分离后的泥砂外运，进行卫生填埋。

5. 精细格栅间

精细格栅间土建及设备按远期流量 5.72 m³/s 进行设计并安装。

功能：进一步去除污水中较大漂浮物，如丝状、带状漂浮物，并拦截直径大于 3 mm 的杂物。

平面尺寸：13.15 m×21.3 m。

数量：1 座，渠道数 7 条（一条超越渠）。

主要设备：内进流孔板式格栅除污机 6 台，配套流渣管槽 1 套；栅渣压榨机 2 台，手、电两用渠道闸 13 套，明杆式镶铜铸铁方闸门 4 台。

栅渣处理：栅渣经栅渣压榨机压实后外运，进行卫生填埋。

6. 溢流泵房

功能：近期雨季超过落步咀入流竖井控制规模的污水经提升溢流入沙湖港。

平面尺寸：5.75 m×14.5 m。

数量：1 座。

主要设备：潜水排污泵 4 台（3 用 1 仓库备），水泵 $H=14.5\sim16.5$ m、$\eta\geqslant75\%$；设计工况 $Q=1\,100$ m³/h，$H=14.5$ m，$N=230$ kW；MD1 型电动葫芦 1 台。

7. 反冲洗水池

功能：储存内进流孔板式格栅除污机反冲洗用水。

数量：1 座，分为两格。

尺寸：3.0 m×30.05 m，深 3.55 m，有效水深 3.40 m。

主要设备：冲洗系统有 2 套，1 套供细格栅反冲洗，冲洗水泵 3 台，$Q=20$ m³/h，$H=60$ m，$N=7.5$ kW；稳压管 1 个；另 1 套供精细格栅反冲洗，冲洗水泵 3 台，$Q=32$ m³/h，$H=60$ m，$N=11$ kW，稳压管 1 个。

8. 曝气设施

功能：预处理构筑物地下空间内放置曝气风机输送空气至曝气沉砂池。

主要设备：罗茨风机 $Q=36.6\ \mathrm{m^3/min}$、$P=39.2\ \mathrm{kPa}$、$N=37\ \mathrm{kW}$，5 台（4 用 1 备），带变频器。

9. 电磁流量计井

功能：对预处理站进入入流竖井水量进行计量。

结构形式：全地下式钢筋混凝土结构。

平面尺寸：$3.4\ \mathrm{m}\times7.1\ \mathrm{m}$。

数量：1 座。

主要设备：DN1 500 mm 电磁流量计 2 台，双法兰限位伸缩接头 2 台。

10. 汇流井

功能：污水入流深隧接口。

结构形式：全地下式钢筋混凝土结构。

数量：1 座。

平面尺寸：$5.5\ \mathrm{m}\times4.6\ \mathrm{m}$。

11. 入流竖井

功能：将预处理站出水消能后排入深层排水隧道。

结构形式：全地下式钢筋混凝土结构。

数量：1 座。

根据模型计算得，进水渠道长 9.6 m，断面尺寸 $B\times H=3.25\times3.75\ \mathrm{m}$；入流竖井内径 $\phi6.0\ \mathrm{m}$，深 24.6 m，入流筒直径 $\phi1.0\ \mathrm{m}$。

主要设备：潜水排污泵 1 台。

消能方式：采用涡流入流消能方式。

通风排气：竖井顶部设有 2 处 $\phi0.2\ \mathrm{m}$ 通风管，与外界大气相通。

12. 溢流管阀门井

功能：控制溢流泵房出水管的启闭。

结构形式：全地下式砖砌结构。

平面尺寸：$15.2\ \mathrm{m}\times3.7\ \mathrm{m}$。

数量：1 座。

主要设备：手、电两用 DN1 000mm 蝶阀 4 套。

13. 阀门井

功能：控制溢流管道污水进入深隧管道的启闭。

结构形式：全地下式钢筋混凝土结构。

平面尺寸：3.8 m×2.2 m。

数量：1 座。

主要设备：手、电两用 DN1 600 mm 蝶阀 1 套。

14.2.5　武东预处理站设计

武东污水预处理站主要构建筑物包括：粗格栅间及提升泵房、综合预处理构筑物（细格栅间、曝气沉砂池、精细格栅间、溢流泵房、溢流水池、除臭设施）、球阀井、电磁流量计井、入流箱涵、入流竖井、事故排放井、阀门井、引水阀门井、综合管理楼等。武东预处理站构筑物为全地下式，粗格栅及进水泵房合建，精细格栅间、曝气沉砂池、事故排放井、溢流泵房、溢流水池等合建。

1. 粗格栅间

粗格栅间土建及设备按流量 2.4 m³/s 进行设计，设备按设计流量安装，与提升泵房合建。

功能：去除污水中较大漂浮物，并拦截直径大于 20 mm 的杂物以保护后续水泵的正常运行。

平面尺寸：5.6 m×14.4 m。

数量：1 座，渠道数 2 条。

主要设备：钢丝绳牵引式格栅除污机 2 台，栅渣输送机 1 台（自带密封）；明杆式镶铜铸铁方闸门 3 台。

栅渣处理：栅渣送至栅渣压榨机，经压实后外运，进行卫生填埋。为保证站区环境，粗格栅及垃圾箱采用"304 不锈钢支撑＋钢化玻璃"密封，粗格栅密封罩尺寸为 $B×L×H=$ 7 400 mm×6 000 mm×3 500 mm，垃圾箱密封罩尺寸为 $B×L×H=$ 3 000 mm×3 000 mm× 2 500 mm。

2. 提升泵房

提升泵房土建及设备按流量 2.4 m³/s 进行设计，设备按设计流量安装。

功能：对地区汇入的污水进行提升，以满足预处理站的水力流程的要求，各泵出水管经出水井汇入细格栅前的渠道。

结构形式：全地下式钢筋混凝土结构。

数量：1 座。

尺寸：17.1 m×9.2 m，深 12.9 m。

主要设备：潜水排污泵，共 6 台，水泵运行范围为 $Q=1 200～2 000$ m³/h、$H=6～10$ m，设计工况 $Q=1 870$ m³/h，$H=7$ m，$N=45$ kW，2 台变频；近期旱季开启 1 台，雨季 6 台全开；远期，开启 2 台（控制方式：根据集水池水位由 PLC 自动控制水泵的开停，根据累计运行时间自动轮值，同时可设手动控制，配置变频器的水泵，按变频、恒水位方式控制运行，以节省能耗）；MD1 型电动葫芦 1 台；明杆式镶铜铸铁方闸门 4 台。

3. 细格栅间

细格栅间位于综合预处理构筑物内，土建及设备按流量 2.4 m³/s 设计，设备按设计流量安装。

功能：进一步去除污水中较大漂浮物，如丝状、带状漂浮物，并拦截直径大于 6 mm 的杂物。

平面尺寸：12.8 m×10.3 m。

数量：1 座，渠道数 4 条。

主要设备：内进流孔板式格栅除污机 4 台，含配套流渣管槽 1 套；栅渣压榨机 2 台，手、电两用渠道闸 4 套。

栅渣处理：栅渣经栅渣压榨机压实后外运，进行卫生填埋。

4. 曝气沉砂池

曝气沉砂池土建及设备按流量 2.4 m³/s 进行设计，设备按设计流量安装。

功能：去除污水中粒径≥0.2 mm 的无机砂粒，保护后续管渠、污水处理设备、排水深隧及末端提升泵的安全运行。

平面尺寸：26.3 m×9.4 m。

数量：1 座，分 2 格。

设计参数：单格池宽 $B=4\,450$ mm，池长 $L=22\,100$ mm，有效水深 $H=3\,300$ mm，水平流速 $V=0.027\sim0.082$ m/s。

主要设备：水平排砂螺杆 2 台，配套 U 型槽 4 套；砂水分离器 2 台；刮渣器 2 套；栅渣压榨机 1 台；明杆式镶铜铸铁方闸门 4 台；潜水砂泵 4 台。

运行方式：由 PLC 控制螺杆及排砂泵运行，同时设有定时和手动控制，浮渣通过刮板排入输砂槽，与沉砂一并处理。

沉砂处置：沉砂经螺旋式砂水分离器处理后，分离后的泥沙外运，进行卫生填埋。

5. 精细格栅间

精细格栅间土建及设备按近期雨季流量 2.4 m³/s 进行设计并安装。

功能：进一步去除污水中较大漂浮物，如丝状、带状漂浮物，并拦截直径大于 3 mm 的杂物。

平面尺寸：18.2 m×12.7 m。

数量：1 座，渠道数 5 条（1 条超越渠）。

主要设备：内进流孔板式格栅除污机 4 台，配套流渣管槽 1 套；栅渣压榨机 2 台，手、电两用渠道闸 4 套，明杆式镶铜铸铁圆闸门 3 台，明杆式镶铜铸铁方闸门 1 台。

栅渣处理：栅渣经栅渣压榨机压实后外运，进行卫生填埋。

6. 溢流泵房

功能：近期雨季超过武东入流竖井控制规模的污水经提升溢流入严西湖，远期进入雨水深隧。

平面尺寸：10.7 m×8.1 m。

数量：1座。

主要设备：潜水排污泵4台，3用1仓库备，水泵运行范围为 $Q=1\,500\sim3\,000$ m³/h、$H=4\sim9$ m；设计工况 $Q=2\,260$ m³/h、$H=5$ m、$N=60$ kW；MD1型电动葫芦1台。

7. 溢流水池

平面尺寸：5 m×8.5 m 。

数量：1座。

8. 反冲洗水池

功能：储存内进流孔板式格栅除污机反冲洗用水。

数量：1座，分为两格。

尺寸：17.85 m×3.3 m，深5.8 m，有效水深5.6 m。

主要设备：冲洗水泵3台，$Q=36$ m³/h，$H=72$ m，$N=15$kW，近期旱季平均时1用2备，雨季全开，远期2用1备；稳压罐1个。

9. 曝气设施

功能：预处理构筑物地下空间内放置曝气风机输送空气至曝气沉砂池。

主要设备：罗茨风机 $Q=15$ m³/min、$H=0.045$ MPa、$N=37$ kW，3台（两用一备），带变频器。

10. 球阀井

功能：控制曝气沉砂池至入流竖井的管道启闭。

结构形式：全地下式钢筋混凝土结构。

平面尺寸：3.2 m×4.6 m。

数量：1座。

主要设备：手、电两用偏心半球阀2台，双法兰限位伸缩接头2台。

11. 电磁流量计井

功能：对预处理站进入入流竖井水量进行计量。

结构形式：全地下式钢筋混凝土结构。

平面尺寸：3.2 m×4.6 m。

数量：1座。

主要设备：电磁流量计2台，双法兰限位伸缩接头2台，配固定排水泵1台。

12. 入流箱涵

功能：污水入流并预留远期雨水深隧接口。

结构形式：全地下式钢筋混凝土结构。

数量：1 座。

尺寸：3.5 m×22.4 m，深 8.3 m。

13. 入流竖井

功能：将预处理站出水消能后排入深层排水隧道。

结构形式：全地下式钢筋混凝土结构。

数量：1 座。

尺寸：根据模型计算得，进水渠道长 20 m，断面尺寸 1.5 m×1.5 m；入流竖井内径 $\phi9.0$ m，深 35.0 m，入流筒直径 $\phi1.5$ m。

主要设备：潜水排污泵 1 台。

消能方式：采用涡流入流消能方式。

14. 事故排放井

功能：预处理设施发生事故无法正常运行时，从前端应急排放。

结构形式：全地下式钢筋混凝土结构。

平面尺寸：2.6 m×3.1 m。

数量：1 座。

主要设备：明杆式镶铜铸铁圆闸门 1 台。

15. 阀门井

功能：控制连接污水入流箱涵进入雨水深隧管道的启闭。

结构形式：全地下式钢筋混凝土结构。

平面尺寸：3.4 m×3.2 m。

数量：1 座。

主要设备：手、电两用偏心半球阀 1 台。

16. 引水阀门井

功能：隧道淤积时由严西湖引水加大进水量进行冲洗。

结构形式：全地下式钢筋混凝土结构。

平面尺寸：3.4 m×3.2 m。

数量：1 座。

主要设备：手、电两用偏心半球阀 1 台。

预处理站结构设计主要包括：二郎庙污水预处理站、武东污水预处理站和落步咀污水预处理站。预处理站结构设计内容主要包含预处理站综合构筑物、综合管理楼、入流竖井和站外进水管道等。

14.3 结 构 设 计

14.3.1 主要荷载

（1）基本雪压：$S=0.50$ kN/m²；基本风压：$W=0.35$ kN/m²；地面粗糙度为 B 类。

（2）活荷载标准值：地面堆载为 10 kN/m²；种植屋面为 3.0 kN/m²，不上人的屋面为 0.7 kN/m²，楼梯、走廊、门厅为 3.5 kN/m²，厨房、卫生间、阳台为 2.5 kN/m²，中控室、分控室为 5.0 kN/m²，餐厅为 4.0 kN/m²，加压送风机房为 7.0 kN/m²，其余未特别说明的楼面等均为 2.0 kN/m²，二次装修荷载按 1.0 kN/m² 考虑，种植墙面荷载按 1.0 kN/m² 考虑，栏杆水平荷载取 1.0 kN/m，竖向荷载取 1.2 kN/m，水平荷载与竖向荷载分别考虑，综合预处理构筑物坡道及室内底板车荷载为汽车-10 级。

（3）施工和检修荷载：屋面板、挑檐、悬挑雨篷和预制小梁的施工或检修集中荷载标准值 1.0kN，并在最不利位置处进行验算；计算挑檐、悬挑雨篷的承载力时沿板宽每隔 1.0 m 取 1 个集中荷载；在验算挑檐、悬挑雨篷的倾覆时沿板宽每隔 2.5 m 取 1 个集中荷载。

（4）设备、工具等根据设备的实际重量确定荷载。

（5）种植屋面、种植平台覆土厚度不得大于 200 mm，种植屋面永久荷载为 8.0 kN/m²。

（6）道路荷载：厂区内道路采用支道标准，路面设计轴载为 BZZ-100 kN；厂区外道路为城-A 级（公路-I 级）。

14.3.2 二郎庙污水预处理站结构设计

1. 综合预处理构筑物

二郎庙污水预处理站综合构筑物内包含：粗格栅间、提升泵房、细格栅间、曝气沉砂池、溢流泵房、流量计井及检修区域等。二郎庙污水预处理站综合构筑物结构平面图如图 14-3-1 所示，平面尺寸为 105 m×45.8 m 的地下钢筋混凝土结构，顶板顶高程 22.200 m，采用梁板体系，板厚 0.3 m，梁高 0.5～1.2 m，梁宽 0.3～0.5 m；中板顶高程 18.350～17.900 m，采用梁板体系，板厚 0.15 m，梁高 0.4～0.8 m，梁宽 0.3～0.5 m；底板顶高程 11.700～16.000 m，板厚 0.8～0.9 m；侧墙厚 0.6～0.7 m。

主要设计标准如下。

（1）结构（含基础）安全等级为二级，重要性系数取 1.0，设计使用年限为 50 年。

（2）地基基础设计等级为乙级。

（3）抗震设防烈度为 6 度，综合预处理构筑物抗震设防类别为乙类，框架结构抗震等级为三级，按 7 度采取抗震措施。其他构筑物抗震设防类别均为丙类，框架结构抗震等级为四级。设计基本地震加速度值为 0.05g，设计地震分组为第一组，本工程场地类别为 II 类，特征周期为 0.35 s，水平地震影响系数最大值 α_{max} 为 0.04。

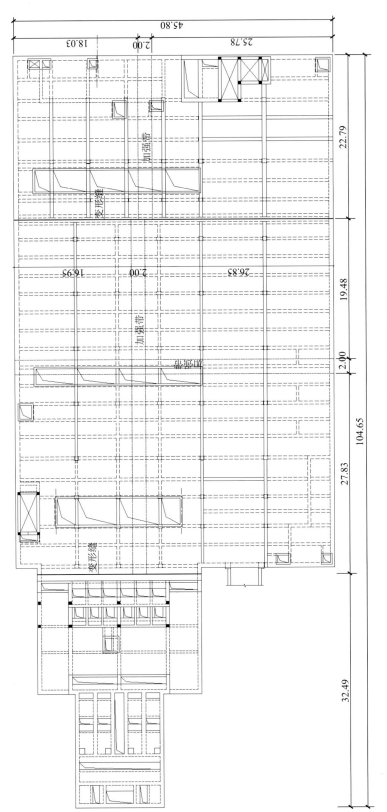

图14-3-1 二郎庙污水预处理站综合构筑物结构平面图（单位：m）

（4）场地地下水设计水位取设计地面标高；构筑物抗浮稳定系数不低于 1.05，管道不低于为 1.1；综合预处理构筑物结构自重不满足抗浮要求，采用直径 800 mm 的灌注桩抗浮。

（5）屋面钢筋混凝土环境为二 a 类，地下部分为二 b 类，其余为一类。

（6）钢筋混凝土构筑物构件的最大裂缝宽度限值 w_{max}：环境类别二 a 类取 0.2 mm，环境类别一类取 0.3 mm。

（7）砌体施工质量控制等级为 B 级。

（8）综合预处理构筑物防水标准为二级。

综合预处理构筑物内部与水接触的面及 18.350 m 和 17.900 m 高程板底均采用复合防腐防水涂料喷涂或涂刷；部分在运行过程中无法检修的区域，在施工复合防腐防水涂料之前需补充喷涂或涂刷 1.5 mm 水泥基渗透结晶型防腐涂料。涂料施工前应先清除池体内表面的浮灰及污物，基层表面的气孔、凸凹不平、蜂窝、缝隙、起砂等，应修补处理，基面必须干净、无浮浆、无水珠、不渗水。基层阴阳角应做成圆弧形，阴角直径宜大于 50 mm，阳角直径宜大于 10 mm。干膜厚 0.8～1 mm，涂料用量 1.6～2 kg/m²。涂料的配制及施工，必须严格按涂料的技术要求进行。喷涂处理应在试水合格后进行。

变形缝设计及防水处理：综合预处理构筑物水平向设置两道变形缝。综合预处理构筑物防水标准为二级，结构防水应遵行"以防为主，刚柔结合，多道设防，因地制宜，综合治理"的原则，结构不得有漏水，结构表面可有少量的、偶见的湿渍。外防水全包防水，底板、侧墙、顶板均铺设单面自粘式防水卷材。

2. 入流竖井

入流竖井平面上为内净空 10 m、深 32 m 的圆形钢筋混凝土结构，侧墙厚度 0.6～1.0 m，底板厚度 1.0 m，井内回填素混凝土强度等级为 C25，结构图如图 14-3-2 所示。

主要设计标准与综合预处理构筑物一致。

入流竖井采用复合防腐防水涂料喷涂或涂刷，因其在运行过程中无法检修，在施工复合防腐防水涂料之前需补充喷涂或涂刷 1.5 mm 水泥基渗透结晶型防腐涂料。

14.3.3　武东污水预处理站结构设计

1. 粗格栅及提升泵房

武东污水预处理站粗格栅及提升泵房平面上呈"品"字形地下钢筋混凝土水池结构，平面尺寸为 23×17.1 m，深 10.6～13.05 m，顶板顶高程 24.800 m，采用梁板体系，板厚 0.15 m，梁高 0.5～1.5 m，梁宽 0.3～0.5 m；底板顶高程 11.750～14.200 m，板厚 0.6～0.8 m；侧墙厚 0.5～0.6 m，结构图如图 14-3-3 所示。

主要设计标准如下。

（1）结构（含基础）安全等级为二级，重要性系数取 1.0，设计使用年限为 50 年。

（2）地基基础设计等级为乙级。

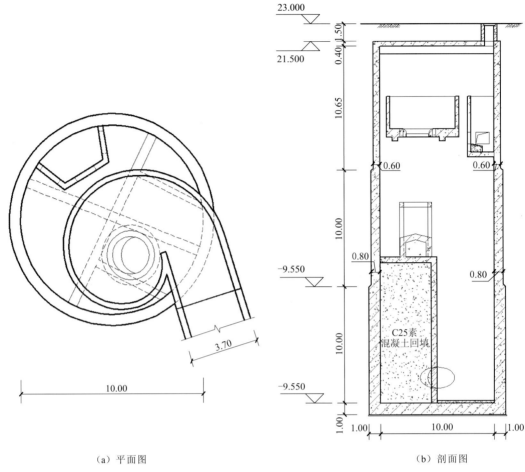

（a）平面图　　　　　　　　　　　　（b）剖面图

图 14-3-2　二郎庙污水预处理站入流竖井结构图（单位：m）

（3）抗震设防烈度为 6 度，综合预处理构筑物抗震设防类别为乙类，框架结构抗震等级为三级，按 7 度采取抗震措施。其他构筑物抗震设防类别均为丙类，框架结构抗震等级为四级。设计基本地震加速度值为 0.05g，设计地震分组为第一组，本工程场地类别为 II 类，特征周期为 0.35 s，水平地震影响系数最大值 α_{max} 为 0.04。

（4）场地地下水设计水位取设计地面标高；构筑物抗浮稳定系数不低于 1.05，管道不低于为 1.1；综合预处理构筑物结构自重不满足抗浮要求，采用直径 800 mm 的灌注桩抗浮。

（5）屋面钢筋混凝土环境为二 a 类，地下部分为二 b 类，其余为一类。

（6）钢筋混凝土构筑物构件的最大裂缝宽度限值 w_{max}：环境类别二 a 类取 0.2 mm，环境类别一类取 0.3 mm。

（7）砌体施工质量控制等级为 B 级。

（8）综合预处理构筑物防水标准为二级。

粗格栅及提升泵房内部与水接触面均采用复合防腐防水涂料喷涂或涂刷；部分区域在运行过程中无法检修，在施工复合防腐防水涂料之前需补充喷涂或涂刷 1.5 mm 水泥基渗透结晶型防腐涂料。涂料施工前应先清除池体内表面的浮灰及污物，基层表面的气孔、

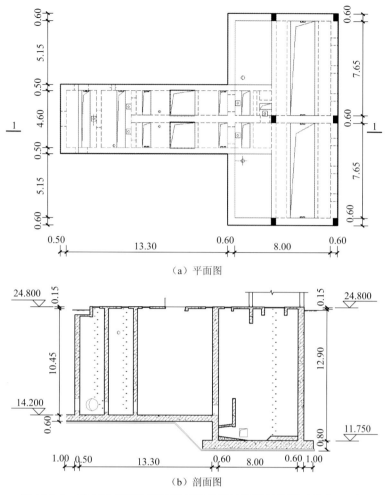

（a）平面图

（b）剖面图

图 14-3-3 武东污水预处理站粗格栅及提升泵房结构图（单位：m）

凸凹不平、蜂窝、缝隙、起砂等，应修补处理，基面必须干净、无浮浆、无水珠、不渗水。基层阴阳角应做成圆弧形，阴角直径宜大于 50 mm，阳角直径宜大于 10 mm。干膜厚 0.8～1 mm，涂料用量 1.6～2 kg/m²。涂料的配制及施工，必须严格按涂料的技术要求进行。喷涂处理应在试水合格后进行。

2. 综合预处理构筑物

武东污水预处理站综合构筑物内包含：细格栅间、曝气沉砂池、溢流泵房、流量计井及检修区域等。平面尺寸为 56.3 m×36.5 m，地下钢筋混凝土结构。顶板顶高程 24.650 m，采用梁板体系，板厚 0.25 m，梁高 0.5～1.2 m，梁宽 0.3～0.5 m；中板顶高程 21.050～20.800 m，采用梁板体系，板厚 0.15 m，梁高 0.4～0.8 m，梁宽 0.3～0.5 m；底板顶高程 15.000～18.800 m，板厚 0.8 m；侧墙厚 0.6 m。结构图如图 14-3-4 所示。

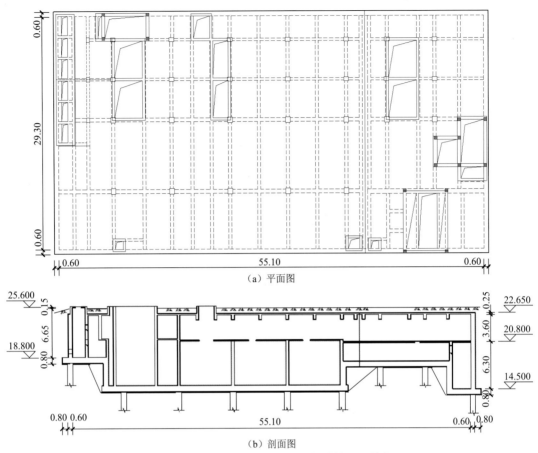

（a）平面图

（b）剖面图

图 14-3-4　武东污水预处理站综合构筑物结构图（单位：m）

综合预处理构筑物内部与水接触面及 21.250 m、21.050 m、20.800 m 高程板底均采用复合防腐防水涂料喷涂或涂刷；部分区域在运行过程中无法检修，在施工复合防腐防水涂料之前需补充喷涂或涂刷 1.5 mm 水泥基渗透结晶型防腐涂料。涂料施工前应先清除池体内表面的浮灰及污物，基层表面的气孔、凹凸不平、蜂窝、缝隙、起砂等，应修补处理，基面必须干净、无浮浆、无水珠、不渗水。基层阴阳角应做成圆弧形，阴角直径宜大于 50 mm，阳角直径宜大于 10 mm。干膜厚 0.8～1 mm，涂料用量 1.6～2 kg/m^2。涂料的配制及施工，必须严格按涂料的技术要求进行。喷涂处理应在试水合格后进行。

变形缝设计及防水处理：综合预处理构筑物设置一道变形缝。综合预处理构筑物防水标准为二级，结构防水应遵行"以防为主，刚柔结合，多道设防，因地制宜，综合治理"的原则，结构不得有漏水，结构表面可有少量的、偶见的湿渍。外防水全包防水，底板、侧墙、顶板均铺设单面自黏式防水卷材。

3. 入流竖井

入流竖井平面上为内净空 9 m、深 35.85 m 的圆形钢筋混凝土结构，侧墙厚度 0.6～1.0 m，底板厚度 1.0 m，井内回填素混凝土强度等级为 C25，如图 14-3-5 所示。

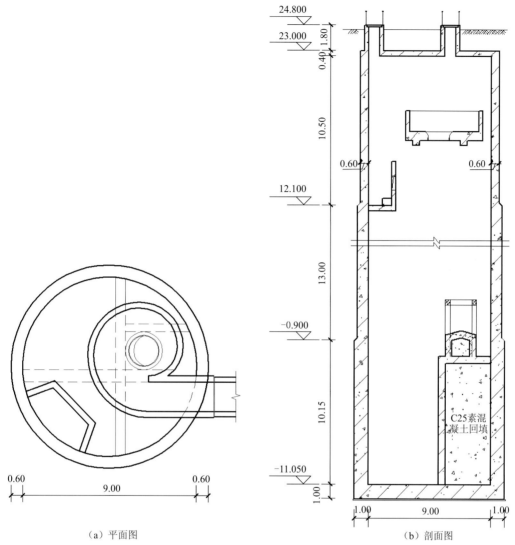

（a）平面图　　　　　　　　　　　　（b）剖面图

图 14-3-5　武东污水预处理站入流竖井结构图（单位：m）

主要设计标准与综合预处理构筑物一致。

入流竖井采用复合防腐防水涂料喷涂或涂刷，因其在运行过程中无法检修，在施工复合防腐防水涂料之前需补充喷涂或涂刷 1.5 mm 水泥基渗透结晶型防腐涂料。

14.3.4　落步咀污水预处理站结构设计

1. 综合预处理构筑物

落步咀污水预处理站综合构筑物内包含：粗格栅间、提升泵房、细格栅间、曝气沉砂池、溢流泵房、流量计井及检修区域等。平面尺寸为 96.25 m×43 m，地下钢筋混凝土结构。顶板顶高程 23.650 m～24.600 m，采用梁板体系，板厚 0.25 m，梁高 0.5～1.2 m，梁宽 0.3～0.5 m；中板顶高程 19.800 m，采用梁板体系，板厚 0.15 m，梁高 0.4～0.8 m，梁宽 0.3～0.5 m；底板顶高程 11.000～16.000 m，板厚 0.8～0.9 m；侧墙厚 0.6～0.7 m，如图 14-3-6 所示。

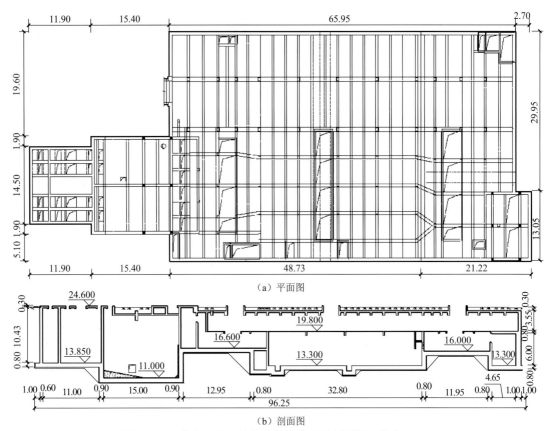

（a）平面图

（b）剖面图

图 14-3-6　落步咀处理站综合构筑物结构剖面图（单位：m）

主要设计标准如下。

（1）结构（含基础）安全等级为二级，重要性系数取 1.0，设计使用年限为 50 年。

（2）地基基础设计等级为乙级。

（3）抗震设防烈度为 6 度，综合预处理构筑物抗震设防类别为乙类，框架结构抗震等级为三级，按 7 度采取抗震措施。其他构筑物抗震设防类别均为丙类，框架结构抗震等级为四级。设计基本地震加速度值为 0.05g，设计地震分组为第一组，本工程场地类别为 II 类，特征周期为 0.35 s，水平地震影响系数最大值 α_{max} 为 0.04。

（4）场地地下水设计水位取设计地面标高；构筑物抗浮稳定系数不低于 1.05，管道不低于为 1.1；综合预处理构筑物结构自重不满足抗浮要求，采用直径 800 mm 的灌注桩抗浮。

（5）屋面钢筋混凝土环境为二 a 类，地下部分为二 b 类，其余为一类。

（6）钢筋混凝土构筑物构件的最大裂缝宽度限值 w_{max}：环境类别二 a 类取 0.2 mm，环境类别一类取 0.3 mm。

（7）砌体施工质量控制等级为 B 级。

（8）综合预处理构筑物防水标准为二级。

综合预处理构筑物内部与水接触的面均采用复合防腐防水涂料喷涂或涂刷；部分在运行过程中无法检修的区域，在施工复合防腐防水涂料之前需补充喷涂或涂刷 1.5 mm 水泥基渗透结晶型防腐涂料。涂料施工前应先清除池体内表面的浮灰及污物，基层表面的气孔、凸凹不平、蜂窝、缝隙、起砂等，应修补处理，基面必须干净、无浮浆、无水珠、不渗水。基层阴阳角应做成圆弧形，阴角直径宜大于 50 mm，阳角直径宜大于 10 mm。干膜厚 0.8～1 mm，涂料用量 1.6～2 kg/m²。涂料的配制及施工，必须严格按涂料的技术要求进行。喷涂处理应在试水合格后进行。

变形缝设计及防水处理：综合预处理构筑物水平向设置两道变形缝。综合预处理构筑物防水标准为二级，结构防水应遵行"以防为主，刚柔结合，多道设防，因地制宜，综合治理"的原则，结构不得有漏水，结构表面可有少量的、偶见的湿渍。外防水全包防水，底板、侧墙、顶板均铺设单面自黏式防水卷材。

2. 入流竖井

入流竖井平面上为内净空 11 m、深 24.1 m 的圆形钢筋混凝土结构，侧墙厚度 1.0 m，底板厚度 1.0 m，井内回填素混凝土强度等级为 C25，如图 14-3-7 所示。

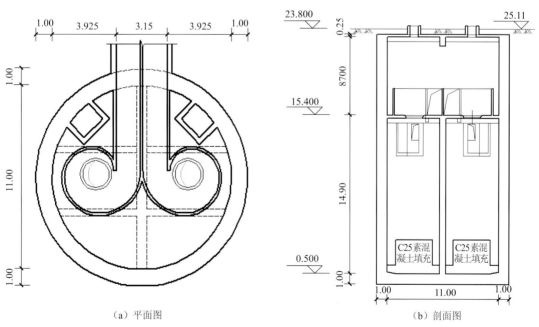

（a）平面图　　　　　　　　　　（b）剖面图

图 14-3-7　落步咀污水预处理站入流竖井结构图（单位：m）

主要设计标准与综合预处理构筑物一致。

入流竖井采用复合防腐防水涂料喷涂或涂刷，因其在运行过程中无法检修，在施工复合防腐防水涂料之前需补充喷涂或涂刷 1.5 mm 水泥基渗透结晶型防腐涂料。

14.4 基坑支护设计

14.4.1 设计原则和等级

本基坑支护设计的原则：在满足安全可靠的前提下，优化支护设计方案，努力做到技术可行、经济合理，并且兼顾工期、施工方便等方面的因素，尽可能将施工期间对周边环境的影响降到最小。

（1）根据基坑开挖深度、场地工程地质条件与水文地质条件及周边环境状况，按照湖北省地方标准《基坑工程技术规程》（DB 159—2012）判定综合预处理构筑物基坑工程重要性等级为一级，基坑设计等级为甲级，基坑设计使用年限 12 个月；箱涵、结合箱、车行通道及场区内排水管道沟槽基坑工程重要性等级为二级，基坑设计等级为乙级，基坑设计使用年限 12 个月。

（2）设计荷载：基坑施工期间，地面荷载取 20 kPa。房屋荷载按每层 18 kPa。

（3）基坑稳定性验算。被动区抗力安全系数：悬臂结构 $K_{tk} \geqslant 1.5$，一道支撑 $K_{tk} \geqslant 1.2$；两道以上支撑 $K_{tk} \geqslant 1.05$；放坡段抗滑稳定安全系数不小于 1.2。抗隆起安全系数：$K_{1q} \geqslant 1.8$。支护结构的设计水平位移允许值：一级基坑 $\delta \leqslant 40$ mm，二级基坑 $\delta \leqslant 60$ mm。

（4）计算软件：天汉 V2005.1 系列基坑工程辅助设计软件；理正结构设计工具箱软件 6.5PB1。

14.4.2 设计方案

本深隧工程基坑深度不大，周边环境较简单，因此，宜采用钻孔灌注桩+内支撑支护，同时外侧结合止水帷幕，维护结构形式如表 14-4-1 所示。

表 14-4-1 预处理站围护结构形式一览表

位置	基坑平面尺寸	基坑深度/m	围护结构	止水帷幕
沙湖污水预处理站	长度 17.6 m，宽度 7.0～14.4 m	11.6～12.4	灌注桩直径 1.0 m，桩间距 1.3 m，桩长 21.5 m	D650 mm 双轴水泥土搅拌桩止水
二郎庙污水预处理站	长度 107.7 m，宽度 15.8～48.8 m	5.95～13.17	灌注桩直径 1.0 m，桩间距 1.2 m，桩长 16～21 m	D850 mm 三轴水泥土搅拌桩止水
落步咀污水预处理站	长度 95.8 m，宽度 16.5～45 m	5.85～11.55	灌注桩直径 1.0 m，桩间距 1.2 m，桩长 11.7～20.55 m	桩间采用 D800 mm 旋喷桩止水
武东污水预处理站	长度 86.3 m，宽度 13.5～34.4 m	7.25～13.75	灌注桩直径 0.8～1.0 m，桩间距 1.1～1.3 m，桩长 16～26 m	桩间采用 D800 mm 旋喷桩止水
配套管网	3～9 m	3～10	拉森钢板桩	—

1. 沙湖处理站基坑支护设计方案

泵房基坑采用钻孔灌注桩排桩加两道内支撑进行支护，钻孔灌注桩直径 1.0 m，桩间距 1.3 m，长度 21.5 m。流量计井基坑采用 12 m 长拉森钢板桩加两道内支撑进行支护，桩间距 0.4 m。高位水池基坑采用 15 m 长拉森钢板桩加两道内支撑进行支护，桩间距 0.4 m。事故溢流井基坑采用 15 m 长拉森钢板桩加两道内支撑进行支护，桩间距 0.4 m。沙湖污水预处理站基坑支护结构图如图 14-4-1 所示。

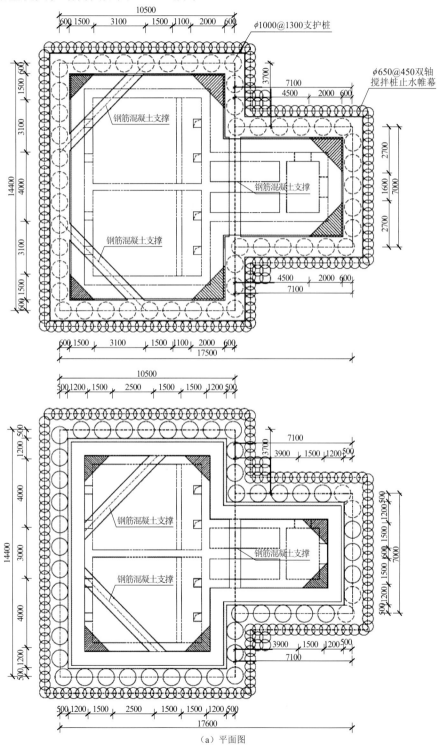

（a）平面图

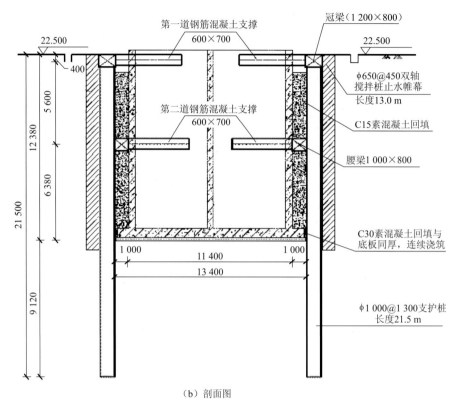

（b）剖面图

图 14-4-1　沙湖污水预处理站基坑支护结构图（单位：mm）

2. 二郎庙污水预处理站基坑支护设计方案

综合预处理构筑物为地下式现浇钢筋混凝土结构，采用明挖法施工。基坑长度 107.7 m，基坑宽度 15.8～48.8 m，基坑开挖深度 5.95～13.17 m。支护结构设计采用钻孔灌注桩加 1 道钢筋混凝土内支撑支护方式，灌注桩直径 1.0 m，桩间距 1.2 m，桩长 16～21 m。超越箱涵、入流箱涵基及结合箱坑长度约 55 m，基坑宽度 5.8～9.0 m，基坑深度 7.5～9.5 m。支护结构设计 15 m 长拉森钢板桩支护加 2 道 D426 mm×9 钢支撑支护。车行通道基坑长度约 25 m，基坑宽度 6.8 m，基坑深度 3.6 m。支护结构设计采用 9 m 长拉森钢板桩加 1 道钢支撑支护。二郎庙污水预处理站基坑支护结构图如图 14-4-2 所示。

3. 落步咀污水预处理站基坑支护设计方案

综合预处理站为地下现浇钢筋混凝土结构，采用明挖法施工。基坑长度 95.8 m，基坑宽度 16.5～45 m，基坑开挖深度 5.85～11.55 m。支护结构设计采用钻孔灌注桩加一道（局部两道）钢筋混凝土内支撑支护方式，灌注桩直径 1.0 m，桩间距 1.2 m，桩长 11.7～20.55 m。车行通道基坑长度约 40.4 m，基坑宽度 5.2 m，基坑深度 2～5.61 m。支护结构设计采用拉森钢板桩支护。落步咀污水预处理站基坑支护结构图如图 14-4-3 所示。

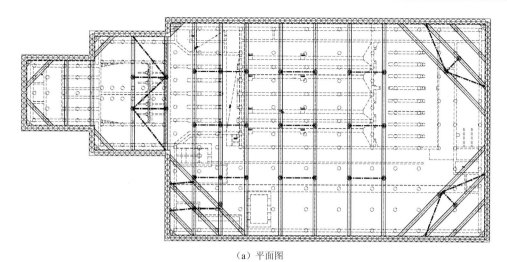

（a）平面图

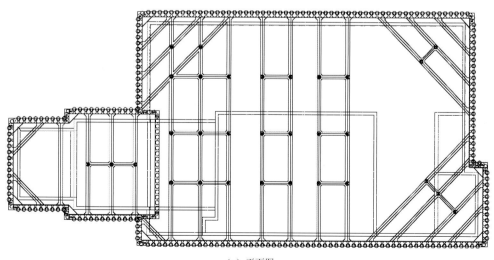

（b）剖面图

图 14-4-2　二郎庙污水预处理站基坑支护结构图（单位：m）

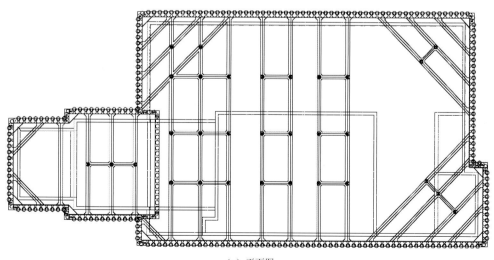

（a）平面图

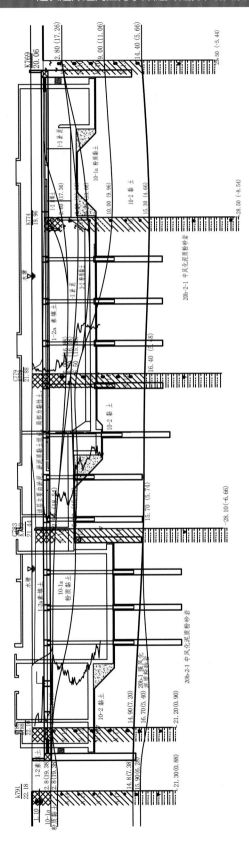

（b）剖面图

图 14-4-3　落步咀污水预处理站基坑支护剖面图

4. 武东污水预处理站基坑支护设计方案

粗格栅间与提升泵房、事故排放井、综合预处理构筑物均为地下室现浇钢筋混凝土结构，采用明挖法施工。基坑长度 86.3 m，宽度 13.5～34.4 m，基坑开挖深度 7.25～13.75 m，支护结构设计采用钻孔灌注桩加 1～2 道钢筋混凝土内支撑的支护方式，灌注桩直径 0.8～1.0 m，桩间距 1.1～1.3 m，桩长 16～26 m。消防水池等构筑物在预处理构筑物基坑实施完成后施工，采用 12 m 的拉森钢板桩进行支护，做法与管涵沟槽相同。入流竖井基坑为圆形，直径 11.4 m，基坑深度 36.65 m，采用钻孔灌注桩加九层钢筋混凝土环梁支护。支护桩采用直径 1.2 m@1.4 m 钻孔灌注桩，钻孔灌注桩深度 41.5 m，桩外侧采用 $\phi 800$ 高压旋喷桩止水帷幕。武东污水预处理站基坑支护结构图如图 14-4-4 所示。

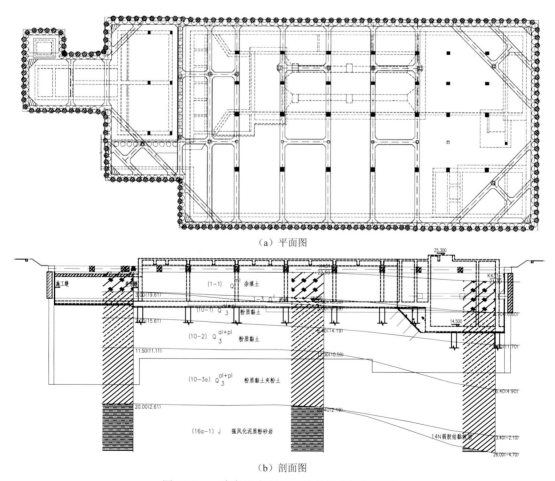

（a）平面图

（b）剖面图

图 14-4-4　武东污水预处理站基坑支护剖面图

第 **15** 章

深隧泵站设计

15.1　工　艺　设　计

15.1.1　总体布置

深隧泵房通过前段的汇水井承接大东湖核心区污水传输系统工程 DN3400 mm 深层隧道的污水后，经深隧泵房内的压力流道均匀配流至各个提升泵的进水管，通过提升泵提升污水至泵房出水池并最终进入污水处理厂的配水井，处理达标后经尾水箱涵及尾水泵站抽排入长江。

深隧泵房位于北湖污水处理厂南侧，临近腾飞大道，东侧为预留雨水深隧泵房用地，西侧为综合管理楼，北侧为二沉池。

同时在深隧泵房自南向北设置两条检修主通道，东西向设置日常维护通道，各个方向的进出道路与污水厂主干道连接，形成环形路网。

深隧泵房土建及设备安装均按规模 100×10^4 m³/d 进行设计，自下而上依次为水泵层、电机层、电缆层、地面一层（高压变频室、高低压配电室、设备夹层、资料室）、地面二层（中控室、活动室、会议室）等。

为了满足深隧泵房安全运行的要求，深隧泵房内设置了 6 台主泵，并分为 2 套可独立运行的系统，单侧流道各对应 3 台主泵，在进水流道的进水端设置 DN2400 mm 刀闸阀，用于两系统间的切换运行。

深隧泵房的前端设置汇水井，在汇水井的东侧，设置远期预留井尺寸为 8.0 m×8.0 m 1 座，实现与远期深隧泵房进水隧道的连通。出水池布置在泵房地面层外侧，并与北湖污水处理厂配水井通过尺寸为 4.5 m×2.8 m 的箱涵衔接。

北湖深隧泵房主体采用圆形结构断面，内径 39.0 m，主体构筑物地下部分深 46.35 m，地面以上部分高 27.80 m。隧道至泵站的水流为压力流，隧道进口底高程-20.65 m，泵站前池工况水位 2.3～8.6 m，出水池水位为 24.7 m，泵站主体构筑物地下深度为 46.35 m，提升高度为 16.1～22.4 m。隧道在泵站前端的汇水井处接入，汇水井不仅承接前端深隧来水，而且同时具有泵房前池的功能，汇水井通过管径为 DN2400 mm 两根主管连接至主泵配水流道，流道采用矩形渐变断面，流道侧向出水管径为 DN1400 mm，水流偏转角为 45°。主泵分两列斜对称布置，采用立式离心泵，4 用 2 备，此外，为排除流道及汇水井内的积水，进水流道末端各设 1 台排空泵排空，北湖深隧泵房底层平面布置见图 15-1-1。

15.1.2　设备选型

1. 主泵

共设 6 台立式离心泵，沿进水流道两侧对称斜 45° 布置，在近期正常运行工况下为 3 用 3 备，远期正常运行工况下为 4 用 2 备。

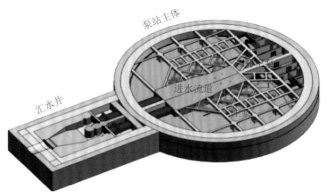

图 15-1-1　深隧泵房底层平面 BIM 图

主泵主要设计参数：工作区间 $Q=1.85\sim5.20$ m³/s、$H=48.60\sim15.00$ m、$\eta\geqslant70\%$；高效区间 $Q=2.79\sim3.87$ m³/s、$H=30.44\sim19.63$ m、$\eta\geqslant87\%$；主泵配套电动机电压 10 kV、功率 1 550 kW（含变频器及控制柜），适合变频运行。

2. 排空泵

为了满足深隧泵房汇水井及进水流道检修进排空的需求，在泵房流道末端设两台排空泵，2 用 1 库备，水泵采用立式离心泵。

主要设计参数：$Q=0.72\sim1.38$ m³/s、$H=53.40\sim32.5$ m、$\eta\geqslant75\%$，水泵最大气蚀余量 $\leqslant6.0$ m，配套电动机电压 10 kV、功率 700 kW。

3. 排积水泵

为排除深隧泵房地下空间内的地面积水及消防电梯内的积水，在深隧泵房末端设置 4 台排积水泵，2 用 2 备，水泵采用潜水排污泵。

主要的设计参数：$Q=50$ m³/h，$H=56.20$ m，$N=22$ kW。

4. 电动刀闸阀

泵房内的主进水管及水泵进水管上设置刀闸阀进行开关控制，刀闸阀具体参数及数量如下。

（1）DN1400 mm，$N=7.5$ kW，$L=300$ mm，标准公称压力 PN=1.0 MPa，6 套。

（2）DN2400 mm，$N=11$ kW，$L=450$ mm，PN=1.0 MPa，3 套。

（3）DN600 mm，$N=5.5$ kW，$L=150$ mm，PN=1.6 MPa，2 套。

5. 电动桥式起重机

为满足深隧泵房检修的需求，泵房内设置电动桥式起重机进行起吊维修，具体电动桥式起重机参数及数量如下。

（1）起重量 20 t，起升高度 20 m，跨度 13.65 m，$N=27.9$ kW，2 套。

（2）起重量 20 t，起升高度 45.5 m，跨度 13.65 m，$N=35.9$ kW，2 套。

（3）起重量 30 t，起升高度 56 m，跨度 13.20 m，$N=45.2$ kW，1 套。

6. 电磁流量计

在主泵出水竖管的竖向方向设置电磁流量计，在线监测水泵出水流量，电磁流量计设置在电缆层内，竖向安装固定。

具体参数及数量：DN1 400 mm，$Q=0\sim5.0$ m³/s，$L=1\,400$ mm，PN＝1.0 MPa，6套。

7. 其他设备

深隧泵房进出水管路为便于检修和考虑出水管的整体性、伸缩性，在出水管路上设置了伸缩头，竖向冲洗管道设置手动蝶阀进行操作控制。在深隧泵房内为了便于排积水泵及伸缩头的检修，设置了移动龙门架（含葫芦）。

8. 出水箱涵设计

经深隧泵房抽升的污水输送至污水处理厂总配水井，出水箱涵尺寸范围为 3.2 m×2.5 m～4.5 m×2.8 m，与厂区内尺寸为 4.5 m×2.8 m 的箱涵接顺。

15.1.3　流道设计

进水流道为压力流系统，主要包括汇水井、进水主管、进水流道、多个侧向出水支管和集泥槽等组成。进水主管的一端与汇水井连通，另一端与对应的进水流道的一端连通，集泥凹槽设置在进水流道的另一端，并与所有进水流道连通，多个侧向出水支管设置在进水流道的外侧，且多个侧向出水支管远离进水主管的一端与提升泵进水管连通，进水流道从靠近进水主管的一端至另一端宽度逐渐变窄、高度逐渐降低，通过进水流道渐变断面进行流速匹配，使得进水流道的过水流速保持均匀，并减少水力涡流、避免气泡的产生，为水泵进水管提供稳定的恒定流，保障提升泵稳定运行。流道结构如图 15-1-2、图 15-1-3 所示。

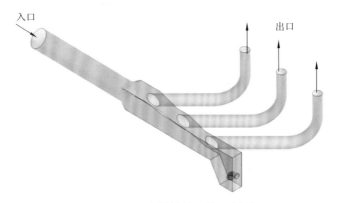

图 15-1-2　流道单侧三维示意图

设计进水流道的内模土建结构施工采用钢模施工，进水流道钢模实施精度±3.00 mm，表面粗糙度为 R_a＝3.2 μm。钢模的材质为 316 不锈钢，板厚为 10 mm；进水流道 DN2400 mm 主进水管前端的进水口采用异径管，其竖向 30° 倒角的高度不宜超过 200 mm；主泵进水管 DN1400 mm 管道进口倒角采用圆弧倒角顺接，且倒角弧度不大于 300 mm。钢模外侧采用

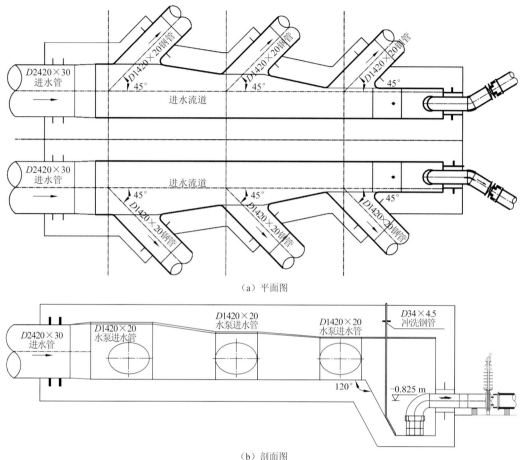

（a）平面图

（b）剖面图

图 15-1-3　流道结构图（单位：mm）

槽钢固定，槽钢 10 mm 厚，十字交叉分布，间距 300 mm 布置，槽钢伸出长度 5 cm，进水流道分段制作后运送至现场拼装。主泵进水管 DN1400 mm 进口倒角圆弧要求光滑圆顺，进水口整体椭圆渐变，确保进水水力流态保持稳定流。

15.2　建筑和结构设计

15.2.1　建筑设计

泵站的建筑设计使用年限为 50 年，建筑等级为三类，抗震设防烈度为 6 度，耐火等级一级，屋面防水等级为 I 级，耐用年限 50 年。各单体包括以下部分。

（1）汇水井：单层框架结构建筑，位于地面以下，层高为 46.2 m，建筑高度为 49.5 m，建筑面积 445.3 m²。

（2）泵站：多层框架结构建筑，位于地面以下，高度为 49.5 m，建筑面积 1437.5 m²，包含泵站进水管层、泵站蜗壳层、泵站电机层和泵站电缆层。

（3）汇水井上部建筑：多层框架结构建筑，室内外高差 150 mm，总高度为 19.65 m，建筑面积 427.8 m²，包含汇水井地面检修层等。

（4）泵站上部建筑：多层框架结构建筑，室内外高差 550 mm，总高度为 23.2 m，建筑面积 4 788.83 m²，包含起重机检修平台、中控室、高低压配电室、高压变频室、资料室、设备夹层、运行车间办公室、中庭以及活动室等。

新建建筑按以下标准进行装修。

（1）屋面采用 I 级防水。

（2）地下室及地面首层非民用房间采用防水钢筋混凝土楼板，其他采用钢筋混凝土楼板。

（3）内墙采用混合砂浆粉面，底漆、乳胶漆饰面，卫生间采用 600 mm×300 mm×8 mm 厚面砖，楼梯间等处采用水泥砂浆抹灰，刷底漆和防潮防霉型乳胶漆。

（4）外墙面采用面砖、涂料及干挂石材。

（5）顶棚采用钢筋混凝土板。

（6）门窗首层泵站和汇水井外门采用钢制防盗门，首层北门厅开启门扇采用 8 mm 厚钢化玻璃地簧门，地上一层、二层，外门窗采用 55B 系列穿条式隔热铝合金门窗，部分不需节能的区域外门窗采用铝合金单玻门窗，玻璃幕墙采用隔热铝合金玻璃幕墙。

建筑节能设计将部分屋面、外墙面及门窗等外露部位按有关标准加设保温隔热措施，以保证符合国家规定的节能标准。

15.2.2　结构设计

深隧泵房主体结构平面上为圆形结构，内径 39.0 m，地下部分深 46.35 m，地面以上部分高 27.8 m；深隧泵房前段设置有汇水井，汇水井平面内净空尺寸 23.5 m×11.5 m，地下部分深 46.35 m，地面以上部分高 27.8 m；汇水井前段与深隧隧道衔接，作为污水的进水端。深隧泵房与汇水井整体平面上呈乒乓球拍形状。深隧泵房平面结构如图 15-2-1 所示。

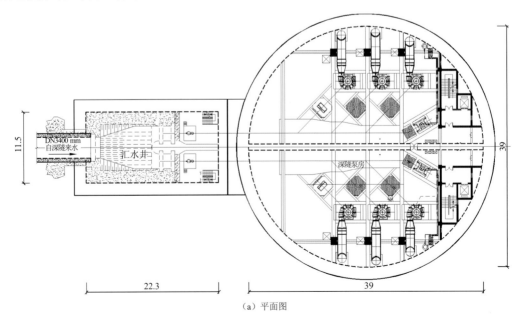

（a）平面图

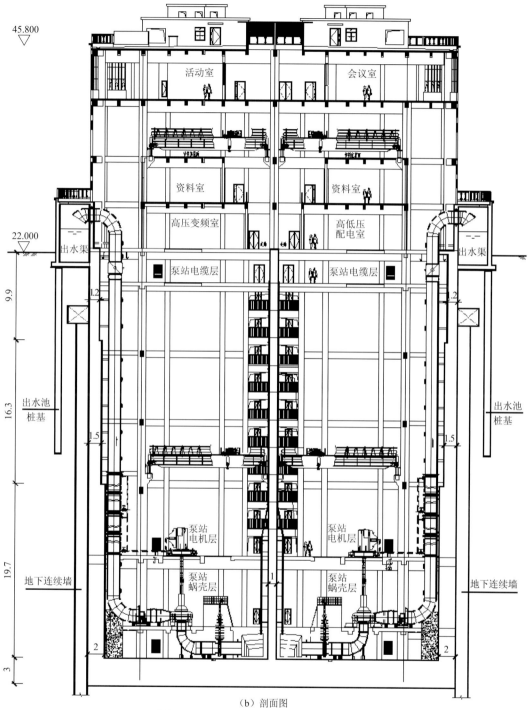

（b）剖面图

图 15-2-1　深隧泵房布置图（单位：m）

深隧泵房区采用地连墙＋内支撑支护，内衬墙采用逆作法施工兼做内支撑。地下连续墙深度 56 m，厚度 1.5 m。地面以下 12.5 m 范围内的内衬墙厚度 1.2 m；12.5～27.5 m 的内衬墙厚度 1.5 m；27.5～46.65 m 的内衬墙厚度 2.0 m；底板厚度 3.0 m。

汇流井地面以下 0～10.4 m 范围内的侧墙厚度 1.2 m；10.4～26.7 m 范围内的内衬墙厚度 1.5 m；26.7～46.65 m 范围内的内衬墙厚度 2.0 m；底板厚度 3.0 m。

15.3 基坑支护设计

15.3.1 支护结构设计

深隧泵房区采用地连墙+内支撑支护，内衬墙采用逆作法施工兼做内支撑。地下连续墙深度 56 m，厚度 1.5 m。内衬墙 0～4 m 厚度 1.2 m，4～20.3 m 厚度 1.5 m，20.3 m 基坑底厚度 2 m。为了保证地连墙开挖阶段受力及刚度的需要，在地下连续墙顶部设置刚度较大的冠梁。地连墙顶部伸入冠梁 0.1 m，顶部竖向钢筋全部伸入冠梁，与冠梁钢筋相连。冠梁悬出地连墙外侧 1.0 m，内侧紧贴内衬墙，冠梁总宽度 2.5 m，高度 2.0 m。基坑支护平面结构如图 15-3-1 所示。

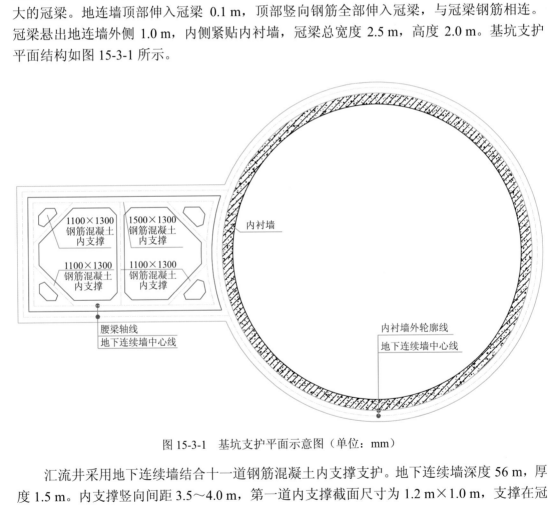

图 15-3-1　基坑支护平面示意图（单位：mm）

汇流井采用地下连续墙结合十一道钢筋混凝土内支撑支护。地下连续墙深度 56 m，厚度 1.5 m。内支撑竖向间距 3.5～4.0 m，第一道内支撑截面尺寸为 1.2 m×1.0 m，支撑在冠梁上；第二～五道内支撑截面尺寸为 1.3 m×1.1 m，支撑在尺寸为 1.5 m×1.3 m 腰梁上；第六、十一道内支撑截面尺寸为 1.4 m×1.2 m，支撑在尺寸为 2.0 m×1.4 m 腰梁上；第七～十道内支撑截面尺寸为 1.6 m×1.2 m，支撑在尺寸为 2.0 m×1.6 m 腰梁上。

泵房区共分为 32 个槽段，I 期、II 期槽段各 16 个（图 15-3-2）。地连墙采用铣槽机成槽，I 期槽段共长 6.446 m，采用三铣成槽，边槽长度 2.8 m，中间槽段长 0.846 m；II 期槽段长 2.8 m，地连墙接头形式为铣接法接头。汇流井区分为 8 个槽段，I 期槽段共长 6.0 m，采用三铣成槽，边槽长度 2.8 m，中间槽段长 0.4 m；II 期槽段长 2.8 m，地连墙接头形式为铣接法接头。

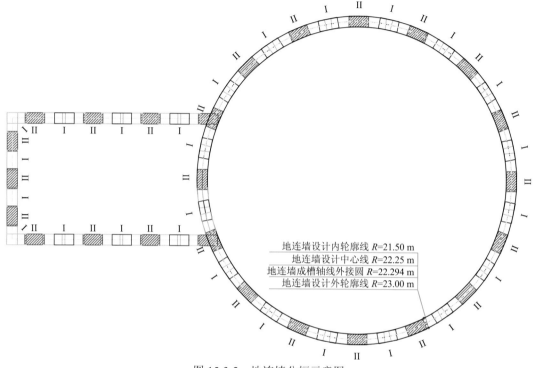

地连墙设计内轮廓线 $R=21.50$ m
地连墙设计中心线 $R=22.25$ m
地连墙成槽轴线外接圆 $R=22.294$ m
地连墙设计外轮廓线 $R=23.00$ m

图 15-3-2　地连墙分幅示意图

导墙设计：为方便地连墙施工，在其顶部两侧设有施工用的临时钢筋混凝土导墙。导墙间距离为 1.6 m，墙高 1.8 m。导墙的纵向分段与地连墙的分段接头错开。地连墙施工完成后需拆除导墙，以便冠梁施工。导墙外侧土体开挖部位需采用密实黏土回填，分层铺填厚度为 300 mm，压实系数不应低于 0.94。回填所用黏土中有机质含量不得超过 5%，不得含有冻土或膨胀土，也不得含有垃圾、腐殖物等杂质。

15.3.2　地下水治理设计

场地地下水有 4 层：上层滞水、潜水、孔隙承压水和基岩裂隙水。具体地下水治理措施如下。

1. 上层滞水和潜水治理措施

总体水量不大，开挖暴露后，地下水将以间歇方式渗出，造成坑内积水。在坡面设置泄水孔、坑底设置排水沟+集水井加以潜水泵抽排。

2. 孔隙承压水治理措施

（1）地下连续墙封水措施：地下连续墙采用铣接法接头，该方法具有止水效果，地下连续墙底部进入中风化泥质粉砂岩约 15～30 m，根据地勘报告，基岩裂隙水贫乏。因此，地下连续墙自身可以形成五面封水效果。

（2）地连墙接头注浆封水（施工预案，需要时采用）：根据地下连续墙施工质量和检查情况，采用最新三维声呐检测地连墙接头漏水情况，如局部漏水，则对槽段间接缝处外侧采用高压注浆封水处理。

（3）采用 CSM 水泥土搅拌墙止水：在地下连续墙外侧 3.6 m 设置 800 mm 厚、深度 38 mCSM 水泥土搅拌墙止水帷幕隔水。水泥掺量为 20%，即每立方米被搅拌土体中水泥掺量约 360 kg，墙体渗透系数不大于 10～7 cm/s。

（4）基坑内降排水设计：深隧泵房区内部布置 4 口管井、汇流井区布置 1 口管井进行坑内疏干降水。沿着基坑边线，在基坑外侧和 CSM 止水帷幕之间布置 16 口管井兼作观测井进行疏干降水。

（5）基坑外减压降水：基坑止水帷幕外侧布置 9 口减压降水井兼观测井。根据季节水位变化和基坑变形情况。在外侧按需降水，减小基坑水土压力。

管井抽水开泵后 30 min 取水样测试，其含砂量应小于 1/50 000；长期运行（至少 3 个月）的含砂量应小于 1/100 000。否则，应停抽采取措施减少水中的含砂量。管井施工完成后，必须逐井验收，验收标准包括井结构参数、单井出水量和水的含砂量及群抽试验。验收合格，满足设计降水深度后方可进行基坑开挖。施工现场应配备有安全装置的供配电系统，并配备双回路电源（备用发电机），以便在主电源临时停电时，以最短的时间内能继续供电抽水。应选取有丰富降水经验的施工单位。施工单位可根据经验、设计参数与设计单位商量后对降水井的井位、井数及井深进行适当调整，在保证基坑安全施工的前提下尽量少抽水或不抽水。降水运行前、运行过程中及降水运行结束后均应对基坑周边环境、地下水动态进行监测。特别对邻近房屋、电杆和地下管线等建（构）筑物的变形进行观测。基坑周边环境监测点的布置、观测精度、监测频率及要求应符合《建筑基坑工程监测技术标准》（GB 50497—2019）中相关规定。基坑管井降水工程应采用信息化施工。

地下水治理设计，形成了地下连续墙和 CSM 帷幕两层隔水系统，确保基坑不渗水漏水；基坑内和止水帷幕内两层疏干降水系统，保证基坑内干燥，便于挖土。帷幕外设置减压降水井，丰水期或者基坑开挖深度较大，基坑变形较大时，进行减压降水，减小基坑水土压力，控制基坑变形。

3. 基岩裂隙水治理措施

根据地勘报告，中风化泥质粉砂岩含水量贫乏，对基坑开挖影响不大，施工时根据水量情况在坑内设置排水沟+集水井加以潜水泵抽排。

由于设置了良好降排水系统，基坑开挖到粉砂和粉细砂层时，基坑内保持干燥状态，如图 15-3-3 所示。

图 15-3-3　基坑开挖到砂层概况

15.3.3　试桩及检测设计

1. 钢筋混凝土地下连续墙试成墙及检测

（1）连续墙施工前应根据本工程场地的工程地质条件、周边环境状况进行工艺性试成墙以便选择合理可行的施工工艺及方法，试成墙位置根据现场情况进行确定，数量为 3 幅。

（2）地下连续墙槽壁垂直度检测数量 100%。垂直度允许偏差为 1/400。

（3）地下连续墙应采用声波透射法检测墙身结构质量，检测槽段数为总槽段数的 100%，每个检测墙段数的预埋超声波管数不应少于 4 个，宜布置在墙身截面的四边中点处。

（4）当根据声波透射法判定的墙身不合格时，应采用钻芯法进行验证。

（5）基坑开挖前，对地下连续墙所有接头进行三维声呐渗流检测，检测合格后方可进行基坑开挖。

2. CSM 工法深层水泥土搅拌墙试桩及检测

（1）CSM 工法深层水泥土搅拌墙正式施工前应先试成墙，进行成墙工艺可行性及墙身强度检测。墙身强度检测试验合格后方可正式施工搅拌墙。试成墙位置根据现场情况进行确定，数量为 3 幅。现场 28 天龄期的无侧限抗压强度平均值不小于 0.6 MPa，渗透系数小于 10^{-7} cm/s。

（2）墙体的竣工检验应在桩体施工 28 天后进行，检测墙体的分布应均匀、随机、合理。桩身强度和均匀性检测，采用双管单动取样器钻取心样进行无侧限抗压强度试验，检测槽段数应不少于总槽段数的 20%，且不少于 6 幅。每个槽段的取心数量不宜少于 3 组，每组不宜少于 3 件试块。钻孔取心完成后的空隙应注浆填充。

（3）墙体的竣工检验应在桩体施工 28 天后进行，对止水帷幕进行三维声呐渗漏检测，检测槽段数应不少于总槽段数的 20%，且不少于 6 幅。

15.3.4 基坑施工及动态监测

1. 地连墙成槽施工技术

工程导墙采用倒 L 形整体式钢筋混凝土结构，为防止成槽时槽孔向内倾斜，使地连墙混凝土阻碍泵站结构，在施工导墙时，导墙沟中心线要比设计地连墙中心线外放 0.05 m，按槽段划分，分幅施工。设计地连墙采用铣接法接头，铣接设备是个成本较高，在土层施工时，抓斗设备施工成本低，且效率高。为了节约成本和工期，一期槽上部土层采用抓斗施工（图 15-3-4），三抓成槽，二期槽和一期槽下部岩层采用铣槽机施工（图 15-3-5）。地连墙进入岩层深度 20～35 m 不等，下部岩层硬度较大，为了提高效率，先采用旋挖引孔破碎岩石，再采用铣槽机成槽。

图 15-3-4　抓斗成槽施工图　　　　　图 15-3-5　铣机成槽施工

2. 钢筋笼吊装和入槽施工

设计钢筋笼网片为弧形，钢筋笼制作在特定的钢架平台上，按照设计角度要求制成特定的弧形。根据施工图可知，本项目钢筋笼长度为 56 m，I 期槽段最长钢筋笼长×宽×厚为 56.0 m×5.1 m×1.38 m，钢筋笼重为 92 t；II 期槽段钢筋笼长×宽×厚为 56.0 m×2.7 m×1.38 m，钢筋笼重为 53 t，考虑钢筋笼起吊的安全性，经研究决定采取整体加工制作、分 2 片吊装入槽的方法（图 15-3-6），即整个钢筋笼制作完成并验收以后，在钢筋笼中间位置解开套筒，然后起吊下部钢筋笼，再起吊上部钢筋笼，在槽口完成 2 节钢筋笼套筒对接，其吊点布置和吊装方法相同，采用 1 台主吊机+1 台副吊机双机抬吊进行空中翻转竖立，钢筋笼翻升后由主吊机转移至槽口对位安装，钢筋笼分节对接后再整体下放至导墙面。为了保证钢筋笼吊装安全，对吊点位置的确定与吊环钢筋、吊具等的安全性进行设计与验算。

图 15-3-6　钢筋笼制作和吊装施工过程

3. 土方开挖及内衬墙施工

泵房区土方开挖必须配合逆作法内衬墙体施工,当内衬墙完成一层,且混凝土的强度达到设计要求,结构稳定后才能开挖下一层土方,圆形泵房逆作法施工土方分 14 层开挖,每层开挖总深度约 3 m,分层开挖深度控制在 1.5 m 以内,基坑内挖土须对称、分层、均匀开挖,防止地连墙不均匀受力。深隧泵房基坑内配备 2 台挖机对称挖土,基坑顶布置 2 台液压抓斗垂直抓土,抓土装运汽车外运,当基坑底挖土遇到岩石层,用啄木鸟挖机破除后再按上述挖机、抓斗配合挖土。

土方开挖完成后,需对地连墙表面进行凿毛,找出所有预留接驳器后再进行内衬墙钢筋安装,并需对上道内衬墙下部进行凿毛,凿毛后表面用水清洗干净,凿出粗骨料为合格。内衬墙的纵、横向钢筋采用设计的规格、型号,间距等布置,纵、横钢筋采用分段连接,钢筋的接头采用直螺纹机械连接,纵、横向接头错开 35d,同截面钢筋接头不超过 50%。当每层内衬墙的墙底土方挖完,夯实整平后,然后铺 20 mm 厚的水泥砂浆,当地坪砂浆干硬后,立即将纵向钢筋按设计的位置、间距在地面放样,确定纵向钢筋的位置,用白色双飞粉做标记。先进行内衬墙与地连墙连接筋安装,将连接筋与地连墙预留接驳器连接,然后将横向钢筋挂在接驳器连接筋上,再安装靠地连墙侧竖向主筋,完成后将放置在连接筋上的横向筋依次连接。靠地连墙侧钢筋安装完成后需将止水钢板放入并定位,然后安装内衬墙靠基坑侧竖向主筋和横向钢筋,如图 15-3-7 所示。

图 15-3-7　土方开挖和内衬墙施工过程

4. 施工全过程动态监测

通过对地下连续墙深层水平位移动态监控数据分析表明，一是位移随开挖而增幅显著；二是对应不同的深度，而位移趋于平缓。同时，不同深度水平位移受相应深度处的开挖影响较大，而后期趋于平稳。特别是进入岩层深度以后，水平位移很小。墙顶竖向位移随着基坑开挖进行，竖向位移逐渐增大，开挖进入砂层以后，增幅相对减小。由于地下连续墙底位于中风化泥质粉砂岩中，且嵌入岩层深度为约 20～35 m。竖向沉降整体较小，最大沉降为 18.6 mm。内衬墙轴力随较近土体的开挖，内力增幅较大，随着开挖深度的增加，外侧土体对内衬墙内力的影响逐渐减弱。具体设计值和监测值如表 15-3-1 所示。

表 15-3-1　设计值与监测值

计算剖面	墙顶水平位移 /mm	地连墙测斜 /mm	墙顶垂直位移 /mm	坑外土体沉降 /mm	坑外土体水平位移/mm	内衬墙轴力 /kN
设计值	40.0	30.0	30.0	40	40	17892
监测值	35.5	28.5	18.6	38	36	15593

基坑从开挖到土方回填结束，支护结构及周边建构筑物的监测变形量均低于或接近于设计值；内衬墙的内力也小于设计值。地连墙和 CSM 止水帷幕防渗性能好，开挖至基坑回填完成没有出现渗漏水现象。

参 考 文 献

董欣, 2009. 新加坡雨水资源的利用与管理. 给水排水动态(4): 32-34.

高明, 蔡增基, 2006. 管道内污水两相流临界流速浅析. 工程建设与设计, 15(2): 44-46.

洪强亮, 2020. 新加坡深水排污隧道泥水处理设备探索实践. 中国市政工程(5): 12-15.

刘经强, 赵兴忠, 王爱福, 2014. 城市洪水防治与排水. 北京: 化学工业出版社.

王刚, 周质炎, 2016. 城市超深排(蓄)水隧道应用及关键技术综述. 特种结构, 33: 74-79.

王广华, 周建华, 李文涛, 等, 2021. 典型深隧排水系统运行与维护研究. 给水排水, 47(5): 128-134.

赵昕, 张晓元, 赵明登, 等, 2009. 水力学. 北京: 中国电力出版社.

中国市政工程西南设计院, 1986. 给水排水设计手册(第1册): 常用资料. 北京: 中国建筑工业出版社.

周玉文, 赵洪宾, 1997. 城市雨水径流模型的研究. 中国给水排水, 13(4) : 4-6.

周质炎, 2020. 深层排(蓄)水隧道. 上海: 上海科学技术出版社.

朱合华, 周龙, 朱建文, 2019. 管片衬砌梁-弹簧广义模型及接头转动非线性模拟. 岩土工程学报, 41(9): 1581-1590.

ACKERS J, BUTLER D, LEGGETT D, 2001. Designing sewers to control sediment problems. Urban Drainage Modeling, 33(3): 818-823.

ACKERS P, WHITE W R, 1973. Sediment transport: New approach and analysis. Journal of the Hydraulics Division, 99(11): 2041-2061.

ACKERS P, WHITE W R, 1993. Sediment transport in ope channels: Ackers and White update. Proceedings of the ICE-Water, Maritime and Energy, 101(4): 247-249.

ARORA A, 1983. Velocity distribution and sediment transport in rigid-bed open channels. Roorkee, India: University of Roorkee.

ASCE/EWRI45-05, Standard Guidelines for the Drainage of Urban Stormwater Systems. American Society of Civil Engineers.

CHANGNON S A, 2010. Stormwater Management for a Record rainstorm at Chicago. Journal of Contemporary Water Research and Education, 146(1): 103-109.

EPA 832-B-95-003, Combined Sewer Overflows-Guidance for Nine Minimum Control. United Sates Environmental Protection Agency.

GANDY M, 1999. The Paris sewers and the rationalization of urban space. Transactions of the Institute of British Geographers, 24(1): 23-44.

GONZALEZ R, 2020. Completing Mexico City's mixed ground mega tunnel: Emisor Oriente. https://www.

robbinstbm. com/wp-content/uploads/2020/06/NAT2020_TEO_Gonzalez. pdf [2020-6-2](2022-5-9).

JPA 833-R-01-003, Report to Congress-Implementation and Enforcement of the Combined Sewer Overflow Control Policy.

MACKE E, 1982. About sediment at low concentrations in partly filled pipes. Braunschweig, Germany: Technical University of Braunschweig.

MAY R W P, ACKERS J C, BUTLER D, et al., 1996. Development of design methodology for selfcleansing sewers. Water Science and Technology, 33(9): 195-205.

NALLURI C, EL-ZAEMEY A K, CHAN H L, 1997. Sediment transport over fixed deposited beds insewers-an-appraisal of existing models. Water Science and Technology, 36(8): 123-128.

NOVAK P, NALLURI C, 1978. Sewer design for no sediment deposition. Proceedings of the Institution of Civil Engineers, 65(3): 669-674.

PULLIAH V, 1978. Transport of fine suspended sediment in smooth rigid bed channels. Roorkee, India: University of Roorkee.

RANGEL J L, COMULADA M, MAIDL U, et al., 2012. Mexico City deep eastern drainage tunnel// Geotechnical Aspects of Underground Construction in Soft Ground. Taylor & Francis Group, London.

SCALISE C, FITZPATRICK K, 2012. Chicago Deep Tunnel Design and Construction//Structures Congress 2012, Chicago.

SHANI W, 2004. 新加坡污水隧洞证明是棘手的试验地层. 隧道: 中文版(1): 30-31.

STRIDE P, 2016. Super Sewer: An Introduction to the Thames Tideway Tunnel Project in London. Civil Engineering, 169(2): 51.

WILLI H H, 1985. Head-discharge relation for vortex shaft. Journal of Hydraulic Engineering, 111(6): 1015-1020.

WILLI H H, 2010. Wastewater Hydraulics: Theory and Practice. Berlin: Springer.

后　记

大东湖核心区污水深隧建设大事记

大东湖核心区污水深隧项目自 2011 年 8 月同意建设，到 2020 年 12 月建成，全过程历时近 10 年，具体规划设计和建设过程如表 1 所示。

表 1　工程规划设计及建设过程大事记

阶段	时间	事件
项目规划设计阶段	2011 年 8 月 10 日	召开"沙湖污水处理厂升级改造及尾水排放方案"专家审查会，会上同意沙湖污水处理厂搬迁至二郎庙污水处理厂合建，其转输管道近期作为尾水排放管道
	2012 年 8 月 14 日	"沙湖污水处理厂搬迁及二郎庙污水处理厂扩建工程规划咨询"城投汇报会上同意沙湖和二郎庙污水处理厂两厂集中升级改造
	2013 年 9 月	武汉市城投集团提出进一步扩大研究范围，并委托市规划院编制"沙湖和二郎庙污水处理厂搬迁工程规划论证"，就沙湖和二郎庙污水处理厂和落步咀三厂集中至落步咀以及四厂集中至北湖进行研究
	2014 年 1 月 13 日	武汉市人民政府专题会议召开，要求由城投组织对三厂和四厂方案进行深化比选，同步考虑排涝和治污问题，成果报市人民政府
	2014 年 4 月 11 日	召开"沙湖、二郎庙污水处理厂搬迁及落步咀污水处理厂改造工程规划方案"专家论证会，专家一致推荐四厂方案和深隧转输污水方案
	2014 年 6 月 9 日	武汉市政府常务会议上同意"沙湖、二郎庙污水处理厂搬迁及落步咀污水处理厂改造工程规划方案"，即四厂合建及深隧转输污水方案
	2014 年 7 月	规划院完成"沙湖、二郎庙污水处理厂搬迁及落步咀污水处理厂改造工程路由及用地控制规划"，对污水和雨水深隧的路由和用地进行了控制
	2014 年 8 月 12 日	城建计划会议上提出深隧转输工程"整体规划、分项建设"，先启动污水深隧工程，预留雨水接口
	2015 年 3 月	武汉市发展和改革委员会对《大东湖核心区污水传输系统工程项目建议书》进行了批复
	2016 年 5 月	武汉市发展和改革委员会对《大东湖核心区污水传输系统工程可行性研究报告》进行了批复
	2016 年 8 月	武汉市发展和改革委员会对《大东湖核心区污水传输系统工程初步设计》进行了批复
	2017 年 7 月	完成《大东湖核心区污水传输系统工程施工图设计》并通过施工图审查

续表

阶段	时间	事件
项目施工阶段	2017 年 8 月	项目正式开工
	2017 年 9 月	首幅地连墙完成
	2018 年 7 月	首个基坑完成开挖
	2018 年 8 月	首台盾构机始发
	2019 年 4 月	7 台盾构同步掘进
	2019 年 11 月	首个盾构区间贯通，首段二衬开始施工
	2020 年 1 月	全线盾构贯通
	2020 年 7 月	全线二衬完工
	2020 年 8 月	全线试通水
	2020 年 12 月	竣工验收

大东湖核心区污水传输隧道自 2020 年 10 月投入运行以来，状况良好，日均传输污水量约 60 万 t，截至 2024 年 5 月累计输送污水量约 8 亿 t。根据运行以来数据监测，传输隧道各个竖井水位与原设计水位基本一致，隧道自运行以来无淤泥沉积现象。2023 年 3 月，运维单位采用水下机器人对隧道进行了全管段检测，检测结果表明隧道结构完好，隧道内淤积较少。

1. 工程意义

（1）本工程创造了多个"国内第一"。大东湖核心区污水传输系统工程为国内（除香港地区）首次利用深层隧道输送污水；深隧泵房为国内目前国内规模最大、深度最深的污水提升泵站。

（2）为国内其他城市解决污水处理设施与城市规划布局矛盾提供决策思路。随着国家快速发展，国内越来越多的城市面临现有污水处理设施与城市规划布局矛盾的问题，四厂合一项目的实施，为国内其他城市解决类似问题提供了一个可行的决策思路。

（3）对其他排水隧道设计、实施提供重要的参考意义。本工程设计为国内类似排水隧道规划、设计提供重要的设计参数、设计标准和设计案例。

2. 取得荣誉

依托本工程，在进行充分的总结和理论提升的基础上，取得了一些阶段性成果，得到了国内外专家同行的认可，主要包括以下内容。

（1）编制完成《城市深层排水隧道工程技术标准》（T/CMEA 23—2021）、《城市排水深隧工程技术规程》（DB42/T 1922—2022）、《盾构法输水隧道结构设计规程》（T/CECS 610—2019）等设计标准。

（2）截至目前，本项目获得设计、施工方面的发明专利 34 项，实用新型专利 40 多项；依托本工程的科研项目"城市超长深层污水隧道成套技术研究与应用"获得 2023 年湖北省科学技术进步奖二等奖。

（3）截至目前荣获 2022～2023 年度国家优质工程奖、2022 年度中国城镇供水排水协会典型工程项目案例入库、中施协工程建设项目设计水平评价一等奖、2022 年度湖北省勘察设计成果奖一等奖、武汉市工程咨询协会优秀工程咨询成果奖一等奖、湖北省工程咨询协会优秀工程咨询成果奖一等奖、中国勘察设计协会第八届"创新杯"市政给排水 BIM 普及应用奖、第二届地下空间创新大赛优秀设计项目第一名、中国市政工程协会第一届地下空间创新大赛十大典范项目、第二届地下空间创新大赛十大典范项目、湖北省 QC 成果一等奖等多个奖项。

本项目以武汉市政工程设计研究院有限责任公司为牵头单位，整合了多家勘察、施工单位和科研院所的集体力量，圆满完成了我国第一条深隧污水处理工程建设，彻底解决了大东湖地区污水治理难题，为武汉市乃至全国市政污水处理工程提供了宝贵的经验和参考。本书以工程为依托，旨在为国内同类型工程建设提供借鉴和参考，后续还需要国内外同行和专家学者共同努力，不断总结提升，促进我国深隧污水治理工程的发展和完善。